整数规划：基础、扩展及应用

(第二版)

殷允强　王杜娟　余玉刚　主编

科 学 出 版 社

北 京

内 容 简 介

本书主要聚焦于大规模整数规划模型的求解方法和策略，以深入浅出的方式详细阐述了求解大规模整数规划模型的主流方法的基本思想、原理、执行流程及在实际问题中的应用. 全书共9章，依次为引言、整数规划建模、线性规划、精确离散优化方法、割平面法、列生成算法、拉格朗日松弛算法、Benders分解算法和启发式算法. 在内容编排上，每种算法讲解与分析都注重联系实际，穿插了众多现实案例，并配备了微课视频、算法代码(采用Java语言编写)以及相应习题，以便读者更好地理解和掌握. 此外，书中还附有拓展阅读材料，供有兴趣的读者进一步深入学习和探索，相关资源通过扫描二维码即可进行学习.

作为一本兼具研究性与教学性的专业教材，本书既可作为高等院校经济管理理类、理工类等专业本科生和研究生的必修教材，也可作为研究人员和专业人员的自学及参考用书.

图书在版编目(CIP)数据

整数规划：基础、扩展及应用/殷允强，王杜娟，余玉刚主编. -- 2 版. 北京：科学出版社, 2025.6. -- ISBN 978-7-03-082290-1

Ⅰ. O221.4

中国国家版本馆 CIP 数据核字第 2025VU9170 号

责任编辑：张中兴 梁 清 孙翠勤／责任校对：杨聪敏

责任印制：张 伟／封面设计：蓝正设计

科学出版社 出版

北京东黄城根北街 16 号

邮政编码：100717

http://www.sciencep.com

北京华宇信诺印刷有限公司印刷

科学出版社发行 各地新华书店经销

*

2022 年 6 月第 一 版 开本：720×1000 1/16

2025 年 6 月第 二 版 印张：19 1/2

2025 年 6 月第八次印刷 字数：393 000

定价：98.00 元

(如有印装质量问题，我社负责调换)

前言

本书第一版自 2022 年由科学出版社出版以来，已在电子科技大学连续使用三个学年，同时被全国多所院校选用. 作为一本新形态教材，本书以较强的实践指导性为特色，内容布局条理清晰、逻辑严密，通过深入浅出的讲解将抽象理论与形象案例有机融合，受到师生广泛好评. 然而，在多年教学实践及读者反馈中，我们发现学生和初学者在算法代码实现方面存在一定困难. 为进一步提升教材的适用性，更好地满足教学与自主学习需求，我们对第一版教材进行了修订与完善，主要体现在以下几个方面:

1. 新增一些典型应用案例，针对分支定界、分支定切、列生成、Benders 分解、次梯度等主流算法，结合具体案例提供完整的 Java 源代码示例.

2. 针对第一版中理解难度较大的内容，从表述方式、解释角度等方面进行适当优化.

3. 订正了第一版中的疏漏及印刷排版中的错误.

本次修订工作的顺利完成，离不开众多读者和同学的热情反馈与宝贵建议，科学出版社编辑的专业把关，以及博士生杨勇剑、徐新蕊、徐晓瑜、李冬伟和胡依娜的协助. 在此，谨向所有关心、支持本书修订的同仁与读者致以最诚挚的谢意！我们期望通过此次修订，能让教材质量实现新的跃升. 也衷心恳请广大教师和学生继续不吝赐教，与我们携手完善教学内容，共同助力教学相长、学有所成.

殷允强　王杜娟　余玉刚

2025 年 6 月

第一版前言

整数规划是运筹学与优化领域中极为重要的研究方向，其相关理论和方法在社会、经济、军事、生物以及计算机等诸多领域有着广泛应用.

在我国经济社会高质量发展的背景下，复杂系统决策问题日益增多，以全局优化为目标的整数规划方法已成为推进现代化建设的重要工具. 党的二十大报告指出，要“加快建设现代化经济体系，着力提高全要素生产率，着力提升产业链供应链韧性和安全水平，着力推进城乡融合和区域协调发展，推动经济实现质的有效提升和量的合理增长”. 在这一新的发展阶段，整数规划无疑将为加快构建新发展格局，着力推动高质量发展提供重要的理论支撑与实践指导.

当前，整数规划作为经济管理、应用数学、工业工程、自动控制、物流工程等专业的核心课程，已成为国内高等院校本科生与研究生培养体系的重要组成部分. 然而，国内现有的整数规划教材数量相对匮乏，且内容多局限于基础理论的阐述，与现实问题的结合尚显不足. 鉴于此，笔者参考了国内外经典教材、前沿学术成果，并结合自身多年的教学经验，精心编写了本书. 全书结构严谨，涵盖八大核心模块，从整数规划建模原理、线性规划基础，到分支定界算法、割平面法、列生成算法、拉格朗日松弛算法、Benders 分解算法及启发式算法等前沿方法，致力于为研究者和实践者构建完整的理论方法体系.

相较于已有教材，本书更加注重聚焦于大规模整数规划模型的求解方法和策略，以深入浅出的方式详细阐述了求解大规模整数规划模型的主流方法的基本思想、原理、执行流程及在实际问题中的应用. 在内容编排上，每种算法讲解与分析都注重联系实际，穿插了众多现实案例，并配备了微课视频、算法代码 (采用 Java 语言编写) 以及相应习题. 这符合“新工科”人才培养的理念与要求，使本书成为一部新颖且具有较强实践指导性的新形态教材. 此外，书中还附有拓展阅读材料，供有兴趣的读者进一步深入学习和探索.

本书内容翔实、专业性强、应用价值高. 作为一本兼具研究性与教学性的专业教材，本书既可作为高等院校经济管理类、理工类等专业本科生和研究生的必修教材，也可作为研究人员和专业人员的自学及参考用书.

在本书的撰写过程中，笔者得到了电子科技大学、四川大学、中国科学技术大学十余位研究生的协助，在此表示由衷的感谢!

鉴于笔者水平有限，加之时间紧迫，书中难免存在疏漏与不足之处，恳请广大读者不吝赐教，提出宝贵意见和建议.

殷允强　王杜娟　余玉刚

2025 年 2 月

目 录

第 1 章 引言

1.1 最优化

绪论

最优化是一门适应性强、内容丰富的学科领域, 不仅在学术界一直受到学者的关注, 而且在社会生活领域对实际问题的解决也发挥着至关重要的作用. 最优化研究的核心在于, 在一定约束条件下, 从众多可行选择中选出最优方案, 使系统的目标函数在既定的约束条件下达到最大化或最小化. 这一过程通过构建模型来实现, 模型能够揭示相关要素之间的内在联系, 推测各种可行的解决方案以及可能发生的结果, 从而选取能完成既定任务的最佳决策方案.

一个最优化模型, 也称为数学规划模型, 通常包含以下三个基本要素.

- **决策变量** 最优化问题中需要确定的量值, 也是通过模型计算来最终明确的决策因素.
- **目标函数** 度量决策方案优劣的标准, 通常是与决策变量有关的待求极值 (最大值或最小值) 函数.
- **约束条件** 限制决策选择的限制条件, 即在求解目标函数极值的过程中, 决策变量必须满足的一系列规定. 其中, 最基本的约束条件是明确变量的类型.

最优化模型的一般形式为

$$\begin{aligned} &\quad \min \text{ 或 } \max \text{ 目标函数 (可以是多个)} \\ &\text{s.t.} \\ &\quad \text{主约束;} \\ &\quad \text{变量类型约束,} \end{aligned} \tag{1.1}$$

其中 s.t. 代表 subject to(使服从).

将问题的决策用决策变量表示, 其目标是在满足给定约束条件的前提下, 寻找能够使目标函数取得最大化或最小化值的决策变量取值组合.

(单目标) 最优化模型的一般代数形式为

$$\min \text{ 或 } \max f(x_1, \cdots, x_n)$$
$$\text{s.t.}$$
$$g_i(x_1, \cdots, x_n) \left\{ \begin{array}{c} \leqslant \\ = \\ \geqslant \end{array} \right\} b_i, \tag{1.2}$$

其中, $x_1, \cdots, x_n$ 是决策变量, $f(x_1, \cdots, x_n)$ 是目标函数, $g_i(x_1, \cdots, x_n)(i = 1, \cdots, m)$ 是约束函数, 参数 $b_i(i = 1, 2, \cdots, m)$ 是约束右端系数, 每一个约束都可以是 "$\leqslant$", "$=$" 或者 "$\geqslant$" 的形式.

决策变量的某个取值组合称为模型 (1.2) 的一个**解**. 满足模型 (1.2) 的所有约束条件的解称为一个**可行解**, 所有可行解构成的集合称为**可行域**. 可行域中能使目标函数达到最优的解称为**最优解**. 求解模型 (1.2) 的方法称为**优化算法**.

当目标函数 $f(x_1, \cdots, x_n)$ 和所有约束函数 $g_i(x_1, \cdots, x_n)(i = 1, \cdots, m)$ 是决策变量 $x_1, \cdots, x_n$ 的线性函数时, 称模型 (1.2) 为**线性规划模型**.

1.2 整数规划

当决策变量中含有取值被限定为整数的变量 (即存在整数变量) 时, 称模型 (1.2) 为**整数规划模型**. 如果所有决策变量均为整数变量, 则此类优化问题被称为**纯整数规划**或**全整数规划模型**; 若仅部分变量为整数变量, 则称为**混合整数规划模型**. 当目标函数和所有约束函数均为线性函数时, 这样的整数规划模型被称为**整数线性规划模型**; 反之, 则称为**整数非线性规划模型**.

取值为 0 或 1 的整数变量称为 0-1 **变量**或**逻辑变量**, 它们常被用来表示系统是否处于某个特定状态, 或者决策时是否选择某个特定方案. 例如, 当问题涉及多项要素, 且每项要素都只有两种选择时, 可以使用一组 0-1 变量来描述. 含有 0-1 变量的整数规划模型称为 0-1 **整数规划模型**. 0-1 整数规划模型在整数规划中具有重要地位, 一方面, 许多实际问题都可以归结为该类问题, 另一方面, 任何不含有无界变量的整数规划模型都可以与 0-1 整数规划模型建立等价关系, 此外许多非线性规划模型也可以转化为等价的 0-1 整数规划模型.

整数规划是运筹学与管理科学领域中应用最为广泛的优化模型之一. 它在现实生活中, 特别是在企业的管理和运营中发挥着重要作用. 在资源受限的条件下, 整数规划被广泛应用于提升生产和运营效率的问题建模与优化, 例如原料分配、生产调度等. 同时, 它也能对其他各类计划问题进行建模优化, 涵盖生产计划、车辆路径规划、物流运输组织、设施选址决策、资金预算安排等多个方面. 此外, 整数规划的应用范畴还扩展到了公共交通的调度与班次安排、民航航班与机组人员的调度、电厂的发电计划制订、通信与网络设计优化、金融投资组合选择、大规模集成电路设计等众多领域. 许多组合优化问题、图论问题以及计算逻辑问题, 都可以转化为整数规划问题进行求解.

尽管整数规划模型在解空间结构上相较于连续型模型具有优势, 但其求解过程的复杂性却显著提升. 目前, 一些著名的难题都属于整数规划范畴. 因此, 如何高效求解整数规划模型成为学术界研究的焦点. 在求解整数规划模型时, 若可行域有界, 一种直观的求解方法是穷举所有可能的可行整数解, 并将它们代入目标函数中进行比较, 从而找出最优解. 当问题规模较小时, 这种方法是可行且有效的, 因为可以相对容易地穷举出所有满足约束条件的整数解. 然而, 随着问题规模的扩大或可行域变为无界, 穷举所有整数解将变得极为困难, 甚至无法实现. 此时, 穷举法将失效, 需要开发有效的优化算法来求解模型.

目前, 关于整数规划模型的求解方法主要包括以下三种: **精确算法**、**启发式算法**和**近似算法**.

精确算法是指能够找到问题最优解的算法. 整数规划精确算法的一般步骤如下:

- 生成一个相关问题, 称为**原问题的衍生问题**;
- 在衍生问题基础上, 进一步生成一个更易于求解的松弛问题;
- 通过求解松弛问题间接得到原问题的解.

由于整数线性规划模型与线性规划模型之间存在着紧密的联系, 而线性规划模型相对易于求解. 因此, 整数规划模型的精确算法通常是针对相应线性规划模型的最优解设计有效的算法, 主要包括**分支定界算法**、**分支定切算法**、**分支定价算法**和**分支定价定切算法**. 分支定界算法的主要思路是求解整数规划模型对应的线性规划模型, 反复地将其可行域分割为越来越小的子集 (每个子集对应一个子线性规划模型的可行域), 这些子集形成树状结构, 这一过程称为**分支**; 然后计算每个子集对应子整数规划模型的一个目标下界 (对于最小值问题), 此过程称为**定界**; 在每次分析后, 凡是界限超出已知最好可行解目标值的那些子集不再进一步分支, 因此许多子集可不予考虑, 这一操作称为**剪枝**. 为了加速分支定界算法的收敛速度, 一种有效的方法是加强每个子集对应子整数规划模型的目标下界. 常用的方法包括

- 动态向线性规划模型中添加有效的不等式 (切), 这种方法称为**分支定切算法**;
- 将相应线性规划模型转化为等价的 Dantzig-Wolfe 模型 (丹齐格–沃尔夫模型), 进而利用列生成方法进行求解, 这种方法称为**分支定价算法**;
- 对于每个分支对应的 Dantzig-Wolfe 模型, 既通过列生成方法进行求解, 又动态地加切, 这种方法称为**分支定价定切算法**.

启发式算法是算法设计者基于观察到的经验或问题本身的结构性质而设计的, 它并不依赖于严格的理论分析. 在可接受的计算时间和空间成本下, 启发式算法能够为待解决的整数规划模型的每个实例提供一个可行解. 然而, 需要注意的是, 这个可行解与最优解之间的偏离程度通常是无法预估的. 当精确算法的运行时间过长, 或者在有限时间内根本无法求出最优解时, 启发式算法便成为一种备选方案. 在实际应用中, 许多最优化问题都涉及庞大的计算量. 虽然启发式算法无法确保求出精确的最优解, 但它能够在可控的范围内找到一个相对较好的可行解, 因此在实际生活中得到了广泛的应用. 目前, 启发式算法的种类繁多, 包括构造型方法、局部搜索算法、松弛方法以及智能算法等.

近似算法也没有严格的定义, 一般来说能求出可行解的算法都能归为近似算法. 这类算法通常是针对特定问题而设计的, 它们使用了贪婪策略、限制条件、松弛方法等手段, 需要进行算法的近似比和复杂度分析以评估算法性能. 因此, 该类算法的求解规模通常是受限制的, 最后获得的解也可能不是最优解. 但相比于启发式算法, 该类算法可以有效度量求得的可行解与最优解之间的偏离程度. 常见的近似算法有贪婪算法、局部搜索算法、松弛算法以及近似动态规划等.

1.3 整数规划的发展历程

整数规划的历史可以追溯至 20 世纪 50 年代, 美国学者 G. B. Dantzig (乔治 • 伯纳德 • 丹齐格) 首次发现, 通过引入 0-1 变量, 可以精确地描述最优化模型中的各种复杂特性, 如固定费用、变量的上界限制以及非凸分片线性函数等. 此后, Dantzig 等对旅行商问题 (traveling salesman problem, TSP) 的深入研究, 不仅为分支定界算法奠定了坚实的基础, 也成为现代混合整数规划算法的起源. 到了 1958 年, R. E. Gomory (戈莫里) 提出了一种针对一般整数线性规划模型的收敛算法——割平面法. 这一方法的提出, 标志着整数规划正式成为最优化领域中的一个独立且重要的分支. 近年来, 随着整数规划理论与算法的持续进步, 以及计算机技术在计算速度和功能上的飞速提升, 整数规划已经逐渐发展成为应用最为广泛的最优化方法之一. 它在社会、军事、生物学、计算机科学以及经济学等多个领域都得到了深入的应用和长足的发展.

1.3.1 模型和应用角度

整数规划在实际应用中十分广泛, 众多优化问题均可被抽象为同一类型的整数规划模型. 其中, 经典的旅行商问题、背包问题 (knapsack problem)、切割下料问题 (cutting stock problem) 等都是备受瞩目的研究问题. 旅行商问题作为研究最为广泛的问题之一, 在运筹学和理论计算机科学中占据着举足轻重的地位, 并且经常被用作各种优化方法的测试基准. 该问题涉及给定一系列城市和每对城市之间的距离, 要求求解一条访问每一座城市恰好一次并最终返回起始城市的最短回路. 旅行商问题最初起源于交通运输领域, 如飞机航线规划、邮件递送、快递服务以及校车路线设计等. 随着时间的推移, 其应用范围已经扩展至电路板印制、晶体结构分析以及数据串聚类等多个领域.

背包问题的研究历史可以追溯到 1897 年, 至今已历经一个多世纪的发展. 该问题可以描述为: 在给定一组物品, 每种物品具有特定的重量和价值的情况下, 如何选择物品组合, 使得在不超过限定总重量的前提下, 背包内物品的总价值达到最高. 自背包问题被提出以来, 众多学者对其进行了深入细致的研究和拓展, 相关文献和研究成果也是不计其数. 同时, 背包问题在现实中也有着广泛的应用场景, 如股市投资、国家预算编制、资源分配、工业生产调度以及运输问题等. 因此, 背包问题在组合优化领域中同样被视为重要的基石之一.

切割下料问题是整数规划在生产制造领域中一个极为经典的应用实例. 该问题可以具体描述为: 给定一定数量的原材料, 如何运用切割、剪裁、冲压等技术手段, 按照工艺要求将这些原材料加工成符合特定尺寸要求的成品, 以最小化材料消耗或最大化生产利润. 此外, 随着越来越多的复杂系统使用数学框架建模, 集划分问题 (set partition problem)、选址问题 (facility location problem)、网络设计问题 (network design problem) 等一系列整数规划问题, 在生产实践及日常生活的各个方面均得到了广泛的应用, 未来将会有更多的整数规划应用模型被发掘.

目前, 整数规划应用研究的总体发展趋势主要有两个方面: (1) 整数规划与管理科学、网络科学、生命科学、服务科学等领域的交叉融合趋势愈发显著, 这种跨学科的融合为整数规划的应用开辟了更为广阔的空间; (2) 尽管现有的算法在处理某些特定问题方面已取得了一定成效, 但在面对交通规划、生产调度、通信网络设计、金融投资决策等领域中出现的大规模混合整数规划模型时, 这些算法往往显得力不从心. 因此, 整数规划研究领域正积极致力于开发能够高效求解大规模混合整数规划模型的新算法, 以应对这些复杂而紧迫的实际需求.

1.3.2 模型求解角度

由于整数约束的存在, 整数规划模型的求解相较于线性规划模型的单纯形法而言, 通常更具挑战性且效率较低. 求解算法的计算时间主要受两个关键因素影响: 一是整数变量的数量, 二是问题是否具备易于处理的特殊结构. 在整数变量数量保持不变的情况下, 0-1 整数规划模型往往比一般整数规划模型更容易求解, 因为其变量的取值范围被严格限制在 0 和 1 之间, 这在一定程度上简化了问题的复杂度. 对于具有特殊结构的大规模 0-1 整数规划模型, 采用针对性的特殊算法通常能够更有效地找到解决方案. 然而, 对于那些不具备特殊结构的问题, 即使整数变量的数量相对较少, 求解也可能变得异常困难. 此外, 基于实际问题构建的整数规划模型往往包含不相关或冗余的信息, 这些信息不仅无助于问题的求解, 反而可能降低算法的效率. 因此, 在构建整数规划模型时, 应尽量剔除这些不必要的信息, 以提高求解效率.

20 世纪 50 年代以来, 整数线性规划的研究始终占据着整数规划领域的核心位置. 针对一般整数线性规划模型的求解, 分支定界算法无疑是一种主流方法. 当前, 提高分支定界算法效率的主要途径有两个: (1) 提高线性松弛模型的求解速度; (2) 借助割平面和有效不等式来加速算法的收敛进程. 一方面, 分支定界算法在求解过程中需要处理众多可行域逐步缩小的线性规划子问题. 为了加速这些子问题的求解, 改进的单纯形算法 (如对偶单纯形算法) 通过利用热启动技术, 显著提高了计算效率. 另一方面, 自割平面方法问世以来, 基于不同问题结构特性的有效不等式理论得到了蓬勃发展. 针对背包问题、旅行商问题以及网络流相关问题等, 通过引入众多简单或复杂的强有效不等式, 并结合这些有效不等式的分支切割方法, 大幅提升了分支定界算法的运算速度和求解效率. 对于具有特殊结构的大规模问题, 如分块结构的大规模整数线性规划模型, Dantzig-Wolfe 分解和 Benders 分解成为了有效的分解策略. 列生成和 Benders 分解算法分别是针对这些分解模型的高效求解方法. 回溯至 20 世纪中期, 面对实际应用中的迫切需求, 能够快速求解整数规划模型的启发式算法应运而生. 随着近年来计算机技术的飞速发展, 诸如禁忌搜索算法 (tabu algorithm)、模拟退火算法 (simulated annealing algorithm)、遗传算法 (genetic algorithm) 等启发式算法取得了显著成就. 这些算法在解决复杂整数规划问题时展现出了强大的能力和灵活性.

与整数线性规划相比, 整数非线性规划的研究起步较晚, 始于 20 世纪 80 年代, 且在理论的系统性和算法的有效性方面存在较大差距. 整数非线性规划的研究往往高度依赖于问题的特定结构和性质, 尽管一些用于求解整数线性规划模型的基本方法, 如分支定界法、动态规划和 0-1 隐枚举法 (其中分支定界法最为常用), 也可尝试用于整数非线性规划模型, 但其适用性和效率会受到较大限制. 在 20 世纪 90 年代, 半定规划内点算法的提出为二次 0-1 整数规划的研究开辟了新的途径, 为该领域注入了新的活力. 针对最大割问题、二次指派问题等特定类型的二次 0-1 整数规划模型, 半定规划松弛和随机化算法取得了显著成果.

从本质上看, 整数规划通常依赖于隐枚举法或枚举法的思想来寻找最优解. 随着问题规模的扩大, 算法的计算时间呈指数级增长, 而连续优化问题的可行解集可能包含无穷多个点. 尽管面临理论上的挑战, 应用领域对整数规划的需求仍然推动着该领域不断前进. 近年来, 随着整数规划算法技术的不断进步和商业求解软件的广泛推广, 许多原本难以解决的大规模整数规划模型现在已能在合理的时间内利用新算法和更强大的计算能力得到求解. 然而, 由于对整数规划模型理解的不足以及数学工具的局限性, 仍有许多整数规划问题难以得到有效解决. 因此, 持续探索和研发更高效、更通用的整数规划算法仍然是该领域的重要研究方向.

1.4 整数规划的求解软件

运筹学的发展与运筹优化软件的诞生和发展密切相关. 当整数规划模型规模较小时, 可以直接通过手工计算求解. 然而, 现实情况下的模型通常会包含成百上千个决策变量或约束条件, 采用手工求解会消耗大量的时间和精力, 而运筹优化软件的诞生解决了这一问题. 使用运筹优化软件时, 只需将待求解的整数规划模型输入到优化求解器中, 求解器就能够快速求出最优解或可行解. 目前, 国内外已开发了多个商业和非商业的运筹优化软件, 主要有 LINGO、WinQSB、Microsoft Excel、MATLAB、Cplex、Gurobi 以及 COPT 等. 这些软件各具特色, 功能强大, 能够在一定程度上满足不同领域和复杂度的运筹优化需求.

1. LINGO

LINGO 是美国 LINDO 系统公司开发的专门用于求解最优化问题的软件, 可以用于求解非线性规划模型, 也可以用于一些线性和非线性方程组的求解, 功能十分强大. LINGO 建模语言以一种直观易懂的方式来表达模型, 模型容易构建且方便理解和维护. 此外, LINGO 构建的模型可以直接从数据库或工作表获取数据, 也能够将求解结果直接输出到数据库或工作表中.

2. Cplex

Cplex 是一种用于 GAMS (通用代数建模系统) 的求解器, 它使得用户可以把 GAMS 的高级建模功能跟 Cplex 优化器的优势结合起来. Cplex 优化器嵌入了强大的算法, 可以用来求解线性规划 (LP)、二次规划 (QP)、带约束的二次规划 (QCQP)、二阶锥规划 (SOCP) 等四类基本模型, 以及相应的混合整数规划 (MIP) 模型. 该优化器具有执行速度快、自带的语言简单易懂、与众多优化软件及语言兼容 (与 C++, JAVA, Excel, MATLAB 等都有接口), 并且能解决一些非常困难的行业问题.

3. Gurobi

Gurobi 是由美国 Gurobi 公司开发的用于求解线性模型、二次型目标模型、混合整数线性模型和二次型模型的大规模数学规划优化器, 在 Decision Tree for Optimization Software 网站举行的第三方优化器评估中, Gurobi 展示出更快的优化速度和更高的求解精度, 成为优化器领域的新翘楚. Gurobi 采用最新优化技术, 充分利用多核处理器优势, 其任何版本都支持并行计算. 它提供了方便轻巧的接口, 支持 C++、JAVA、Python、.Net 开发, 内存消耗少, 且支持多目标优化、支持包括 SUM、MAX、MIN、AND、OR 等广义约束和逻辑约束、支持多种平台和建模环境. Gurobi 为学校教师和学生提供了免费版本, 其优化性能显著超过传统优化工具.

4. COPT

杉数求解器 (Cardinal Optimizer, COPT) 是杉数科技自主研发的一款针对大规模优化问题的高效数学规划求解器套件, 可以用于求解线性规划、整数规划、非线性等多种数学规划模型. 其高效地实现了单纯形算法, 可用于快速求解线性规划问题, 支持目前所有主流操作系统并提供多个接口.

5. WinQSB

WinQSB 是一种教学软件, 主要适用于求解小型问题, 特别适合多媒体课堂教学. 该软件可应用于管理科学、决策科学、运筹学以及生产管理领域的求解问题. WinQSB 提供了图形的分析方式, 可以将复杂数据以图形的方式表现出来, 且支持多重求解, 能够提供不同的函数变量并计算出可能出现的多组数据. 此外, WinQSB 支持电子表格方式载入数据, 适合销售数据、物流数据、仓库数据分析等.

6. Microsoft Excel

Solver 是 Microsoft Excel 中一个功能非常强大的插件, 可用于求解工程、经济学以及其他一些学科中的优化问题. Solver 内置单纯形法、对偶单纯形法、分支定界算法、广义既约梯度算法和演化算法, 能够用于求解线性规划、非线性规划、线性回归、非线性回归以及函数在某区间的极值. 其安装简单方便, 只需将该插件加载到 Excel 中, 就可以直接在表格界面上定义规划模型的决策变量、目标函数及约束条件. 该模块操作简单、功能强大, 能够求解包含成千上万个决策变量和约束条件的多种类型的数学模型, 并且可以直接将数据导入或导出至电子表格中.

在实际应用中, 商业软件对于小规模整数规划模型的求解表现优异, 通常能在较短时间内迅速找到最优解. 然而, 随着问题规模的扩大, 计算量会急剧增加, 导致计算时间大幅度延长, 甚至可能超出现有算法和软件的承受范围, 使得直接求解变得不切实际, 难以获得可行解. 因此, 针对特定的整数规划模型, 开发高效的精确算法以探寻最优解, 或者设计快速有效的近似算法及启发式算法以寻找高质量的可行解, 变得极为迫切和重要. 这一领域已成为当前学术界和工业界共同关注的主流研究方向之一.

1.5 本书结构

本书采用循序渐进、由浅入深的方式, 介绍整数规划的基本理论与方法, 帮助读者全面、系统地了解整数规划的经典理论以及算法. 全书可分为以下几个板块:

(1) 整数规划建模;
(2) 线性规划;
(3) 精确离散优化方法;
(4) 割平面法;
(5) 列生成算法;
(6) 拉格朗日松弛算法;
(7) Benders 分解算法;
(8) 启发式算法.

第 2 章 整数规划建模

整数规划建模

整数规划模型是运筹学和管理科学中应用最广泛的优化模型之一. 本章主要介绍一些经典的整数规划模型, 包括背包模型, 广义指派模型, 集合包装、覆盖和划分模型, 含固定成本的整数规划模型以及旅行商模型. 这些模型各具特色, 广泛应用于各种实际问题中, 为解决复杂的决策优化问题提供了有力的数学工具.

2.1 背包模型

2.1.1 模型介绍

旅行者要在一个背包内装入一些对旅行最有用的物品 (旅行者对每件物品的价值都有评判). 背包最多只能装总重为 b 单位的物品, 并且对于每件物品只能选择整个携带或者不携带. 假设共有 n 件物品, 第 j 件物品重 a_j 单位, 其价值为 c_j. 在携带物品总重量不超过 b 单位的条件下, 请问应如何装入物品以使背包内的物品总价值最大?

对于 $j=1,\cdots,n$, 定义 0-1 决策变量 x_j:

$$x_j=\begin{cases}1, & \text{携带物品 } j,\\ 0, & \text{否则}.\end{cases}$$

则该问题的数学模型为

$$\max \sum_{j=1}^{n} c_j x_j$$

s.t.

$$\sum_{j=1}^{n} a_j x_j \leqslant b, \tag{2.1}$$

$$x_j \in \{0,1\}, \quad \forall j=1,\cdots,n. \tag{2.2}$$

具有上述形式的整数规划模型称为背包模型, 其中约束条件 (2.1) 称为背包约束, 约束条件 (2.2) 定义了 0-1 变量 x_j.

2.1.2 应用实例

例 2.1 (销售点设置) 某公司计划在 3 个地区设置销售点, 在不同的地区设置不同数量的销售点每月可得到的利润如表 2.1 所示. 由于资金有限, 该公司最多只能设置 4 个销售点. 请问在各个地区应如何设置销售点, 才能使每月获得的总利润最大?

表 2.1 不同地区设置不同数量的销售点时可获得的利润

地区	销售点				
	0	1	2	3	4
1	0	16	25	30	32
2	0	12	17	21	22
3	0	10	14	16	17

解 定义决策变量如下:
对于 $i=1,2,3, j=1,\cdots,4$, 定义 0-1 决策变量 x_{ij}:

$$x_{ij}=\begin{cases}1, & \text{在地区 } i \text{ 设置 } j \text{ 个销售点},\\ 0, & \text{否则}.\end{cases}$$

构建模型如下:

$$\max z = 16x_{11}+12x_{21}+10x_{31}+25x_{12}+17x_{22}+14x_{32}+30x_{13}+21x_{23} \\ +16x_{33}+32x_{14}+22x_{24}+17x_{34}$$

s.t.

$$x_{11}+x_{21}+x_{31}+2x_{12}+2x_{22}+2x_{32}+3x_{13}+3x_{23}+3x_{33}+4x_{14}+4x_{24} \\ +4x_{34}\leqslant 4, \tag{2.3}$$

$$\sum_{j=1}^{4} x_{ij}\leqslant 1, \quad \forall i=1,2,3, \tag{2.4}$$

$$x_{ij}\in\{0,1\}, \quad \forall i=1,2,3, j=1,\cdots,4, \tag{2.5}$$

其中约束条件 (2.3) 为背包约束, 约束条件 (2.4) 保证了每个地区只能有一种选择, 约束条件 (2.5) 定义了 0-1 变量 x_{ij}.

例 2.2 (扩建项目的选择) 某公司专门从事汽车制造, 现计划扩大规模以提高收益. 经过决议, 管理层列举了以下 5 个可选项目. 前五年, 各项目每年都必须投入一定的成本才能于五年后获得收益. 表 2.2 列举了各项目在五年后的预期收益. 表 2.3 详细说明了各项目的年投入成本及公司每年的可用资金. 请问应如何选择项目才能使五年后的预期收益最大?

表 2.2　各项目五年后预期收益　(单位: 百万元)

项目编号	项目名称	预期收益
1	扩大生产线	10.8
2	改组车间	7.8
3	投入新涂装设备	3.2
4	研究新型概念车	7.44
5	重组物流链	12.25

表 2.3　项目年投入成本和每年可用资金　(单位: 百万元)

项目编号	投入成本				
	第一年	第二年	第三年	第四年	第五年
1	1.8	2.4	2.4	1.8	1.5
2	1.2	1.8	2.4	0.6	0.5
3	1.2	1.0	0	0.48	0
4	1.4	1.4	1.2	1.2	1.2
5	1.6	2.1	2.5	2.0	1.8
可用资金	4.8	6.0	4.8	4.2	3.5

解　定义决策变量如下:

对于 $j=1,\cdots,5$, 定义 0-1 决策变量 x_j:

$$x_j=\begin{cases}1, & \text{项目 } j \text{ 被采用},\\ 0, & \text{否则}.\end{cases}$$

构建模型如下:

$$\max\ 10.8x_1+7.8x_2+3.2x_3+7.44x_4+12.25x_5$$

s.t.

$$1.8x_1+1.2x_2+1.2x_3+1.4x_4+1.6x_5\leqslant 4.8,$$

$$2.4x_1+1.8x_2+1.0x_3+1.4x_4+2.1x_5\leqslant 6.0,$$

$$2.4x_1+2.4x_2+0\cdot x_3+1.2x_4+2.5x_5\leqslant 4.8,$$

$$1.8x_1+0.6x_2+0.48x_3+1.2x_4+2.0x_5\leqslant 4.2,$$

$$1.5x_1+0.5x_2+0\cdot x_3+1.2x_4+1.8x_5\leqslant 3.5, \tag{2.6}$$

$$x_j\in\{0,1\},\quad \forall j=1,\cdots,5. \tag{2.7}$$

其中约束条件 (2.6) 为背包约束集, 约束条件 (2.7) 定义了 0-1 变量 x_j.

例 2.3 (GSM 发射机选址) 某移动电话运营商计划在某个地区建造 GSM 发射机. 该地区包含 15 个社区, 表 2.4 给出了每个社区的人口数据. 研究表明, 该地区共有 7 个位置可以建造 GSM 发射机, 且每个发射机建造点只能覆盖一定数量的社区. 图 2.1 为该地区的示意图, 其中每个多边形表示一个社区, 黑点表示可以建造 GSM 发射机的位置. 表 2.5 列出了每个 GSM 发射机建造点所能覆盖的社区以及建造成本. 管理部门拨给该地区的预算为 1000 万元, 在该预算条件下, 请问应将发射机建在哪里才能够覆盖最多的人口?

表 2.4 社区人口数据

社区编号	1	2	3	4	5	6	7	8	9	10	11	12	13	14	15
人口/千人	2	4	13	6	9	4	8	12	10	11	6	14	9	3	6

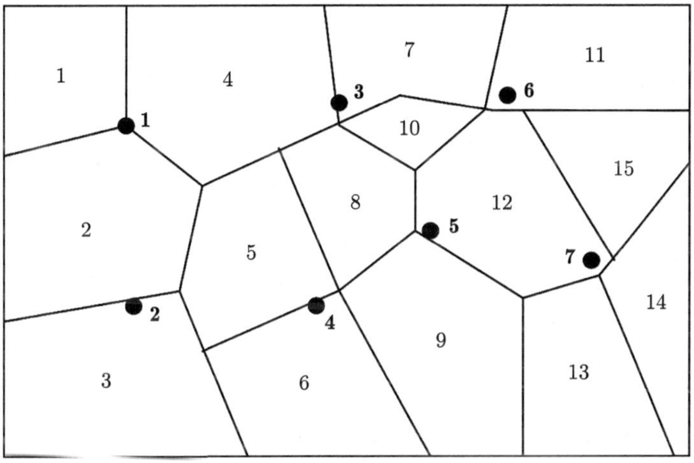

图 2.1 该地区示意图

表 2.5 GSM 发射机建造点覆盖的社区和建造成本

建造点	1	2	3	4	5	6	7
成本/百万元	1.8	1.3	4	3.5	3.8	2.6	2.1
覆盖的社区	1, 2, 4	2, 3, 5	4, 7, 8, 10	5, 6, 8, 9	8, 9, 12	7, 10, 11, 12, 15	12, 13, 14, 15

解 定义决策变量如下:

对于每个发射机建造点, 需要定义一个 0-1 决策变量来决定是否在该点建造发射机. 即对于 $i = 1, \cdots, 7$, 定义 0-1 决策变量 x_i:

$$x_i = \begin{cases} 1, & \text{在建造点 } i \text{ 建造 GSM 发射机}, \\ 0, & \text{否则}. \end{cases}$$

同时, 对于每个社区, 需要定义一个 0-1 决策变量来决定该社区是否被所建 GSM 发射机的信号范围所覆盖. 即对于 $j = 1, \cdots, 15$, 定义 0-1 决策变量 y_j:

$$y_j = \begin{cases} 1, & \text{社区 } j \text{ 能收到 GSM 发射机的信号}, \\ 0, & \text{否则}. \end{cases}$$

构建模型如下:

$$\begin{aligned} \max\ & 2y_1 + 4y_2 + 13y_3 + 6y_4 + 9y_5 + 4y_6 + 8y_7 + 12y_8 + 10y_9 + 11y_{10} + 6y_{11} \\ & + 14y_{12} + 9y_{13} + 3y_{14} + 6y_{15} \end{aligned}$$

s.t.

$$1.8x_1 + 1.3x_2 + 4.0x_3 + 3.5x_4 + 3.8x_5 + 2.6x_6 + 2.1x_7 \leqslant 10, \tag{2.8}$$

$$\begin{aligned} & x_1 \geqslant y_1, \\ & x_1 + x_2 \geqslant y_2, \\ & x_2 \geqslant y_3, \\ & x_1 + x_3 \geqslant y_4, \\ & x_2 + x_4 \geqslant y_5, \\ & x_4 \geqslant y_6, \\ & x_3 + x_6 \geqslant y_7, \\ & x_3 + x_4 + x_5 \geqslant y_8, \\ & x_4 + x_5 \geqslant y_9, \\ & x_3 + x_6 \geqslant y_{10}, \\ & x_6 \geqslant y_{11}, \\ & x_5 + x_6 + x_7 \geqslant y_{12}, \\ & x_7 \geqslant y_{13}, \\ & x_7 \geqslant y_{14}, \\ & x_6 + x_7 \geqslant y_{15}, \end{aligned} \tag{2.9}$$

$$x_i, y_j \in \{0, 1\}, \quad \forall i = 1, \cdots, 7; j = 1, \cdots, 15. \tag{2.10}$$

约束条件 (2.8) 为背包约束, 表示建造 GSM 发射机的总费用不超过预算 1000 万元. 约束条件 (2.9) 表示社区覆盖的限制条件, 给出了 0-1 变量 x_i 和 y_j 之间的逻辑关系. 即如果某社区被覆盖, 则至少要在能覆盖该社区的建造点中选择一个建造 GSM 发射机. 约束条件 (2.10) 定义了 0-1 变量 x_i 和 y_j.

2.2 广义指派模型

2.2.1 模型介绍

指派模型 (又称为分配模型) 可以抽象概括为: 如何将 n 个任务 (或物品) 合理地分配给 m 个员工 (或背包). 其中, 最简单的平衡指派模型是指任务数量和员工数量相等的情形. 然而, 现实生活中的问题大多是任务数量大于员工数量且员工能力有限的广义指派模型 (generalized assignment problem, GAP). GAP 作为一个经典的组合优化问题, 在多个领域都展现出了其广泛的应用价值. 诸如机器调度、有容量约束的设施选址以及车辆路径规划等问题中的容量约束都可以被抽象为 GAP 进行处理.

GAP 可以描述为: 将 n 个相互独立的任务分配给 m 个员工, 每个任务只能由一个员工负责, 而一个员工可以承担多项任务, 但每个员工完成任务需要的总时间不得超过一个给定的上限.

对于 $i = 1, \cdots, m$; $j = 1, \cdots, n$, 定义 0-1 决策变量 x_{ij}:

$$x_{ij} = \begin{cases} 1, & \text{任务 } j \text{ 分配给员工 } i, \\ 0, & \text{否则}. \end{cases}$$

令 $I = \{i | i = 1, \cdots, m\}$ 为员工集合, $J = \{j | j = 1, \cdots, n\}$ 为任务集合, b_i 表示员工自身的工作时长限制, r_{ij} 表示员工 i 完成任务 j 需要的时长, c_{ij} 表示员工 i 完成任务 j 所消耗的资源或产生的收益. 最终目标为成本最小或收益最大, 则 GAP 可表述为

$$\max \text{ 或 } \min \sum_{i \in I} \sum_{j \in J} c_{ij} x_{ij}$$

s.t.

$$\sum_{j \in J} r_{ij} x_{ij} \leqslant b_i, \quad \forall i \in I, \tag{2.11}$$

$$\sum_{i \in I} x_{ij} = 1, \quad \forall j \in J, \tag{2.12}$$

$$x_{ij} \in \{0,1\}, \quad \forall i \in I, j \in J. \tag{2.13}$$

具有上述形式的整数规划模型称为广义指派模型, 其中约束条件 (2.11) 为背包约束, 约束条件 (2.12) 为指派约束, 约束条件 (2.13) 定义了 0-1 变量 x_{ij}.

2.2.2　应用实例

例 2.4 (生产批次的分配)　某车间计划生产 10 个批次的产品. 车间共有 5 台机器, 每台机器可以加工任一批次的产品, 但不同机器加工同一批次产品的速度有差异. 此外, 每台机器在计划周期内只能工作一定时间. 表 2.6 列出了每个机器生产给定批次产品所需的加工时间和机器的最大工作时长.

表 2.6　生产批次的加工时间和机器的最大工作时长

机器	生产批次										最大
	1	2	3	4	5	6	7	8	9	10	工作时长
1	8	15	14	23	8	16	8	25	9	17	18
2	15	7	23	22	11	11	12	10	17	16	19
3	21	20	6	22	24	10	24	9	21	14	25
4	20	11	8	14	9	5	6	19	19	7	19
5	8	13	13	13	10	20	25	16	16	17	20

每一批次产品的生产成本取决于加工该批次产品的机器. 表 2.7 列出了不同批次产品在各个机器上加工的生产成本. 请问应如何确定产品的加工方案以最小化总生产成本?

表 2.7　不同生产批次在各个机器上的生产成本

机器	生产批次									
	1	2	3	4	5	6	7	8	9	10
1	17	21	22	18	24	15	20	18	19	18
2	23	16	21	16	17	16	19	25	18	21
3	16	20	16	25	24	16	17	19	19	18
4	19	19	22	22	20	16	19	17	21	19
5	18	19	15	15	21	25	16	16	23	15

解　定义决策变量如下:

对于 $i=1,\cdots,5$, $j=1,\cdots,10$, 定义决策变量 x_{ij}:

$$x_{ij}=\begin{cases}1, & \text{批次 } j \text{ 分配给机器 } i,\\ 0, & \text{否则}.\end{cases}$$

构建模型如下:

$$\min\ 17x_{11}+21x_{12}+22x_{13}+18x_{14}+24x_{15}+15x_{16}+20x_{17}+18x_{18}+19x_{19}$$

$$+ 18x_{1,10} + 23x_{21} + 16x_{22} + 21x_{23} + 16x_{24} + 17x_{25} + 16x_{26} + 19x_{27}$$

$$+ 25x_{28} + 18x_{29} + 21x_{2,10} + 16x_{31} + 20x_{32} + 16x_{33} + 25x_{34} + 24x_{35}$$

$$+ 16x_{36} + 17x_{37} + 19x_{38} + 19x_{39} + 18x_{3,10} + 19x_{41} + 19x_{42} + 22x_{43}$$

$$+ 22x_{44} + 20x_{45} + 16x_{46} + 19x_{47} + 17x_{48} + 21x_{49} + 19x_{4,10} + 18x_{51}$$

$$+ 19x_{52} + 15x_{53} + 15x_{54} + 21x_{55} + 25x_{56} + 16x_{57} + 16x_{58} + 23x_{59}$$

$$+ 15x_{5,10}$$

s.t.

$$8x_{11} + 15x_{12} + 14x_{13} + 23x_{14} + 8x_{15} + 16x_{16} + 8x_{17} + 25x_{18}$$

$$+ 9x_{19} + 17x_{1,10} \leqslant 18,$$

$$15x_{21} + 7x_{22} + 23x_{23} + 22x_{24} + 11x_{25} + 11x_{26} + 12x_{27} + 10x_{28}$$

$$+ 17x_{29} + 16x_{2,10} \leqslant 19,$$

$$21x_{31} + 20x_{32} + 6x_{33} + 22x_{34} + 24x_{35} + 10x_{36} + 24x_{37} + 9x_{38}$$

$$+ 21x_{39} + 14x_{3,10} \leqslant 25,$$

$$20x_{41} + 11x_{42} + 8x_{43} + 14x_{44} + 9x_{45} + 5x_{46} + 6x_{47} + 19x_{48}$$

$$+ 19x_{49} + 7x_{4,10} \leqslant 19,$$

$$8x_{51} + 13x_{52} + 13x_{53} + 13x_{54} + 10x_{55} + 20x_{56} + 25x_{57} + 16x_{58}$$

$$+ 16x_{59} + 17x_{5,10} \leqslant 20,$$

$$x_{1j} + x_{2j} + x_{3j} + x_{4j} + x_{5j} = 1, \quad \forall j = 1, \cdots, 10,$$

$$x_{ij} \in \{0, 1\}, \quad \forall i = 1, \cdots, 5, j = 1, \cdots, 10.$$

例 2.5 (文件备份) 休假前，小王希望将重要文件备份到容量为 1.44Mb 的空软盘上. 小王希望保存 16 个文件，其大小分别为 46kb, 55kb, 62kb, 87kb, 108kb, 114kb, 137kb, 164kb, 253kb, 364kb, 372kb, 388kb, 406kb, 432kb, 461kb 和 851kb. 假设小王手边没有任何压缩文件的程序，且他有足够数量的磁盘来保存所有文件，请问应如何存储文件以最小化磁盘被使用的数量?

解 由于每个文件的大小都不超过空磁盘容量，最多使用 16 个空磁盘. 因此，假设共有 16 个空磁盘，用 i 和 j 分别表示第 i 个文件和第 j 个磁盘.

定义决策变量如下:

对于每个磁盘, 需要定义一个 0-1 决策变量来决定是否用该磁盘备份文件. 即, 对于 $j=1,\cdots,16$, 定义 0-1 决策变量 x_j:

$$x_j=\begin{cases}1, & \text{用磁盘 } j \text{ 备份文件},\\ 0, & \text{否则}.\end{cases}$$

同时, 对于任一对磁盘和文件, 需要定义一个 0-1 决策变量来决定该文件是否备份到相应磁盘. 即, 对于 $i,j=1,\cdots,16$, 定义 0-1 决策变量 y_{ij}:

$$y_{ij}=\begin{cases}1, & \text{文件 } i \text{ 备份到磁盘 } j,\\ 0, & \text{否则}.\end{cases}$$

构建模型如下:

$$\min \sum_{j=1}^{16} x_j$$

s.t.

$$\begin{aligned}&46y_{1j}+55y_{2j}+62y_{3j}+87y_{4j}+108y_{5j}+114y_{6j}+137y_{7j}+164y_{8j}\\&\quad+253y_{9j}+364y_{10,j}+372y_{11,j}+388y_{12,j}+406y_{13,j}+432y_{14,j}\\&\quad+461y_{15,j}+851y_{16,j}\leqslant 1024\times 1.44x_j,\quad \forall j=1,\cdots,16,\\&\sum_{j=1}^{16} y_{ij}=1,\quad \forall i=1,\cdots,16,\\&x_j,y_{ij}\in\{0,1\},\quad \forall i,j=1,\cdots,16.\end{aligned}$$

例 2.6 (楼房承建项目)　某房地产公司计划在某住宅小区建设 5 栋不同类型的楼房, 由 3 家建筑公司进行投标, 每家公司最多可承建两栋楼. 经过投标, 得知各建筑公司对新楼的预算费用 (表 2.8), 求总预算最少的分派方案.

表 2.8　不同建筑公司对新楼的预算费用

建筑公司	楼房				
	1	2	3	4	5
1	3	8	7	15	11
2	7	9	10	14	12
3	6	9	13	12	17

解　定义决策变量如下:

对于 $i=1,2,3;j=1,\cdots,5$, 定义 0-1 决策变量 x_{ij}:

$$x_{ij}=\begin{cases}1, & \text{建筑公司 } i \text{ 承建楼房 } j,\\ 0, & \text{否则}.\end{cases}$$

构建模型如下:

$$\min\ 3x_{11}+7x_{21}+6x_{31}+8x_{12}+9x_{22}+9x_{32}+7x_{13}+10x_{23}+13x_{33}$$
$$+15x_{14}+14x_{24}+12x_{34}+11x_{15}+12x_{25}+17x_{35}$$

s.t.

$$\sum_{j=1}^{5}x_{ij}\leqslant 2,\quad \forall i=1,2,3,$$

$$\sum_{i=1}^{3}x_{ij}=1,\quad \forall j=1,\cdots,5,$$

$$x_{ij}\in\{0,1\},\quad \forall i=1,2,3;\forall j=1,\cdots,5.$$

2.3 集合包装、覆盖和划分模型

2.3.1 模型介绍

集合包装约束 (set packing constraint) 要求每个子集 J 中最多有一个元素出现在最优解中, 可以表示为

$$\sum_{j\in J}x_j\leqslant 1.$$

集合覆盖约束 (set covering constraint) 要求每个子集 J 中至少有一个元素出现在最优解中, 可以表示为

$$\sum_{j\in J}x_j\geqslant 1.$$

集合划分约束 (set partitioning constraint) 要求每个子集 J 中有且仅有一个元素出现在最优解中, 可以表示为

$$\sum_{j\in J}x_j=1.$$

2.3.2 应用实例

例 2.7 (大学课程表制订) 某教师需要为某所大学两个班级制订周课程表. 这两个班级在数学和体育课程上的安排有所不同, 其余课程的教师则相同, 且所

有课程的课时统一为两小时. 同一班级的学生将参加完全一致的课程安排. 课程安排在周一至周五的以下时间段进行: 8:00~10:00, 10:15~12:15, 14:00~16:00 和 16:15~18:15. 表 2.9 列出了每位教师每周需要为这两个班级讲授的课程数量. 其中, 体育课被固定安排在周四的 14:00~16:00 时段. 此外, 周一上午的第一个时间段是为指导作业预留的, 教师 D 每周一上午不能上课, 教师 B 每周三不能上课. 为防止学生感到无聊, 同一科目在同一天内最多只能安排一节课. 请问该教师应如何安排课程?

表 2.9　各科老师计划授课情况

教师	科目	班级 1 的课程数	班级 2 的课程数
A	英语	1	1
B	生物	3	3
C	地理	2	2
D	数学	0	4
E	数学	4	0
F	物理	3	3
G	哲学	1	1
H	体育	1	0
I	体育	0	1

解　该问题的目的是制订一个符合所有既定限制条件的课程时间表. 因此, 可以设定一个目标, 尽量减少时间表上的空闲时段. 为此, 应优先考虑在 10:15~12:15 和 14:00~16:00 这两个时间段内安排课程. 原因在于, 如果这两个时间段尚未安排课程, 其他时间段却安排了课程, 则中午必然会有空档. 因此, 该问题的目标是最大限度地减少在 8:00~10:00 和 16:15~18:15 这两个时间段内安排的课程数量.

令 $I=\{1,\cdots,9\}$ 表示教师集合, $J=\{1,2\}$ 表示班级集合, $K=\{1,\cdots,\mathrm{NP}\times\mathrm{ND}\}$ 表示每周的时间段集合, 其中 $\mathrm{NP}=4$ 表示每天的时间段数, $\mathrm{ND}=5$ 表示每周的天数.

定义决策变量如下:

对于 $i\in I, j\in J, k\in K$, 定义决策变量 x_{ijk}:

$$x_{ijk}=\begin{cases}1, & \text{教师 } i \text{ 在时间段 } k \text{ 给班级 } j \text{ 上课},\\ 0, & \text{否则}.\end{cases}$$

构建模型如下:

$$\min \sum_{i\in I}\sum_{j\in J}\sum_{k=0}^{\mathrm{ND}-1}\left(x_{ij,k\cdot\mathrm{NP}+1}+x_{ij,(k+1)\cdot\mathrm{NP}}\right) \tag{2.14}$$

s.t.

$$\sum_{k\in K} x_{1jk}=1,\quad \sum_{k\in K} x_{2jk}=3,\quad \sum_{k\in K} x_{3jk}=2,\quad \forall j\in J,$$

$$\sum_{k\in K} x_{41k}=0,\quad \sum_{k\in K} x_{42k}=4,$$

$$\sum_{k\in K} x_{51k}=4,\quad \sum_{k\in K} x_{52k}=0,$$

$$\sum_{k\in K} x_{6j3}=3,\quad \sum_{k\in K} x_{7jk}=1,\quad \forall j\in J,$$

$$\sum_{k\in K} x_{81k}=1,\quad \sum_{k\in K} x_{82k}=0,$$

$$\sum_{k\in K} x_{91k}=0,\quad \sum_{k\in K} x_{92k}=1, \tag{2.15}$$

$$\sum_{i\in I} x_{ijk}\leqslant 1,\quad \forall j\in J, k\in K, \tag{2.16}$$

$$\sum_{j\in J} x_{ijk}\leqslant 1,\quad \forall i\in I, k\in K, \tag{2.17}$$

$$\sum_{k=d\cdot \mathrm{NP}+1}^{(d+1)\cdot \mathrm{NP}} x_{ijk}\leqslant 1,\quad \forall i\in I, j\in J,\quad d=0,1,\cdots,\mathrm{ND}-1, \tag{2.18}$$

$$x_{81,15}=1, \tag{2.19}$$

$$x_{92,15}=1, \tag{2.20}$$

$$x_{ij1}=0,\quad \forall i\in I, j\in J, \tag{2.21}$$

$$x_{42k}=0,\quad k=1,2, \tag{2.22}$$

$$x_{2jk}=0,\quad \forall j\in J,\quad k=2\mathrm{NP}+1,\cdots,3\mathrm{NP}, \tag{2.23}$$

$$x_{ijk}\in\{0,1\},\quad \forall i\in I, j\in J, k\in K. \tag{2.24}$$

目标函数 (2.14) 为最小化每天 8:00~10:00 和 16:15~18:15 这两个时间段内所安排课程的总数. 约束条件 (2.15) 表示教师 i 给班级 j 授课的课程数目必须符合计划. 约束条件 (2.16) 规定每个班级在任意一个时间段内最多只能安排一门课程. 约束条件 (2.17) 规定每个教师在同一时间最多只能教授一门课程. 约束条件 (2.18) 表明同一门课一天内最多只能安排一节. 约束条件 (2.19) 和 (2.20) 表明体

育课只能安排在周四下午的 14:00~16:00 时段. 每周一的 8:00~10:00 时段被预留为指导作业时间, 因此约束条件 (2.21) 规定该时间段内不能安排任何课程. 约束条件 (2.22) 和 (2.23) 分别表示满足教师 D 和教师 B 排课时间受限的要求. 约束条件 (2.24) 定义了 0-1 变量 x_{ijk}.

例 2.8 (设施位置集合覆盖问题)　某城市计划在所管辖的 6 个区域修建消防站, 要求每个区域与最近消防站之间的行驶时间必须小于 15 分钟. 表 2.10 给出了在该城市的各个区域之间行驶所需要的时间. 请问该城市最少应修建多少个消防站以满足所有区域的救援需求? 消防站的位置应设在哪里?

表 2.10　在该城市的区域之间行驶时需要的时间　(单位: 分钟)

从	到					
	区域 1	区域 2	区域 3	区域 4	区域 5	区域 6
区域 1	0	10	20	30	30	20
区域 2	10	0	25	35	20	10
区域 3	20	25	0	15	30	20
区域 4	30	35	15	0	15	25
区域 5	30	20	30	15	0	14
区域 6	20	10	20	25	14	0

根据表 2.10, 能得到距离每个区域行驶时间小于 15 分钟的区域集合, 见表 2.11.

表 2.11　在给定区域 15 分钟行程内的区域

区域	在 15 分钟行程内的区域
1	1, 2
2	1, 2, 6
3	3, 4
4	3, 4, 5
5	4, 5, 6
6	2, 5, 6

解　定义决策变量如下:

对于 $j=1,\cdots,6$, 定义 0-1 变量 x_j:

$$x_j=\begin{cases}1, & \text{在区域 } j \text{ 修建消防站},\\ 0, & \text{否则}.\end{cases}$$

构建模型如下:

$$\min \sum_{j=1}^{6} x_j$$

s.t.

$$x_1 + x_2 \geqslant 1,$$

$$x_1 + x_2 + x_6 \geqslant 1,$$

$$x_3 + x_4 \geqslant 1,$$

$$x_3 + x_4 + x_5 \geqslant 1,$$

$$x_4 + x_5 + x_6 \geqslant 1,$$

$$x_2 + x_5 + x_6 \geqslant 1,$$

$$x_j \in \{0,1\}, \quad \forall j = 1, \cdots, 6.$$

上述约束条件表示距离各个区域 15 分钟行程的区域中至少修建一座消防站.

例 2.9 (考试日程安排) 某大学三年级学生需要从 11 门课程中选择 8 门课程. 其中某些课程是必修的, 其他课程是选修的. 必修课程有: 统计学 (S)、图形模型与算法 (GMA)、生产管理 (PM) 和离散系统与事件 (DSE). 选修课程有: 数据分析 (DA)、数值分析 (NA)、数学编程 (MP)、C++、Java (J)、逻辑编程 (LP) 和软件工程 (SE). 某教师需要为这些课程安排期末考试. 考试需要在某两天内进行, 每次考试持续两个小时. 考试时间段为 8:00~10:00, 10:15~12:15, 14:00~16:00 和 16:15~18:15. 每一门课程的考试都对应了一些不兼容的考试, 因为有些学生需要同时参加这两门课程的考试. 即要求这两门不兼容的考试不能安排在同一个时间段内. 反之, 这两门课程考试可以被安排在同一个时间段内. 表 2.12 列举了不同课程考试之间的兼容性情况. 现在请帮助该教师制订一个考试时间表, 使每个学生一次只能参加一次考试.

表 2.12 不同课程考试之间的兼容性

	DA	NA	C++	SE	PM	J	GMA	LP	MP	S	DSE
DA	—	×	—	—	×	—	×	—	—	×	×
NA	×	—	—	—	×	—	×	—	—	×	×
C++	—	—	—	×	×	×	×	—	×	×	×
SE	—	—	×	—	×	×	×	—	—	×	×
PM	×	×	×	×	—	×	×	×	×	×	×
J	—	—	×	×	×	—	×	—	×	×	×
GMA	×	×	×	×	×	×	—	×	×	×	×
LP	—	—	—	—	×	—	×	—	—	×	×
MP	—	—	×	—	×	×	×	—	—	×	×
S	×	×	×	×	×	×	×	×	×	—	×
DSE	×	×	×	×	×	×	×	×	×	×	—

注: —表示兼容, × 表示不兼容.

解　令 $J=\{1,\cdots,8\}$ 表示可安排的考试时间集合 (时间按时间段顺序编号), $I=\{1,\cdots,11\}$ 表示考试课程集合 (考试按照表 2.12 考试顺序编号).

定义决策变量如下:

对于 $i=1,\cdots,11$, $j=1,\cdots,8$, 定义 0-1 变量 x_{ij} 为

$$x_{ij}=\begin{cases}1, & \text{考试 } i \text{ 安排在时间 } j \text{ 内},\\ 0, & \text{否则}.\end{cases}$$

构建模型如下:

$$\sum_{j\in J}x_{ij}=1,\quad \forall i\in I, \tag{2.25}$$

$$\begin{aligned}
&x_{1j}+x_{ij}\leqslant 1,\quad \forall i\in\{2,5,7,10,11\},j\in J,\\
&x_{2j}+x_{ij}\leqslant 1,\quad \forall i\in\{5,7,10,11\},j\in J,\\
&x_{3j}+x_{ij}\leqslant 1,\quad \forall i\in\{4,5,6,7,9,10,11\},j\in J,\\
&x_{4j}+x_{ij}\leqslant 1,\quad \forall i\in\{5,6,7,10,11\},j\in J,\\
&x_{5j}+x_{ij}\leqslant 1,\quad \forall i\in\{6,\cdots,11\},j\in J,\\
&x_{6j}+x_{ij}\leqslant 1,\quad \forall i\in\{7,9,10,11\},j\in J,\\
&x_{7j}+x_{ij}\leqslant 1,\quad \forall i\in\{8,\cdots,11\},j\in J,\\
&x_{8j}+x_{ij}\leqslant 1,\quad \forall i\in\{10,11\},j\in J,\\
&x_{9j}+x_{ij}\leqslant 1,\quad \forall i\in\{10,11\},j\in J,\\
&x_{10,j}+x_{11,j}\leqslant 1,\quad \forall j\in J,
\end{aligned} \tag{2.26}$$

$$x_{ij}\in\{0,1\},\quad \forall i\in I,j\in J. \tag{2.27}$$

约束条件 (2.25) 表明每一场考试只需安排一次, 为集划分约束. 约束条件 (2.26) 要求同一时间段不能同时安排两门不兼容课程的考试. 约束条件 (2.27) 定义了 0-1 变量 x_{ij}.

该数学模型不包含任何目标函数, 因为只是希望找到一个满足所有不兼容约束的解. 当然, 也可以添加一个目标函数. 例如, 对特定考试分配至特定时间的情况进行惩罚或奖励.

约束条件 (2.25)~(2.27) 可以完整地描述该问题. 然而, 如果这个问题有一个解, 那么它就有大量的等效 (对称) 解, 这些解是通过排列组合分配给兼容考试集的时间段获得的. 为了减少搜索空间、加快求解速度, 可以通过添加一些约束来打破这些对称性. 例如, 可以将 DA 考试分配给时间段 1, 将 NA 考试分配给时间段 2(因为它与 DA 不兼容). 更进一步, 因为 PM 与 DA 和 NA 均不兼容, 可以将它

分配到时间段 3. 类似地, GMA、S 和 DSE 必须分别分配给唯一的时间段 4、5 和 6, 因为它们与任何其他课程的考试都不兼容.

例 2.10 (装配线平衡) 某电子厂在一条有 4 个工作站的装配线上生产放大器. 一个放大器的制造由 12 个任务组成, 它们之间有一定的优先约束. 表 2.13 显示了每个任务的持续时间 (以分钟为单位) 和它的前置任务. 生产经理希望将受优先级约束的任务分配给 4 个工作站, 以使生产线达到平衡并获得尽可能短的生产周期, 即最小化生产单个放大器所需的时间. 每个任务都需要分配到一个工作站, 工作站必须在不中断的情况下处理该任务. 每个工作站在任意时刻只能处理一项任务.

表 2.13 任务列表、持续时间及前置任务

任务	描述	持续时间	前置任务
1	准备盒子	3	—
2	带电源模块的印刷电路板	6	1
3	带前置放大器的印刷电路板	7	1
4	放大器的滤波器	6	2
5	推挽式电路	4	2
6	连接印刷电路板	8	2, 3
7	前置放大器集成电路	9	3
8	调整连接	11	6
9	推挽式散热片	2	4, 5, 8
10	保护电网	13	8, 11
11	静电保护	4	7
12	盖上盖子	3	9, 10

各任务之间的顺序关系可以用图 2.2 的有向图 $G = (I, A)$ 表示, 其中 I 为任务 (节点) 集合, A 为弧集合, 弧 (i, j) 表示任务 i 是任务 j 的前置任务.

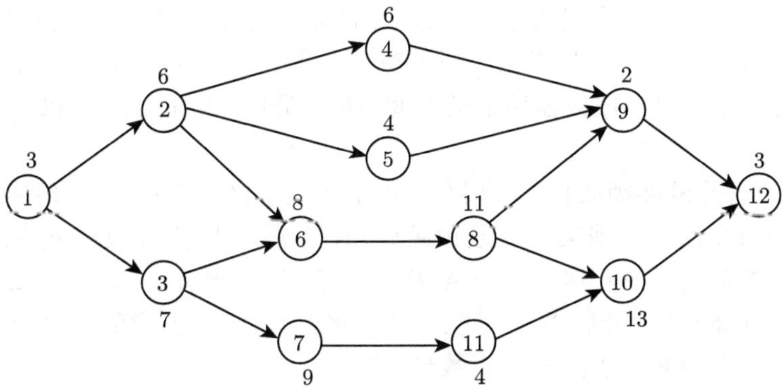

图 2.2 生产放大器的任务流

解　令 I 为任务集合 (按任务的顺序编号), K 为工作站集合 (按生产流程的顺序编号).

定义决策变量如下:

定义 y 为生产单个放大器所需的时间, x_{ik} 表示任务 i 是否被分配给工作站 k, 即

$$x_{ik} = \begin{cases} 1, & \text{任务 } i \text{ 分配给工作站 } k, \\ 0, & \text{否则}. \end{cases}$$

构建模型如下:

$$\min\ y$$

s.t.

$$\sum_{k \in K} x_{ik} = 1, \quad \forall i \in I, \tag{2.28}$$

$$\sum_{k \in K} k \cdot x_{ik} \leqslant \sum_{k \in K} k \cdot x_{jk}, \quad \forall (i,j) \in A, \tag{2.29}$$

$$\begin{aligned} &3x_{1k} + 6x_{2k} + 7x_{3k} + 6x_{4k} \\ &\quad + 4x_{5k} + 8x_{6k} + 9x_{7k} + 11x_{8k} + 2x_{9k} \\ &\quad + 13x_{10,k} + 4x_{11,k} + 3x_{12,k} \leqslant y, \quad \forall k \in K, \end{aligned} \tag{2.30}$$

$$x_{ik} \in \{0,1\}, \quad \forall i \in I, k \in K, \tag{2.31}$$

$$y \geqslant 0. \tag{2.32}$$

约束条件 (2.28) 确保每个任务都被分配到单个工作站. 约束条件 (2.29) 表明任务分配只有在满足优先级约束时才有效, 这意味着弧 (i,j) 对应的任务 i 和任务 j, 任务 i 分配的工作站序号必须小于或等于任务 j 分配的工作站序号. 约束条件 (2.30) 定义了生产单个放大器所需的时间. 约束条件 (2.31) 和 (2.32) 定义了决策变量.

例 2.11 (开设连锁店)　某地区有 6 个居民小区, 居民小区的邻接关系和居民人数如图 2.3 所示. 现某快餐连锁店计划在居民小区内开设连锁店, 每家连锁店只能服务相邻的两个小区 (如在 A 开设连锁店, 可服务于 A 和 B 或 A 和 C). 但由于各方面条件的限制, 目前只能在该地区开设两个连锁店. 请问连锁店应开在哪个位置才能使其覆盖的居民人数最多?

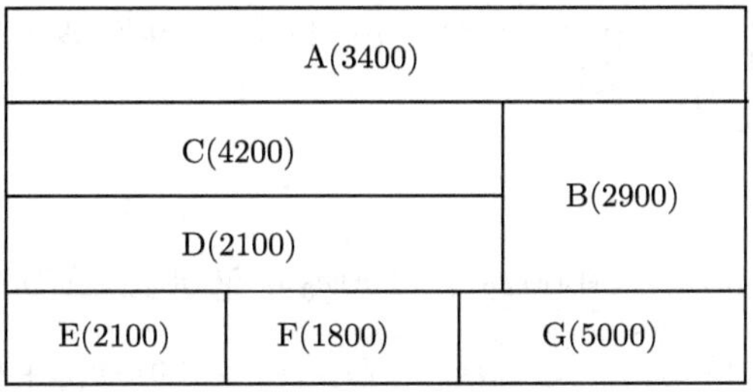

图 2.3 居民小区的邻接关系和居民人数展示图

解 定义决策变量如下:
由不同小区的邻接关系, 对于 $j=1,\cdots,11$, 定义 0-1 变量 x_j 为

$$x_1=\begin{cases}1, & \text{在 A(或 B) 开连锁店,} \quad \text{并服务 A 与 B,}\\ 0, & \text{否则,}\end{cases}$$

$$x_2=\begin{cases}1, & \text{在 A(或 C) 开连锁店,} \quad \text{并服务 A 与 C,}\\ 0, & \text{否则,}\end{cases}$$

$$x_3=\begin{cases}1, & \text{在 B(或 C) 开连锁店,} \quad \text{并服务 B 与 C,}\\ 0, & \text{否则,}\end{cases}$$

$$x_4=\begin{cases}1, & \text{在 B(或 D) 开连锁店,} \quad \text{并服务 B 与 D,}\\ 0, & \text{否则,}\end{cases}$$

$$x_5=\begin{cases}1, & \text{在 B(或 G) 开连锁店,} \quad \text{并服务 B 与 G,}\\ 0, & \text{否则,}\end{cases}$$

$$x_6=\begin{cases}1, & \text{在 C(或 D) 开连锁店,} \quad \text{并服务 C 与 D,}\\ 0, & \text{否则,}\end{cases}$$

$$x_7=\begin{cases}1, & \text{在 D(或 E) 开连锁店,} \quad \text{并服务 D 与 E,}\\ 0, & \text{否则,}\end{cases}$$

$$x_8=\begin{cases}1, & \text{在 D(或 F) 开连锁店,} \quad \text{并服务 D 与 F,}\\ 0, & \text{否则,}\end{cases}$$

$$x_9=\begin{cases}1, & \text{在 D(或 G) 开连锁店,} \quad \text{并服务 D 与 G,}\\ 0, & \text{否则,}\end{cases}$$

$$x_{10}=\begin{cases}1, & \text{在 E(或 F) 开连锁店,} \quad \text{并服务 E 与 F,}\\ 0, & \text{否则,}\end{cases}$$

$$x_{11} = \begin{cases} 1, & \text{在 F(或 G) 开连锁店, 并服务 F 与 G,} \\ 0, & \text{否则.} \end{cases}$$

构建模型如下:

$$\max z = 6300x_1 + 7600x_2 + 7100x_3 + 5000x_4 + 7900x_5 + 6300x_6 \\ + 4200x_7 + 3900x_8 + 7100x_9 + 3900x_{10} + 6800x_{11}$$

s.t.

$$x_1 + x_2 + x_3 + x_4 + x_5 + x_6 + x_7 + x_8 + x_9 + x_{10} + x_{11} = 2, \tag{2.33}$$

$$x_1 + x_2 \leqslant 1,$$

$$x_1 + x_3 + x_4 + x_5 \leqslant 1,$$

$$x_2 + x_3 + x_6 \leqslant 1,$$

$$x_4 + x_6 + x_7 + x_8 + x_9 \leqslant 1,$$

$$x_7 + x_{10} \leqslant 1,$$

$$x_8 + x_{10} + x_{11} \leqslant 1,$$

$$x_5 + x_9 + x_{11} \leqslant 1, \tag{2.34}$$

$$x_j \in \{0,1\}, \forall j = 1,2,3,\cdots,11. \tag{2.35}$$

约束条件 (2.33) 表示该地区最多只能修建两个快餐店. 约束条件 (2.34) 保证每个居民区最多只被一个连锁店服务. 约束条件 (2.35) 定义了 0-1 变量 x_j.

2.4 含固定成本的整数规划模型

含固定成本的整数规划模型指的是目标函数中存在固定成本 (fixed charge). 例如, 设 x 为一个非负的决策变量, 则可能产生如下相关成本:

$$\theta(x) = \begin{cases} f + cx, & x > 0, \\ 0, & \text{否则,} \end{cases}$$

其中, f 为固定 (生产启动) 成本, 在生产之前产生, 通常是非负的; c 为单位可变成本, 在生产过程中产生.

为求解目标函数中存在非负固定成本的最小化问题, 可将固定成本看作新的变量, 从而建立一个混合整数线性规划模型.

例如, 令决策变量 x_j 为生产某种产品的数量, 定义其对应的固定成本变量 y_j 为

$$y_j = \begin{cases} 1, & x_j > 0, \\ 0, & \text{否则}. \end{cases}$$

而在目标函数中, y_j 的系数为 x_j 的固定成本, x_j 的系数更新为 x_j 的单位可变成本.

对于转换后的模型, y_j 与其所对应的 x_j 之间也形成了新的约束条件. 转换后的模型中存在开关约束:

$$x_j \leqslant u_j y_j,$$

其中, u_j 为 x_j 的上界 (在给定的可行解下). 即只有在连续变量 x_j 对应的 0-1 变量 $y_j = 1$ 时, $x_j > 0$ 才成立; 反之, 当 $y_j = 0$ 时, 必有 $x_j = 0$.

2.4.1 设施选址模型

2.4.1.1 模型介绍

设施选址模型是一种涉及固定费用问题的常见模型, 也被称作仓库选址模型或工厂选址模型. 该模型是指从一个已知的位置列表中, 选择若干点建立设施, 以使满足特定顾客需求的总成本最小. 其中, 总成本表示为建立设施的固定成本与选定设施服务客户的可变成本之和.

由此可见, 设施选址模型需要解决两个问题: 一是选定哪些点建立设施, 二是被选中的点如何满足顾客需求. 因此, 需要定义两类决策变量. 一类决策为是否在某个点建立设施. 为此, 定义 0-1 决策变量 y_i 为

$$y_i = \begin{cases} 1, & \text{在 } i \text{ 点建立设施}, \\ 0, & \text{否则}. \end{cases}$$

另一类决策为每个设施点满足每个客户的需求量在该客户总需求中所占的比例. 为此, 定义决策变量 x_{ij} 为

x_{ij} = 设施点 i 满足顾客 j 的需求量在该顾客总需求中所占的比例.

令 I 为设施点集合, J 为客户集合, d_j 为客户 $j \in J$ 的总需求, f_i 为在设施点 $i \in I$ 建立设施所需的固定费用, u_i 为设施点 i 能够提供的最大服务量, c_{ij} 为顾客 j 从设施点 i 获取单位服务量而产生的成本. 设施选址问题的整数线性规划模型可表示如下:

$$\min \sum_{i\in I}\sum_{j\in J} c_{ij} d_j x_{ij} + \sum_{i\in I} f_i y_i \tag{2.36}$$

s.t.

$$\sum_{i\in I} x_{ij} = d_j, \quad \forall j \in J, \tag{2.37}$$

$$\sum_{j\in J} d_j x_{ij} \leqslant u_i y_i, \quad \forall i \in I, \tag{2.38}$$

$$x_{ij} \geqslant 0, \quad \forall i \in I, j \in J, \tag{2.39}$$

$$y_i \in \{0,1\}, \quad \forall i \in I. \tag{2.40}$$

上述模型称为设施选址模型, 其目标是最小化所有可变成本与固定成本之和. 约束条件 (2.37) 保证了每位顾客的总需求都得到满足. 约束条件 (2.38) 为开关约束, 保证了: 当 $y_i = 1$ 时, 设施点 i 所提供的服务总量不超过最大上限 u_i; 而当 $y_i = 0$ 时, 设施点 i 不能为任何客户提供服务. 若问题中并没有具体规定设施点 i 可提供的服务量上限, 则 u_i 可设成任何足够大的值, 如所有客户的总需求. 约束条件 (2.39) 和 (2.40) 定义了决策变量.

如果顾客所需的全部服务必须从单一设施点获得, 则还需要以下约束:

$$x_{ij} \in \{0,1\}, \quad \forall i \in I, j \in J.$$

2.4.1.2 应用实例

例 2.12 (设施选址) 交通运输部门拟新增一批办事处来负责每年视察全国范围内 121 处的桥梁安全 (简称视察地). 他们已在全国各地挑选了 18 个备选的办事处地点, 同时测量了从办事处 i 到每个视察地 j 的交通成本 c_{ij}. 每个视察地都应受到某个办事处的管理.

请问应如何选择办事处, 并对视察任务进行分配, 使得总成本最小? 基于设置办事处每年的固定费用是否已知, 他们需要针对以下两种情形构建设施选择模型:

(1) 假定设置办事处每年的固定费用为 f;

(2) 假定设置办事处每年的固定费用是未知的, 但已决定最多开放 11 个办事处.

解 定义决策变量如下:

对于 $i = 1, \cdots, 18$; $j = 1, \cdots, 121$, 定义 0-1 变量 x_{ij} 为是否令办事处 i 管理视察地 j, 即

$$x_{ij} = \begin{cases} 1, & \text{办事处 } i \text{ 管理视察地 } j, \\ 0, & \text{否则}. \end{cases}$$

对于 $i=1,\cdots,18$, 定义 0-1 变量 y_i:

$$y_i=\begin{cases}1, & 在\ i\ 点建立办事处,\\ 0, & 否则.\end{cases}$$

构建模型如下:

当设置办事处每年的固定费用为 f 时, 相应的设施选址模型为

$$\min\sum_{i=1}^{18}\sum_{j=1}^{121}c_{ij}x_{ij}+f\sum_{i=1}^{18}y_i \tag{2.41}$$

s.t.

$$\sum_{i=1}^{18}x_{ij}=1,\quad \forall j=1,\cdots,121, \tag{2.42}$$

$$\sum_{j=1}^{121}x_{ij}\leqslant 121y_i,\quad \forall i=1,\cdots,18, \tag{2.43}$$

$$x_{ij},y_i\in\{0,1\},\quad \forall i=1,\cdots,18;j=1,\cdots,121. \tag{2.44}$$

目标函数 (2.41) 为最小化交通成本与固定成本之和. 约束条件 (2.42) 限制每个视察地恰被一个办事处管理. 约束条件 (2.43) 为开关约束, 表明每个办事处能管理的视察地不超过 121 个, 同时也给出了 0-1 变量 x_{ij} 和 y_i 之间的逻辑关系. 约束条件 (2.44) 定义了 0-1 变量 x_{ij} 和 y_i. 由于题目中并未规定各办事处视察任务数的上限, 因此可取 $u_i=121$.

当设置办事处每年的固定费用未知时, 相应的设施选址模型为

$$\min\sum_{i=1}^{18}\sum_{j=1}^{121}c_{ij}x_{ij} \tag{2.45}$$

s.t.

约束条件(2.42) ~ (2.44),

$$\sum_{i=1}^{18}y_i\leqslant 11. \tag{2.46}$$

固定成本可以被忽略的, 这种情况下, 需要添加一个新的约束条件 (2.46) 来限制办事处数量, 使其不超过 11 个.

例 2.13 (航空公司货运) 某航空公司专门从事货物运输, 在六个主要城市之间进行运送, 即城市 A、B、C、D、E、F. 该公司每天在这些城市之间运输货物的平均吨数如表 2.14 所示.

表 2.14 每对城市之间的平均货运量

	城市 A	城市 B	城市 C	城市 D	城市 E	城市 F
城市 A	0	500	1000	300	400	1500
城市 B	1500	0	250	630	360	1140
城市 C	400	510	0	460	320	490
城市 D	300	600	810	0	820	310
城市 E	400	100	420	730	0	970
城市 F	350	1020	260	580	380	0

假设城市 i 和 j 之间的运输成本与它们之间的距离成正比. 表 2.15 给出了各城市之间的距离.

表 2.15 城市之间的距离 (单位: 千米)

	城市 A	城市 B	城市 C	城市 D	城市 E	城市 F
城市 A	—	945	605	4667	4749	4394
城市 B	—	—	866	3726	3806	3448
城市 C	—	—	—	4471	4541	4152
城市 D	—	—	—	—	109	415
城市 E	—	—	—	—	—	431

该航空公司计划使用两个城市作为枢纽城市来降低运输费用. 每个城市需连接到一个枢纽, 连接到给定枢纽 H_1 的城市与连接到另一个枢纽 H_2 的城市之间的运输都需要通过 H_1 到 H_2 这段路径, 以此来降低运输费用. 两个枢纽之间的运输费用要比传统运输方式下的费用低 20%. 请问应选择哪两个城市作为枢纽才能使运输成本最小?

解 令 C 表示所有城市的集合, d_{ij} 为城市 i 和 j 之间的距离, q_{ij} 为需要从城市 i 运输到 j 的货物数量. 其中, 每吨的运费取决于选择哪些城市作为枢纽. 从城市 i 运输到 j 的货物都要经过两个枢纽 k 和 l(可以为同一个枢纽). 令 c_{ijkl} 为从城市 i 到 j 经过枢纽 k 和 l 的运输费用, 则此费用等于从 i 到 k 的运费加上 k 到 l 的运费再加上 l 到 j 的运费. 由于从 k 到 l 是枢纽之间的运输, 因此其运费等于表 2.15 中列出正常运费的 80%.

定义决策变量如下:

对于 $i \in C$, 定义 0-1 变量 x_i 为是否将城市 i 设为枢纽, 即

$$x_i = \begin{cases} 1, & \text{将城市 } i \text{ 设为枢纽}, \\ 0, & \text{否则}. \end{cases}$$

同时, 对于 $i, j, k, l \in C$, 定义 0-1 变量 y_{ijkl} 为城市 i 到 j 的运输是否需要依次经过枢纽 k 和 l, 即

$$y_{ijkl} = \begin{cases} 1, & \text{城市 } i \text{ 到 } j \text{ 的运输依次经过枢纽 } k \text{ 和 } l, \\ 0, & \text{否则}. \end{cases}$$

构建模型如下:

$$\min \sum_{i \in C} \sum_{j \in C} \sum_{k \in C} \sum_{l \in C} c_{ijkl} q_{ij} y_{ijkl} \tag{2.47}$$

s.t.

$$\sum_{i \in C} x_i = 2, \tag{2.48}$$

$$\sum_{k \in C} \sum_{l \in C} y_{ijkl} = 1, \quad \forall i, j \in C, \tag{2.49}$$

$$y_{ijkl} \leqslant x_k, \quad \forall i, j, k, l \in C, \tag{2.50}$$

$$y_{ijkl} \leqslant x_l, \quad \forall i, j, k, l \in C, \tag{2.51}$$

$$x_k, y_{ijkl} \in \{0, 1\}, \quad \forall k \in C. \tag{2.52}$$

目标函数 (2.47) 为最小化总运输成本. 约束条件 (2.48) 表明建立枢纽的数量为 2. 约束条件 (2.49) 规定每对城市 (i, j) 只需依次经过一对枢纽 k 和 l. 约束条件 (2.50) 和 (2.51) 表明如果变量 y_{ijkl} 为 1, 则变量 x_k 和 x_l 也为 1. 即, 只有当 k 和 l 都是枢纽时, i 到 j 的货运才可能依次经过 k 和 l. 约束条件 (2.52) 定义了 0-1 变量 x_k 和 y_{ijkl}.

注意 在约束 (2.49) 中, k 可以等于 l, 这也就意味着运输只通过一个枢纽进行中转, 这种情况下枢纽间运输成本为 0.

2.4.2 网络设计模型

2.4.2.1 模型介绍

点或边带有某种数量指标 (距离、费用、通行能力) 的图称为网络, 也称作赋权图. 网络设计或固定费用网络流模型需要决策选取网络中的哪些线段 (或弧) 来满足服务要求.

在网络模型中, 用 V 表示网络中的节点集, A 表示网络中的弧集, b_i 表示结点 $i \in V$ 所需的网络流量, u_{ij} 表示弧 $(i, j) \in A$ 的最大网络流量限制, f_{ij} 表示建立通路 (i, j) 花费的固定成本, c_{ij} 表示经过弧 (i, j) 的单位流量成本.

对于弧 $(i,j)\in A$, 定义连续变量 x_{ij} 为通过弧 (i,j) 的网络流量, 0-1 变量 y_{ij} 为点 i 和 j 之间是否建立通路.

网络设计或固定费用网络流模型可表示为

$$\min \sum_{(i,j)\in A} f_{ij}y_{ij} + \sum_{(i,j)\in A} c_{ij}x_{ij} \tag{2.53}$$

s.t.

$$\sum_{(i,k)\in A} x_{ik} - \sum_{(k,j)\in A} x_{kj} = b_k, \quad \forall k \in V, \tag{2.54}$$

$$0 \leqslant x_{ij} \leqslant u_{ij}y_{ij}, \quad \forall (i,j)\in A, \tag{2.55}$$

$$y_{ij} \in \{0,1\}, \quad \forall (i,j)\in A. \tag{2.56}$$

约束条件 (2.54) 保证了节点 k 的需求得到满足. 约束条件 (2.55) 限制了通过某段弧的网络流量不超过其上限, 并给出了 0-1 变量 x_{ij} 和 y_{ij} 之间的逻辑关系. 若没有明确给出流量上限, 则必须结合其他约束条件导出上限, 比如可以取弧 (i,j) 上的最大可行流量为其上限 u_{ij}. 约束条件 (2.56) 定义了 0-1 变量 y_{ij}.

2.4.2.2　应用实例

例 2.14 (村庄供热)　热源厂 (节点 1) 到各村庄 (节点 3 和 4) 铺设供热管道的可能路线如图 2.4 所示. 其中, 弧上的数字为铺设供热管道的固定成本, 节点 2 为中转站, 铺设管道可经过中转站, 也可以不经过. 请问应如何设计一个网络流量模型以最低的成本为两个村庄供热?

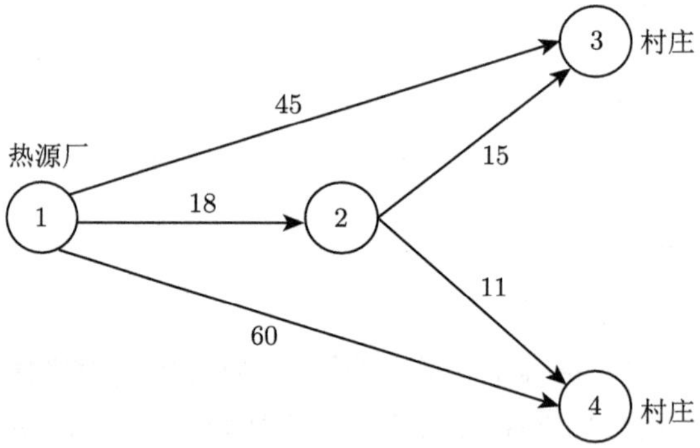

图 2.4　铺设管道的示意图

该问题没有明确规定各个弧的流量上限, 也没有可变成本. 因此, 可以假设这两个村庄的流量需求都为 1, 且节点 1 提供 2 单位的流量. 弧 (1, 2) 上的流量上限为 2, 而其他弧上的流量上限为 1.

将这些值以网络设计模型的形式表示出来形成的整数线性规划模型如下:

$$\min \quad 18y_{12}+45y_{13}+60y_{14}+15y_{23}+11y_{24} \quad (\text{成本})$$

s.t.

$$x_{12}+x_{13}+x_{14}=2 \quad (\text{节点 } 1),$$

$$x_{12}-x_{23}-x_{24}=0 \quad (\text{节点 } 2),$$

$$x_{13}+x_{23}=1 \quad (\text{节点 } 3),$$

$$x_{14}+x_{24}=1 \quad (\text{节点 } 4),$$

$$0\leqslant x_{12}\leqslant 2y_{12}, 0\leqslant x_{13}\leqslant y_{13}, 0\leqslant x_{14}\leqslant y_{14} \quad (\text{所有需求不超过流量限制}),$$

$$0\leqslant x_{23}\leqslant y_{23}, 0\leqslant x_{24}\leqslant y_{24},$$

$$y_{12}, y_{13}, y_{14}, y_{23}, y_{24}\in\{0,1\}.$$

例 2.15 (污水处理) 某城市为服务不断增长的人口, 需要建设下水道及污水处理厂网络, 修建排水管道及污水处理厂的路线如图 2.5 所示.

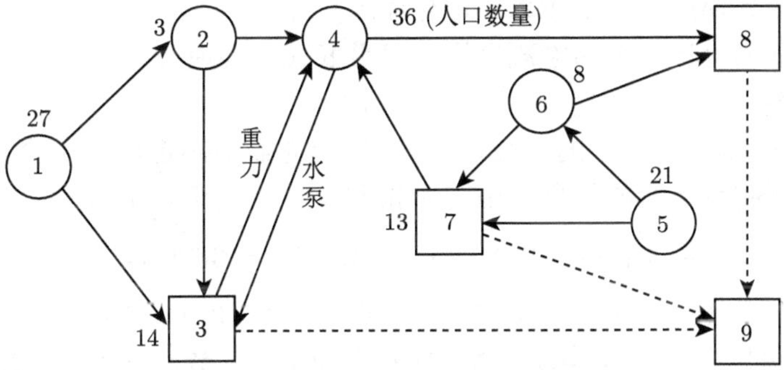

图 2.5 污水网络设计图

网络图中节点 1 至节点 8 表示该城市所覆盖的区域以及可建造污水处理厂的位置, 节点旁边的数字为各区域的人口数量, 各区域的污水量与人口大致成正比, 因此节点处的污水量可用人口数表示 (单位: 千人). 连接各节点的弧指明了水的流动方向, 大多数流动都遵循由高到低的重力原则, 也有一条是安装了水泵的抽水管道 (4, 3).

建设每种线路的成本包括固定成本 (路权获取、挖沟) 和变动成本. 变动成本与人口数量有关, 人口数量越多, 污水流量越大, 所需管道的直径也就越大. 表 2.16 显示了每条弧对应的固定成本和可变成本 (单位: 千元).

表 2.16 各弧上的参数

弧	固定成本	可变成本	流量上限
(1, 2)	240	21	27
(1, 3)	350	30	27
(2, 3)	200	22	30
(2, 4)	750	58	30
(3, 4)	610	43	44
(3, 9)	3800	1	122
(4, 3)	1840	49	108
(4, 8)	780	63	122
(5, 6)	620	44	21
(5, 7)	800	51	21
(6, 7)	500	56	29
(6, 8)	630	94	29
(7, 4)	1120	82	42
(7, 9)	3800	1	42
(8, 9)	2500	2	122

污水处理厂的成本发生在最终节点处, 即图 2.4 中的节点 3、7 和 8. 针对这种情况, 可引入一个人工的“超级蓄水池”节点 9 来处理污水, 将问题转变为在弧上的建模. 虚线表示的弧 $(3,9)$, $(7,9)$ 和 $(8,9)$ 可被理解成流出整个网络的水流, 由此计算污水处理厂的固定成本和可变成本.

决策者需要设计一个网络流量模型以最低成本处理城市污水.

构建模型

为建立如 2.4.2.1 部分的网络设计模型, 首先需要确定每个弧的流量上限 u_{ij}, 此上限可根据题目所给的信息求出. 例如, 弧 $(4,8)$ 的流量上限为

$$u_{48} = 36 + (3 + 14 + 27) + (13 + 21 + 8) = 36 + 44 + 42 = 122.$$

弧 $(4,8)$ 需要承担由节点 2 经弧 $(2,4)$, 节点 3 经弧 $(3,4)$, 节点 7 经弧 $(7,4)$ 流向节点 4 的流量以及节点 4 自身产生的 36 单位流量. 节点 2 经弧 $(2,4)$ 和节点 3 经弧 $(3,4)$ 流向节点 4 的最大流量为 $3 + 14 + 27$, 而节点 7 经弧 $(7,4)$ 流向节点 4 的最大流量为 $13 + 21 + 8$. 以此类推, 可求得每个弧上的流量上限, 见表 2.16.

该问题对应的网络设计模型为

$$\begin{aligned}
\min \quad & 21x_{12} + 30x_{13} + 22x_{23} + 58x_{24} + 43x_{34} \\
& + 1x_{39} + 49x_{43} + 63x_{48} + 44x_{56} + 51x_{57} \\
& + 56x_{67} + 94x_{68} + 82x_{74} + 1x_{79} + 2x_{89} \\
& + 240y_{12} + 350y_{13} + 200y_{23} + 750y_{24} + 610y_{34} \\
& + 3800y_{39} + 1840y_{43} + 780y_{48} + 620y_{56} + 800y_{57}
\end{aligned} \qquad \text{(总成本)}$$

$$+500y_{67}+630y_{68}+1120y_{74}+3800y_{79}+2500y_{89}$$

s.t.

$$-x_{12}-x_{13}=-27 \quad (\text{节点 } 1),$$

$$x_{12}-x_{23}-x_{24}=-3 \quad (\text{节点 } 2),$$

$$x_{13}+x_{23}+x_{43}-x_{34}-x_{39}=-14 \quad (\text{节点 } 3),$$

$$x_{24}+x_{34}+x_{74}-x_{43}-x_{48}=-36 \quad (\text{节点 } 4),$$

$$-x_{56}-x_{57}=-21 \quad (\text{节点 } 5),$$

$$x_{56}-x_{67}-x_{68}=-8 \quad (\text{节点 } 6),$$

$$x_{57}+x_{67}-x_{74}-x_{79}=-13 \quad (\text{节点 } 7),$$

$$x_{48}+x_{68}-x_{89}=0 \quad (\text{节点 } 8),$$

$$x_{39}+x_{79}+x_{89}=122 \quad (\text{节点 } 9),$$

$$\left.\begin{array}{l}
0\leqslant x_{12}\leqslant 27y_{12},\ 0\leqslant x_{13}\leqslant 27y_{13},\\
0\leqslant x_{23}\leqslant 30y_{23},\ 0\leqslant x_{24}\leqslant 30y_{24},\\
0\leqslant x_{34}\leqslant 44y_{34},\ 0\leqslant x_{39}\leqslant 122y_{39},\\
0\leqslant x_{43}\leqslant 108y_{43},\ 0\leqslant x_{48}\leqslant 122y_{48},\\
0\leqslant x_{56}\leqslant 21y_{56},\ 0\leqslant x_{57}\leqslant 21y_{57},\\
0\leqslant x_{67}\leqslant 29y_{67},\ 0\leqslant x_{68}\leqslant 29y_{68},\\
0\leqslant x_{74}\leqslant 42y_{74},\ 0\leqslant x_{79}\leqslant 42y_{79},\\
0\leqslant x_{89}\leqslant 122y_{89},
\end{array}\right\} \quad (\text{所有需求不超过流量限制})$$

$$y_{ij}\in\{0,1\},\quad \forall (i,j)\in A.$$

2.5 旅行商模型

2.5.1 模型介绍

旅行商问题 (TSP) 可描述为: 一个商品推销员要去若干个城市推销商品, 该推销员从一个城市出发, 需要经过所有城市后再回到出发点, 选择一条路线使得总行程最短. 即求一个总行程最小的路线, 使得通过该路线可以恰好访问给定集合中的每个点一次, 并且最终回到出发点.

TSP 又分为对称 TSP 和不对称 TSP, 分类依据为两点间的距离是否对称. 也就是说, 若从任意点 i 到任何其他点 j 的距离或成本与从 j 到 i 的距离或成本相同, 则称该旅行商问题是对称的, 反之则称其是不对称的.

首先, 考虑对称情况下的旅行商问题. 旅行商问题存在多种不同的建模方式, 在对称情况下, 大多数整数线性规划模型都会引入决策变量 $x_{ij}(i<j)$:

$$x_{ij}=\begin{cases}1, & \text{如果解中包含从点 } i \text{ 到 } j \text{ 的线段},\\ 0, & \text{否则},\end{cases}$$

其中, 仅针对 $i<j$ 时, 定义 x_{ij}. 这种编号方式是为了避免可能产生的重复, 因为由对称性, 从点 i 到 j 与从点 j 到 i 的效果是相同的. 令集合 I 为所有的点集, d_{ij} 为从点 i 到 j 的距离, 则总的路径长度可以表示为如下的线性形式:

$$\sum_{i\in I}\sum_{j>i,j\in I}d_{ij}x_{ij}.$$

下面考虑对称 TSP 的约束条件. 在对称情况下, 对于任意点 $i\in I$, 可行解中都恰好存在两个 x 变量等于 1, 一个将 i 连接到它的前一个城市, 另一个将 i 连接到它的下一个城市. 这种约束用数学语言可以表示如下:

$$\sum_{j<i,j\in I}x_{ji}+\sum_{j>i,j\in I}x_{ij}=2,\quad \forall i\in I. \tag{2.57}$$

仅有上述约束无法避免子回路问题 (即形成独立的环状路线) 的产生. 例如图 2.6 中, 含有 7 个点的 TSP 解就形成了两个子回路:

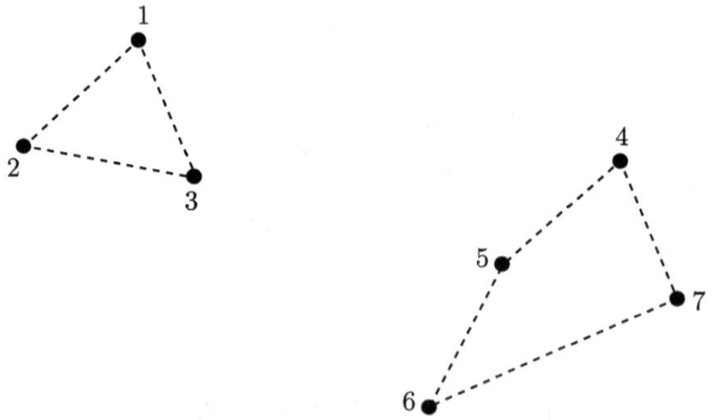

图 2.6　子回路图

由 x_{ij} 的定义, 至少 3 个点才可能形成子路径. 令 S 为集合 I 的一个真子集, 满足 $|S| \geqslant 3$. 任意不在集合 S 形成子回路的路径必须在 S 内外至少穿过两次. 这就形成了如下的子回路消除约束:

$$\sum_{i\in S}\sum_{j\notin S,j>i} x_{ij} + \sum_{i\notin S}\sum_{j\in S,j>i} x_{ij} \geqslant 2. \tag{2.58}$$

例如, 在含有 8 个点的 TSP 中, 令 $S=\{3,4,5,6\}$, 则相应的约束为

$$x_{13}+x_{14}+x_{15}+x_{16}+x_{23}+x_{24}+x_{25}+x_{26}+x_{37}+x_{47}+x_{57}+x_{67} \geqslant 2.$$

整合以上表达式, 可得对称 TSP 的整数线性规划模型为

$$\min \sum_{i\in I} \sum_{j>i,j\in I} d_{ij}x_{ij}$$

s.t.

$$\sum_{j<i} x_{ji} + \sum_{j>i} x_{ij} = 2, \quad \forall i \in I,$$

$$\sum_{i\in S}\sum_{j\notin S,j>i} x_{ij} + \sum_{i\notin S}\sum_{j\in S,j>i} x_{ij} \geqslant 2, \quad \forall S \subset I, |S| \geqslant 3,$$

$$x_{ij} \in \{0,1\}, \quad \forall i,j \in I, j>i.$$

下面考虑不对称 TSP 的整数线性规划建模. 针对不对称情形, 需要做以下三点改变:

- 定义不对称情况下的决策变量为

$$x_{ij} = \begin{cases} 1, & \text{如果路径依次经过点 } i \text{ 和 } j, \\ 0, & \text{否则}, \end{cases} \quad \forall i,j \in I.$$

  在此情况下, 由于成本的不对称性, 从 i 到 j 的路线与从 j 到 i 的路线是不同的.

- 约束条件也不能仅满足每个点出现两次. 任何不对称 TSP 的路径必须保证到达每个点一次并离开每个点一次. 因此, 约束条件 (2.57) 应更新为

$$\sum_{j\in I} x_{ji} = 1, \quad \forall i \in I \quad (\text{进入 } i),$$
$$\sum_{j\in I} x_{ij} = 1, \quad \forall i \in I \quad (\text{离开 } i).$$

- 对于子路径的消除, 可以仅要求路径至少离开 S 一次, 因此子回路消除约束 (2.58) 应更新为

$$\sum_{i \in S} \sum_{j \notin S} x_{ij} \geqslant 1.$$

此外, 如果一个路径在 S 中形成子回路, 则该路径经过 S 中弧的数目必定大于或等于 S 点的个数. 因此, 也可加入如下子回路消除约束:

$$\sum_{i \in S} \sum_{j \in S} x_{ij} \leqslant |S| - 1.$$

注意　对于非对称情形, 仅有两个点的集合可以形成回路. 因此, 非对称情形要求 $|S| \geqslant 2$.

整合上述表达式, 可得非对称 TSP 的整数线性规划模型为

$$\min \sum_{i \in I} \sum_{j \in I} d_{ij} x_{ij}$$

s.t.

$$\sum_{j \in I} x_{ji} = 1, \quad \forall i \in I, \tag{2.59}$$

$$\sum_{j \in I} x_{ij} = 1, \quad \forall i \in I, \tag{2.60}$$

$$\sum_{i \in S} \sum_{j \notin S} x_{ij} \geqslant 1, \quad \forall S \subset I, |S| \geqslant 2, \tag{2.61}$$

$$x_{ij} \in \{0, 1\}, \quad \forall i, j \in I, \tag{2.62}$$

或

$$\min \sum_{i \in I} \sum_{j \in I} d_{ij} x_{ij}$$

s.t.

约束条件(2.59), (2.60), (2.62),

$$\sum_{i \in S} \sum_{j \in S} x_{ij} \leqslant |S| - 1, \quad \forall S \subset I, |S| \geqslant 2. \tag{2.63}$$

2.5.2　应用实例

例 2.16 (快递员送货)　某快递员需要向 6 个地点送货, 各个地点之间的可能路线如图 2.7 所示, 连线上的数字表示配送的时间. 试问该快递员应如何找到

一条可行路径使得总的配送时间最短, 且每个节点恰好访问一次?

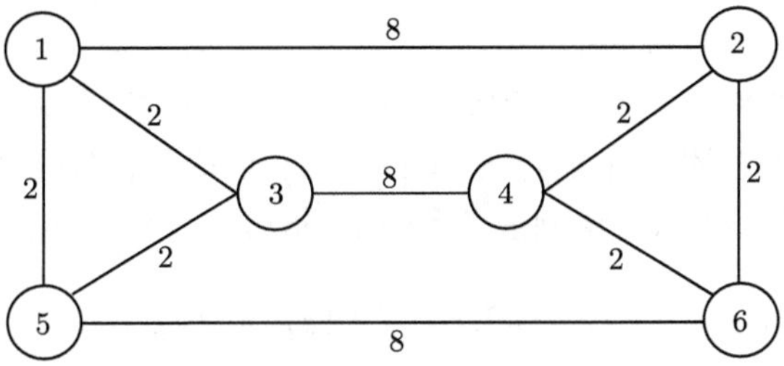

图 2.7 送货路线示意图

(1) 解释此问题为什么可以被视为一个对称 TSP.

(2) 为此实例建立整数线性规划模型.

解 (1) 因为快递员想要找到一条能够访问每个点的循环路径, 所以该问题为 TSP. 又因为该问题中的路径无论是从点 i 到 j 传递还是从点 j 到 i 传递, 所需时间都是相同的, 它为对称的.

(2) 因为该问题是一个经典的对称 TSP, 其线性规划模型如下:

$$\min\ 8x_{12}+2x_{13}+2x_{15}+2x_{24}+2x_{26}+8x_{34}+2x_{35}+2x_{46}+8x_{56}$$

s.t.

$$x_{12}+x_{13}+x_{15}=2 \quad (\text{节点 } 1),$$

$$x_{12}+x_{24}+x_{26}=2 \quad (\text{节点 } 2),$$

$$x_{13}+x_{34}+x_{35}=2 \quad (\text{节点 } 3),$$

$$x_{24}+x_{34}+x_{46}=2 \quad (\text{节点 } 4),$$

$$x_{15}+x_{35}+x_{56}=2 \quad (\text{节点 } 5),$$

$$x_{26}+x_{46}+x_{56}=2 \quad (\text{节点 } 6),$$

$$\sum_{i\in S}\sum_{j\notin S,j>i} x_{ij}+\sum_{i\notin S}\sum_{j\in S,j>i} x_{ij}\geqslant 2,$$

$$\forall S\subset\{1,\cdots,6\},|S|\geqslant 3 \quad (\text{子回路消除约束}),$$

$$x_{i,j}\in\{0,1\},\quad \forall i,j\in I.$$

例 2.17 (快递员送货续) 进一步考虑例 2.16 的 TSP, 假设从点 i 到 j 的路径与从 j 到 i 的路径难度不同, 即快递员由编号较大的节点向编号较小的节点配送时，需要消耗 1.5 倍的时间. 例如，如果 $d_{12}=8$，则 $d_{21}=8\times 1.5=12$，以此类推.

(1) 给出此问题的目标函数.

(2) 建立约束条件，使得路径到达和离开每个节点恰好各一次.

(3) 建立一个可以避免在集合 $S=\{1,3,5\}$ 形成子回路的约束条件.

解　(1) 根据假设可知，该问题为经典的非对称 TSP，其目标函数如下：

$$\begin{aligned}\min\ & 8x_{12}+2x_{13}+2x_{15}+12x_{21}+2x_{24}+2x_{26}\\ &+3x_{31}+8x_{34}+2x_{35}+3x_{42}+12x_{43}+2x_{46}\\ &+3x_{51}+3x_{53}+8x_{56}+3x_{62}+3x_{64}+12x_{65}.\end{aligned}$$

(2) 使得路径到达和离开每个节点恰好各一次的约束条件如下：

$$\begin{aligned}&x_{21}+x_{31}+x_{51}=1 \quad (\text{进入 } 1),\\ &x_{12}+x_{42}+x_{62}=1 \quad (\text{进入 } 2),\\ &x_{13}+x_{43}+x_{53}=1 \quad (\text{进入 } 3),\\ &x_{24}+x_{34}+x_{64}=1 \quad (\text{进入 } 4),\\ &x_{15}+x_{35}+x_{65}=1 \quad (\text{进入 } 5),\\ &x_{26}+x_{46}+x_{56}=1 \quad (\text{进入 } 6),\\ &x_{12}+x_{13}+x_{15}=1 \quad (\text{离开 } 1),\\ &x_{21}+x_{24}+x_{26}=1 \quad (\text{离开 } 2),\\ &x_{31}+x_{34}+x_{35}=1 \quad (\text{离开 } 3),\\ &x_{42}+x_{43}+x_{46}=1 \quad (\text{离开 } 4),\\ &x_{51}+x_{53}+x_{56}=1 \quad (\text{离开 } 5),\\ &x_{62}+x_{64}+x_{65}=1 \quad (\text{离开 } 6).\end{aligned}$$

(3) 为了消除集合 $S=\{1,3,5\}$ 的子回路，需加入的约束条件如下：

$$x_{12}+x_{34}+x_{56}\geqslant 1$$

或

$$x_{13}+x_{15}+x_{31}+x_{35}+x_{51}+x_{53}\leqslant 2.$$

习 题 二

2-1. 东南亚的某个国家在经历大面积的洪灾, 该国政府在国际组织的帮助下, 决定建立一个空运补给系统. 但这个国家只有 7 条跑道仍处于可用状态, 其中包括首都的一条.

该国政府决定让飞机从首都起飞, 然后访问所有其他六个机场, 最后回到首都. 表 2.17 列出了机场之间的距离, 机场 A1 位于首都. 请问飞机应按什么顺序访问各个机场才能使总行程最短? 请为该问题建立整数线性规划模型.

表 2.17 机场间的距离 (单位: 千米)

	A2	A3	A4	A5	A6	A7
A1	786	549	657	331	559	250
A2	—	668	979	593	224	905
A3	—	—	316	607	472	467
A4	—	—	—	890	769	499
A5	—	—	—	—	386	559
A6	—	—	—	—	—	681

2-2. 某水泥生产企业有 n 个销售区域, 各销售区域每月的水泥需求量分别为 r_i 吨 $(i = 1, 2, \cdots, n)$. 现拟在这 n 个销售区域中选址建厂 (一个区域最多只能建一个工厂). 若在第 i 个销售区域建厂, 将来生产能力每月为 a_i 吨, 每吨成本为 b_i, 每月固定生产成本为 d_i 元 $(i = 1, 2, \cdots, n)$. 已知从销售区域 i 至 j 的运价为 c_{ij} 元/吨. 请问应如何选址才能使每月总成本最少? 请为该问题建立整数线性规划模型.

2-3. 某生活用品公司能够生产 3 种产品: 水桶、脸盆和垃圾桶. 每种产品的生产需要专用的机器. 生产每种产品所需要机器的租赁费用如下: 水桶机器, 每天 200 元; 脸盆机器, 每天 140 元; 垃圾桶机器, 每天 160 元. 每种产品所需的原料数量和劳动时间如表 2.18 所示. 每天可以使用的劳动时间为 8 小时, 原料为 140 千克. 表 2.19 给出了产品的可变单位成本和售价. 请建立一个可以使该公司每天利润最大的整数线性规划模型.

表 2.18 资源要求

产品类型	劳动时间/分	原料/克
水桶	6	1500
脸盆	3	800
垃圾桶	4	1000

表 2.19 产品售价与成本信息

产品类型	售价/元	可变成本/元
水桶	12	6
脸盆	8	4
垃圾桶	9	5

2-4. 图 2.8 显示了某天然气公司正在考虑建设的 5 条天然气管道, 这些管道将天然气从 2 个油气田运送到 2 个存储区. 弧线上的数字表示需要建造的管道长度 (单位: 千米), 且建造成本为 60 万元每千米.

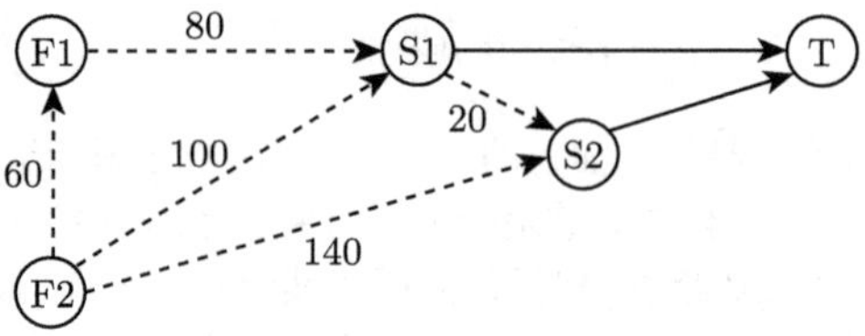

图 2.8

该图还表明两个存储区都已通过现有的线路连接到公司的主要终端. 每年预计需要从油气田 1 运输 8 亿立方米的天然气到终端, 并且从油气田 2 运输 6 亿立方米的天然气到终端. 网络的每个管道上运输的可变成本是 2000 元每百万立方米, 并且每年最大运输量为 10 亿立方米. 该公司希望建立一个总成本最低的系统. 请为该问题建立整数线性规划模型.

2-5. 某制造公司为重型建筑设备组装柴油发动机. 在接下来的 4 个季度中, 公司预计分别组装并运输 40, 20, 60 和 15 台发动机, 但在任何季度最多能组装 50 台发动机. 每次生产线启动时都需要 12000 元的固定成本, 每台发动机的装配成本为 1200 元. 发动机可以存放在工厂的库存中, 每台的库存成本为 600 元每月. 该公司希望建立一个 4 个季度的生产和组装计划以最小化总成本. 假设开始和结束时都没有库存. 请为该问题建立整数线性规划模型.

2-6. 一名快递员由位置 1 出发, 在返回位置 1 之前他必须把快递送到位置 2, 3, 4 和 5. 表 2.20 给出了这些位置之间的距离. 这名快递员希望使经过的总行程最短. 请问这名快递员应当按照什么顺序送货? 请为该问题建立整数线性规划模型.

表 2.20　各个位置之间的距离

位置	1	2	3	4	5
1	0	18	3	9	24
2	18	0	6	30	9
3	3	6	0	5	5
4	9	30	5	0	20
5	24	9	5	20	0

2-7. 某城市计划建 2 所医院, 可以选择在 6 个区建这些医院. 每个区每年的居民就诊人数以及每个区的坐标如表 2.21 所示.

表 2.21　每个区每年的居民就诊人数和每个区坐标

区	x	y	就诊人数
1	0	0	3200
2	4	10	3800
3	12	16	4800
4	7	5	2600
5	14	11	6000
6	9	15	4200

如果要使患者去医院的距离最短, 请问应在哪些区建设医院? 请为该问题建立整数线性规划模型.

第 3 章 线性规划

线性规划 (linear programming, LP), 是运筹学中一个研究历史悠久、发展迅速、应用广泛且方法成熟的重要分支, 是辅助人们进行科学管理的数学方法. 线性规划以决策变量的线性函数为目标函数, 旨在求解在线性约束条件下目标函数的最大值或最小值. 本章主要介绍线性规划的相关基本定理、求解线性规划的基本算法——单纯形法以及线性对偶的基本理论.

3.1 线性规划的规范型

3.1.1 线性规划模型的一般形式

$$\max \text{ 或 } \min z = c_1x_1 + c_2x_2 + \cdots + c_nx_n \tag{3.1}$$

s.t.

$$\begin{aligned} &a_{11}x_1 + a_{12}x_2 + \cdots + a_{1n}x_n \leqslant (\geqslant)\,(=)\, b_1,\\ &a_{21}x_1 + a_{22}x_2 + \cdots + a_{2n}x_n \leqslant (\geqslant)\,(=)\, b_2,\\ &\qquad\qquad\cdots\cdots\\ &a_{m1}x_1 + a_{m2}x_2 + \cdots + a_{mn}x_n \leqslant (\geqslant)\,(=)\, b_m. \end{aligned} \tag{3.2}$$

其中, $a_{ij}, b_i, c_j\,(i = 1, \cdots, m, j = 1, \cdots, n)$ 是给定的参数, 为线性规划模型的输入参数. 在约束条件 (3.2) 的每个不等式中, $\leqslant, \geqslant$ 和 $=$ 仅有一个出现.

3.1.2 线性规划模型的标准型

如果线性规划模型具有如下形式, 那么称它是**标准型**.

$$\max \text{ 或 } \min z = c_1x_1 + c_2x_2 + \cdots + c_nx_n$$

s.t.

$$a_{11}x_1 + a_{12}x_2 + \cdots + a_{1n}x_n \leqslant b_1,$$

$$a_{21}x_1 + a_{22}x_2 + \cdots + a_{2n}x_n \leqslant b_2,$$

$$\cdots\cdots \tag{3.3}$$

$$a_{m1}x_1 + a_{m2}x_2 + \cdots + a_{mn}x_n \leqslant b_m,$$

$$x_j \in \mathbb{R}_+, \forall j = 1, \cdots, n. \tag{3.4}$$

3.1.3 线性规划模型的规范型

如果线性规划模型具有如下形式, 那么称它是**规范型**.

$$\max 或 \min z = c_1x_1 + c_2x_2 + \cdots + c_nx_n$$

s.t.

$$a_{11}x_1 + a_{12}x_2 + \cdots + a_{1n}x_n = b_1,$$

$$a_{21}x_1 + a_{22}x_2 + \cdots + a_{2n}x_n = b_2,$$

$$\cdots\cdots \tag{3.5}$$

$$a_{m1}x_1 + a_{m2}x_2 + \cdots + a_{mn}x_n = b_m,$$

$$x_j \in \mathbb{R}_+, \forall j = 1, \cdots, n,$$

其中 $b_i \geqslant 0\,(i = 1, \cdots, m)$. 由以上数学表达式可以看出, 线性规划模型规范型的主要特点是:

- 约束条件均用等式表示;
- 决策变量均为非负值;
- 右端常数均为非负值.

下面通过一个例子来介绍如何把非规范形式的线性规划模型转化为上述规范型.

例 3.1　A 公司是一个生产高尔夫器材的小型制造商, 现决定进入中高价位的高尔夫袋装市场. 分销商对新产品十分感兴趣, 且同意买进 A 公司未来 3 个月内生产的全部产品.

在对整个高尔夫袋生产步骤进行了详细的调查以后, 管理层明确了高尔夫袋的生产过程:

(1) 切割和印染;

(2) 缝制;

(3) 成型 (插入雨伞和球杆支架);

(4) 检查和包装.

生产主管详细分析了生产过程的每一步, 得出以下结论: 生产一个中价位标准高尔夫袋 (标准袋) 需要用 $\frac{7}{10}$ 小时切割和印染, $\frac{1}{2}$ 小时缝制, 1 小时成型, $\frac{1}{10}$ 小时检查和包装. 生产一个高级袋则需要 1 小时切割和印染, $\frac{5}{6}$ 小时缝制, $\frac{2}{3}$ 小时成型, $\frac{1}{4}$ 小时检查和包装. 生产信息列于表 3.1 中.

表 3.1 A 公司的生产信息

部门	生产时间/时	
	标准袋	高级袋
切割和印染	$\frac{7}{10}$	1
缝制	$\frac{1}{2}$	$\frac{5}{6}$
成型	1	$\frac{2}{3}$
检查和包装	$\frac{1}{10}$	$\frac{1}{4}$

A 公司的生产还受到各个部门生产时间的限制. 经过对各个生产部门工作量的研究, 生产主管估计未来 3 个月内每个部门可用的最大生产时间分别是: 切割和印染 630 小时, 缝制 600 小时, 成型 708 小时, 检查和包装 135 小时.

现在已知标准袋和高级袋的单位产品利润分别为 10 元和 9 元. 此外, A 公司通过市场调研发现, 顾客对高级袋需求比较高, 因此决定至少要生产 300 个高级袋.

请为 A 公司建立一个线性规划模型, 来决策标准袋和高级袋各生产多少个, 从而可以最大化公司的利润, 并将其转化为规范型.

解 设 x_1 和 x_2 分别表示标准袋和高级袋的产量, A 公司问题的线性规划模型如下:

$$\max z = 10x_1 + 9x_2$$

s.t.

$$\frac{7}{10}x_1 + x_2 \leqslant 630,$$

$$\frac{1}{2}x_1 + \frac{5}{6}x_2 \leqslant 600,$$

$$x_1 + \frac{2}{3}x_2 \leqslant 708,$$

$$
\begin{aligned}
&\frac{1}{10}x_1+\frac{1}{4}x_2\leqslant 135,\\
&x_2\geqslant 300,\\
&x_1,x_2\in\mathbb{R}_+.
\end{aligned}
$$

引入**松弛变量** $x_3,x_4,x_5,x_6\geqslant 0$ 和**剩余变量** $x_7\geqslant 0$, 则上述线性规划模型可转化为下面规范型:

$$\max\ z=10x_1+9x_2$$

s.t.

$$
\begin{aligned}
&\frac{7}{10}x_1+1x_2+x_3=630,\\
&\frac{1}{2}x_1+\frac{5}{6}x_2+x_4=600,\\
&x_1+\frac{2}{3}x_2+x_5=708,\\
&\frac{1}{10}x_1+\frac{1}{4}x_2+x_6=135,\\
&x_2-x_7=300,\\
&x_j\in\mathbb{R}_+,\quad \forall j=1,\cdots,7.
\end{aligned}
$$

由这个例子可以看出: 对于小于等于的不等式约束, 通过引入松弛变量可转化为等式约束; 对于大于等于的不等式约束, 通过引入剩余变量可转化为等式约束. 而对于 $b_i<0$ 的情况, 可以在该式两边乘以 -1, 使之转化为 $b_i^{'}=-b_i>0$ 的形式.

下面讨论自由变量的处理办法.

在一个线性规划模型中, 如果有一部分变量不要求取非负的值, 则称这些变量为**自由变量**. 例如例 3.1 中, 如果不要求 $x_5\geqslant 0$, 则 x_5 就是自由变量. 可以用两种方法把它转化为规范型.

- 令 $x_5=u_1-v_1$, 其中, $u_1,v_1\geqslant 0$. 将 $x_5=u_1-v_1$ 代入上述线性规划模型中, 目标函数和约束的线性性质仍然保持不变, 该问题转化为含有 8 个决策变量 $x_1,x_2,x_3,x_4,x_6,x_7,u_1,v_1\geqslant 0$ 的线性规划模型.
- 从第三个约束中解出 x_5, 代入其他的约束方程及目标函数, 该问题转化为含有 6 个决策变量和 4 个约束的线性规划模型.

例 3.2 考虑下述例子, 把它转化为规范型.

$$\max\ z=12x_1+10x_2+x_3$$

s.t.

$$-11x_1 + 10x_2 + 9x_3 \leqslant -20, \tag{3.6}$$

$$x_1, x_2 \in \mathbb{R}_+.$$

解 约束条件 (3.6) 右端常数项为负数, 两边同乘以 -1, 得到不等式

$$11x_1 - 10x_2 - 9x_3 \geqslant 20. \tag{3.7}$$

引入剩余变量 $x_4 \geqslant 0$, 将不等式 (3.7) 转化为等式

$$11x_1 - 10x_2 - 9x_3 - x_4 = 20. \tag{3.8}$$

变量 x_3 为自由变量, 采用如下两种方法把它转化为规范型:

(1) 令 $x_3 = u_1 - v_1$, 其中, $u_1, v_1 \geqslant 0$. 将 $x_3 = u_1 - v_1$ 代入目标函数和约束条件 (3.8), 可得如下规范型:

$$\max\ z = 12x_1 + 10x_2 + u_1 - v_1$$

s.t.

$$11x_1 - 10x_2 - 9u_1 + 9v_1 - x_4 = 20,$$

$$x_1, x_2, u_1, v_1, x_4 \in \mathbb{R}_+.$$

(2) 从约束条件 (3.8) 解出 $x_3 = \dfrac{11}{9}x_1 - \dfrac{10}{9}x_2 - \dfrac{1}{9}x_4 - \dfrac{20}{9}$, 代入目标函数, 可得如下规范型:

$$\max\ z = \frac{119}{9}x_1 + \frac{80}{9}x_2 - \frac{1}{9}x_4 - \frac{20}{9}$$

s.t.

$$x_1, x_2, x_4 \in \mathbb{R}_+.$$

3.1.4 线性规划模型的矩阵形式

考虑如下线性规划模型的规范型:

$$\max \text{ 或 } \min\ z = c_1x_1 + c_2x_2 + \cdots + c_nx_n$$

s.t.

$$a_{11}x_1 + a_{12}x_2 + \cdots + a_{1n}x_n = b_1,$$

$$a_{21}x_1 + a_{22}x_2 + \cdots + a_{2n}x_n = b_2,$$

$$\cdots\cdots$$

$$a_{m1}x_1 + a_{m2}x_2 + \cdots + a_{mn}x_n = b_m,$$

$$x_j \in \mathbb{R}_+, \ \forall j = 1, \cdots, n.$$

令

$$\boldsymbol{A} = \begin{pmatrix} a_{11} & \cdots & a_{1n} \\ \vdots & \ddots & \vdots \\ a_{m1} & \cdots & a_{mn} \end{pmatrix}, \quad \boldsymbol{x} = \begin{pmatrix} x_1 \\ \vdots \\ x_n \end{pmatrix},$$

$$\boldsymbol{b} = \begin{pmatrix} b_1 \\ \vdots \\ b_m \end{pmatrix}, \quad \boldsymbol{c} = \begin{pmatrix} c_1 \\ \vdots \\ c_n \end{pmatrix}.$$

上述线性规划模型可简写为

$$\max \text{ 或 } \min z = \boldsymbol{c}^{\mathrm{T}}\boldsymbol{x}$$

$$\text{s.t.}$$

$$\boldsymbol{A}\boldsymbol{x} = \boldsymbol{b}, \tag{3.9}$$

$$\boldsymbol{x} \in \mathbb{R}_+^n.$$

设矩阵 $\boldsymbol{A}$ 的秩为 m, 则可从 $\boldsymbol{A}$ 的 n 列中选出 m 列, 使它们线性无关. 为表述方便, 不妨设 $\boldsymbol{A}$ 的前 m 列是线性无关的, 即设

$$\boldsymbol{A}_j = \begin{pmatrix} a_{1j} \\ \vdots \\ a_{mj} \end{pmatrix} \quad (j = 1, \cdots, m)$$

是线性无关的. 令

$$\boldsymbol{B} = (\boldsymbol{A}_1, \cdots, \boldsymbol{A}_m) = \begin{pmatrix} a_{11} & \cdots & a_{1m} \\ \vdots & \ddots & \vdots \\ a_{m1} & \cdots & a_{mm} \end{pmatrix}.$$

称矩阵 $\boldsymbol{B}$ 为基或基底. 易知, 矩阵 $\boldsymbol{B}$ 是非奇异的, 因此方程组

$$\boldsymbol{B}\boldsymbol{x}_{\boldsymbol{B}} = \boldsymbol{b}$$

存在唯一解 $\boldsymbol{x}_{\boldsymbol{B}} = \boldsymbol{B}^{-1}\boldsymbol{b}$, 其中 $\boldsymbol{x}_{\boldsymbol{B}}$ 是一个 m 维向量.

令 $\boldsymbol{x}^{\mathrm{T}} = (\boldsymbol{x}_{\boldsymbol{B}}^{\mathrm{T}}, \boldsymbol{0}^{\mathrm{T}})$, 就得到方程组 (3.9) 的一个解 $\boldsymbol{x}$. 这里 $\boldsymbol{x}$ 的前 m 个分量对应于 $\boldsymbol{x}_{\boldsymbol{B}}$ 的相应分量, 而后面的 $n-m$ 个分量均为零. 这样得到的解 $\boldsymbol{x}$ 称为方程组 (3.9) 关于基 $\boldsymbol{B}$ 的基本解, 而与 $\boldsymbol{B}$ 的列相对应的 $\boldsymbol{x}$ 的分量 $\boldsymbol{x}_j$ 称为**基本变量**. 当一个可行解 $\boldsymbol{x}$ 是**基本解**时, 称它为**基本可行解**.

当基本解中有一个或一个以上的基本变量 $\boldsymbol{x}_j$ 为零时, 则称这个解为**退化的基本解**. 如果一个基本可行解是退化的, 则称它为**退化的基本可行解**.

例 3.3 考虑如下线性规划模型:

$$\min z = 2x_1 + 3x_2 + 4x_4$$

$$\text{s.t.}$$

$$x_1 + 2x_4 - x_5 = 1,$$

$$x_2 + x_4 + 3x_5 = 2,$$

$$x_3 - x_4 + 2x_5 = 2,$$

$$x_j \in \mathbb{R}_+,\ \forall j = 1, \cdots, 4.$$

令 $x_4 = x_5 = 0$, 得 $x_1 = 1$, $x_2 = x_3 = 2$, 则 $\boldsymbol{x} = (1,2,2,0,0)^{\mathrm{T}}$ 是一个基本可行解. 这是因为, 向量 $\boldsymbol{a}_1 = \begin{pmatrix} 1 \\ 0 \\ 0 \end{pmatrix}, \boldsymbol{a}_2 = \begin{pmatrix} 0 \\ 1 \\ 0 \end{pmatrix}, \boldsymbol{a}_3 = \begin{pmatrix} 0 \\ 0 \\ 1 \end{pmatrix}$ 显然线性无关, 即 x_1, x_2 和 x_3 是基向量.

最后需要指出: 一个含有 n 个决策变量, m 个约束的线性规划模型 $(m \leqslant n)$, 其基本可行解的个数不超过 C_n^m 个.

3.2 线性规划的基本定理

本节将介绍线性规划的基本定理, 从而确定基本可行解在求解线性规划模型中的重要作用, 并阐明基本可行解与可行域极点之间的关系.

3.2.1 凸集与极点

定义 3.1 设 $I \subset \mathbb{R}^n$, 如果对于任意的点 $\boldsymbol{x}, \boldsymbol{y} \in l$ 和任意的 $\lambda \in [0,1]$, 总有 $\lambda\boldsymbol{x} + (1-\lambda)\boldsymbol{y} \in I$, 则称 I 为**一个凸集**.

显然, 单个点 $\boldsymbol{x}$ 组成的集合, 整个空间 $\mathbb{R}^n$ 都是凸集. 规定空集 $\varnothing$ 为凸集.

定理 3.1　任意一组凸集的交集仍为凸集.

证明　设 $I_1,\cdots,I_k$ 是一组凸集. 对任意的 $\boldsymbol{x},\boldsymbol{y}\in\bigcap_{l=1}^{k}I_l$ 和 $l=1,\cdots,k$, 有 $\boldsymbol{x},\boldsymbol{y}\in I_l$. 对任意的 $\lambda\in[0,1]$, 由于 I_l 是凸集, 总有 $\lambda\boldsymbol{x}+(1-\lambda)\boldsymbol{y}\in I_l$. 由于对于任意的 l, 上式均成立, 故 $\lambda\boldsymbol{x}+(1-\lambda)\boldsymbol{y}\in\bigcap_{l=1}^{k}I_l$, 即 $\bigcap_{l=1}^{k}I_l$ 也是一个凸集, 得证.

定义 3.2　包含一个集合 $I\subset\mathbb{R}^n$ 所有凸集的交集称为 I **的凸包**, 记为 $\operatorname{conv}(I)$.

由定理 3.1 可知, $\operatorname{conv}(I)$ 为凸集, 它实际上是 $\mathbb{R}^n$ 中包含 I 的最小凸集.

定义 3.3　称 $J^+=\{\boldsymbol{x}|\boldsymbol{x}\in\mathbb{R}^n,\boldsymbol{a}^{\mathrm{T}}\boldsymbol{x}\geqslant b\}$ 为**正闭半空间**, $J^-=\{\boldsymbol{x}|\boldsymbol{x}\in\mathbb{R}^n,\boldsymbol{a}^{\mathrm{T}}\boldsymbol{x}\leqslant b\}$ 为**负闭半空间**, $J=\{\boldsymbol{x}|\boldsymbol{x}\in\mathbb{R}^n,\boldsymbol{a}^{\mathrm{T}}\boldsymbol{x}=b\}$ 为**超平面**. J^+ 和 J^- 统称为**闭半空间**.

定理 3.2　闭半空间和超平面均是凸集.

证明　仅证明正闭半空间是凸集, 负闭半空间和超平面的证明类似. 对任意的 $\boldsymbol{x}_1,\boldsymbol{x}_2\in J^+$ 和 $\lambda\in[0,1]$, 令 $\boldsymbol{x}=\lambda\boldsymbol{x}_1+(1-\lambda)\boldsymbol{x}_2$, 则

$$\boldsymbol{a}^{\mathrm{T}}\boldsymbol{x}=\boldsymbol{a}^{\mathrm{T}}\left[\lambda\boldsymbol{x}_1+(1-\lambda)\boldsymbol{x}_2\right]=\lambda\boldsymbol{a}^{\mathrm{T}}\boldsymbol{x}_1+(1-\lambda)\boldsymbol{a}^{\mathrm{T}}\boldsymbol{x}_2.$$

由于 $\boldsymbol{a}^{\mathrm{T}}\boldsymbol{x}_1\geqslant b,\boldsymbol{a}^{\mathrm{T}}\boldsymbol{x}_2\geqslant b$, 且 $\lambda\geqslant 0,1-\lambda\geqslant 0$, 可以得到

$$\begin{aligned}\boldsymbol{a}^{\mathrm{T}}\boldsymbol{x}&=\lambda\boldsymbol{a}^{\mathrm{T}}\boldsymbol{x}_1+(1-\lambda)\,\boldsymbol{a}^{\mathrm{T}}\boldsymbol{x}_2\\&\geqslant\lambda b+(1-\lambda)b=b.\end{aligned}$$

因此 $\boldsymbol{x}\in J^+$, 得证.

定义 3.4　有限个闭半空间的交集称为**多面凸集**, 有界且非空的多面凸集称为**多面凸体**或**凸多面体**.

由定理 3.1 和定理 3.2, 下面结论成立.

定理 3.3　集合 $I=\{\boldsymbol{x}|\boldsymbol{x}\in\mathbb{R}^n,\boldsymbol{A}\boldsymbol{x}\leqslant\boldsymbol{b}\}$ 是多面凸集.

类似地, 集合 $\{\boldsymbol{x}|\boldsymbol{x}\in\mathbb{R}^n,\boldsymbol{A}\boldsymbol{x}\geqslant\boldsymbol{b}\}$ 也是多面凸集, $\{\boldsymbol{x}|\boldsymbol{x}\in\mathbb{R}^n,\boldsymbol{A}\boldsymbol{x}=\boldsymbol{b}\}$ 是凸集.

定义 3.5　设实数 $c_i\geqslant 0\,(i=1,\cdots,k)$, 满足 $\sum_{i=1}^{k}c_i=1$, 点 $\boldsymbol{x}_i\in\mathbb{R}^n(i=1,\cdots,k)$, 称

$$\boldsymbol{x}=\sum_{i=1}^{k}c_i\boldsymbol{x}_i$$

为点$\boldsymbol{x}_1, \boldsymbol{x}_2, \cdots, \boldsymbol{x}_k$ **的凸组合**.

定理 3.4 集合 $I \subset \mathbb{R}^n$ 为凸集的充要条件是: 点 $\boldsymbol{x}_i \in \mathbb{R}^n (i = 1, \cdots, k)$ 的任意凸组合仍然包含在 I 中.

证明 由凸集定义和定义 3.5, 充分性显然成立. 下面用数学归纳法证明必要性, 即设集合 I 为凸集, 要证明点 $\boldsymbol{x}_i \in \mathbb{R}^n\ (i = 1, \cdots, k)$ 的任意凸组合仍然包含在 I 中.

当 $k = 1$ 时, 结论显然成立.

设 $k = l$ 时, 结论成立. 当 $k = l + 1$ 时, 令

$$\boldsymbol{x} = \sum_{i=1}^{l+1} \boldsymbol{c}_i \boldsymbol{x}_i.$$

不失一般性, 假设 $c_{l+1} \neq 1$, 则 $1 - c_{l+1} > 0$. 于是 $\boldsymbol{x}$ 可以重表示为

$$\boldsymbol{x} = (1 - c_{l+1})\boldsymbol{y} + c_{l+1}\boldsymbol{x}_{l+1},$$

其中,

$$\boldsymbol{y} = \sum_{i=1}^{l} \frac{c_i}{1 - c_{l+1}} \boldsymbol{x}_i.$$

由于 $\dfrac{c_i}{1 - c_{l+1}} \geqslant 0\,(i = 1, \cdots, l)$ 且 $\displaystyle\sum_{i=1}^{l} \frac{c_i}{1 - c_{l+1}} = 1$, 由归纳假设知 $\boldsymbol{y} \in I$. 进一步地, 由于 I 是凸集, $\boldsymbol{x} \in I$, 得证.

定义 3.6 集合 $I \subset \mathbb{R}^n$ 为凸集, $\boldsymbol{x} \in I$, 如果对于 $\boldsymbol{x}$ 找不到 I 中的两个不同的点 $\boldsymbol{x}_1$ 和 $\boldsymbol{x}_2$, 使得

$$\boldsymbol{x} = \lambda \boldsymbol{x}_1 + (1 - \lambda)\boldsymbol{x}_2, \quad 0 < \lambda < 1,$$

则称 $\boldsymbol{x}$ 是 I 的**极点或顶点**.

3.2.2 基本定理

考虑如下规范形式的线性规划模型:

$$\begin{aligned} &\min\ z = \boldsymbol{c}^{\mathrm{T}} \boldsymbol{x} \\ &\text{s.t.} \\ &\boldsymbol{A}\boldsymbol{x} = \boldsymbol{b}, \\ &\boldsymbol{x} \in \mathbb{R}_+^n, \end{aligned} \tag{3.10}$$

其中, $\boldsymbol{A}$ 是一个 $m\times n$ 矩阵, $\boldsymbol{c}\in\mathbb{R}^n, \boldsymbol{b}\in\mathbb{R}^m$. 令 A 中的列分别为 $\boldsymbol{A}_1, \boldsymbol{A}_2, \cdots, \boldsymbol{A}_n$. 约束 $\boldsymbol{A}\boldsymbol{x}=\boldsymbol{b}$ 可表示为

$$x_1\boldsymbol{A}_1+x_2\boldsymbol{A}_2+\cdots+x_n\boldsymbol{A}_n=\boldsymbol{b}.$$

假设 $m\leqslant n$, 且矩阵 $\boldsymbol{A}$ 的秩为 m. 不妨假设矩阵 $\boldsymbol{A}$ 的前 m 列 $\boldsymbol{A}_1, \boldsymbol{A}_2, \cdots, \boldsymbol{A}_m$ 是线性无关的. 令 S 是由线性规划模型 (3.10) 所有可行解形成的凸集.

定理 3.5　假设存在一组非负实数 $x_i'\geqslant 0\,(i=1,\cdots,m)$ 使得

$$x_1'\boldsymbol{A}_1+x_2'\boldsymbol{A}_2+\cdots+x_m'\boldsymbol{A}_m=\boldsymbol{b}, \tag{3.11}$$

则点 $\boldsymbol{x}=(x_1', x_2', \cdots, x_m', 0, \cdots, 0)^{\mathrm{T}}$ 是 S 的一个极点.

证明　由假设易知 $\boldsymbol{x}$ 是线性规划模型 (3.10) 的可行解, 即 $\boldsymbol{x}\in S$. 现假设 $\boldsymbol{x}$ 不是 S 的极点, 则 $\boldsymbol{x}$ 位于 S 的内部. 因此, S 中存在不等于 $\boldsymbol{x}$ 的两点 $\boldsymbol{v}=(v_1,\cdots,v_n)^{\mathrm{T}}, \boldsymbol{w}=(w_1,\cdots,w_n)^{\mathrm{T}}$, 使得

$$\boldsymbol{x}=\lambda\boldsymbol{v}+(1-\lambda)\boldsymbol{w}, \tag{3.12}$$

其中, $0<\lambda<1$.

由式 (3.12), 有

$$0=\lambda v_j+(1-\lambda)\,w_j,\quad \forall m+1\leqslant j\leqslant n.$$

由于 $\boldsymbol{v}$ 和 $\boldsymbol{w}$ 是可行解, $\boldsymbol{v}$ 和 $\boldsymbol{w}$ 的所有分量都是非负的. 进一步地, 由于 λ 和 $1-\lambda$ 都是正数, 有 $v_j=w_j=0, \forall m+1\leqslant j\leqslant n$.

因为 $\boldsymbol{v}$ 的后 $n-m$ 项都为 0, 则 $\boldsymbol{A}\boldsymbol{v}=\boldsymbol{b}$ 可以表示为

$$v_1\boldsymbol{A}_1+v_2\boldsymbol{A}_2+\cdots+v_m\boldsymbol{A}_m=\boldsymbol{b}. \tag{3.13}$$

用式 (3.11) 减去 (3.13), 可以得到

$$(x_1'-v_1)\boldsymbol{A}_1+(x_2'-v_2)\boldsymbol{A}_2+\cdots+(x_m'-v_m)\boldsymbol{A}_m=0.$$

又因为 $\boldsymbol{A}_1, \boldsymbol{A}_2, \cdots, \boldsymbol{A}_m$ 是线性无关的, 可以得到

$$x_j'=v_j,\quad \forall 1\leqslant j\leqslant m.$$

因此 $\boldsymbol{x}=\boldsymbol{v}$, 这与假设的 $\boldsymbol{x}\neq\boldsymbol{v}$ 矛盾. 因此, $\boldsymbol{x}$ 是 S 的一个极点, 得证.

定理 3.6　如果 $\boldsymbol{x}=(x_1, x_2, \cdots, x_n)^{\mathrm{T}}$ 是 S 的一个极点, 则 $\boldsymbol{x}$ 的正分量在矩阵 $\boldsymbol{A}$ 中对应的列形成了 $\mathbb{R}^m$ 中线性无关的一组向量.

证明 假设 $\boldsymbol{x}$ 有 k 个正分量. 为了简化符号的使用, 将 $\boldsymbol{x}$ 和 $\boldsymbol{A}$ 的列进行重新编号, 使得 $\boldsymbol{x}$ 的前 k 个分量分别为 $x_1', x_2', \cdots, x_k'$, 同时 $\boldsymbol{A}$ 中对应的列也分别记为 $\boldsymbol{A}_1', \boldsymbol{A}_2', \cdots, \boldsymbol{A}_k'$. 这里, $x_1', x_2', \cdots, x_k'$ 均为正数. 则原方程 $\boldsymbol{Ax} = \boldsymbol{b}$ 可以表示为

$$x_1'\boldsymbol{A}_1' + x_2'\boldsymbol{A}_2' + \cdots + x_k'\boldsymbol{A}_k' = \boldsymbol{b}.$$

现需要证明向量组 $\boldsymbol{A}_1', \boldsymbol{A}_2', \cdots, \boldsymbol{A}_k'$ 是线性无关的. 假设它们是线性相关的, 则存在一组不全为 0 的数 $y_j(1 \leqslant j \leqslant k)$, 使

$$y_1\boldsymbol{A}_1' + y_2\boldsymbol{A}_2' + \cdots + y_k\boldsymbol{A}_k' = \boldsymbol{0}.$$

令 $\boldsymbol{y} = (y_1, y_2, \cdots, y_m, 0, \cdots, 0)^{\mathrm{T}}$, 则

$$\boldsymbol{Ay} = \boldsymbol{0}.$$

因 $x_j > 0(1 \leqslant j \leqslant k)$, 可以选取足够小的正数 ε, 使得

$$\boldsymbol{x} + \varepsilon\boldsymbol{y} \geqslant \boldsymbol{0}, \quad \boldsymbol{x} - \varepsilon\boldsymbol{y} \geqslant \boldsymbol{0}, \tag{3.14}$$

且

$$\boldsymbol{A}(\boldsymbol{x} + \varepsilon\boldsymbol{y}) = \boldsymbol{b}, \quad \boldsymbol{A}(\boldsymbol{x} - \varepsilon\boldsymbol{y}) = \boldsymbol{b}. \tag{3.15}$$

由式 (3.14) 和 (3.15) 可知, $\boldsymbol{x} + \varepsilon\boldsymbol{y}$ 和 $\boldsymbol{x} - \varepsilon\boldsymbol{y}$ 都是线性规划模型 (3.10) 的可行解. 另外, 显然有

$$\boldsymbol{x} = \frac{1}{2}(\boldsymbol{x} + \varepsilon\boldsymbol{y}) + \frac{1}{2}(\boldsymbol{x} - \varepsilon\boldsymbol{y}).$$

这与 $\boldsymbol{x}$ 是 S 的一个极点矛盾. 因此, 向量组 $\boldsymbol{A}_1', \boldsymbol{A}_2', \cdots, \boldsymbol{A}_k'$ 是线性无关的, 得证.

定理 3.7 S 中的极点最多有 m 个分量是正数, 其余全部为 0.

证明 定理 3.6 说明可行解集 S 中的一个极点 $\boldsymbol{x}$ 的止分量对应 $\boldsymbol{A}$ 中的列在 $\mathbb{R}^m$ 中是线性无关的. 但是 $\mathbb{R}^m$ 中线性无关向量的个数不能超过 m, 因此 $\boldsymbol{x}$ 中最多有 m 个正分量, 得证.

由定理 3.5～定理 3.7, 下述结论成立.

定理 3.8 线性规划模型的每一个可行解 $\boldsymbol{x}$ 是基本可行解, 当且仅当它是可行解集 S 中的一个极点.

定理 3.9 (线性规划的基本定理) (1) 如果线性规划模型有可行解, 它必有基本可行解; (2) 如果线性规划模型有最优解, 它必有最优的基本可行解.

证明 仅给出 (1) 的证明, (2) 的证明类似.

设 $\boldsymbol{x} = (x_1, x_2, \cdots, x_n)^{\mathrm{T}}$ 是线性规划模型的一个可行解, 则有

$$x_1\boldsymbol{A}_1 + x_1\boldsymbol{A}_2 + \cdots + x_n\boldsymbol{A}_n = \boldsymbol{b}. \tag{3.16}$$

设 $\boldsymbol{x}$ 有 k 个分量大于 0, 不妨设 $\boldsymbol{x}$ 的前 k 个分量 $x_j > 0(j = 1,\cdots,k)$, 因此有

$$x_1\boldsymbol{A}_1 + x_2\boldsymbol{A}_2 + \cdots + x_k\boldsymbol{A}_k = \boldsymbol{b}. \tag{3.17}$$

下面根据向量组 $\boldsymbol{A}_1,\boldsymbol{A}_2,\cdots,\boldsymbol{A}_k$ 是否线性相关分两种情况来进行证明.

情形 1 向量组 $\boldsymbol{A}_1,\boldsymbol{A}_2,\cdots,\boldsymbol{A}_k$ 是线性无关的. 显然, $k \leqslant m$. 如果 $k = m$, 则可行解 $\boldsymbol{x}$ 就是基本可行解, 无需再证.

如果 $k < m$, 由于矩阵 $\boldsymbol{A}$ 的秩为 m, 可从 $\boldsymbol{A}$ 剩下的 $n-k$ 个列向量中找出 $m-k$ 个向量与 $\boldsymbol{A}_1,\boldsymbol{A}_2,\cdots,\boldsymbol{A}_k$ 一起组成一个线性无关向量组. 因此, 此种情况下, 可行解 $\boldsymbol{x}$ 也是一个基本可行解, 称为一个退化的基本可行解.

情形 2 向量组 $\boldsymbol{A}_1,\boldsymbol{A}_2,\cdots,\boldsymbol{A}_k$ 是线性相关的. 此时, 存在一组不全为 0 的数 $y_j(1 \leqslant j \leqslant k)$, 使

$$y_1\boldsymbol{A}_1 + y_2\boldsymbol{A}_2 + \cdots + y_k\boldsymbol{A}_k = \boldsymbol{0}. \tag{3.18}$$

总可以假定至少有一个 $y_j > 0$, 令

$$\varepsilon = \min_{1\leqslant j\leqslant k}\left\{\frac{x_j}{y_j}\middle| y_j > 0\right\}$$

乘以式 (3.18), 并从式 (3.17) 减去它, 就得到

$$(x_1 - \varepsilon y_1)\boldsymbol{A}_1 + (x_2 - \varepsilon y_2)\boldsymbol{A}_2 + \cdots + (x_k - \varepsilon y_k)\boldsymbol{A}_k = \boldsymbol{b}. \tag{3.19}$$

令 $\boldsymbol{y} = (y_1, y_2, \cdots, y_m, 0, \cdots, 0)^{\mathrm{T}}$, 则 $A(\boldsymbol{x} - \varepsilon\boldsymbol{y}) = \boldsymbol{b}$, 且 $\boldsymbol{x} - \varepsilon\boldsymbol{y} \geqslant \boldsymbol{0}$. 因此, $\boldsymbol{x} - \varepsilon\boldsymbol{y}$ 是线性规划模型的一个可行解, 而且至多有 $k-1$ 个分量 $x_j - \varepsilon y_j$ 大于零. 如果这些大于零的分量 $x_j - \varepsilon y_j$ 所对应的列向量 $\boldsymbol{A}_j$ 是线性无关的, 则问题转化为情形 1, 因而定理的结论成立. 反之, 则可重复上述过程, 每次减少一个大于零的分量, 直到剩下的大于零的分量所对应的列向量组是线性无关时为止. 由于矩阵的秩是有限的, 因此这个过程必然会在有限步内终止, 从而证明存在一个基本可行解, 得证.

由定理 3.8 和定理 3.9, 可以得到如下推论.

推论 3.1 如果可行解集 S 非空, 则它至少有一个极点.

推论 3.2 如果一个线性规划模型存在有限的最优解, 则至少存在一个最优解是其可行解集的极点.

推论 3.3 一个线性规划模型的可行解集最多存在有限多个极点.

上述定理和推论表明:

- 线性规划模型 (3.10) 的可行解集 S 如果是非空的, 该线性规划模型的基本可行解一定存在;

- 如果线性规划模型 (3.10) 的最优解存在, 则该最优解一定可以在可行解集 S 的某个极点上达到.

由于可行解集的极点个数是有限的, 上述结论从理论上保证了可以在有限步内找到线性规划模型的最优解. 这一性质是线性规划算法 (如单纯形法) 能够高效求解线性规划问题的关键所在.

3.3 单纯形法

单纯形法 (simplex method) 由 G.B. Dantzig 于 1947 年首先提出, 它是求解线性规划模型的一种通用有效的算法. 几十年的计算实践说明, 它不仅是求解线性规划模型的基本方法, 而且是求解某些整数规划模型和非线性规划模型的算法基础. 本节将介绍单纯形法的基本原理和计算方法, 以及单纯形法的矩阵形式和算法步骤.

3.3.1 单纯形法的思想

前面已经指出, 一个线性规划模型若有最优解, 则一定有最优的基本可行解, 而且基本可行解的个数是有限的. 因此, 求解线性规划模型的一个直观想法是: 找到所有的基本解, 抛弃那些不可行的解, 然后在剩余的解中寻找一个使目标函数值达到最优的解. 这仍然是一个非常耗时的过程, 因此需要寻求一个更有效的方法来求解线性规划模型, 单纯形法正是这样一种方法. 在实际执行中, 单纯形法并不检验每个基本可行解, 只需检验相对较少的基本可行解. 由于基本可行解的数量有限, 因此经过有限次迭代, 就可以找到所需的最优基本可行解.

单纯形法主要包含以下两个步骤:

- 确立一个判断给定基本可行解是否为最优解的规则;
- 给定一个非最优的基本可行解 (极点), 找到一种规则, 以便从这个基本可行解转移到一个相邻的基本可行解, 并降低目标函数值 (对于最小化问题).

下面给出相邻基本可行解 (极点) 的定义.

定义 3.7 如果线性规划模型可行解集中的两个不同基本可行解 (极点) 仅有一个不同的基变量, 则称这两个解为**相邻的基本可行解**.

3.3.2 单纯形法的步骤

3.3.2.1 基本初始可行解

单纯形法的第一步是确定基本初始解.

考虑如下规范形式的线性规划模型:

$$\min z = \boldsymbol{c}^{\mathrm{T}}\boldsymbol{x}$$

$$\text{s.t.} \tag{3.20}$$

$$\boldsymbol{A}\boldsymbol{x} = \boldsymbol{b},$$

$$\boldsymbol{x} \in \mathbb{R}_+^n,$$

其中, $\boldsymbol{A}$ 是一个 $m \times n$ 矩阵, $\boldsymbol{c} \in \mathbb{R}^n$, $\boldsymbol{b} \in \mathbb{R}_+^m$.

不妨假设 $\boldsymbol{A}$ 的前 m 列线性无关, 则 $\boldsymbol{A}\boldsymbol{x} = \boldsymbol{b}$ 总可以转化为

$$\begin{array}{llllll} x_1 & & +w_{1,m+1}x_{m+1} & +\cdots & +w_{1n}x_n & = w_{10}, \\ & x_2 & +w_{2,m+1}x_{m+1} & +\cdots & +w_{2n}x_n & = w_{20}, \\ & & \cdots\cdots & & & \\ & \quad x_m & +w_{m,m+1}x_{m+1} & +\cdots & +w_{mn}x_n & = w_{m0}. \end{array} \tag{3.21}$$

称 (3.21) 为约束方程组的规范形式, 常简写为

$$x_i + \sum_{j=m+1}^{n} w_{ij}x_j = w_{i0}, \quad \forall i = 1, \cdots, m. \tag{3.22}$$

令 $x_j = 0\,(j = m+1, \cdots, n)$, 可以得到上述线性规划模型的一个**基本初始解**

$$\bar{\boldsymbol{x}} = (w_{10}, w_{20}, \cdots, w_{m0}, 0, 0, \cdots, 0)^{\mathrm{T}}.$$

如果 $w_{i0} \geqslant 0\,(i = 1, 2, \cdots, m)$, 解 $\bar{\boldsymbol{x}}$ 是一个基本可行解.

令

$$\boldsymbol{x}_{\boldsymbol{B}} = (x_1, x_2, \cdots, x_m)^{\mathrm{T}}, \quad \boldsymbol{x}_{\boldsymbol{N}} = (x_{m+1}, x_{m+2}, \cdots, x_n)^{\mathrm{T}},$$

则 $x_i(i = 1, 2, \cdots, m)$ 为基变量, $x_i(i = m+1, \cdots, n)$ 为非基变量.

记 $\boldsymbol{w}_0 = (w_{10}, w_{20}, \cdots, w_{m0})^{\mathrm{T}}$,

$$\boldsymbol{I}_m = \begin{pmatrix} 1 & 0 & \cdots & 0 \\ 0 & 1 & \cdots & 0 \\ \vdots & \vdots & & \vdots \\ 0 & 0 & \cdots & 1 \end{pmatrix}_{m\times m}, \quad \boldsymbol{N} = \begin{pmatrix} w_{1,m+1} & w_{1,m+2} & \cdots & w_{1n} \\ w_{2,m+1} & w_{2,m+2} & \cdots & w_{2n} \\ \vdots & \vdots & & \vdots \\ w_{m,m+1} & w_{m,m+2} & \cdots & w_{mn} \end{pmatrix},$$

则约束方程组 (3.22) 可以表示为

$$(\boldsymbol{I}_m, \boldsymbol{N}) \begin{pmatrix} \boldsymbol{x}_{\boldsymbol{B}} \\ \boldsymbol{x}_{\boldsymbol{N}} \end{pmatrix} = \boldsymbol{w}_0. \tag{3.23}$$

3.3.2.2 最优性检验

得到一个基本可行解后, 需要确定一个标准来检验该基本可行解是否为最优的. 考虑约束方程组 (3.22) 和相应的基本可行解

$$\bar{\boldsymbol{x}} = (w_{10}, w_{20}, \cdots, w_{m0}, 0, 0, \cdots, 0)^{\mathrm{T}}.$$

其对应的目标值为

$$z_0 = \boldsymbol{c}_{\boldsymbol{B}}^{\mathrm{T}} \bar{\boldsymbol{x}}_{\boldsymbol{B}} = \sum_{i=1}^{m} c_i w_{i0},$$

其中 $\boldsymbol{c}_{\boldsymbol{B}} = (c_1, c_2, \cdots, c_m)^{\mathrm{T}}$. 而该模型的任一可行解 $\boldsymbol{x}$ 对应的目标值为

$$z = \boldsymbol{c}^{\mathrm{T}} \boldsymbol{x} = \sum_{i=1}^{n} c_i x_i. \tag{3.24}$$

由公式 (3.22), $x_i = w_{i0} - \sum\limits_{j=m+1}^{n} w_{j0} x_j (i = 1, \cdots, m)$, 将其代入公式 (3.24) 有

$$\begin{aligned} z &= \sum_{i=1}^{m} c_i \left(w_{i0} - \sum_{j=m+1}^{n} w_{ij} x_j \right) + \sum_{j=m+1}^{n} c_j x_j \\ &= \sum_{i=1}^{m} c_i w_{i0} + \sum_{j=m+1}^{n} c_j x_j - \sum_{j=m+1}^{n} \left(\sum_{i=1}^{m} c_i w_{ij} \right) x_j \\ &= z_0 + \sum_{j=m+1}^{n} \left(c_j - \sum_{i=1}^{m} c_i w_{ij} \right) x_j \\ &= z_0 + \sum_{j=m+1}^{n} (c_j - z_j) x_j, \end{aligned} \tag{3.25}$$

其中

$$z_0 = \boldsymbol{c}_{\boldsymbol{B}}^{\mathrm{T}} \bar{\boldsymbol{x}}_{\boldsymbol{B}}, \quad z_j = \sum_{i=1}^{m} c_i w_{ij} \quad (j = m+1, \cdots, n). \tag{3.26}$$

公式 (3.26) 给出了该模型的任一可行解与它的一个基本可行解的目标函数值之间的关系. 下面定理给出了判定一个基本可行解是否为最优解的准则.

定理 3.10 (最优基本可行解判定准则)　给定基本可行解 $\bar{\boldsymbol{x}}$, 如果 $c_j - z_j \geqslant 0\,(j = 1, \cdots, n)$, 那么 $\bar{\boldsymbol{x}}$ 是最优解.

证明　因为对任一可行解 $\boldsymbol{x}$, 必有 $x_i \geqslant 0\,(i = 1, \cdots, m)$. 因此, 如果对任意的 j, 均有 $c_j - z_j \geqslant 0$, 则 $z \geqslant z_0$, 即解 $\bar{\boldsymbol{x}}$ 是最优的, 得证.

$c_j - z_j$ 在单纯形法中起着重要的作用, 称 $r_j = c_j - z_j$ 为**检验数或判别数**.

定理 3.10 说明了如果 $c_j - z_j \geqslant 0\,(j = 1, \cdots, n)$, 则 $\bar{\boldsymbol{x}}$ 是最优解. 反之, 如果存在某个 $j = 1, \cdots, n$, 使得 $c_j - z_j < 0$, 如何找到比 $\bar{\boldsymbol{x}}$ 更优的基本可行解？下面的定理回答了这个问题.

定理 3.11　给定非退化的基本可行解 $\bar{\boldsymbol{x}} = (w_{10}, w_{20}, \cdots, w_{m0}, 0, 0, \cdots, 0)^{\mathrm{T}}$, 其目标函数值为 z_0, 如果存在某个非基变量 x_j 的检验数 $r_j < 0$, 并且其对应的列向量 $\boldsymbol{w}_j = (w_{1j}, w_{2j}, \cdots, w_{mj})^{\mathrm{T}}$ 中存在元素为正实数, 那么存在一个基本可行解, 其对应的目标函数值 $z < z_0$. 如果 x_j 对应的列向量 $\boldsymbol{w}_j$ 所有元素均非正, 则可行解集 S 是无界的, 而且目标函数值可无穷小 (趋向 $-\infty$).

证明　设 $\bar{\boldsymbol{x}} = (w_{10}, w_{20}, \cdots, w_{m0}, 0, 0, \cdots, 0)^{\mathrm{T}}$ 是一个非退化的基本可行解, 即 $w_{i0} > 0\,(i = 1, \cdots, m)$, 其对应的目标函数值为 z_0. 假定存在某个 $j = m + 1, \cdots, n$, 使得 $r_j = c_j - z_j < 0$.

由于 $\boldsymbol{A}_1, \boldsymbol{A}_2, \cdots, \boldsymbol{A}_m$ 是 $\bar{\boldsymbol{x}}$ 对应的一组基, 有

$$\boldsymbol{A}_j = \sum_{i=1}^{m} w_{ij} \boldsymbol{A}_i. \tag{3.27}$$

用 $\varepsilon(\varepsilon > 0)$ 乘以上式得到

$$\varepsilon \boldsymbol{A}_j = \sum_{i=1}^{m} \varepsilon w_{ij} \boldsymbol{A}_i. \tag{3.28}$$

因为 $\bar{\boldsymbol{x}}$ 是一个基本可行解, 有

$$\sum_{i=1}^{m} w_{i0} \boldsymbol{A}_i = b. \tag{3.29}$$

由式 (3.29) 减去式 (3.28), 可以得到

$$\sum_{i=1}^{m} (w_{i0} - \varepsilon w_{ij}) \boldsymbol{A}_i + \varepsilon \boldsymbol{A}_j = b. \tag{3.30}$$

由于 $w_{i0} > 0\,(i = 1, \cdots, m)$, 因此只要 ε 足够小, 就能使得 $w_{i0} - \varepsilon w_{ik} \geqslant 0$. 因此, 给定足够小的 ε, 可以得到一个新的可行解

$$\tilde{\boldsymbol{x}} = (w_{10} - \varepsilon w_{1j}, \cdots, w_{m0} - \varepsilon w_{mj}, 0, 0, \cdots, 0, \varepsilon, 0, \cdots, 0)^{\mathrm{T}}.$$

将 $\tilde{\boldsymbol{x}}$ 代入式 (3.25) 得

$$z - z_0 = r_j\varepsilon < 0.$$

因此, 当 $r_j < 0$ 时, 可以找到一个可行解, 其对应的目标函数值 $z < z_0$.

解 $\tilde{\boldsymbol{x}}$ 是一个可行解, 但不一定是基可行解. 如果 x_j 对应的列向量 $\boldsymbol{w}_j$ 存在元素为正实数, 则存在 $r = 1, \cdots, m$ 使得

$$\min_{1\leqslant i\leqslant m}\left\{\frac{w_{i0}}{w_{ij}}\middle| w_{ij} > 0\right\} = \frac{w_{r0}}{w_{rj}} \tag{3.31}$$

存在. 那么取 $\varepsilon = \dfrac{w_{r0}}{w_{rj}}$, 则 $\tilde{\boldsymbol{x}}$ 至多有 m 个分量大于零, 因而 $\tilde{\boldsymbol{x}}$ 是一个基本可行解. 这时, 就能用非基向量 $\boldsymbol{A}_j$ 来代替原基中的基向量 $\boldsymbol{A}_r$, 从而得到一个新的基本可行解.

如果所有的 $w_{ij} \leqslant 0$, 则 $\tilde{\boldsymbol{x}}$ 的 $m+1$ 个分量将随 ε 的增大而增大或保持常数, 但至少有一个分量随之增大. 因此, 可行解集 S 是无界的, 而且目标函数值无下界, 即 $z \to -\infty$, 得证.

此外, 如果 $\bar{\boldsymbol{x}}$ 是一个退化的基本可行解, 即存在某个或某些 $i = 1, \cdots, m$, 使得 $w_{i0} = 0$, 此时取 $\varepsilon = 0$, 则 $\tilde{\boldsymbol{x}}$ 是一个新的退化的基本可行解, 并且其目标值 $z \leqslant z_0$.

3.3.2.3 基本可行解的转换

由定理 3.10, 如果一个基本可行解不满足最优性检验准则, 单纯形法会从当前的基本可行解转换到能使目标值降低的相邻基本可行解.

根据相邻基本可行解的定义, 需要确定当前基本可行解的一个基变量, 将它从当前基中移除, 称该变量为**离基变量**; 并确定一个非基变量, 将它加入当前基中, 称该变量为**入基变量**.

假设将 $x_1, x_2, \cdots, x_m$ 中的 x_r 转化为离基变量, 将 $x_{m+1}, \cdots, x_n$ 中的 x_s 转化为入基变量.

此时, 必须有 $w_{rs} \neq 0$. 用 w_{rs} 除第 r 个方程, 使得 x_s 的系数为 1, 然后用其他方程减去第 r 个方程的某个倍数, 将其他方程中 x_s 的系数全部变成 0, 这样就用 x_s 替代了 x_r. 以下是完成替代后, 新的规范形式的约束方程组的系数:

$$\begin{cases} w'_{ij} = w_{ij} - \dfrac{w_{rj}}{w_{rs}}a_{is}, \quad i \neq r, \\ w'_{rj} = \dfrac{w_{rj}}{w_{rs}}. \end{cases} \tag{3.32}$$

称系数 w_{rs} 为一次转换所取的主元素.

下面, 通过一个例子来说明上述过程.

$$\min\ z = 3x_1 + 4x_2 + 5x_3$$

$$\text{s.t.}$$

$$x_1 + x_2 + x_3 \leqslant 10,$$

$$x_1 + 3x_3 \leqslant 12,$$

$$4x_2 + 2x_3 \leqslant 12,$$

$$x_j \in \mathbb{R}_+, \quad \forall j = 1, 2, 3.$$

转化为规范型

$$\min\ z = 3x_1 + 4x_2 + 5x_3 + M(x_4 + x_5 + x_6)$$

$$\text{s.t.}$$

$$x_1 + x_2 + x_3 + x_4 = 10,$$

$$x_1 + 3x_3 + x_5 = 12,$$

$$4x_2 + 2x_3 + x_6 = 12,$$

$$x_j \in \mathbb{R}_+, \quad \forall j = 1, \cdots, 6,$$

其中, M 是一个充分大的正常数. 不难看出, $\boldsymbol{x} = (0, 0, 0, 10, 12, 12)^{\mathrm{T}}$ 为一个基本可行解, x_4, x_5, x_6 为基变量. 采用以下步骤更新该基本可行解:

(1) 用非基变量 x_3 代替基变量 x_5, 用黑体字表示一次转换所取的主元素, 在这里主元素为 3.

(2) 用 x_2 代替 x_6, 所取的主元素为 4.

(3) 用 x_1 代替 x_4, 所取的主元素为 $\dfrac{5}{6}$.

计算表格如表 3.2 所示.

这样就由旧的基本可行解

$$\boldsymbol{x} = (0, 0, 0, 10, 12, 12)^{\mathrm{T}}$$

经过转换得到了一个新的基本解

$$\boldsymbol{x}^* = (6, 2, 2, 0, 0, 0)^{\mathrm{T}},$$

其基本变量为 x_1, x_2 和 x_3, 目标值为 36.

表 3.2 基本可行解的转换

z	x_1	x_2	x_3	x_4	x_5	x_6	b
1	-3	-4	-5	$-M$	$-M$	$-M$	0
0	1	1	1	1	0	0	10
0	1	0	**3**	0	1	0	12
0	0	4	2	0	0	1	12
1	$-\frac{4}{3}$	$3M-4$	0	0	$-2M-\frac{5}{3}$	0	20
0	$\frac{2}{3}$	1	0	1	$-\frac{1}{3}$	0	6
0	$\frac{1}{3}$	0	1	0	$\frac{1}{3}$	0	4
0	$-\frac{2}{3}$	**4**	0	0	$-\frac{2}{3}$	1	4
1	$\frac{5}{6}M-2$	0	0	0	$-\frac{7}{6}M+1$	$-\frac{5}{4}M+1$	24
0	$\boldsymbol{\frac{5}{6}}$	0	0	1	$-\frac{1}{6}$	$-\frac{1}{4}$	5
0	$\frac{1}{3}$	0	1	0	$\frac{1}{3}$	0	4
0	$-\frac{1}{6}$	1	0	0	$-\frac{1}{6}$	$\frac{1}{4}$	1
1	0	0	0	$-M+\frac{12}{5}$	$-M+\frac{3}{5}$	$-M+\frac{2}{5}$	36
0	1	0	0	$\frac{6}{5}$	$-\frac{1}{5}$	$-\frac{3}{10}$	6
0	0	0	1	$-\frac{2}{5}$	$\frac{2}{5}$	$\frac{1}{10}$	2
0	0	1	0	$\frac{1}{5}$	$-\frac{1}{5}$	$\frac{1}{5}$	2

通过上述步骤, 虽然实现了从一个基本可行解到另一个基本解的转换, 但是一般来说, 转化过后的可行性将不一定保持, 即不满足 $\boldsymbol{x} \in \mathbb{R}_+^n$, 这是因为在上述过程中入基变量和离基变量是随便指定的.

为保持转换后基本解的可行性, 需要按照公式 (3.31) 来确定离基变量 x_r. 关于入基变量, 根据实际执行经验, 通常选择检验数最小的非基变量 x_s 作为入基变量. 定理 3.11 表明, 按照上述模式得到的新基本可行解所带来的目标函数值增量刚好等于检验数 r_s 和 ε 的乘积. 因此, r_s 可以看作 x_s 的边际效应, 即 x_s 每增加 1 单位所带来的目标函数值的增量. 同时, ε 对应于换基过程中 x_s 的增量.

3.3.3 单纯形法一般步骤

使用单纯形法求解线性规划模型的一般步骤如下:

算法 3.1 (单纯形法)

步骤 0 化规范型. 将一般线性规划模型化为规范形式.

步骤 1 建立初始单纯形表. 根据规范型线性规划模型建立初始单纯形表.

步骤 2 检验最优性. 如果所有的检验数 $r_j = c_j - z_j \geqslant 0$, 则计算结束, 当前解为最优解; 否则, 任选一非基变量 x_s 为入基变量, 通常选择使 $\min\{r_k|r_k < 0\} = r_s$ 的 x_s 为入基变量.

步骤 3 确定离基变量. 如果存在 $i = 1, \cdots, m$, 使得 $w_{is} > 0$, 计算比值 $\dfrac{w_{i0}}{w_{is}}$, 设 $\theta_i = \min\limits_{1\leqslant i\leqslant m}\left\{\dfrac{w_{i0}}{w_{is}}\middle| w_{i,s} > 0\right\} = \dfrac{w_{r0}}{w_{rs}}$, 则 x_r 为离基变量, 转到**步骤 4**; 否则, 该模型目标值无界, 终止算法.

步骤 4 确定新的基本可行解. 以系数 w_{rs} 为主元素进行一次高斯消元 (即: 用 x_s 代替 x_r 形成一个新基), 得到一个新的基本可行解, 转到**步骤 2**.

例 3.4 用单纯形法求解如下线性规划模型:

$$\min z = 3x_1 - 4x_2 - x_4$$

$$\text{s.t.}$$

$$x_1 + x_2 + x_3 = 4,$$

$$x_1 - x_2 + x_4 = 6,$$

$$4x_1 + x_2 + x_5 = 20,$$

$$x_j \in \mathbb{R}_+, \quad \forall j = 1, \cdots, 5.$$

解 容易观察到 x_3, x_4 和 x_5 为一组基变量, 目标函数中含有基变量 x_4, 由第二个约束条件得到 $x_4 = 6 - x_1 + x_2$, 并代入目标函数消去 x_4 得

$$z = 3x_1 - 4x_2 - (6 - x_1 + x_2) = -6 + 4x_1 - 5x_2.$$

用单纯形表计算的表格如下 (表 3.3).

在第二次迭代后 $r_j \geqslant 0 (j = 1, \cdots, 5)$, 因此最优解为 $\boldsymbol{x} = (0, 4, 0, 10, 16)^{\mathrm{T}}$, 最优值 $z = 3x_1 - 4x_2 - x_4 = 3 \times 0 - 4 \times 4 - 10 = -26$.

3.3.4 单纯形法的矩阵形式

前一节所介绍的单纯形法虽然通俗易懂, 但是书写繁复, 不方便进行理论分析, 这里介绍单纯形法的矩阵形式.

表 3.3　用单纯形法求解线性规划模型

基变量	x_1	$x_2\downarrow$	x_3	x_4	x_5	b
$\leftarrow x_3$	1	**1**	1	0	0	4
x_4	1	-1	0	1	0	6
x_5	4	1	0	0	1	20
r_j	4	$\mathbf{-5}$	0	0	0	
x_2	1	1	1	0	0	4
x_4	2	0	1	1	0	10
x_5	3	0	-1	0	1	16
r_j	9	0	5	0	0	

考虑规范型线性规划模型 (3.20), 设 $\boldsymbol{B}$ 为基, 不妨设它是由 $\boldsymbol{A}$ 的前 m 列组成的, 则可以把 $\boldsymbol{A},\boldsymbol{x},\boldsymbol{c}$ 分块为

$$\boldsymbol{A}=(\boldsymbol{B},\boldsymbol{N}),\quad \boldsymbol{x}=\begin{pmatrix}\boldsymbol{x_B}\\ \boldsymbol{x_N}\end{pmatrix},\quad \boldsymbol{c}=\begin{pmatrix}\boldsymbol{c_B}\\ \boldsymbol{c_N}\end{pmatrix}.$$

于是模型 (3.20) 可以改写为

$$\begin{aligned}&\min z=\boldsymbol{c}_{\boldsymbol{B}}^{\mathrm{T}}\boldsymbol{x_B}+\boldsymbol{c}_{\boldsymbol{N}}^{\mathrm{T}}\boldsymbol{x_N}\\ &\text{s.t.}\\ &\boldsymbol{B}\boldsymbol{x_B}+\boldsymbol{N}\boldsymbol{x_N}=\boldsymbol{b},\\ &\boldsymbol{x_B}\in\mathbb{R}_+^m,\quad \boldsymbol{x_N}\in\mathbb{R}_+^{n-m}.\end{aligned}\tag{3.33}$$

令 $\boldsymbol{x_N}=\boldsymbol{0}$, 则 $\boldsymbol{x_B}=\boldsymbol{B}^{-1}\boldsymbol{b}$, 于是得到与基 $\boldsymbol{B}$ 对应的基本可行解 (假设它是可行的)

$$\bar{\boldsymbol{x}}=\begin{pmatrix}\boldsymbol{x_B}\\ \boldsymbol{0}\end{pmatrix}=\begin{pmatrix}\boldsymbol{B}^{-1}\boldsymbol{b}\\ \boldsymbol{0}\end{pmatrix},$$

与 $\bar{\boldsymbol{x}}$ 对应的目标值 $z_0=\boldsymbol{c}_{\boldsymbol{B}}^{\mathrm{T}}\boldsymbol{x_B}=\boldsymbol{c}_{\boldsymbol{B}}^{\mathrm{T}}\boldsymbol{B}^{-1}\boldsymbol{b}$.

对任意的 $\boldsymbol{x_N}$, 由公式 (3.33) 可得

$$\boldsymbol{x_B}=\boldsymbol{B}^{-1}\boldsymbol{b}\quad \boldsymbol{B}^{-1}\boldsymbol{N}\boldsymbol{x_N}.$$

于是, 该解对应的目标值为

$$\begin{aligned}z&=\boldsymbol{c}_{\boldsymbol{B}}^{\mathrm{T}}(\boldsymbol{B}^{-1}\boldsymbol{b}-\boldsymbol{B}^{-1}\boldsymbol{N}\boldsymbol{x_N})+\boldsymbol{c}_{\boldsymbol{N}}^{\mathrm{T}}\boldsymbol{x_N}\\ &=\boldsymbol{c}_{\boldsymbol{B}}^{\mathrm{T}}\boldsymbol{B}^{-1}\boldsymbol{b}+(\boldsymbol{c}_{\boldsymbol{N}}^{\mathrm{T}}-\boldsymbol{c}_{\boldsymbol{B}}^{\mathrm{T}}\boldsymbol{B}^{-1}\boldsymbol{N})\boldsymbol{x_N}\end{aligned}$$

$$= z_0 + \boldsymbol{r}_{\boldsymbol{N}}^{\mathrm{T}} \boldsymbol{x}_{\boldsymbol{N}}, \tag{3.34}$$

其中 $z_0 = \boldsymbol{c}_{\boldsymbol{B}}^{\mathrm{T}} \boldsymbol{B}^{-1} \boldsymbol{b}$ 为 $\bar{\boldsymbol{x}}$ 对应的目标函数值.

记

$$\boldsymbol{r}_{\boldsymbol{N}}^{\mathrm{T}} = \boldsymbol{c}_{\boldsymbol{N}}^{\mathrm{T}} - \boldsymbol{c}_{\boldsymbol{B}}^{\mathrm{T}} \boldsymbol{B}^{-1} \boldsymbol{N} = \boldsymbol{c}_{\boldsymbol{N}}^{\mathrm{T}} - \boldsymbol{\pi}^{\mathrm{T}} \boldsymbol{N}, \tag{3.35}$$

$$\boldsymbol{\pi}^{\mathrm{T}} = \boldsymbol{c}_{\boldsymbol{B}}^{\mathrm{T}} \boldsymbol{B}^{-1}, \tag{3.36}$$

称 $\boldsymbol{\pi}$ 为**单纯形乘子向量**, $\boldsymbol{r}_{\boldsymbol{N}}$ 是与非基本变量对应的检验数构成的向量. 用 $\boldsymbol{r}_{\boldsymbol{B}}$ 表示与基变量对应的检验数构成的向量, 由公式 (3.35) 可知 $\boldsymbol{r}_{\boldsymbol{B}} = \boldsymbol{0}$.

称 $\boldsymbol{r} = \begin{pmatrix} \boldsymbol{r}_{\boldsymbol{B}} \\ \boldsymbol{r}_{\boldsymbol{N}} \end{pmatrix}$ 为**检验向量或判别向量**. 由它的分量即可确定哪个非基变量应该进基. 于是与基 $\boldsymbol{B}$ 对应的矩阵形式的单纯形表可写成

$$T(\boldsymbol{B}) = \begin{pmatrix} \boldsymbol{I}_m & \boldsymbol{B}^{-1}\boldsymbol{N} & \boldsymbol{B}^{-1}\boldsymbol{b} \\ \boldsymbol{0} & \boldsymbol{c}_{\boldsymbol{N}}^{\mathrm{T}} - \boldsymbol{c}_{\boldsymbol{B}}^{\mathrm{T}} \boldsymbol{B}^{-1} \boldsymbol{N} & -\boldsymbol{c}_{\boldsymbol{B}}^{\mathrm{T}} \boldsymbol{B}^{-1} \boldsymbol{b} \end{pmatrix}. \tag{3.37}$$

因为

$$\begin{aligned} \boldsymbol{B}^{-1}\boldsymbol{A} &= \boldsymbol{B}^{-1}(\boldsymbol{B}, \boldsymbol{N}) = (\boldsymbol{I}_m, \boldsymbol{B}^{-1}\boldsymbol{N}) \\ \boldsymbol{c}_{\boldsymbol{B}}^{\mathrm{T}} \boldsymbol{B}^{-1} \boldsymbol{A} - \boldsymbol{c}^{\mathrm{T}} &= \boldsymbol{c}_{\boldsymbol{B}}^{\mathrm{T}} (\boldsymbol{I}_m, \boldsymbol{B}^{-1}\boldsymbol{N}) - (\boldsymbol{c}_{\boldsymbol{B}}^{\mathrm{T}}, \boldsymbol{c}_{\boldsymbol{N}}^{\mathrm{T}}) \\ &= (\boldsymbol{c}_{\boldsymbol{B}}^{\mathrm{T}}, \boldsymbol{c}_{\boldsymbol{B}}^{\mathrm{T}} \boldsymbol{B}^{-1}\boldsymbol{N}) - (\boldsymbol{c}_{\boldsymbol{B}}^{\mathrm{T}}, \boldsymbol{c}_{\boldsymbol{N}}^{\mathrm{T}}) \\ &= (\boldsymbol{0}, \boldsymbol{c}_{\boldsymbol{B}}^{\mathrm{T}} \boldsymbol{B}^{-1}\boldsymbol{N} - \boldsymbol{c}_{\boldsymbol{N}}^{\mathrm{T}}), \end{aligned}$$

因此矩阵形式的单纯形表也可以写作

$$T(\boldsymbol{B}) = \begin{pmatrix} \boldsymbol{B}^{-1}\boldsymbol{A} & \boldsymbol{B}^{-1}\boldsymbol{b} \\ \boldsymbol{c}^{\mathrm{T}} - \boldsymbol{c}_{\boldsymbol{B}}^{\mathrm{T}} \boldsymbol{B}^{-1} \boldsymbol{A} & -\boldsymbol{c}_{\boldsymbol{B}}^{\mathrm{T}} \boldsymbol{B}^{-1} \boldsymbol{b} \end{pmatrix}. \tag{3.38}$$

而检验向量 $\boldsymbol{r}$ 可表示为

$$\boldsymbol{r}^{\mathrm{T}} = \boldsymbol{c}^{\mathrm{T}} - \boldsymbol{c}_{\boldsymbol{B}}^{\mathrm{T}} \boldsymbol{B}^{-1} \boldsymbol{A} = \boldsymbol{c}^{\mathrm{T}} - \boldsymbol{\pi}^{\mathrm{T}} \boldsymbol{A}. \tag{3.39}$$

3.4　对偶理论

本节将讨论线性规划的对偶性. 给定一个线性规划模型, 称为原始问题. 与此同时, 还存在着另一个与原始问题紧密相连的线性规划模型, 称为对偶问题. 在特定的假设条件下, 这两个问题——原问题和对偶问题——会展现出相同的最优目标值. 这一特性提供了一种极具价值的求解策略: 即通过求解原始问题的对偶问题, 来间接地找到原始问题的解. 这种方法在实践中往往能够带来显著的计算优势.

3.4.1 对偶问题的基本形式

定义 3.8 给定一个最小化的原始线性规划模型

$$\begin{aligned}&\min\ z = \boldsymbol{c}^{\mathrm{T}}\boldsymbol{x}\\ \text{s.t.}\quad&\\ &\boldsymbol{A}\boldsymbol{x} \geqslant \boldsymbol{b},\\ &\boldsymbol{x} \in \mathbb{R}_{+}^{n}.\end{aligned} \tag{3.40}$$

其中, $\boldsymbol{A}$ 是一个 $m \times n$ 矩阵, $\boldsymbol{c} \in \mathbb{R}^n$, $\boldsymbol{b} \in \mathbb{R}^m$. 它的对偶问题可以表示为以 $\boldsymbol{y}$ 为对偶变量的如下线性规划模型

$$\begin{aligned}&\max\ z = \boldsymbol{b}^{\mathrm{T}}\boldsymbol{y}\\ \text{s.t.}\quad&\\ &\boldsymbol{A}^{\mathrm{T}}\boldsymbol{y} \leqslant \boldsymbol{c},\\ &\boldsymbol{y} \in \mathbb{R}_{+}^{m}.\end{aligned} \tag{3.41}$$

定义 3.9 给定一个最大化的原始线性规划模型

$$\begin{aligned}&\max\ z = \boldsymbol{c}^{\mathrm{T}}\boldsymbol{x}\\ \text{s.t.}\quad&\\ &\boldsymbol{A}\boldsymbol{x} \leqslant \boldsymbol{b},\\ &\boldsymbol{x} \subset \mathbb{R}_{+}^{n},\end{aligned} \tag{3.42}$$

其中, $\boldsymbol{A}$ 是一个 $m \times n$ 矩阵, $\boldsymbol{c} \in \mathbb{R}^n$, $\boldsymbol{b} \in \mathbb{R}^m$. 它的对偶问题可以表示为以 $\boldsymbol{y}$ 为对偶变量的如下线性规划模型

$$\begin{aligned}&\min\ z = \boldsymbol{b}^{\mathrm{T}}\boldsymbol{y}\\ \text{s.t.}\quad&\\ &\boldsymbol{A}^{\mathrm{T}}\boldsymbol{y} \geqslant \boldsymbol{c},\\ &\boldsymbol{y} \in \mathbb{R}_{+}^{m}.\end{aligned} \tag{3.43}$$

由定义 3.8 和定义 3.9, 可以总结以下规律:

- 每个原始约束对应一个对偶变量, 每个原始变量对应一个对偶约束;

- 原问题约束的右边常量 (即常数项) 为对偶问题目标函数的系数;
- 对偶约束是通过将相应原始变量的列系数转置到行中来构造, 其中原始目标系数成为对偶约束右侧常量, 原问题约束的系数矩阵转置为对偶约束的系数矩阵.

为了方便从任意形式的原始问题中得到相应的对偶问题, 或者从对偶问题中得到原始问题, 针对最小化的原始线性规划模型, 可以使用以下对偶规则 (表 3.4).

表 3.4 最小化原始线性规划模型的对偶规则

原始问题元素	对应对偶问题元素
目标函数 $\min \boldsymbol{c}^{\mathrm{T}}\boldsymbol{x}$	目标函数 $\max \boldsymbol{b}^{\mathrm{T}}\boldsymbol{y}$
约束条件 $\boldsymbol{A}_i^{\mathrm{T}}\boldsymbol{x} \geqslant b_i$	变量 $y_i \geqslant 0$
约束条件 $\boldsymbol{A}_i^{\mathrm{T}}\boldsymbol{x} \leqslant b_i$	变量 $y_i \leqslant 0$
约束条件 $\boldsymbol{A}_i^{\mathrm{T}}\boldsymbol{x} = b_i$	变量 y_i 无约束
变量 $x_j \geqslant 0$	约束条件 $\boldsymbol{A}_j^{\mathrm{T}}\boldsymbol{y} \leqslant c_j$
变量 $x_j \leqslant 0$	约束条件 $\boldsymbol{A}_j^{\mathrm{T}}\boldsymbol{y} \geqslant c_j$
变量 x_j 无约束	约束条件 $\boldsymbol{A}_j^{\mathrm{T}}\boldsymbol{y} = c_j$

同理, 针对最大化的原始线性规划模型, 可以使用以下对偶规则 (表 3.5).

表 3.5 最大化原始线性规划模型的对偶规则

原始问题元素	对应对偶问题元素
目标函数 $\max \boldsymbol{c}^{\mathrm{T}}\boldsymbol{x}$	目标函数 $\min b^{\mathrm{T}}\boldsymbol{y}$
约束条件 $\boldsymbol{A}_i^{\mathrm{T}}\boldsymbol{x} \geqslant b_i$	变量 $y_i \leqslant 0$
约束条件 $\boldsymbol{A}_i^{\mathrm{T}}\boldsymbol{x} \leqslant b_i$	变量 $y_i \geqslant 0$
约束条件 $\boldsymbol{A}_i^{\mathrm{T}}\boldsymbol{x} = b_i$	变量 y_i 无约束
变量 $x_j \geqslant 0$	约束条件 $\boldsymbol{A}_j^{\mathrm{T}}\boldsymbol{y} \geqslant c_j$
变量 $x_j \leqslant 0$	约束条件 $\boldsymbol{A}_j^{\mathrm{T}}\boldsymbol{y} \leqslant c_j$
变量 x_j 无约束	约束条件 $\boldsymbol{A}_j^{\mathrm{T}}y = c_j$

例 3.5 写出如下线性规划模型的对偶问题:

$$\min 4x_1 - 3x_2 + 2x_3 + x_4$$

s.t.

$$x_1 + 2x_2 - x_4 \geqslant 1,$$

$$2x_1 - x_2 + x_3 = 4,$$

$$
\begin{aligned}
&-x_1+3x_3+2x_4 \leqslant 2,\\
&4x_2+3x_3-x_4 \geqslant 3,\\
&2x_1+3x_2+x_3+x_4 \leqslant 4,\\
&x_1,x_2 \in \mathbb{R}_+,\quad x_3 \in \mathbb{R}_-.
\end{aligned}
$$

解 令 $y_i(i=1,\cdots,5)$ 分别为第 1 至第 5 个约束对应的对偶变量. 根据表 3.4 的对偶规则, 上述模型的对偶问题如下:

$$
\begin{aligned}
&\max\ y_1+4y_2+2y_3+3y_4+4y_5\\
&\text{s.t.}\\
&y_1+2y_2-y_3+2y_5 \leqslant 4,\\
&2y_1-y_2+4y_4+3y_5 \leqslant -3,\\
&y_2+3y_3+3y_4+y_5 \geqslant 2,\\
&-y_1+2y_3-y_4+y_5=1,\\
&y_1,y_4 \in \mathbb{R}_+,\quad y_3,y_5 \in \mathbb{R}_-.
\end{aligned}
$$

例 3.6 写出如下线性规划模型的对偶问题:

$$
\begin{aligned}
&\max\ 3x_1+2x_2+x_3+4x_4+5x_5+2x_6\\
&\text{s.t.}\\
&4x_1+2x_2+x_3+3x_4-x_6 \geqslant 12,\\
&3x_1+x_2+2x_3+3x_4-x_5+x_6 \leqslant 20,\\
&2x_1+x_3+2x_4+x_5+x_6 \geqslant 10,\\
&x_1,x_3,x_4 \in \mathbb{R}_+,\quad x_2,x_5 \in \mathbb{R}_-.
\end{aligned}
$$

解 令 $y_i(i=1,\cdots,3)$ 分别为第 1 至第 3 个约束对应的对偶变量. 根据表 3.5 的对偶规则, 上述模型的对偶问题如下:

$$
\begin{aligned}
&\min\ 12y_1+20y_2+10y_3\\
&\text{s.t.}\\
&4y_1+3y_2+2y_3 \geqslant 3,
\end{aligned}
$$

$$
\begin{aligned}
&2y_1 + y_2 \leqslant 2,\\
&y_1 + 2y_2 + y_3 \geqslant 1,\\
&3y_1 + 3y_2 + 2y_3 \geqslant 4,\\
&-y_2 + y_3 \leqslant 5,\\
&-y_1 + y_2 + y_3 = 2,\\
&y_1, y_3, \in \mathbb{R}_-, \quad y_2 \in \mathbb{R}_+.
\end{aligned}
$$

3.4.2 对偶问题的性质

3.4.2.1 对偶定理

引理 3.1 (弱对偶引理)　如果 $\bar{\boldsymbol{x}}$ 和 $\bar{\boldsymbol{y}}$ 分别为原问题 (3.40) 和对偶问题 (3.41) 的可行解, 则

$$\boldsymbol{b}^{\mathrm{T}}\bar{\boldsymbol{y}} \leqslant \boldsymbol{c}^{\mathrm{T}}\bar{\boldsymbol{x}}. \tag{3.44}$$

证明　因为 $\bar{\boldsymbol{x}}$ 为原问题 (3.40) 的可行解, $\bar{\boldsymbol{x}}$ 满足原问题约束条件 $\boldsymbol{A}\bar{\boldsymbol{x}} \geqslant \boldsymbol{b}$, 该约束条件两边同时乘以 $\bar{\boldsymbol{y}}^{\mathrm{T}} \geqslant \boldsymbol{0}$, 可得 $\bar{\boldsymbol{y}}^{\mathrm{T}}\boldsymbol{A}\bar{\boldsymbol{x}} \geqslant \bar{\boldsymbol{y}}^{\mathrm{T}}\boldsymbol{b}$. 同理, 因为 $\bar{\boldsymbol{y}}$ 为对偶问题 (3.41) 的可行解, 可得 $\boldsymbol{A}^{\mathrm{T}}\bar{\boldsymbol{y}} \leqslant \boldsymbol{c}$. 将该约束条件两边转置, 并且同时乘以 $\bar{\boldsymbol{x}} \geqslant \boldsymbol{0}$, 可得 $\bar{\boldsymbol{y}}^{\mathrm{T}}\boldsymbol{A}\bar{\boldsymbol{x}} \leqslant \boldsymbol{c}^{\mathrm{T}}\bar{\boldsymbol{x}}$. 因此, 可得 $\bar{\boldsymbol{y}}^{\mathrm{T}}\boldsymbol{b} \leqslant \bar{\boldsymbol{y}}^{\mathrm{T}}\boldsymbol{A}\bar{\boldsymbol{x}} \leqslant \boldsymbol{c}^{\mathrm{T}}\bar{\boldsymbol{x}}$, 得证.

推论 3.4　设 $\boldsymbol{x}^*$ 和 $\boldsymbol{y}^*$ 分别为原问题 (3.40) 和对偶问题 (3.41) 的可行解, 且 $\boldsymbol{b}^{\mathrm{T}}\boldsymbol{y}^* = \boldsymbol{c}^{\mathrm{T}}\boldsymbol{x}^*$, 则 $\boldsymbol{x}^*$ 和 $\boldsymbol{y}^*$ 分别为原问题 (3.40) 和对偶问题 (3.41) 的最优解.

证明　用反证法证明. 假如 $\boldsymbol{x}^*$ 不是原问题 (3.40) 的最优解, 则存在另一个可行解 $\bar{\boldsymbol{x}}$ 使得 $\boldsymbol{c}^{\mathrm{T}}\bar{\boldsymbol{x}} < \boldsymbol{c}^{\mathrm{T}}\boldsymbol{x}^*$. 由于 $\boldsymbol{b}^{\mathrm{T}}\boldsymbol{y}^* = \boldsymbol{c}^{\mathrm{T}}\boldsymbol{x}^*$, 可得 $\boldsymbol{c}^{\mathrm{T}}\bar{\boldsymbol{x}} < \boldsymbol{b}^{\mathrm{T}}\boldsymbol{y}^*$, 这与引理 3.1 矛盾. 因此, $\boldsymbol{x}^*$ 为原问题 (3.40) 的最优解. 同理, $\boldsymbol{y}^*$ 是对偶问题 (3.41) 的最优解, 得证.

定理 3.12 (对偶定理)　如果原问题 (3.40) 或对偶问题 (3.41) 中至少有一个存在有限的最优解, 则另一个也存在有限的最优解, 并且这两个问题的目标值相等. 如果其中任何一个问题的目标值无界, 则另一个问题没有可行解.

证明　设 $\boldsymbol{x}^*$ 为原问题 (3.40) 的最优解, $\boldsymbol{B}$ 为对应的最优基, 则检验向量 $\boldsymbol{r}$ 应满足 (公式 (3.39))

$$\boldsymbol{r}^{\mathrm{T}} = \boldsymbol{c}^{\mathrm{T}} - \boldsymbol{c}_{\boldsymbol{B}}^{\mathrm{T}}\boldsymbol{B}^{-1}\boldsymbol{A} = \boldsymbol{c}^{\mathrm{T}} - \boldsymbol{\pi}^{\mathrm{T}}\boldsymbol{A} \geqslant \boldsymbol{0},$$

其中, $\boldsymbol{\pi}^{\mathrm{T}} = \boldsymbol{c}_{\boldsymbol{B}}^{\mathrm{T}}\boldsymbol{B}^{-1}$. 因此, $\boldsymbol{\pi}^{\mathrm{T}}\boldsymbol{A} \leqslant \boldsymbol{c}^{\mathrm{T}}$, 即 $\boldsymbol{\pi}$ 是对偶问题 (3.41) 的可行解. 又因为

$$\boldsymbol{\pi}^{\mathrm{T}}\boldsymbol{b} = \boldsymbol{c}_{\boldsymbol{B}}^{\mathrm{T}}\boldsymbol{B}^{-1}\boldsymbol{b} = \boldsymbol{c}_{\boldsymbol{B}}^{\mathrm{T}}(\boldsymbol{B}^{-1}\boldsymbol{b}) = \boldsymbol{c}_{\boldsymbol{B}}^{\mathrm{T}}\boldsymbol{x}_{\boldsymbol{B}}^* = \boldsymbol{c}^{\mathrm{T}}\boldsymbol{x}^*,$$

由推论 3.4 知 $\boldsymbol{\pi}$ 是对偶问题 (3.41) 的有限最优解.

类似地, 可证明当对偶问题 (3.41) 存在有限的最优解时, 原问题 (3.40) 也存在有限的最优解, 并且这两个问题的目标值相等.

现假设原问题 (3.40) 的目标值无界, 即 $\min \boldsymbol{c}^{\mathrm{T}}\boldsymbol{x} = -\infty$. 下面用反证法证明对偶问题 (3.41) 没有可行解. 假设对偶问题 (3.41) 有可行解 $\bar{\boldsymbol{y}}$, 则由引理 3.1 知: 对原问题 (3.40) 的任何可行解 $\bar{\boldsymbol{x}}$, 有 $\boldsymbol{b}^{\mathrm{T}}\bar{\boldsymbol{y}} \leqslant \boldsymbol{c}^{\mathrm{T}}\bar{\boldsymbol{x}}$, 这与原问题 (3.40) 无下界相矛盾. 因此, 对偶问题 (3.41) 没有可行解, 得证.

由定理 3.12, 原问题和对偶问题的解之间的关系可总结如表 3.6.

表 3.6　原始-对偶关系

原始问题	对偶问题		
	存在最优解	存在无界解	无解
存在最优解	√	×	×
存在无界解	×	×	√
无解	×	√	√

注: "√" 表示成立, "×" 表示不成立.

3.4.2.2　互补松弛定理

定理 3.13 (互补松弛定理)　给定原问题 (3.40) 和对偶问题 (3.41), 其可行解 $\bar{\boldsymbol{x}}$ 和 $\bar{\boldsymbol{y}}$ 为最优解的充要条件为

$$\bar{\boldsymbol{y}}^{\mathrm{T}}(\boldsymbol{A}\bar{\boldsymbol{x}} - \boldsymbol{b}) = 0, \tag{3.45}$$

$$(\boldsymbol{c} - \boldsymbol{A}^{\mathrm{T}}\bar{\boldsymbol{y}})^{\mathrm{T}}\bar{\boldsymbol{x}} = 0. \tag{3.46}$$

证明　因为 $\bar{\boldsymbol{x}}$ 和 $\bar{\boldsymbol{y}}$ 分别是原问题 (3.40) 和对偶问题 (3.41) 的可行解, 可得

$$\alpha = \bar{\boldsymbol{y}}^{\mathrm{T}}(\boldsymbol{A}\bar{\boldsymbol{x}} - \boldsymbol{b}) \geqslant 0,$$

$$\beta = (\boldsymbol{c} - \boldsymbol{A}^{\mathrm{T}}\bar{\boldsymbol{y}})^{\mathrm{T}}\bar{\boldsymbol{x}} \geqslant 0.$$

因为 α 和 β 均非负, 有 $\alpha+\beta = -\bar{\boldsymbol{y}}^{\mathrm{T}}\boldsymbol{b}+\boldsymbol{c}^{\mathrm{T}}\bar{\boldsymbol{x}} \geqslant 0$. 根据定理, 如果 $\bar{\boldsymbol{x}}$ 和 $\bar{\boldsymbol{y}}$ 为最优解, 则原问题 (3.40) 和对偶问题 (3.41) 最优目标值相等, 即 $\alpha+\beta = -\bar{\boldsymbol{y}}^{\mathrm{T}}\boldsymbol{b}+\boldsymbol{c}^{\mathrm{T}}\bar{\boldsymbol{x}} = 0$. 因此, $\alpha = 0, \beta = 0$, 即充分性成立. 反之, 如果 $\alpha = 0, \beta = 0$, 则 $\bar{\boldsymbol{y}}^{\mathrm{T}}\boldsymbol{b} = \boldsymbol{c}^{\mathrm{T}}\boldsymbol{x}$, 由推论 3.4, $\bar{\boldsymbol{x}}$ 和 $\bar{\boldsymbol{y}}$ 分别为原问题 (3.40) 和对偶问题 (3.41) 的最优解, 即必要性成立.

推论 3.5　给定原问题 (3.40) 或对偶问题 (3.41), 其可行解 $\bar{\boldsymbol{x}}$ 和 $\bar{\boldsymbol{y}}$ 为最优解的充要条件为

$$\boldsymbol{a}_i\bar{\boldsymbol{x}} - b_i > 0 \Rightarrow \bar{y}_i = 0, \quad \forall i = 1, \cdots, m, \tag{3.47}$$

$$\bar{y}_i > 0 \Rightarrow \boldsymbol{a_i}\bar{\boldsymbol{x}} - b_i = 0, \quad \forall i = 1, \cdots, m, \tag{3.48}$$

$$c_j - \boldsymbol{A}_j^{\mathrm{T}}\bar{\boldsymbol{y}} > 0 \Rightarrow \bar{x}_j = 0, \quad \forall j = 1, \cdots, n, \tag{3.49}$$

$$\bar{x}_j > 0 \Rightarrow c_j - \boldsymbol{A}_j^{\mathrm{T}}\bar{\boldsymbol{y}} = 0, \quad \forall j = 1, \cdots, n, \tag{3.50}$$

其中, $\boldsymbol{a_i}$ 为矩阵 $\boldsymbol{A}$ 的第 i 行对应的向量, $\boldsymbol{A}_j$ 为矩阵 $\boldsymbol{A}$ 的第 j 行对应的向量.

证明 设 $\bar{\boldsymbol{x}}$ 和 $\bar{\boldsymbol{y}}$ 为原问题 (3.40) 和对偶问题 (3.41) 的可行解, 则

$$\boldsymbol{A}\bar{\boldsymbol{x}} \leqslant \boldsymbol{b}, \quad \bar{\boldsymbol{x}} \geqslant \boldsymbol{0}, \quad \boldsymbol{A}^{\mathrm{T}}\bar{\boldsymbol{y}} \geqslant \boldsymbol{c}, \quad \bar{\boldsymbol{y}} \geqslant \boldsymbol{0},$$

因此, 等式 (3.45) 和 (3.46) 分别等价于

$$\bar{y}_i(\boldsymbol{a_i}\bar{\boldsymbol{x}} - b_i) = 0, \quad \forall i = 1, \cdots, m, \tag{3.51}$$

$$\bar{x}_j(c_j - \boldsymbol{A}_j^{\mathrm{T}}\bar{\boldsymbol{y}}) = 0, \quad \forall j = 1, \cdots, n. \tag{3.52}$$

进一步地, 因为, $\boldsymbol{a_i}\bar{\boldsymbol{x}} \geqslant b_i, \bar{y}_i \geqslant 0, \forall i = 1, \cdots, m$, 等式 (3.51) 等价于约束条件 (3.47) 和 (3.48). 类似地, 等式 (3.52) 等价于约束条件 (3.49) 和 (3.50), 得证.

3.4.3 对偶问题的经济学解释

考虑最小化原问题, 问题 (3.40) 可以看作是在达到最低可接受水平下寻求成本最小化的成本收益平衡问题. 从这个角度看问题, 相关的对偶问题提供了有趣的经济解释.

为了方便讨论, 考虑以下对一般原始问题和对偶问题的表示 (表 3.7).

表 3.7 最小化原始-对偶问题

原始问题	对偶问题
$\min\ z = \sum_{j=1}^{n} c_j x_j$	$\max\ w = \sum_{i=1}^{m} b_i y_i$
s.t.	s.t.
$\sum_{j=1}^{n} a_{ij} x_j \geqslant b_i, \forall i = 1, \cdots, m$	$\sum_{i=1}^{m} a_{ij} y_i \leqslant c_j, \forall j = 1, \cdots, n$
$x_j \in \mathbb{R}_+, \forall j = 1, \cdots, n$	$y_i \in \mathbb{R}_+, \forall i = 1, \cdots, m$

作为一个成本收益平衡问题, 原问题有 n 种经济活动和 m 种收益. 原问题中的系数 c_j 表示每单位活动 j 的成本, b_i 表示收益 i 最低可接受的水平, a_{ij} 表示每单位活动 j 对收益 i 的贡献值.

3.4.3.1 对偶变量的经济学解释

根据弱对偶性原理, 对于任意原问题可行解 $\boldsymbol{x}$ 和对偶问题可行解 $\boldsymbol{y}$, 当目标值有限时有

$$w=\sum_{i=1}^{m} b_i y_i \leqslant \sum_{j=1}^{n} c_j x_j = z.$$

当 $\boldsymbol{x}$ 和 $\boldsymbol{y}$ 分别是最优解时, 两个目标值相等, 即 $z=w$. 在成本收益平衡问题中, z 代表成本, 则 $z=w$ 表示

$$\begin{aligned}\text{成本} &= \sum_{i=1}^{m} b_i y_i \\ &= \sum_{i=1}^{m} (\text{收益 } i \text{ 最低可接受的水平}) \times (\text{每单位收益 } i \text{ 需要的总成本}).\end{aligned}$$

这意味着对偶变量 y_i 实际上表示的是每单位收益 i 需要的总成本, 即收益 i 的对偶 (影子) 价格. 这种对偶价格反映了在资源有限的情况下, 为了获得一单位额外收益 i 所需要付出的成本. 利用同样的量纲分析, 可以将不等式 $w<z$ (对于任何两个可行的原始解和对偶解) 解释为

$$\text{通过当前对偶解所能获得的收益的成本} < \text{实际消耗的成本}.$$

这种关系表明, 只要所有活动的总成本大于通过当前对偶解所能获得的收益的成本, 那么相应的原问题解和对偶问题解就不是最优解. 只有当收益的成本等于消耗的成本时, 系统才会达到最优状态, 即实现了成本收益的平衡. 因此, 对偶变量在经济学中具有重要的解释意义, 它们不仅代表了资源的影子价格, 还反映了在资源有限条件下追求成本最小化时, 不同收益与成本之间的平衡关系.

3.4.3.2 对偶约束的经济学解释

在单纯形的迭代过程中, 变量 x_j 的目标系数计算如下:

$$\begin{aligned}\text{变量 } x_j \text{ 的目标函数系数} &= \text{第 } j \text{ 个对偶约束的右边值} \\ &\quad \text{第 } j \text{ 个对偶约束的左边值} \\ &= c_j - \sum_{i=1}^{m} a_{ij} y_i.\end{aligned}$$

再次使用量纲分析来解释这个方程. 因为 c_j 表示活动 j 的成本, 数量 $\sum\limits_{i=1}^{m} a_{ij} y_i$

必然与收益相关. 因此, 可以将其解释为

$$
\begin{aligned}
\text{收益} &= \sum_{i=1}^{m} a_{ij} y_i \\
&= \sum_{i=1}^{m} (\text{ 每单位活动 } j \text{ 对收益 } i \text{ 的贡献值}) \times (\text{ 每单位收益 } i \text{ 的估算收益}).
\end{aligned}
$$

这意味着对偶变量 y_i 代表每单位收益 i 的估算收益, $\sum\limits_{i=1}^{m} a_{ij} y_i$ 表示消耗 1 单位活动 j 所带来的估算收益. 因此, $c_j - \sum\limits_{i=1}^{m} a_{ij} y_i$ 表示活动 j 的检验数, 它衡量了增加 1 单位活动的成本与其所带来的估算收益之间的差异. 最小化线性规划模型的单纯形法的最优性条件表明: 仅当一个未使用活动 j(非基变量) 的检验数为负数时, 增加该活动的水平才能降低成本. 根据前面的解释, 该条件可表示为

$$
1 \text{ 单位活动 } j \text{ 的成本} < \text{消耗 } 1 \text{ 单位活动 } j \text{ 所带来的估算收益}.
$$

因此, 最小化问题的最优性条件表明, 如果某一活动的单位估算收益超过其单位成本, 那么在经济上, 提高该活动的水平是有利的. 这为我们提供了在资源有限的情况下, 如何优化资源配置以降低成本并最大化整体收益的直观指导.

3.4.4 对偶单纯形法

从前文可知, 原始单纯形法旨在在保持原始解可行的情况下, 构建满足互补松弛性条件的对偶解, 并确保该对偶解同样可行. 下面为单纯形法提供另一种解释.

定理 3.14 设 $\bar{\boldsymbol{x}}$ 为原问题 (3.40) 的任一基本解, $\boldsymbol{B}$ 为对应的基, 令 $\bar{\boldsymbol{y}}^{\mathrm{T}} = \boldsymbol{c}_{\boldsymbol{B}}^{\mathrm{T}} \boldsymbol{B}^{-1}$. 如果 $\bar{\boldsymbol{x}}$ 和 $\bar{\boldsymbol{y}}$ 分别是原问题 (3.40) 和对偶问题 (3.41) 的可行解, 则 $\bar{\boldsymbol{x}}$ 和 $\bar{\boldsymbol{y}}$ 分别也是原问题 (3.40) 和对偶问题 (3.41) 的最优解.

证明 因为 $\bar{\boldsymbol{y}} = (\boldsymbol{c}_{\boldsymbol{B}}^{\mathrm{T}} \boldsymbol{B}^{-1})^{\mathrm{T}}$ 为对偶问题 (3.41) 的可行解, 所以

$$
\bar{\boldsymbol{y}}^{\mathrm{T}} \boldsymbol{A} = (\boldsymbol{c}_{\boldsymbol{B}}^{\mathrm{T}} \boldsymbol{B}^{-1}) \boldsymbol{A} \leqslant \boldsymbol{c}^{\mathrm{T}}.
$$

因此, $\boldsymbol{c}^{\mathrm{T}} - (\boldsymbol{c}_{\boldsymbol{B}}^{\mathrm{T}} \boldsymbol{B}^{-1}) \boldsymbol{A} \geqslant \boldsymbol{0}$, 即检验向量 $\boldsymbol{r} \geqslant \boldsymbol{0}$. 由定理 3.10, $\bar{\boldsymbol{x}}$ 是原问题 (3.40) 的最优基本解. 又因为

$$
\bar{\boldsymbol{y}}^{\mathrm{T}} \boldsymbol{b} = (\boldsymbol{c}_{\boldsymbol{B}}^{\mathrm{T}} \boldsymbol{B}^{-1}) \boldsymbol{b} = \boldsymbol{c}_{\boldsymbol{B}}^{\mathrm{T}} (\boldsymbol{B}^{-1} \boldsymbol{b}) = \boldsymbol{c}^{\mathrm{T}} \bar{x},
$$

由推论 3.4, $\bar{\boldsymbol{y}}$ 是对偶问题 (3.41) 的最优解, 得证.

定理 3.14 表明: 基本可行解 $\boldsymbol{x}$ 对应的检验向量 $\boldsymbol{r} \geqslant \boldsymbol{0}$ 和 $\bar{\boldsymbol{y}} = (\boldsymbol{c}_{\boldsymbol{B}}^{\mathrm{T}}\boldsymbol{B}^{-1})^{\mathrm{T}}$ 为对偶问题 (3.41) 的可行解等价.

基于此, 可以对单纯形法做出如下解释: 从原问题 (3.40) 的一个基本可行解 $\boldsymbol{x}$ 出发, 迭代到另一个基本可行解, 同时确保与之对应的对偶问题解 $\boldsymbol{y} = (\boldsymbol{c}_{\boldsymbol{B}}^{\mathrm{T}}\boldsymbol{B}^{-1})^{\mathrm{T}}$ 的不可行性逐步消失 (即: 使检验数逐步变为非负). 这一过程持续进行, 直到 $\boldsymbol{y}$ 是对偶问题 (3.41) 的可行解为止. 此时, $\boldsymbol{x}$ 就是原问题 (3.40) 的最优解.

定义 3.10 如果 $\boldsymbol{x}$ 是原问题 (3.40) 的一个基本解 ($\boldsymbol{B}$ 为对应的基), 且它对应的检验向量 $\boldsymbol{r} \geqslant \boldsymbol{0}$ (即: $\boldsymbol{y} = (\boldsymbol{c}_{\boldsymbol{B}}^{\mathrm{T}}\boldsymbol{B}^{-1})^{\mathrm{T}}$ 是对偶问题 (3.41) 的可行解), 称 $\boldsymbol{x}$ 为原问题 (3.40) 的对偶可行解或正则解.

在实际应用中, 如果原问题的初始基本解不易获得, 那么通过传统单纯形法求解线性规划模型的计算量可能会非常庞大. 在这种情况下, 如果对偶可行解的寻找相对简单, 那么使用对偶单纯形法会更为便捷.

对偶单纯形法的基本思想是: 从原问题 (3.40) 的一个对偶可行的基本解开始, 在保持对偶可行性的前提下, 逐步消除原问题 (3.40) 基本解 $\boldsymbol{x}$ 的不可行性 (即, 使 $\boldsymbol{x} \geqslant \boldsymbol{0}$). 这一过程持续进行, 直到获得原问题 (3.40) 的一个基本可行解为止, 此时该解即为原问题 (3.40) 的最优解.

使用单纯形法求解线性规划模型的一般步骤如下:

算法 3.2 (对偶单纯形法)

步骤 0 **化规范型**. 将一般线性规划模型化为规范形式, 此时不需要 $\boldsymbol{b} \geqslant \boldsymbol{0}$.

步骤 1 **建立初始单纯形表**. 根据规范型线性规划模型建立初始单纯形表, 求出原问题 (3.40) 的一个对偶可行解 $\boldsymbol{x} = \begin{pmatrix} \boldsymbol{x}_{\boldsymbol{B}} \\ \boldsymbol{0} \end{pmatrix}$.

步骤 2 **检验最优性**. 如果 $\boldsymbol{x}_{\boldsymbol{B}} \geqslant \boldsymbol{0}$, 则计算结束, 当前解 $\boldsymbol{x}$ 为最优解; 否则, 令 $x_{B_r} = \min\{x_{B_j} | j = 1, \cdots, m\}$, 选择变量 x_{B_r} 为离基变量.

步骤 3 **确定入基变量**. 如果存在 $j = 1, \cdots, n$, 使得 $w_{rj} < 0$, 计算

$$\min_{1 \leqslant j \leqslant n} \left\{ \frac{-r_j}{w_{rj}} \middle| w_{rj} < 0 \right\} = \frac{-r_s}{w_{rs}},$$

其中 $r_j = c_j - \boldsymbol{y}^{\mathrm{T}}\boldsymbol{A}_j$, $\boldsymbol{y}^{\mathrm{T}} = \boldsymbol{c}_{\boldsymbol{B}}^{\mathrm{T}}\boldsymbol{B}^{-1}$, 则 x_s 为入基变量, 转到**步骤 4**; 否则, 该模型目标值无界, 终止算法.

步骤 4 **确定新的基本可行解**. 以系数 w_{rs} 为主元素进行一次高斯消元 (即: 用 x_s 替代 x_{B_r} 形成一个新基), 得到一个新的对偶可行的基本解, 转到**步骤 2**.

下面, 通过一个应用实例详细说明对偶单纯形法的求解步骤.

例 3.7 根据对甲、乙、丙、丁四种食物所含的维生素 A、维生素 B 与维生素 C 的含量及食物的市场价格调查发现: 这四种食物每千克的维生素 A 含量

分别为 1000, 1500, 1750 和 3250(国际单位), 维生素 B 含量分别为 0.6, 0.27, 0.68 和 0.3(毫克), 维生素 C 含量分别为 17.5, 7.7, 0 和 30(毫克), 市场价格分别为 0.8, 0.5, 0.9 和 1.5(元). 按照医生所提出每人每天所需的营养要求, 三种营养物每天的最低需求分别为 4000, 1 和 30. 请问应怎样采购才能在保证营养充足的情况下以使成本最少?

解 设每天采购的甲、乙、丙、丁四种食物的数量分别为 x_1, x_2, x_3 和 x_4, 则该问题对应的线性规划模型为

$$\min\ z = 0.8x_1 + 0.5x_2 + 0.9x_3 + 1.5x_4$$

s.t.

$$\begin{aligned}
&1000x_1 + 1500x_2 + 1750x_3 + 3250x_4 \geqslant 4000,\\
&0.6x_1 + 0.27x_2 + 0.68x_3 + 0.3x_4 \geqslant 1,\\
&17.5x_1 + 7.7x_2 + 30x_4 \geqslant 30,\\
&x_j \in \mathbb{R}_+, \quad \forall j = 1, \cdots, 4.
\end{aligned}$$

下面用对偶单纯形法求解该问题.

(1) 引入剩余变量, 将上述线性规划模型化为规范型, 结果如下:

$$\min\ z = 0.8x_1 + 0.5x_2 + 0.9x_3 + 1.5x_4$$

s.t.

$$\begin{aligned}
&-1000x_1 - 1500x_2 - 1750x_3 - 3250x_4 + x_5 = -4000,\\
&-0.6x_1 - 0.27x_2 - 0.68x_3 - 0.3x_4 + x_6 = -1,\\
&-17.5x_1 - 7.7x_2 - 30x_4 + x_7 = -30,\\
&x_j \in \mathbb{R}_+, \quad \forall j = 1, \cdots, 7.
\end{aligned}$$

(2) 令 x_5, x_6, x_7 为基变量, x_1, x_2, x_3, x_4 为非基变量, 初始单纯形表为表 3.8.

表 3.8 单纯形表 I (初始)

基变量	x_1	$x_2\downarrow$	x_3	x_4	x_5	x_6	x_7	b
$\leftarrow x_5$	−1000	**−1500**	−1750	−3250	1	0	0	−4000
x_6	−0.6	−0.27	−0.68	−0.3	0	1	0	−1
x_7	−17.5	−7.7	0	−30	0	0	1	−30
r_j	0.8	0.5	0.9	1.5	0	0	0	0

其中, $r_j = c_j - \boldsymbol{y}^{\mathrm{T}}\boldsymbol{A_j} (j = 1, \cdots, 7), \boldsymbol{y}^{\mathrm{T}} = \boldsymbol{c}_{\boldsymbol{B}}^{\mathrm{T}}\boldsymbol{B}^{-1}$.

主约束矩阵的基子矩阵 $\boldsymbol{B}$ 为

$$\boldsymbol{B}=\begin{pmatrix}1&0&0\\0&1&0\\0&0&1\end{pmatrix}.$$

对偶基本解 $\boldsymbol{y}$ 为

$$\bar{\boldsymbol{y}}^{\mathrm{T}}=\boldsymbol{c}_{\boldsymbol{B}}^{\mathrm{T}}\boldsymbol{B}^{-1},$$

$$\boldsymbol{y}^{\mathrm{T}}=\boldsymbol{c}_{\boldsymbol{B}}^{\mathrm{T}}\boldsymbol{B}^{-1}=(0,0,0)\begin{pmatrix}1&0&0\\0&1&0\\0&0&1\end{pmatrix}=(0,0,0).$$

原始基本解 $\boldsymbol{x}^{\boldsymbol{B}}$ 为

$$\boldsymbol{x}^{\boldsymbol{B}}=\boldsymbol{B}^{-1}\boldsymbol{b}=\begin{pmatrix}1&0&0\\0&1&0\\0&0&1\end{pmatrix}\begin{pmatrix}-4000\\-1\\-30\end{pmatrix}=\begin{pmatrix}-4000\\-1\\-30\end{pmatrix}.$$

初始的对偶可行解为 $(0,0,0,0,-4000,-1,-30)^{\mathrm{T}}$.

(3) 因为 $\boldsymbol{x}_{\boldsymbol{B}}<\boldsymbol{0}$, 计算 $\min(-4000,-1,-30)=-4000=x_5$, 选择 x_5 作为离基变量.

(4) 因为存在 $w_{5j}<0$, 计算

$$\min_{1\leqslant j\leqslant n}\left\{\frac{-r_j}{w_{5j}}\middle|w_{5j}<0\right\}=\min\left(\frac{-0.8}{-1000},\frac{-0.5}{-1500},\frac{-0.9}{-1750},\frac{-1.5}{-3250}\right)=\frac{-r_2}{w_{52}},$$

所以 x_2 为入基向量, 主元素为 w_{52}, 在表中用黑体字标记.

(5) 以 w_{52} 为主元素执行主元操作, 进行一次旋转变换, 就可得到用 x_2 替代 x_5 形成的一个新基 (表 3.9).

表 3.9　单纯形表 II

基变量	x_1	x_2	x_3	$x_4\downarrow$	x_5	x_6	x_7	b
x_2	0.67	1	1.17	2.17	−0.0007	0	0	2.67
x_6	−0.42	0	−0.365	0.29	−0.0002	1	0	0.28
$\leftarrow x_7$	−12.34	0	8.98	**−13.32**	−0.0051	0	1	−9.47
r_j	0.47	0	0.32	0.42	0.0003	0	0	−1.33

返回第三步, 重复上述计算, 可得到离基变量为 x_7, 入基变量为 x_4, 主元素为 w_{74}, 执行主元操作后的单纯形表为表 3.10.

表 3.10　单纯形表 III

基变量	$x_1 \downarrow$	x_2	x_3	$x_4 \downarrow$	x_5	x_6	x_7	b
x_2	−1.35	1	2.63	0	−0.0015	0	0.16	1.13
$\leftarrow x_6$	**−0.69**	0	−0.17	0	−0.0003	1	0.02	−0.48
x_4	0.93	0	−0.68	1	0.0004	0	−0.08	0.71
检验数	0.08	0	0.60	0	0.0002	0	0.03	−1.63

此时, $\boldsymbol{x_B} < \mathbf{0}$, 继续返回第三步, 重复上述计算, 可得到离基变量为 x_6, 入基变量为 x_1, 主元素为 w_{61}, 执行主元操作后的单纯形表为表 3.11.

表 3.11　单纯形表 IV

基变量	x_1	x_2	x_3	$x_4 \downarrow$	x_5	x_6	x_7	b
x_2	0	1	2.97	0	−0.0009	−1.97	0.12	2.07
x_1	1	0	0.25	0	0.0004	−1.46	−0.03	0.70
x_4	0	0	−0.91	1	0.0000	1.36	−0.05	0.06
r_j	0	0	0.58	0	0.0001	0.12	0.03	−1.69

此时, $\boldsymbol{x_B} = (2.07, 0.70, 0.06)^{\mathrm{T}} > 0$, 因此解 $\boldsymbol{x}^* = (0.70, 2.07, 0, 0.06, 0, 0, 0)^{\mathrm{T}}$ 是可行的, 即为原问题的最优解. 最优目标函数值为 $\boldsymbol{z}^* = 1.69$.

习　题　三

3-1. 一家集装箱制造商正在考虑购买两种不同类型的纸板折叠机: A 型和 B 型. A 型每分钟可以折叠 30 盒, 需要 1 名服务员, 而 B 型每分钟可以折叠 50 盒, 需要 2 名服务员. 假设制造商每分钟必须折叠至少 320 个盒子, 并且最多有 12 名员工进行折叠操作. 如果 A 型机 90000 元, B 型机 120000 元, 为了使成本最小化, 每种机型应该买多少台? 请写出该问题的线性规划模型, 并转化为规范型.

3-2. 找出下列线性规划模型可行解集的极点, 并求出最优解.

(a)

$$\max z = x + 2y$$

s.t.

$$3x + y \leqslant 6,$$

$$3x + 4y \leqslant 12,$$

$$x, y \in \mathbb{R}_+;$$

(b)

$$\min z = 5x - 3y$$

s.t.

$$x + 2y \leqslant 4,$$

$$x + 3y \geqslant 6,$$

$$x, y \in \mathbb{R}_+;$$

(c)

$$\max\ z = 3x + y$$

s.t.

$$-3x + y \geqslant 6,$$

$$3x + 5y \leqslant 15,$$

$$x, y \in \mathbb{R}_+;$$

(d)

$$\max\ z = 2x + 3y$$

s.t.

$$3x + y \leqslant 6,$$

$$x + y \leqslant 4,$$

$$x + 2y \leqslant 6,$$

$$x, y \in \mathbb{R}_+;$$

(e)

$$\min\ z = 3x + 5y$$

s.t.

$$3x + y \leqslant 6,$$

$$x + y \leqslant 4,$$

$$x + 2y \leqslant 6,$$

$$x, y \in \mathbb{R}_+;$$

(f)

$$\max\ z = \frac{1}{2}x + \frac{3}{2}y$$

s.t.

$$x + 3y \leqslant 6,$$

$$x + y \geqslant 4,$$

$$x, y \in \mathbb{R}_+.$$

3-3. 考虑如下线性规划模型:

$$\max z = 2x_1 + 3x_2$$

s.t.

$$x_1 + 2x_2 + x_3 = 6,$$

$$x_1 + x_2 + x_4 = 4,$$

$$x_j \in \mathbb{R}_+, \quad \forall j = 1, \cdots, 4.$$

取基 $\boldsymbol{B}_1 = \begin{pmatrix} 1 & 1 \\ 1 & 0 \end{pmatrix}, \boldsymbol{B}_2 = \begin{pmatrix} 1 & 0 \\ 1 & 1 \end{pmatrix}, \boldsymbol{B}_3 = \begin{pmatrix} 1 & 0 \\ 0 & 1 \end{pmatrix}$, 分别指出 $\boldsymbol{B}_1, \boldsymbol{B}_2$ 和 $\boldsymbol{B}_3$ 对应的基变量和非基变量, 求出基本解, 并说明 $\boldsymbol{B}_1, \boldsymbol{B}_2$ 和 $\boldsymbol{B}_3$ 是否为可行基.

3-4. 考虑如下线性规划模型:

$$\max z = 4x_1 + 2x_2 + 7x_3$$

s.t.

$$2x_1 - x_2 + 4x_3 \leqslant 18,$$

$$4x_1 + 2x_2 + 5x_3 \leqslant 10,$$

$$x_j \in \mathbb{R}_+, \quad \forall j = 1, 2, 3.$$

(a) 将该问题转化为规范型;

(b) 确定新问题每个极点的基变量;

(c) 哪个极点是最优解?

3-5. 建立如下线性规划模型的初始单纯形表.

$$\max z = 2x + 5y$$

s.t.

$$3x + 5y \leqslant 8,$$

$$2x + 7y \leqslant 12,$$

$$x, y \in \mathbb{R}_+.$$

3-6. 考虑如下单纯形表 (表 3.12), 当离基变量分别是 x_5, x_3 和 x_7 时, 入基变量是什么?

表 3.12 单纯形表 V

基变量	x_1	x_2	x_3	x_4	x_5	x_6	x_7	b
x_4	0	0	2	1	$\frac{5}{2}$	0	0	$\frac{6}{7}$
x_1	1	0	5	0	-3	0	-2	$\frac{2}{7}$
x_6	0	0	3	0	4	1	-4	$\frac{5}{7}$
x_2	0	1	0	0	$\frac{3}{2}$	0	0	$\frac{1}{7}$

3-7. 用单纯形法求解如下最小化线性规划模型.

$$\min 4x_1 - x_2 + 2x_3 - 5x_4 - x_5$$

$$\text{s.t.}$$

$$5x_1 + 2x_2 + 3x_3 - 4x_4 - 2x_5 \geqslant 1,$$

$$2x_1 + 4x_2 - 2x_3 + 2x_4 - 3x_5 = 4,$$

$$3x_1 - x_2 + 4x_3 + 3x_4 - 4x_5 \leqslant 6,$$

$$6x_1 + 4x_2 - 4x_3 - 4x_4 - 2x_5 \geqslant 0,$$

$$x_1, x_2 \in \mathbb{R}_-, \quad x_3, x_4, x_5 \in \mathbb{R}_+.$$

3-8. 用单纯形法求解如下最大化线性规划模型.

$$\max -2x_1 + 2x_2 + x_3 + 4x_4$$

$$\text{s.t.}$$

$$2x_1 + 3x_2 + x_3 + 6x_4 \geqslant 6,$$

$$4x_1 + 2x_2 + 4x_3 - 5x_4 \leqslant 4,$$

$$5x_1 - 5x_2 + 5x_3 + 2x_4 \geqslant 2,$$

$$3x_1 - 6x_2 - 2x_3 + 7x_4 \geqslant 5,$$

$$x_1, x_2 \in \mathbb{R}_-, \quad x_3, x_4 \in \mathbb{R}_+.$$

3-9. 某蔬菜种植基地计划种植 A 类蔬菜, 根据以往种植经验和当地的地理环境, 在种植周期内, 该蔬菜需要氮元素不低于 40 千克、磷元素不低于 30 千克且钾元素不高于 45 千克. 根据调查, 现有市场上存在四类化肥, 氮磷钾元素每千克含量和售价如表 3.13 所示.

表 3.13 相关含量与售价

	化肥 1	化肥 2	化肥 3	化肥 4
氮	0.06	0.25	0.16	0.02
磷	0.24	0.02	0.10	0.07
钾	0.13	0.03	0.17	0.36
售价/(元/千克)	0.9	0.7	1.1	1.3

请问应如何制订购买计划使成本最小？

(a) 写出上述问题的线性规划模型.

(b) 用单纯形法求解该线性规划模型.

3-10. 某高校教学楼和办公区的建筑物已经十分陈旧, 校园的工作人员正准备购买 500 卡车的建筑材料, 用于翻修建筑. 现有市场上存在 A、B、C、D 四类建筑材料, 其主要组成成分为黏土、砂子和石灰, 价格分别为每卡车 260, 240, 270 和 300 (元). A 类建材成分比例为: 黏土 64%, 砂子 25%, 石灰 11%; B 类建材成分比例为: 黏土 43%, 砂子 49%, 石灰 8%; C 类建材成分比例为: 黏土 25%, 砂子 18%, 石灰 57%; D 类建材成分比例: 黏土 35%, 砂子 33%, 石灰 32%. 工作人员希望购买的建筑材料至少包含 280 卡车黏土和 300 卡车砂子, 最多包含 100 卡车的石灰. 在他们需求的限制下, 请为他们找到购买建筑材料的最低成本计划.

(a) 写出上述问题的线性规划模型;

(b) 用单纯形法求解该线性规划模型.

3-11. 写出如下最小化线性规划模型的对偶问题.

$$\min\ 2x_1 + x_2 - 4x_3 + 5x_4$$

s.t.

$$\begin{aligned}
&2x_1 - 3x_2 + x_3 - 2x_4 = 1,\\
&x_1 + 5x_2 - 2x_3 + 3x_4 \leqslant 4,\\
&4x_1 + 2x_2 + 3x_3 + x_4 \geqslant 3,\\
&5x_1 - 3x_2 - 6x_3 - x_4 \leqslant 6,\\
&x_1, x_2 \in \mathbb{R}_-, \quad x_3, x_4 \in \mathbb{R}_+.
\end{aligned}$$

3-12. 写出如下最大化线性规划模型的对偶问题.

$$\max\ 4x_1 - 2x_2 + 3x_3 - 6x_4 + x_5$$

s.t.

$$\begin{aligned}
&3x_1 + x_2 + 2x_3 - 4x_4 - 2x_5 \leqslant 5,\\
&2x_1 - 5x_2 + 4x_3 - 2x_4 - x_5 = 4,\\
&6x_1 - 2x_2 - 2x_3 - 3x_4 + x_5 = 1,\\
&3x_1 + x_2 - 3x_3 + 6x_4 - 3x_5 \geqslant 3,
\end{aligned}$$

$$4x_1 - 2x_2 - x_3 - 2x_4 + 4x_5 \geqslant 0,$$

$$x_1, x_2, x_3, x_4 \in \mathbb{R}_+, \quad x_5 \in \mathbb{R}_-.$$

3-13. 用对偶单纯形法求解如下最小化线性规划模型.

$$\min\ 5x_1 - 9x_2 + 6x_3$$

s.t.

$$2x_1 + 4x_2 + 2x_3 \geqslant 8,$$

$$3x_1 - 2x_2 + 4x_3 \geqslant 5,$$

$$5x_1 - 5x_2 - 5x_3 \leqslant 2,$$

$$6x_1 + 7x_2 - 3x_3 \leqslant 9,$$

$$2x_1 + 3x_2 - 4x_3 \geqslant 1,$$

$$4x_1 - 4x_2 + 2x_3 \leqslant 6,$$

$$3x_1 + 7x_2 - 4x_3 \geqslant 4,$$

$$x_j \in \mathbb{R}_+, \quad \forall j = 1, \cdots, 4.$$

3-14. 某工厂要生产 80 套模具, 每套模具需要使用 3.8m, 2.7m 和 2.5m 的钢材各一根. 已知原料钢材每根长 9.2m, 采用表 3.14 中的五种下料方式, 请问应如何下料以使原材料最省?

表 3.14　五种下料方式

	方案 1	方案 2	方案 3	方案 4	方案 5
3.8m	1	1	2	0	0
2.7m	2	0	0	2	1
2.5m	0	2	0	1	2

(a) 写出上述问题的线性规划模型;

(b) 用对偶单纯形法求解该线性规划模型.

3-15. 某工厂要使用甲、乙、丙、丁四种原材料混合生产出产品 1、产品 2、产品 3、产品 4 四种不同规格的产品, 其中, 生产每单位产品 1 的四种原材料需求量分别为 20, 24, 16 和 13; 生产每单位产品 2 的四种原材料需求量分别为 16, 26, 18 和 25; 生产每单位产品 3 的四种原材料需求量分别为 34, 12, 10 和 20; 生产每单位产品 4 的四种原材料需求量分别为 28, 0, 11 和 25. 四种原材料的日供应量分别为 1000, 800, 680, 1200, 四种产品的单价分别为 30, 24, 26, 27, 请问应如何制订生产计划以使利润最大化?

(a) 写出上述问题的线性规划模型;

(b) 用对偶单纯形法求解该线性规划模型.

3-16. 某玩具公司最近决定停止生产现有产品, 计划研发生产四类新型玩具: Toy1, Toy2, Toy3 和 Toy4. 根据生产成本和预估定价可知, 每单位 Toy1 可为公司创造 3.4 元的利润, 每单位 Toy2, Toy3 和 Toy4 创造的利润则分别为 2.5, 1.2 和 3.0 (元). 该公司签订的售卖合同规定, 下个月将分别销售 1.5 万件 Toy1, 1.7 万件 Toy2, 1.6 万件 Toy3 和 1.8 万件 Toy4, 超出生产部分仍然可以销售. 任何一种型号的玩具生产都涉及三个关键步骤: 挤压、切边和组装, 工序耗时如表 3.15 所示.

表 3.15　各工序耗时

	挤压耗时/h	切边耗时/h	组装耗时/h
Toy1	4	2	10
Toy2	2	3	9
Toy3	5	1	8
Toy4	9	2	4

下个月车间生产拥有 340 小时挤压时间, 310 小时切边时间, 以及 500 小时的装配时间. 请问应如何制订生产计划以使利润最大化?

(a) 请为该玩具公司制订生产计划, 写出线性规划模型;

(b) 用单纯形法求解该线性规划模型;

(c) 写出该线性规划模型的对偶模型;

(d) 用对偶单纯形法求解该线性规划模型;

(e) 阐述对偶模型目标函数和对偶约束的经济学意义.

3-17. 某帐篷制造公司计划为某足球比赛停车场地提供 40 个帐篷, 该公司拥有两台不同的设备生产此类帐篷, 每台设备均可采用三种不同制造工艺, 每种工艺生产出的最终产品相同. 设备 1 的三种工艺的单位成本分别为 240, 220 和 300 (元), 每一单位分别消耗 12, 6 和 20 (小时); 设备 2 的单位费用为 160, 380 和 240 (元), 每一单位分别消耗 7, 24 和 18 (小时). 该公司希望在每个设备的 90 小时内以最低的总成本满足需求.

(a) 写出上述问题的线性规划模型;

(b) 用对偶单纯形法求解该线性规划模型.

第 4 章 精确离散优化方法

离散优化方法在众多领域应用广泛，能有效解决大量实际问题. 与线性规划求解方法不同，整数规划模型 (也称离散优化模型) 的成功求解往往需要巧妙地针对特定问题进行算法设计. 本章主要介绍用于求解一般整数规划模型的精确型方法: 全枚举法和分支定界算法.

4.1 全枚举法

与连续优化模型相比，离散优化模型只具有有限个离散决策变量，其求解看起来似乎更加容易. 按照全枚举法的思路，只要逐个遍历这些离散决策变量的所有可能取值，就能找出一个最佳可行解，将其作为最优解. 当模型中离散决策变量的数量较少时，全枚举法这种最直观、最直接的方法，往往能发挥出最佳效果，高效求解.

4.1.1 全枚举法介绍

全枚举法就是尝试列举出所有可能的求解情况，并求出所有情况对应的解，再从中选取最优解.

定义 4.1 全枚举法通过遍历离散变量值的所有可能组合来求解离散优化模型，并计算每个连续变量的最佳对应选择. 在产生可行解的组合中，具有最优目标值的组合则为最优解.

例 4.1 通过全枚举法求解如下混合整数规划模型:

$$
\begin{aligned}
&\max\ 6x_1 + 2x_2 + 3x_3 \\
\text{s.t.}\quad & \\
&x_1 + x_2 \leqslant 1, \\
&x_2 + x_3 \leqslant 1, \\
&x_j \in \{0,1\}, \quad \forall j = 1,2,3
\end{aligned}
$$

解 分别列举出 $2^3 = 8$ 种组合情况并求解，结果见表 4.1.

根据表 4.1 可知，最优解为 $\boldsymbol{x} = (1,0,1)^{\mathrm{T}}$，最优值为 9.

例 4.2 (0-1 背包问题) 给定 4 个物品和 1 个背包. 4 个物品的重量和价值都不同 (如表 4.2 所示)，背包的最大承重为 10. 请问应如何选择装入背包中的物品，使得装入背包中物品的总价值最大?

表 4.1　解的组合情况

x	目标值	x	目标值
$\boldsymbol{x}=(0,0,0)^{\mathrm{T}}$	0	$\boldsymbol{x}=(1,0,0)^{\mathrm{T}}$	6
$\boldsymbol{x}=(0,0,1)^{\mathrm{T}}$	3	$\boldsymbol{x}=(1,0,1)^{\mathrm{T}}$	9
$\boldsymbol{x}=(0,1,0)^{\mathrm{T}}$	2	$\boldsymbol{x}=(1,1,0)^{\mathrm{T}}$	不可行
$\boldsymbol{x}=(0,1,1)^{\mathrm{T}}$	不可行	$\boldsymbol{x}=(1,1,1)^{\mathrm{T}}$	不可行

表 4.2　物品的重量及价值

物品	1	2	3	4
重量	2	6	5	4
价值	6	5	4	6

解　定义决策变量如下:

对于 $j=1,\cdots,4$, 定义 0-1 决策变量 x_j:

$$x_j=\begin{cases}1, & 物品\ j\ 被装入背包,\\ 0, & 否则.\end{cases}$$

该问题的整数规划模型为

$$\begin{aligned}&\max\ 6x_1+5x_2+4x_3+6x_4\\ \text{s.t.}\\ &2x_1+6x_2+5x_3+4x_4\leqslant 10,\\ &x_j\in\{0,1\},\forall j=1,\cdots,4.\end{aligned}$$

利用全枚举法, 分别列举出所有可能情形并求解, 结果见表 4.3.

表 4.3　解的组合情况

物品	价值	重量	解的组合								
			1	2	3	4	5	6	7	8	9
1	6	2	1	1	1	**1**	0	0	0	0	0
2	5	6	0	1	0	**0**	1	1	0	0	0
3	4	5	0	0	1	**0**	0	0	1	1	0
4	6	4	0	0	0	**1**	0	1	0	1	1
背包内总价值			6	11	10	**12**	5	11	4	10	6

根据表 4.3 可知, 最优解为 $\boldsymbol{x}=(1,0,0,1)^{\mathrm{T}}$, 最优值为 12.

4.1.2　全枚举法复杂度分析

在例 4.1 里, 存在三个离散决策变量, 每个决策变量都有两个可能的取值 0 和 1. 总共有 $2\times2\times2=2^3=8$ 种组合结果. 类似地, 具有 k 个二元决策变量的模型

将具有 2^k 个组合数目 (可能的解). 通常把这种复杂度上的增长称为**指数级增长**, 因为每新增一个 0-1 型整数变量都将使得组合数目翻倍.

复杂度呈指数级增长, 导致全枚举法不太适用于离散变量较多的模型. 举个例子, 当 $n = 10$ 时, 有 1024 个可能的解; 当 $n = 20$ 时, 有 1000000 多个可能的解; 而当 $n = 30$ 时, 将会有超过 1 亿个可能的解. 因此, 即使最快的计算机也无法详尽地枚举完具有几十个变量的 0-1 整数规划模型的所有解, 更不用说具有相同数量整型变量的一般整数规划模型了.

4.2 模型松弛

在整数规划中一个非常重要的概念是 "松弛", 即构建一个更简单的辅助优化模型来求解整数规划模型, 可以用松弛后的线性规划模型解来获得关于原整数规划模型解的信息. 一般有两种 "松弛" 方法:

- **约束条件的松弛**　舍弃或松弛某些约束条件;
- **目标函数的松弛**　用一个函数替换目标函数, 确保原问题中的每一个可行解, 在松弛问题中都有相同或更优的值.

通常, 最小 (大) 化整数规划模型的松弛问题必须具有以下特征:

- 松弛问题的最优值不大 (小) 于原问题的最优值;
- 如果松弛问题的最优解对原问题可行, 则该解是原问题的最优解;
- 如果松弛问题不可行, 则原问题也不可行.

根据以上特征, 下述结论成立.

性质 4.1　对于一个最小 (大) 化的问题, 如果其松弛问题存在可行解, 则它的最优值是原问题最优值的下 (上) 界. 否则, 原问题不存在可行解.

对于任何整数规划模型, 都有多种可能的松弛方法. 度量一个松弛方法的优劣, 通常是利用它所提供界的紧性.

定义 4.2　对于一个最小 (大) 化的问题, 如果以下条件成立, 称**松弛方法 1 比松弛方法 2 更优**.

- 松弛问题 1 的最优值不低 (高) 于松弛问题 2 的最优值;
- 只要松弛问题 2 不可行, 松弛问题 1 就不可行.

例 4.3　考虑如下线性规划模型:

$$\min 2x_1 + x_2 - 4x_3 + 5x_4 \tag{4.1}$$

s.t.

$$2x_1 - 3x_2 + x_3 - 2x_4 = 1, \tag{4.2}$$

$$x_1 + 5x_2 - 2x_3 + 3x_4 \leqslant 4, \tag{4.3}$$

$$4x_1 + 2x_2 + 3x_3 + x_4 \geqslant 3, \tag{4.4}$$

$$5x_1 - 3x_2 - 6x_3 - x_4 \leqslant 6, \tag{4.5}$$

$$x_1 \in \mathbb{Z}_-, x_3, x_4 \in \mathbb{Z}_+. \tag{4.6}$$

对模型进行如下变化是否会得到一个有效的松弛?

(1) 将目标函数 (4.1) 换成

$$\min 2x_1 + x_2 - 4x_3.$$

(2) 去掉约束条件 (4.2), 并将目标函数 (4.1) 换成

$$\min 2x_1 + x_2 - 4x_3 + 8x_4.$$

(3) 去掉约束条件 (4.3), 并将目标函数 (4.1) 换成

$$\min 2x_1 + x_2 - 4x_3.$$

解 (1) 该变化未改变模型的约束条件, 但它松弛了非负变量 x_4 在目标函数中的系数. 因为该变量是非负的, 松弛掉它在目标函数中的系数只会产生一个更小的目标值. 因此, 该变化是一个有效的目标函数松弛.

(2) 该变化通过松弛掉一个约束条件使可行域变大, 但它同时增加了非负变量 x_4 在目标函数中的系数. 因此, 该变化不是一个有效的松弛.

(3) 该变化通过松弛掉一个约束条件使可行域变大, 同时还松弛了非负变量 x_4 在目标函数中的系数. 因此, 该变化是一个有效的松弛, 但要弱于变化 (1).

例 4.4 考虑如下形式的整数规划模型:

$$\begin{aligned} \min\ & \boldsymbol{c}^{\mathrm{T}}\boldsymbol{x} \\ \text{s.t.}\ & \\ & \boldsymbol{Ax} = \boldsymbol{b}, \\ & \boldsymbol{l} \leqslant \boldsymbol{x} \leqslant \boldsymbol{u}, \\ & x_j \in \mathbb{Z}_+^n, \quad \forall j \in I. \end{aligned}$$

可能的约束松弛方法有

- **删除约束条件 $\boldsymbol{Ax} = \boldsymbol{b}$ (BR)** 松弛后的模型为

$$\begin{aligned} \min\ & \boldsymbol{c}^{\mathrm{T}}\boldsymbol{x} \\ \text{s.t.}\ & \\ & \boldsymbol{l} \leqslant \boldsymbol{x} \leqslant \boldsymbol{u}, \\ & x_j \in \mathbb{Z}_+^n, \quad \forall j \in I. \end{aligned}$$

不难看出, 松弛问题的最优目标值小于或等于原问题的最优目标值; 如果松弛问题的最优解同时满足约束条件 $\boldsymbol{Ax}=\boldsymbol{b}$, 该解也是原问题的最优解; 如果松弛问题不可行, 原问题也不可行.

- **消除整数约束** (**LR**) 松弛后的模型为

$$\begin{aligned}&\min\ \boldsymbol{c}^{\mathrm{T}}\boldsymbol{x}\\ \text{s.t.}\quad&\\ &\boldsymbol{Ax}=\boldsymbol{b},\\ &\boldsymbol{l}\leqslant\boldsymbol{x}\leqslant\boldsymbol{u}.\end{aligned}$$

第二种松弛方法 LR 称为连续松弛, 其正式定义如下.

定义 4.3 仅将所有离散变量看成连续变量, 而保留所有其他约束条件的松弛方法称为**连续松弛**. 如果给定的模型是整数线性规划, 也称为**线性松弛**.

整数线性规划的线性松弛是求解整数线性规划模型时应用最为广泛的方法. 因为线性松弛后的模型是一个线性规划模型, 故具有以下优点:

- 线性松弛保留了诸多关键信息. 例如, 松弛 BR 忽略了许多嵌入在约束条件 $\boldsymbol{Ax}=\boldsymbol{b}$ 中的信息, 而线性松弛 LR 则涵盖了所有这些信息.
- 线性松弛有时会提供较强的界. 例如, 当 $\boldsymbol{l}$ 和 $\boldsymbol{u}$ 为整数向量时, 线性松弛 LR 通常比松弛 BR 更为有效.
- 线性松弛能够生成每个约束条件的 “对偶值”. 反映了约束右端值每变动一个单位, 目标值所产生的边际变化. 这些对偶值在算法层面具有重要作用. 例如, 在列生成 (或分支定价) 方法 (请参阅第 6 章) 中, 并不是每个变量都需要包含在线性松弛模型中, 因为只有部分变量集才对模型求解起作用. 因此, 在列生成算法的迭代过程中, 仅针对部分变量集进行求解. 对于其余的每个变量, 通过线性松弛模型的对偶值, 来计算将该变量添加到模型中所产生的影响. 只有那些能够降低目标值 (针对最小化问题而言) 的变量, 才会被添加到模型中, 其余变量可以忽略. 在实际执行中, 不需要逐个检查每个变量, 而是通过创建定价子问题, 来寻找一个或多个变量. 这些变量的添加会改善总体目标, 从而提高此方法的求解效果. 事实证明, 该方法对于求解具有大量变量的问题非常有效.
- 存在多项式时间算法 (单纯形法), 能够快速求解松弛后的线性规划模型. 如果该线性规划模型得到的最优解恰好是整数解, 那么该解也是原问题的最优解. 如果最优解不是整数解, 那么线性规划模型也能提供较好的界, 进而可以通过设计一个分支定界算法 (参阅 4.3 节) 求解该整数规划模型得到最优整数解.

4.3　分支定界算法

分支定界

4.3.1　分支定界算法介绍

分支定界算法 (branch and bound algorithm) 由 A. Land 和 G. Doig 于 1960 年首次提出, 主要用于求解一般的混合整数线性规划模型或纯整数线性规划模型. 分支定界算法是一种搜索与迭代的方法, 通过选择不同的分支变量和子问题进行搜索. 其主要思想是在松弛问题的可行域中寻找使目标函数值达到最优的整数解, 具体地: 把全部可行解空间反复地分割为越来越小的子集, 这些子集形成树状结构, 这一过程称为**分支**; 同时, 对每个子集内的解集计算一个目标下界 (对于最小值问题), 此过程称为**定界**. 在每次分支后, 凡是界限超出已知最好可行解目标值的那些子集将不再进一步分支, 因此许多子集可不予考虑, 这一操作称为**剪枝**.

在正式介绍分支定界算法之前, 首先介绍若干分支定界算法的术语和符号, 这些基本概念同样适用于其他管理问题中的特定分支定界算法.

现考虑如下类型的模型:

$$\begin{aligned}
&\min\ z = \boldsymbol{c}^{\mathrm{T}}\boldsymbol{x}\\
\text{s.t.}\quad&\\
&\boldsymbol{x} \in K_0,
\end{aligned}$$

其中 K_0 的元素个数是有限的.

例 4.5　企业计划生产 3000 件产品, 可以采用自己加工和外协加工的组合方式, 采用不同加工方式加工该批次产品的固定成本以及最大加工数量如表 4.4 所示, 请问应如何安排产品的加工使总成本最小?

表 4.4　固定成本及加工数量

序号	1	2	3	4
加工方式	自己加工	外协加工 1	外协加工 2	外协加工 3
固定成本	500	200	200	300
最大加工数量/件	6000	2000	1500	1800

可以将该问题视为一个背包问题来建模, 对于 $j = 1, \cdots, 4$, 定义 0-1 决策变量 x_j:

$$x_j = \begin{cases} 1, & \text{如果选择加工方式 } j, \\ 0, & \text{否则}. \end{cases}$$

该问题的整数规划模型为

$$
\begin{aligned}
&\min\ 500x_1 + 200x_2 + 200x_3 + 300x_4 \\
\text{s.t.}\quad & \\
& 6000x_1 + 2000x_2 + 1500x_3 + 1800x_4 \geqslant 3000, \\
& x_j \in \{0,1\}, \quad \forall j = 1, \cdots, 4.
\end{aligned}
\tag{4.7}
$$

通过全枚举法可以得出, 最优解为选择外协加工 1 和外协加工 2, 总成本为 400.

4.3.1.1 部分解

分支定界搜索通过迭代的方式, 对解序列展开搜索, 直至确定得到最优解; 若无法找到最优解, 则将当前得到的最好可行解, 作为原问题的近似解. 这一搜索过程, 主要基于部分解 (partial solution) 来推进.

定义 4.4 仅部分决策变量取固定值的解称为**部分解**, 其余未确定的决策变量称为**自由变量**.

下面使用 # 来表示部分解中的自由变量. 例如, 在企业加工产品模型 (4.7) 中, $\boldsymbol{x} = (1, \#, \#, 1)^{\mathrm{T}}$ 描述了一个部分解, 其中 $x_1 = 1$, $x_4 = 1$, 而 x_2 和 x_3 是自由变量.

每个部分解都隐含定义了一类完整解, 这些解称为**部分解的完全形式**.

定义 4.5 一个给定模型部分解的完全形式, 是满足部分解中全部固定变量要求的可能完整解.

举例来说, 部分解 $\boldsymbol{x} = (\#, 0, \#, 1)^{\mathrm{T}}$ 在企业加工产品模型 (4.7) 中的完全形式如下:

$$
(1,0,0,1)^{\mathrm{T}}, \quad (0,0,1,1)^{\mathrm{T}}, \quad (1,0,1,1)^{\mathrm{T}}, \quad (0,0,0,1)^{\mathrm{T}},
$$

每个解都满足 $x_2 = 0$ 和 $x_4 = 1$. 其中, 中间两个都是可行的完全形式 (feasible completion), 因为它们满足模型 (4.7) 的全部约束.

例 4.6 (理解部分解及其完全形式) 假设一个整数规划模型的决策变量为 $x_1, x_2, x_3 \in \{0,1\}$, 列出以下部分解的所有完全形式.

(1) $(\#, \#, 1)^{\mathrm{T}}$;

(2) $(\#, 0, 1)^{\mathrm{T}}$.

解 应用定义 4.4 和定义 4.5.

(1) 该部分解的完全形式包括所有具有 $x_3 = 1$ 的完整解, 包括 $(0,0,1)^{\mathrm{T}}$, $(1,0,1)^{\mathrm{T}}$, $(0,1,1)^{\mathrm{T}}$ 和 $(1,1,1)^{\mathrm{T}}$.

(2) 该部分解的完全形式包括所有具有 $x_2 = 0$ 和 $x_3 = 1$ 的完整解, 包括 $(1,0,1)^{\mathrm{T}}$ 和 $(0,0,1)^{\mathrm{T}}$.

4.3.1.2 树搜索

分支定界算法通过部分解的完全形式, 对不同类别的解展开考察, 并以树形结构将这些解组织起来. 图 4.1 展示了运用分支定界算法求解企业加工产品应用案例时, 完整的分支定界树 (即搜索树).

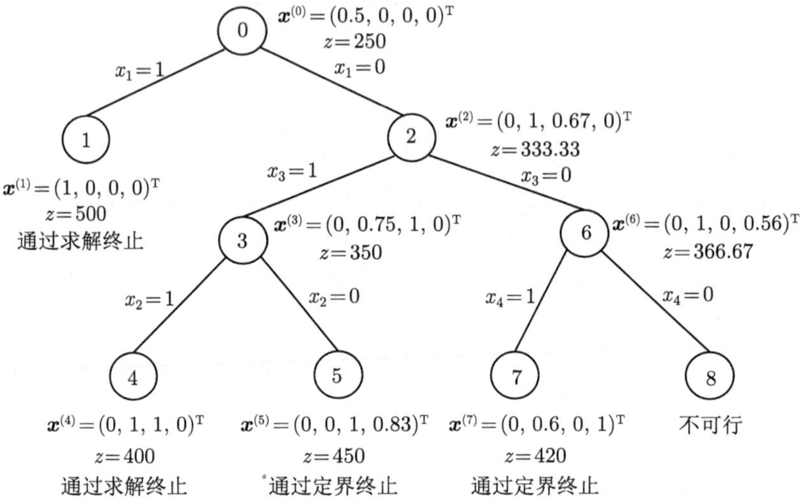

图 4.1 企业加工产品应用案例的分支定界树

在分支定界树中, 每个节点都代表一个部分解. 节点上的数字标识了树中节点的考察顺序, 边和连线说明了部分解中的固定变量. 举例来说, 对于部分解 $\boldsymbol{x}^{(6)}$ 来说, 它所对应的固定变量为 $x_1 = 0$ 和 $x_3 = 0$.

算法执行的顺序, 是从根节点 0 开始的.

定义 4.6 分支定界搜索从根节点 0 的部分解 $\boldsymbol{x}^{(0)} = (\#, \cdots, \#)^{\mathrm{T}}$ 出发, 其中所有分量都是自由变量.

在搜索的任何阶段, 树中总有一个或者多个未被分析的节点或部分解, 称这些节点为**活跃节点**. 包含所有活跃节点的集合称为**活跃节点集**. 根节点是搜索树的第一个活跃节点. 对于每个节点的分析, 都试图确定该部分解的某一个完全形式 (如果有) 是否为全局最优解. 有时可以找到一个最优的完全形式, 或者可以证明没有必要对该节点继续深入探索. 这时可以终止对这个节点所代表的全部 (完全形式) 解集的搜索, 并把该节点从活跃节点集中移除.

性质 4.2 当分支定界算法在某个节点找到一个最优的完全形式, 或者证明出该节点不存在比已知最好可行解更好的可行解时, 称**分支定界搜索终止或完全了解了该节点**.

图 4.1 中的节点 1 处标明了终止, 且它没有下一级节点. 这是因为对部分解 $\boldsymbol{x}^{(1)}=(1,\#,\#,\#)^{\mathrm{T}}$ 进行分析后, 找到了最优的完全形式 $\boldsymbol{x}=(1,0,0,0)^{\mathrm{T}}$. 如此一来, 就无需再去考虑其他满足 $x_1=1$ 的解了.

然而, 在分析某个节点后, 通常难以确定是否找到一个最优的完全形式, 或者证明该节点不存在比已知最好可行解更好的可行解. 这种情况下, 就必须进行分支操作.

性质 4.3 在一个 0-1 整数规划模型的分支定界搜索中, 当一个节点不能被终止时, 需要对该节点分支, 这通过选择一个自由二元变量并固定该变量的取值来创建两个子节点 (子部分解), 其中一个子节点固定该变量为 1, 另一个子节点固定该变量为 0.

被分支的节点称为**母节点**, 所得的分支节点称为**子节点**. 当一个节点被分支后, 需要将其从活跃节点集移除.

图 4.1 中的节点 2 描述了需要分支的情况. 分析该节点对应的部分解 $\boldsymbol{x}^{(2)}=(0,\#,\#,\#)^{\mathrm{T}}$, 其相应的线性松弛问题最优解为 $(0,1,0.67,0)^{\mathrm{T}}$. 因此, 无法确定部分解 $\boldsymbol{x}^{(2)}$ 中的最优完全形式. 此时, 这个节点 2 就被分成 3 和 6 两个子节点, 这两个子节点对应的解都需满足 $x_1=0$. 值得注意的是, 之前的自由变量 x_3 现在被固定了. 在子节点 3 中, $x_3=1$, 而在子节点 6 中, $x_3=0$.

这个分支的过程并没有遗漏任何解. 节点 2 中的每个完全形式对应的 x_3 要么为 0 要么为 1. 因此, 简单地限制决策变量 x_3 的取值将节点 2 对应的可行域分成两个更小的子集, 通过分析这两个更小的子集可以找出最优解. 由于没有遗漏任何解, 当所有部分解都得到确定之后, 这种枚举的方式是完备的.

性质 4.4 分支定界搜索的终止条件是活跃节点集为空.

只要活跃节点集不为空, 分支定界算法就需要选择一个活跃节点, 作为下一个分析的对象. 从活跃节点集中选择活跃节点的最简单方法是深度优先搜索.

定义 4.7 深度优先搜索在每次迭代时, 都会选择一个具有最多固定变量的活跃节点 (例如, 搜索树中最深的节点).

图 4.1 中企业加工产品模型的枚举就采用了深度优先搜索. 例如, 在节点 3 被考察之后, 相应的节点 4, 5, 6 都变成了树中的活跃节点. 应用深度优先搜索, 较深的节点 4 和 5 将作为下一个被考察的对象.

例 4.7 (理解分支定界树) 图 4.2 是用于求解一个离散优化模型的分支定界树, 其决策变量 $x_1, x_2, x_3 \in \{0,1\}$.

(1) 列出所考察的部分解序列.

(2) 说明 (1) 中哪些部分解被终止了, 哪些部分解被分支了.

(3) 说明哪些节点在处理完节点 1 后变得活跃, 并解释在深度优先搜索下, 哪个可能是下一个被考察的节点.

(4) 说明通过对每个被终止节点的详细考察, 所有可行解都被隐含地枚举了.

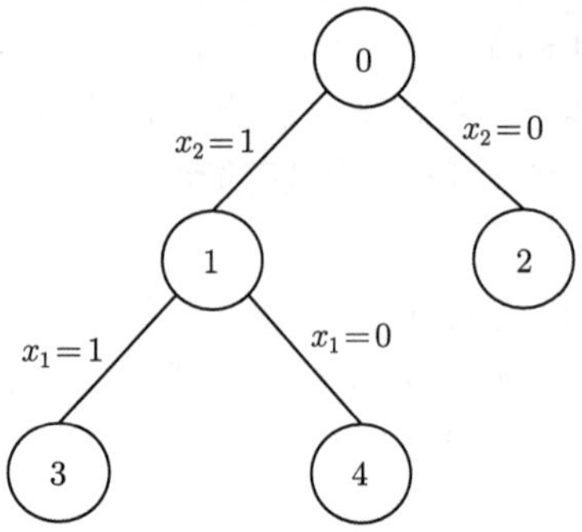

图 4.2 理解分支定界树

解 (1) 根据定义 4.6, 分支定界搜索的第 1 个部分解 $\boldsymbol{x}^{(0)}$ 是一个全任意的部分解 $(\#,\#,\#)^{\mathrm{T}}$. 从分支的变量约束条件可以看出, 接下来分析的部分解为 $\boldsymbol{x}^{(1)}=(\#,1,\#)^{\mathrm{T}}$, $\boldsymbol{x}^{(2)}=(\#,0,\#)^{\mathrm{T}}$, $\boldsymbol{x}^{(3)}=(1,1,\#)^{\mathrm{T}}$ 和 $\boldsymbol{x}^{(4)}=(0,1,\#)^{\mathrm{T}}$.

(2) 子节点的缺少说明了部分解 $\boldsymbol{x}^{(2)}$, $\boldsymbol{x}^{(3)}$ 和 $\boldsymbol{x}^{(4)}$ 被终止了, 其余的部分解 $\boldsymbol{x}^{(0)}$ 和 $\boldsymbol{x}^{(1)}$ 被分支了.

(3) 处理完节点 1 后, 树中存在 3 个活跃节点, 即节点 2, 3 和 4. 按照深度优先搜索, 节点 3 或 4 将作为下一个考察的对象.

(4) 当某个节点被终止时, 这个节点对应的完整解被隐含枚举了. 表 4.5 列出了该问题的 8 个完整解以及和它们相关的终止节点.

表 4.5 例 4.7 的完整解和终止节点

完整解	终止节点	完整解	终止节点	完整解	终止节点	完整解	终止节点
$(0,0,0)^{\mathrm{T}}$	2	$(0,1,0)^{\mathrm{T}}$	4	$(1,0,0)^{\mathrm{T}}$	2	$(1,1,0)^{\mathrm{T}}$	3
$(0,0,1)^{\mathrm{T}}$	2	$(0,1,1)^{\mathrm{T}}$	4	$(1,0,1)^{\mathrm{T}}$	2	$(1,1,1)^{\mathrm{T}}$	3

4.3.1.3 最好可行解

任何搜索算法的目标都是为某个优化模型找到一个最优解或最好可行解. 为了终止搜索算法, 有必要记录迭代过程中已知的最好可行解. 最好可行解通常可在搜索之前得到, 或者可以随着搜索的深入而被发现.

定义 4.8 在搜索整数规划模型解的过程中, 最好可行解是到目前为止已知的最优 (就目标值而言) 可行解. 用 $\bar{\boldsymbol{x}}$ 来表示最好可行解, 并用 $\bar{z}$ 来表示与之对应的目标值.

对于最小 (大) 化问题, 最好可行解为该问题提供了一个上 (下) 界. 在对每个节点进行分析时, 如果能找到该节点对应部分解的最优完全形式, 需要判断是否要更新当前最好可行解. 具体地, 对于最小 (大) 化问题, 如果该节点对应部分解的最优完全形式的目标值小 (大) 于当前最好可行解的目标值, 则用该节点对应部分解的最优完全形式替换当前最好可行解. 否则, 当前最好可行解保持不变.

当分支定界搜索停止时, 最后得到的最好可行解将被输出. 如果该问题存在最优解, 则此最好可行解就是最优解.

性质 4.5 当一个分支定界搜索停止时, 如果该模型存在全局最优解, 最终的最好可行解就是全局最优解. 否则, 该模型无可行解.

例 4.8 (理解最好可行解) 回到例 4.7 中的分支定界树, 假设 (i) 当前问题为最大化问题, (ii) 从之前的经验中知道一个可行解, 其目标值为 10, (iii) 在节点 2, 3 和 4 发生终止时, 3 个节点对应的目标值分别为 8, 14 和 12.

(1) 给出最好可行解序列及其目标函数值.

(2) 给出最优目标值.

解 (1) 由假设 (ii) 可知, 初始的最好可行解值为 $\bar{z} = 10$. 这个值一直保持到节点 3, 因为节点 1 进行了分支并且节点 2 中得到的最优完整解值小于 10. 在节点 3 处搜索发现了一个可行解, 其具有更好的目标值 14. 因此, 最好可行解值就变成了 $\bar{z} = 14$. 节点 4 没有产生任何改变.

(2) 搜索隐含枚举了所有可能的解. 根据性质 4.5 可知, 最终的最好可行解值 $\bar{z} = 14$ 是最优的.

4.3.1.4 候选问题

介绍完分支定界背后的搜索树, 现在需要考虑如何使用 4.2 节中的松弛技巧使得每个节点的求解更有效率.

定义 4.9 在一个分支定界搜索树中, 求解一个活动节点对应部分解的最优完全形式问题, 称为**候选问题**.

由于候选问题与相应部分解的完全形式联系密切, 可以用候选问题来辅助分支定界搜索.

性质 4.6 任一部分解可行的完全形式, 就是其相应候选问题的可行解. 因此, 最优可行完全解的目标值, 就是候选问题的最优目标值.

例 4.9 (理解候选问题) 考虑企业加工产品模型 (4.7).

(1) 给出部分解 $\boldsymbol{x} = (\#, 1, 0, \#)^{\mathrm{T}}$ 所对应的候选问题.

(2) 给出部分解 $\boldsymbol{x} = (\#, 1, 0, \#)^{\mathrm{T}}$ 所对应候选问题的线性松弛模型.

解 (1) 根据定义 4.9, 部分解 $\boldsymbol{x} = (\#, 1, 0, \#)^{\mathrm{T}}$ 所对应的候选问题为原模型中增加约束 $x_2 = 1$, $x_3 = 0$ 后的受限模型

$$\min\ 500x_1 + 200x_2 + 200x_3 + 300x_4$$

s.t.

$$6000x_1 + 2000x_2 + 1500x_3 + 1800x_4 \geqslant 3000,$$

$$x_2 = 1, \quad x_3 = 0,$$

$$x_1, x_4 \in \{0, 1\}.$$

其最优解提供了部分解 $\boldsymbol{x} = (\#, 1, 0, \#)^{\mathrm{T}}$ 的一个最优完全形式.

(2) 应用 4.2 节中的约束松弛, (1) 中候选问题的线性松弛模型为

$$\min\ 500x_1 + 200x_2 + 200x_3 + 300x_4$$

s.t.

$$6000x_1 + 2000x_2 + 1500x_3 + 1800x_4 \geqslant 3000,$$

$$x_2 = 1, \quad x_3 = 0,$$

$$0 \leqslant x_1 \leqslant 1,$$

$$0 \leqslant x_4 \leqslant 1.$$

注意, 这是 (1) 中候选问题的松弛模型, 而非完整模型的松弛问题.

因为候选问题通常是一个整数规划模型, 求解起来通常比较耗时, 可以通过其松弛模型来分析相应候选问题. 例如, 在上述提到的企业加工产品应用案例中 (图 4.1), 节点旁边给出了相应松弛问题的最优解和相应目标值. 下面介绍几种通过求解一个节点对应松弛问题而判断是否终止对该节点进行搜索的条件.

从 4.2 节中可知, 如果一个候选问题的松弛问题没有可行解, 则该候选问题也没有可行解.

性质 4.7 (节点终止条件 1) 如果一个松弛问题被证明不可行, 则可以终止对相应节点的搜索, 因为它没有可行的完全形式.

如图 4.1 中节点 8 所示, 相应候选问题的线性松弛模型是不可行的. 进而, 部分解 $\boldsymbol{x}^{(8)} = (0, \#, 0, 0)^{\mathrm{T}}$ 没有可行的完全形式, 这样就可以根据性质 4.7 终止对该节点的搜索.

对于最小 (大) 化问题, 松弛问题的最优值为其相应候选问题最优值的下 (上) 界. 如果松弛问题的最优值大 (小) 于等于当前最好可行解的值, 则可以终止对相应节点的搜索, 因为此时可以证明该节点对应的候选问题不存在比当前最好可行解更好的可行解.

性质 4.8 (节点终止条件 2) 如果一个松弛问题的最优值不优于当前最好可行解的目标值, 则可以终止对相应节点的搜索.

图 4.1 中的节点 5 通过定界描述了这一终止过程. 当搜索达到了部分解 $\boldsymbol{x}^{(4)} = (0,1,1,\#)^{\mathrm{T}}$ 时 (在节点 4), 其对应的最优完整解为 $\boldsymbol{x} = (0,1,1,0)^{\mathrm{T}}$, 目标值 $z = 400$. 而节点 5 对应候选问题的线性松弛问题的最优值为 450, 这说明该节点对应部分解没有目标值比 450 更小的可行完全形式. 因此, 由性质 4.8, 可以终止对节点 5 的搜索.

引理 4.1 (母节点界) 对于一个最小 (大) 化问题, 任何一个节点的母节点对应松弛问题的最优值是这个节点对应候选问题的下 (上) 界, 称为**母节点界**.

由引理 4.1, 可以得到如下结论.

性质 4.9 (节点终止条件 3) 当分支定界算法找到一个新的最好可行解, 如果存在活跃节点的母节点界不优于当前最好可行解的目标值, 则可以终止对相应节点的搜索.

例 4.10 (登山队员携带物品问题) 某登山队员正在做登山准备, 他需要携带的物品有食品、氧气、冰镐、绳索、帐篷、照相机和通信设备, 每种物品的重要系数和重量如表 4.6 所示. 假定登山队员可携带最大重量为 20 千克, 请问他需要携带哪些物品以最大化总的重要系数?

表 4.6　物品的重量及重要系数

序号	1	2	3	4	5	6	7
物品	食品	氧气	冰镐	绳索	帐篷	照相机	通信设备
重量	5	5	2	6	12	3	4
重要系数	20	15	18	13	8	6	11

解 对于 $j = 1, \cdots, 7$, 定义 0-1 决策变量 x_j:

$$x_j = \begin{cases} 1, & \text{携带物品 } j, \\ 0, & \text{否则}. \end{cases}$$

该问题对应的整数线性规划模型为

$$\max \ z = 20x_1 + 15x_2 + 18x_3 + 13x_4 + 8x_5 + 6x_6 + 11x_7$$

s.t.

$$5x_1 + 5x_2 + 2x_3 + 6x_4 + 12x_5 + 3x_6 + 4x_7 \leqslant 20,$$

$$x_j \in \{0,1\}, \quad \forall j = 1, \cdots, 7.$$

图 4.3 展示了利用分支定界算法求解登山队员携带物品案例的过程, 其中节点数字代表了搜索的顺序. 在节点 7 找到了第 2 个可行解, 为当前最好可行解, 其

目标值为 70. 由于节点 9 和 10 的母节点界为 70, 节点 11 和 12 的母节点界为 69, 相应节点不可能产生比当前最好可行解更好的解. 因此, 由性质 4.9, 可以终止对节点 9 至 12 的搜索.

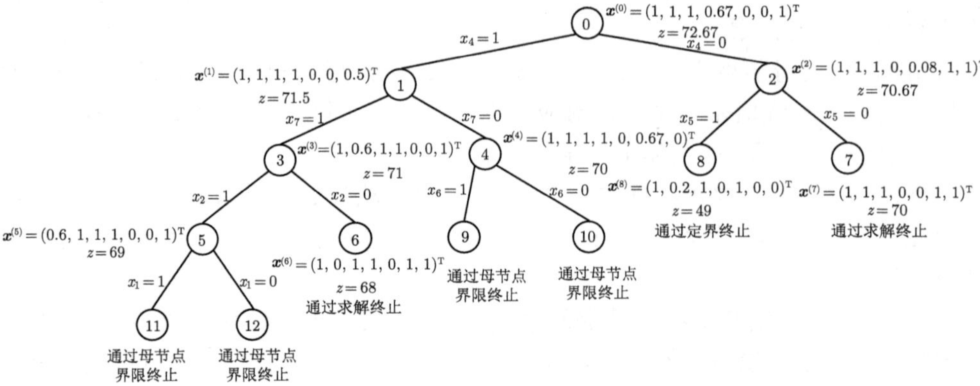

图 4.3 登山队员携带物品案例的搜索树

性质 4.10 (节点终止条件 4) 如果一个松弛问题的最优解对于原问题是可行的, 可以终止对相应节点的搜索. 此时, 如果相应目标值要优于当前最好可行解的值, 更新当前最好可行解.

考虑图 4.3 中的节点 6, 相应的线性松弛模型固定 $x_4=1, x_7=1$ 和 $x_2=0$, 但允许自由变量取 0 到 1 之间的任何值. 然而, 该松弛问题的最优解 $\boldsymbol{x}^{(6)}=(1,0,1,1,0,1,1)^{\mathrm{T}}$ 中所有分量都满足整性要求. 因此, 它是相应部分解 $\tilde{\boldsymbol{x}}=(\#,0,\#,1,\#,\#,1)^{\mathrm{T}}$ 中最优的可行完全形式. 它也是搜索中遇到的第一个可行完整解, 因此这个解提供了第一个可行解. 由性质 4.10, 可以终止对节点 6 的搜索.

例 4.11 (通过松弛模型终止节点的搜索) 考虑对 $y_1,\cdots,y_4\in\{0,1\}$ 进行最大化分支定界搜索, 得到部分解 $\boldsymbol{y}=(\#,0,\#,\#)^{\mathrm{T}}$, 其对应候选问题的最优完全形式为 $\boldsymbol{y}^{(3)}$, 最优值为 $\boldsymbol{z}^{(3)}=100$, 且 $\boldsymbol{y}^{(3)}$ 为当前最好可行解. 现给定一个部分解对应候选问题的线性松弛问题的最优解和最优值, 请解释搜索将如何进行.

(1) 松弛最优解 $\tilde{\boldsymbol{y}}=\left(\dfrac{1}{3},0,1,0\right)^{\mathrm{T}}$, 最优值 $\tilde{z}=85$.

(2) 松弛最优解 $\tilde{\boldsymbol{y}}=\left(1,0,\dfrac{1}{2},0\right)^{\mathrm{T}}$, 最优值 $\tilde{z}=100$.

(3) 松弛最优解 $\tilde{\boldsymbol{y}}=(0,0,1,0)^{\mathrm{T}}$, 最优值 $\tilde{z}=120$.

(4) 松弛不可行.

(5) 松弛最优解 $\tilde{\boldsymbol{y}}=\left(0,\dfrac{1}{4},1,0\right)^{\mathrm{T}}$, 最优值 $\tilde{z}=111$.

解 (1) 线性松弛问题的最优值为 85, 表明相应部分解没有可行完全形式的目标值能比 85 更大, 即该部分解不存在比当前最好可行解 $\boldsymbol{y}^{(3)}$ 更好的可行完全形式. 因此, 由性质 4.8 (节点终止条件 2), 应终止对该部分解的搜索.

(2) 类似 (1), 由性质 4.8 (节点终止条件 2), 应终止对该部分解的搜索.

(3) 线性松弛问题的最优解 $\tilde{\boldsymbol{y}} = (0,0,1,0)^{\mathrm{T}}$ 是整数可行的, 因此该解也是该部分解的最优可行完全形式. 同时, 该解的目标值 $\tilde{z} = 120 > 100$, 因此该解要优于当前最好可行解 $\boldsymbol{y}^{(3)}$. 根据性质 4.10 (节点终止条件 4), 可以更新当前最好解, 并终止对该部分解的搜索.

(4) 由性质 4.7 (节点终止条件 1), 应终止对该部分解的搜索.

(5) 此种情况下, 因为松弛最优解的目标值比当前最好可行解 $\boldsymbol{y}^{(3)}$ 的目标值更优, 但解不满足整性要求, 根据性质 4.7 ~ 性质 4.10 均无法终止对该部分解的搜索. 因此, 需要对该部分解继续进行分支.

4.3.2 分支定界算法

基于上述分析, 分支定界算法求解步骤总结如下:

算法 4.1 (分支定界算法)

步骤 0 初始化. 创建根节点 0, 相应候选问题中所有变量均为自由变量. 令 $j = k = 1$, 初始化活跃节点集 $\Psi = \{0\}$. 如果原问题存在已知可行解 $\bar{\boldsymbol{x}}$, 选择该解作为当前最好可行解, 并记录其目标值 $\bar{z}$. 否则, 若是最大化问题, 令 $\bar{z} = -\infty$; 若是最小化问题, 令 $\bar{z} = +\infty$.

步骤 1 判断算法终止条件. 如果存在活跃节点, 则选择一个节点 $P_k \in \Psi$, 令 $\Psi = \Psi \backslash \{P_k\}$, 并转到**步骤 2**. 否则, 终止算法. 此时, 如果存在最好可行解 $\bar{\boldsymbol{x}}$, 则它是原问题最优解; 否则, 原问题不可行.

步骤 2 求解松弛问题. 求解节点 P_k 对应候选问题的线性松弛问题 LP_k, 记最优解为 $\tilde{\boldsymbol{x}}^k$ (如果存在), 最优值为 $\tilde{z}^k$.

步骤 3 节点终止条件 1. 如果线性松弛问题 LP_k 不可行, 则终止对节点 P_k 的搜索, 令 $k = k + 1$, 并转到**步骤 1**.

步骤 4 节点终止条件 2. 如果线性松弛问题 LP_k 的最优解不比当前最好可行解 $\bar{\boldsymbol{x}}$ 更优 (即: $\tilde{z}^k \leqslant \bar{z}$ 对于最大化问题, $\tilde{z}^k \geqslant \bar{z}$ 对于最小化问题), 则终止对节点 P_k 的搜索, 令 $k = k + 1$, 并转到**步骤 1**.

步骤 5 节点终止条件 3 和 4. 如果线性松弛问题 LP_k 的最优解 $\tilde{\boldsymbol{x}}^k$ 满足原问题的整数约束, 则终止对节点 P_k 的搜索. 如果解 $\tilde{\boldsymbol{x}}^k$ 比当前最好可行解 $\bar{\boldsymbol{x}}$ 更优, 则更新当前最好可行解, 即令 $\bar{\boldsymbol{x}} = \tilde{\boldsymbol{x}}^k, \bar{z} = \tilde{z}^k$, 并从活跃节点集中删除那些母节点界不优于 $\bar{z}$ 的活跃节点. 令 $k = k + 1$, 并转到**步骤 1**.

步骤 6 分支. 选择一个在解 $\tilde{\boldsymbol{x}}^k$ 中取分数的整数变量作为分支变量, 创建两

个新的活跃节点 P_{j+1} 和 P_{j+2}. 令 $\Psi=\Psi\cup\{P_{j+1},P_{j+2}\},j=j+1,k=k+1$, 并转到**步骤 1**.

下面通过一个具体的纯整数规划模型展示分支定界算法的求解过程, 并分析分支变量和活跃节点选择策略对分支定界算法的影响.

例 4.12　考虑如下纯整数线性规划模型 (ILP):

$$\max\ z=5x_1+4x_2$$

$$\text{s.t.}$$

$$x_1+x_2\leqslant 5,$$

$$10x_1+6x_2\leqslant 45,$$

$$x_1,x_2\in\mathbb{Z}_+^n.$$

用分支定界算法求解整数规划模型 ILP, 其中分支定界搜索树的根节点 0 对应的候选问题为 ILP. 将节点 0 加入活跃节点集. 图 4.4 给出了该问题的可行解集. 通过松弛整数约束, 可将该整数规划模型松弛为线性规划模型 LP1, 图 4.4 中阴影部分表示 LP1 的可行域. LP1 的最优解为 $x_1=3.75,x_2=$1.25, 最优值为 $z=23.75$.

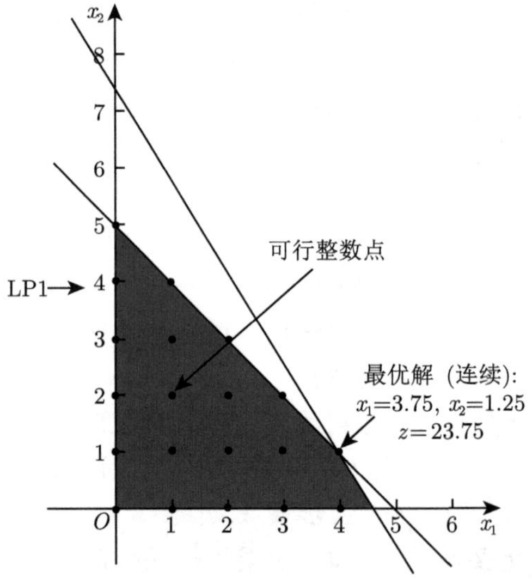

图 4.4　LP1 的可行域 (阴影区域) 和 ILP 的可行解集 (阴影区域的整数点)

因为 LP1 的最优解不满足整数约束, 需要进一步划分 LP1 的可行域, 进而确定整数线性规划模型 ILP 的最优解. 首先, 选择一个整数变量, 其在 LP1 的最优解中不是整数.

在此问题中, 变量 x_1 和 x_2 都可作为分支变量. 现选择 $x_1(=3.75)$ 为分支变量, LP1 解空间的区域 $3<x_1<4$ 不包含 x_1 的整数值, 因此可以将其删除. 创建两个新节点 1 和 2, 将节点 1 和 2 加入活跃节点集, 并将节点 0 从活跃节点集移除. 其中,

节点 1 对应的候选问题为

$$\max\ z=5x_1+4x_2$$

$$\text{s.t.}$$

$$x_1+x_2\leqslant 5,$$

$$10x_1+6x_2\leqslant 45,$$

$$x_1\leqslant 3,$$

$$x_1,x_2\in\mathbb{Z}_+^n.$$

其线性松弛问题记为 LP2.

节点 2 对应的候选问题为

$$\max\ z=5x_1+4x_2$$

$$\text{s.t.}$$

$$x_1+x_2\leqslant 5,$$

$$10x_1+6x_2\leqslant 45,$$

$$x_1\geqslant 4,$$

$$x_1,x_2\in\mathbb{Z}_+^n.$$

其线性松弛问题记为 LP3.

这等价于用两个新的线性规划模型 LP2 和 LP3 替换原始的 LP1, 其中

$$\text{LP2 可行域}\ =\ \text{LP1 可行域}\ \cap\left(x_1\leqslant 3\ \text{界定的区域}\right),$$

$$\text{LP3 可行域}\ =\ \text{LP1 可行域}\ \cap(x_1\geqslant 4\ \text{界定的区域}).$$

图 4.5 展示了 LP2 和 LP3 的可行域. 这两个可行域的并包含与原始 ILP 相同的可行整数点, 这意味着当用 LP2 和 LP3 替换 LP1 时, 不会丢失任何信息.

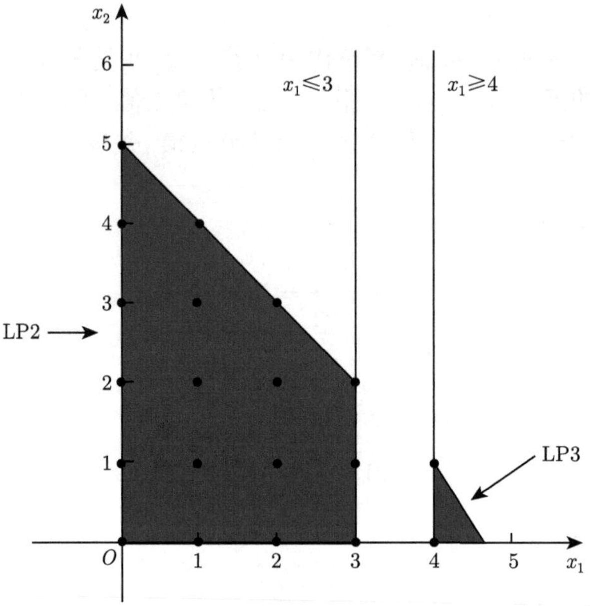

图 4.5　LP2 和 LP3 的可行域

新的约束 $x_1 \leqslant 3$ 和 $x_1 \geqslant 4$ 是互斥的, ILP 的最优解必位于 LP2 或 LP3 的可行域中, 因此 LP2 和 LP3 可作为单独的线性规划模型处理, 结果如图 4.6 所示.

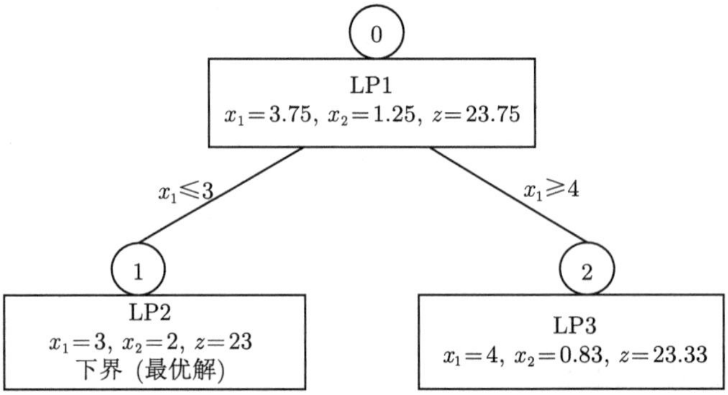

图 4.6　分支变量 x_1 创建 LP2 和 LP3

根据图 4.6 可知, LP2 的最优解为 $x_1 = 3, x_2 = 2$, 最优值为 $z = 23$. 该解满足 x_1 和 x_2 的整数要求. 因此, 解 $x_1 = 3, x_2 = 2$ 为当前最好可行解. 根据性质 4.10 (节点终止条件 4), 可以终止对节点 1 的搜索, 并将节点 1 从活跃节点集移除.

此时, 还不能判定解 $x_1 = 3, x_2 = 2$ 对于 ILP 是最优的, 因为 LP3 可能会产生更好的整数解. 只能说 $z = 23$ 是 ILP 最优值的下界, 这意味着如果存在活跃节点的候选问题无法产生目标值比 23 更好的解, 其必须被丢弃.

给定下界 $\bar{z}=23$, 检查节点 2 (此时唯一剩余的活动节点). 因为 LP1 的最优值为 $z=23.75$, 并且目标函数的所有系数都是整数, 所以 LP3 不可能产生目标值比 23 更好的整数解. 根据性质 4.8 (节点终止条件 2), 可以终止对节点 2 的搜索. 现在不存在活跃节点, 因此分支定界搜索停止, 当前的最好可行解 $x_1=3, x_2=2$ 为 ILP 的最优解.

基于上述分支定界算法的求解过程, 存在以下两个问题:

(1) 在节点 0 上基于 LP1 的最优解进行分支时, 是否可以选择 x_2 作为分支变量?

(2) 当选择下一个活跃节点进行分析时, 是否可以先选择节点 2?

以上两个问题的答案都是肯定的, 但随后的计算可能会大不相同.

分析 (1) 在节点 0 选择 x_2 作为分支变量, 如图 4.7 所示.

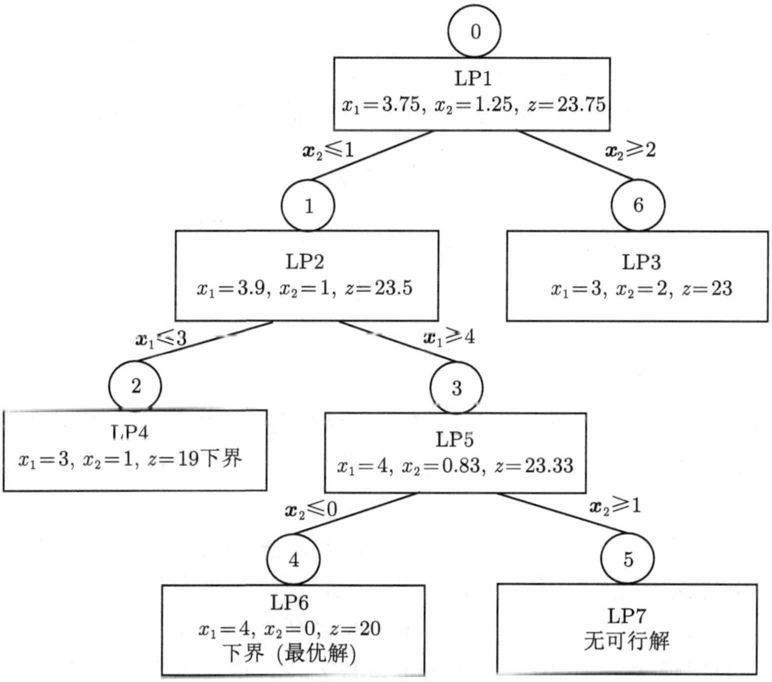

图 4.7 选择分支变量 x_2 的分支树

根据图 4.7 可知, 若在节点 0 选择 x_2 作为分支变量, 相应线性松弛模型 LP2 的最优解为 $x_1=3.9, x_2=1$, 最优值为 $z=23.5$. 因为 $x_1(=3.9)$ 是非整数, 需要对该变量进行分支, 分别通过增加约束 $x_1\leqslant 3$ 和 $x_1\geqslant 4$ 创建两个新的活跃节点

2 和 3. 将节点 2 和 3 加入活跃节点集, 并将节点 1 从活跃节点集移除. 分别记活跃节点 2 和 3 对应候选问题的线性松弛问题为 LP4 和 LP5, 其中,

$$\begin{aligned}\text{LP4 可行域} &= \text{LP2 可行域} \cap (x_1 \leqslant 3\text{界定的区域}) \\ &= \text{LP1 可行域} \cap \left(x_2 \leqslant 1\text{界定的区域}\right) \cap \left(x_1 \leqslant 3\text{界定的区域}\right), \\ \text{LP5 可行域} &= \text{LP2 可行域} \cap \left(x_1 \geqslant 4\text{界定的区域}\right) \\ &= \text{LP1 可行域} \cap \left(x_2 \leqslant 1\text{界定的区域}\right) \cap \left(x_1 \geqslant 4\ \text{界定的区域}\right).\end{aligned}$$

此时, 活跃节点集中有 3 个活跃节点: 2, 3 和 6. 假设先分析节点 2, 相应线性松弛问题 LP4 得到整数解 $x_1 = 3$, $x_2 = 1$, 最优值为 $z = 19$, 此解为第一个可行整数解, 为 ILP 目标值提供了第一个下界 (= 19). 根据性质 4.10 (节点终止条件 4), 可以终止对该节点的搜索, 并将该节点从活跃节点集移除. 接着分析节点 3, 相应线性松弛问题 LP5 的最优解为 $x_1 = 4$, $x_2 = 0.83$, 最优值为 $z = 23.33$. 由于 $x_2 = 0.83$ (非整数), 需要进一步分支, 分别添加 $x_2 \leqslant 0$ 和 $x_2 \geqslant 1$ 创建两个新的活跃节点 4 和 5, 将节点 4 和 5 加入活跃节点集, 并将节点 3 从活跃节点集移除. 分别记活跃节点 4 和 5 对应候选问题的线性松弛问题为 LP6 和 LP7, 其中,

$$\begin{aligned}\text{LP6 可行域} =& \text{LP1 可行域} \cap \left(x_2 \leqslant 1\text{界定的区域}\right) \cap \left(x_1 \geqslant 4\ \text{界定的区域}\right) \\ & \cap \left(x_2 \leqslant 0\text{界定的区域}\right), \\ \text{LP7 可行域} =& \text{LP1 可行域} \cap \left(x_2 \leqslant 1\text{界定的区域}\right) \cap \left(x_1 \geqslant 4\ \text{界定的区域}\right) \\ & \cap (x_2 \geqslant 1\text{界定的区域}).\end{aligned}$$

假设选择节点 4 进行分析, 相应线性松弛问题 LP6 得到可行整数解 $x_1 = 4$, $x_2 = 0$, 最优值为 $z = 20$, 大于当前下界, 更新下界 (= 20). 因此, 根据性质 4.10 (节点终止条件 4), 可以终止对节点 4 的搜索, 并将节点 4 从活跃节点集移除. 接着分析节点 5, 相应线性松弛问题 LP7 没有可行解, 根据性质 4.7 (节点终止条件 1), 可以终止对该节点的搜索, 并将该节点从活跃节点集中移除.

现在活跃节点集中只剩下节点 6, 其相应线性松弛问题 LP3 的最优解为 $x_1 = 3$, $x_2 = 2$, 最优值为 $z = 23$, 该解满足整数要求, 并且比当前下界值大. 根据性质 4.10 (节点终止条件 4), 可以更新当前最好可行解和上界, 并终止对节点 6 的搜索, 将节点 6 从活跃节点集移除.

现在, 活跃节点集为空, 分支定界算法终止搜索, 当前最好可行解 $x_1 = 3$, $x_2 = 2$ 即为 ILP 的最优解.

(2) **选择节点 2 进行分析**　假如首先选择活跃节点 2 进行分析 (图 4.8).

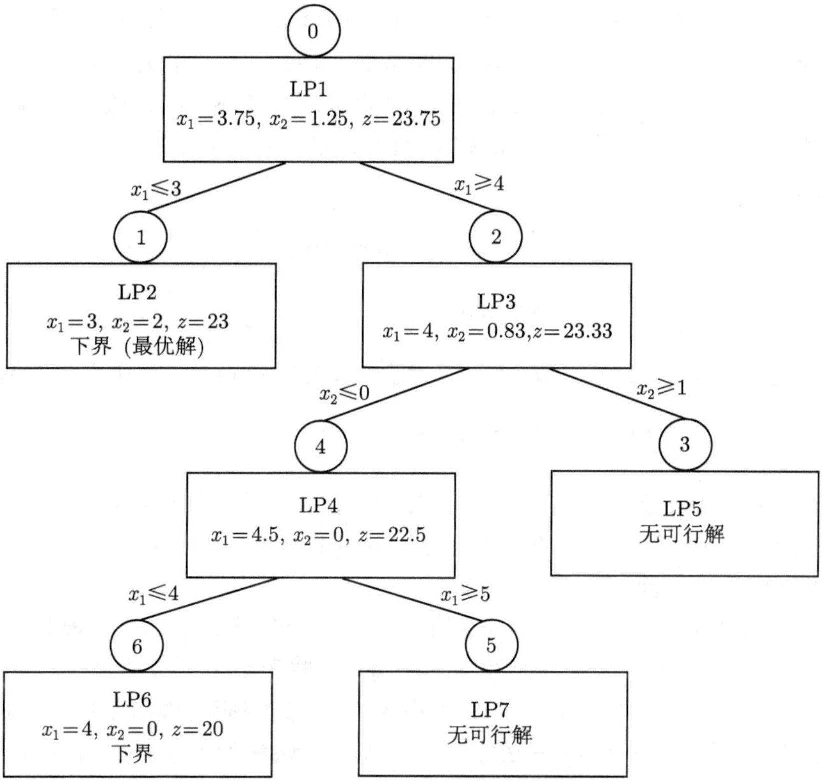

图 4.8　先选择节点 2 的分支树

相应线性松弛问题 LP3 的最优解为 $x_1 = 4$, $x_2 = 0.83$, 最优值为 $z = 23.33$. 因为 $x_2(= 0.83)$ 是非整数, 需要对该变量进行分支, 分别通过增加约束 $x_2 \leqslant 0$ 和 $x_2 \geqslant 1$ 创建两个新的活跃节点 3 和 4. 将节点 3 和 4 加入活跃节点集, 并将节点 1 从活跃节点集移除. 分别记活跃节点 3 和 4 对应候选问题的线性松弛问题为 LP4 和 LP5, 其中,

$$\begin{aligned}\text{LP4 可行域} &= \text{LP3 可行域} \cap \left(x_2 \leqslant 0 \text{ 界定的区域}\right) \\ &= \text{LP1 可行域} \cap \left(x_1 \geqslant 4 \text{ 界定的区域}\right) \cap \left(x_2 \leqslant 0 \text{ 界定的区域}\right), \\ \text{LP5 可行域} &= \text{LP3 可行域} \cap \left(x_2 \geqslant 1 \text{ 界定的区域}\right) \\ &= \text{LP1 可行域} \cap \left(x_1 \geqslant 4 \text{ 界定的区域}\right) \cap \left(x_2 \geqslant 1 \text{ 界定的区域}\right).\end{aligned}$$

此时, 活跃节点集中有 3 个活跃节点: 1, 3 和 4. 假设先分析节点 3, 相应线性松弛问题 LP5 没有可行解, 根据性质 4.7 (节点终止条件 1), 可以终止对该节点的搜索, 并将该节点从活跃节点集移除.

接下来, 分析节点 4, 相应线性松弛问题 LP4 的最优解为 $x_1 = 4.5$, $x_2 = 0$, 最优值为 $z = 22.5$. 因为 $x_1(= 4.5)$ 是非整数, 需要对该变量进行分支, 分别通过增加约束 $x_1 \leqslant 4$ 和 $x_1 \geqslant 5$ 创建两个新的活跃节点 5 和 6, 并将节点 5 和 6 加入活跃节点集. 分别记活跃节点 5 和 6 对应候选问题的线性松弛问题为 LP6 和 LP7, 其中,

$$\begin{aligned}\text{LP6 可行域} = \text{LP1 可行域} &\cap \left(x_1 \geqslant 4 \text{ 界定的区域}\right) \cap \left(x_2 \leqslant 0 \text{ 界定的区域}\right) \\ &\cap \left(x_1 \leqslant 4 \text{ 界定的区域}\right), \\ \text{LP7 可行域} = \text{LP1 可行域} &\cap \left(x_1 \geqslant 4 \text{ 界定的区域}\right) \cap \left(x_2 \leqslant 0 \text{ 界定的区域}\right) \\ &\cap \left(x_1 \geqslant 5 \text{ 界定的区域}\right).\end{aligned}$$

现在, 活跃节点集中有三个活跃节点: 1, 5, 6. 若选择节点 5 进行分析, 相应线性松弛问题 LP7 没有可行解, 终止对该节点的搜索. 接下来, 选择节点 6 进行分析, 相应线性松弛问题 LP6 的最优解为 $x_1 = 4$, $x_2 = 0$, 最优值为 $z = 20$. 该解为第一个整数可行解, 为 ILP 目标值提供了第一个下界 (= 20). 根据性质 4.10 (节点终止条件 4), 可以终止对节点 6 的搜索, 并将节点 6 从活跃节点集移除.

此时, 活跃节点集中只有节点 1 为活跃节点, 其相应线性松弛问题 LP1 产生了更好的整数解 ($x_1 = 3$, $x_2 = 2$, $z = 23$). 因此, 该解为当前最好可行解, 下界从 20 更新为 23.

现在, 活跃节点集为空, 分支定界算法终止搜索, 当前最好可行解 $x_1 = 3$, $x_2 = 2$ 即为 ILP 的最优解.

上述分析表明: 分支变量和活跃节点的选择极大影响着分支定界算法的迭代速度. 下一节将介绍常用分支变量和活跃节点选择策略.

4.3.3　分支定界算法的进一步讨论

4.3.3.1　分支变量选择策略

分支变量的选择有多种不同的策略, 这里仅针对 0-1 整数规划模型介绍一些常见策略. 令 $\boldsymbol{x}$ 为当前线性松弛问题的最优解, 其中某个或某些整数变量取值为分数.

(1) 选择一个目标系数较大, 且最优值接近 0.5 的整数变量. 具体地, 首先确定 L 和 H, 其中 $L = \max\{x_i|0 < x_i \leqslant 0.5, i \in I\}$, $H = \min\{x_i|0.5 \leqslant x_i < 1, i \in I\}$, I 为整数变量的下标集. 接着, 令 $J = \{i \in I|0.75L \leqslant x_i \leqslant H + 0.25(1 - H)\}$ 为取值 “接近” 0.5 的整数变量集. 最后, 从集合 J 中选择目标系数最大的整数变量作为分支变量.

(2) 选择最优值最接近 0.5 的整数变量. 因为最接近 0.5, 其取值为 0 或 1 的不确定性最大.

(3) 选择具有最大目标系数的整数变量 (若存在).

(4) 如果存在某些整数变量取值为分数, 且在当前最好可行解中取值为 1, 则从这些变量里选择目标系数最大的整数变量. 否则, 应用策略 1.

(5) 选择取值最接近 1 的整数变量 (若存在), 即找到 $j = \text{argmax}\{x_i | x_i < 1, i \in I\}$.

4.3.3.2 活跃节点选择策略

4.3.1 节介绍了深度优先搜索. 本节将介绍另外两个常用的活跃节点选择策略: 最优界优先搜索和深度向前最优回溯搜索.

定义 4.10 最优界优先搜索选择具有最优母节点界 (即: 最小下界对于最小化问题, 最大上界对于最大化问题) 的活跃节点进行分析.

定义 4.11 深度向前最优回溯搜索选择最深 (离根节点最远) 的活跃节点进行分析, 但在终止了一个节点后选择具有最优母节点界的活跃节点进行分析.

当具有最大深度或最优母节点界的活跃节点不止一个时, 通常采用最近子节点规则, 即选择最后固定变量的值与其在母节点松弛问题最优解值最接近的活跃节点. 这一规则主要基于以下观察: 假设母节点松弛最优解给出了被分支变量比较好的取值, 那么在这个最近子节点处更有可能发现更好可行解.

事实上, 图 4.3 是利用最优界优先搜索来求解登山队员携带物品案例的搜索树. 图 4.9 和图 4.10 分别阐释了深度优先搜索和深度向前最优回溯搜索在登山队员携带物品案例中应用时的搜索树.

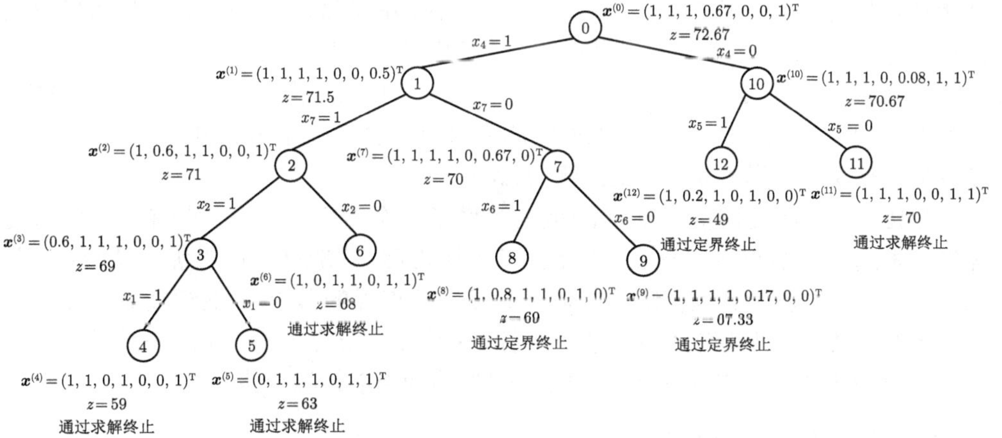

图 4.9 深度优先搜索

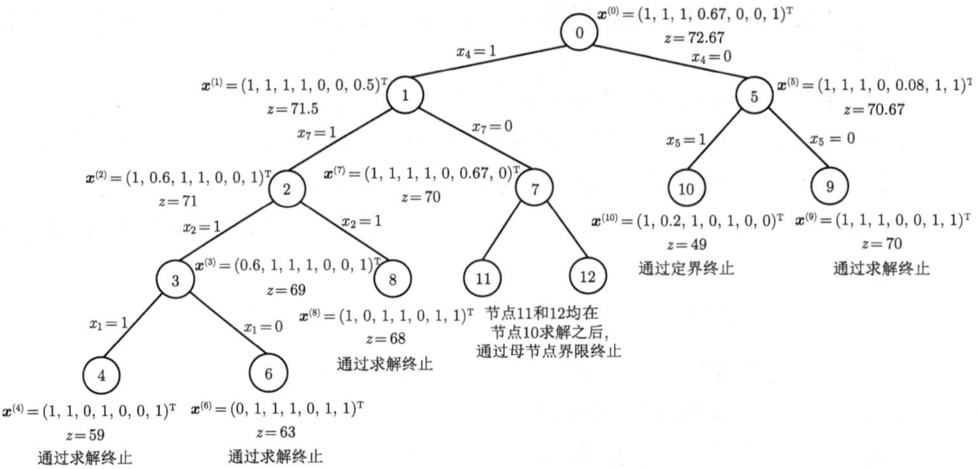

图 4.10 深度向前最优回溯搜索

通过分析发现, 如果最后一个被分析的部分解仍需要分支时, 深度优先搜索会自动选择其子节点继续搜索. 在分支前它已经找到最深的部分解, 而其子节点又进一步增加了一个固定变量 (如图 4.9, 当节点 3 被终止后, 继续分支之后会进一步固定变量 x_1). 当最深的分支终止后, 它会向前回溯次深节点继续搜索. 这意味着深度优先搜索往往会快速移动, 来固定尽可能多的自由变量, 因此有望尽早找到原问题的可行解. 此外, 选择最后一个被分析节点的子节点进行分析还可以大大节省计算量. 通常, 利用母节点对应线性松弛问题的最优解作为初始解, 可加快子节点处线性松弛问题的求解速度, 这是基于两者之间存在的相似性.

最优界优先搜索会选择具有最优母节点界的活跃节点进行分析, 即总是选择可能具有最好完全形式的部分解. 如图 4.3, 在活跃节点 2, 3 和 4 中会选择节点 2 进行分析, 因为其母节点的界是最优的. 最优界优先搜索的优势在于它有望尽早找到原问题较好的可行解, 进而利用性质 4.9 (节点终止条件 3) 来终止对某些活跃节点的搜索. 然而, 最优界优先搜索的分析节点会在搜索树中跳跃, 因此失去了深度优先搜索中子节点能够快速求解的优势.

相比之下, 深度向前最优回溯搜索提供了一个折中的方案, 它首先应用深度优先搜索选择子节点进行分支, 当相应节点终止后, 则选择最优界优先搜索. 如图 4.10, 当节点 4 被终止后, 会选择具有最优母节点界的节点 5 继续搜索. 当相应节点进行分支后, 仍然选择最深节点进行分析, 如当节点 5 分支后, 在活跃节点集 $\{6,7,8,9,10\}$ 中选择节点 6 进行分析, 因为其为当前最深节点.

4.3.3.3 最好可行解更新策略

最好可行解对分支定界算法至关重要. 原因很简单: 尽早在搜索树中找到一

个 (好的) 可行整数解可以避免分析更多的部分解, 从而减少分支定界算法的迭代次数, 加快其收敛速度.

性质 4.11 针对分支定界搜索中每个候选问题对应线性松弛问题的最优分数解, 如果存在有效方法把该解恢复成整数可行解, 并且该可行解比当前最好可行解更优, 则可用该可行解替换当前最好可行解.

常见的将分数解恢复成整数可行解的方法有如下两种:

(1) 如果可以确定可行性, 则基于线性松弛问题的最优分数解, 采用取整规则, 形成原问题的可行解.

(2) 基于松弛问题的最优分数解, 采用启发式方法 (请参阅第 9 章), 形成原问题的可行解.

第一种方法的缺陷是取整后整数解的可行性是不确定的, 尤其是在具有等式约束的大规模整数规划模型中.

第二种方法较为合理, 尽管计算成本很高, 但其效果通常比较显著.

4.3.3.4 *启发式算法*

分支定界算法本质上是一种枚举方法. 当问题规模比较大时, 利用分支定界算法求出最优解通常会非常耗时. 此时, 可将分支定界算法看作一种启发式算法或近似算法来寻找高质量的可行解.

在分支定界搜索过程中, 可以动态地更新最好可行解. 对于最小 (大) 问题, 该最好可行解为原问题提供了上 (下) 界. 事实上, 在搜索过程中, 也可以得到原问题的下 (上) 界.

性质 4.12 在求解最小 (大) 问题的分支定界搜索中, 当前活跃节点母节点界的最小 (大) 值为原问题的下 (上) 界.

例如在利用深度向前最优回溯搜索求解登山队员携带物品案例的过程中, 如图 4.10, 当节点 4 被分析后, 搜索树中的当前活跃节点集为 $\{5,6,7,8\}$, 相应的最优母节点上界为

$$\max\{72.67, 71.5, 71, 69\} = 72.67.$$

给定原问题的上界和下界, 可以定义当前最好可行解的最优误差比.

定义 4.12 设 UB 和 LB 为分支定界搜索中原问题的上界和下界, 称

$$\text{gap} = \frac{\text{UB} - \text{LB}}{\text{LB}} \times 100\%$$

为**当前最好可行解的最优误差比**.

给定最优误差比的一个阈值 $\varepsilon > 0$, 当 $\text{gap} \leqslant \varepsilon$ 时, 可以终止分支定界算法. 此时, 当前最好可行解的值不超过原问题最优值的 $1 + \text{gap}$ 倍.

在利用深度向前最优回溯搜索求解登山队员携带物品案例的过程中, 假设在节点 4 之后终止搜索, 该节点产生了第一个当前最好可行解, 目标值为 59. 前面计算出来的最优母节点上界为 72.67, 因此可以计算出当前最好可行解对应下界与最优母节点上界之间的 gap:

$$\text{gap} = \frac{72.67 - 59}{59} \times 100\% = 23.17\%.$$

4.4 分支定界算法的应用

4.4.1 背包问题

考虑如下背包模型:

$$\begin{aligned} & \max \sum_{j=1}^{n} c_j x_j \\ \text{s.t.} & \\ & \sum_{j=1}^{n} a_j x_j \leqslant b, \\ & x_j \in \{0,1\}, \forall j = 1, \cdots, n, \end{aligned} \tag{4.8}$$

其中, b 为背包的容量, a_j 和 c_j 为物品 $j = 1, \cdots, n$ 的重量和价值, x_j 为 $0-1$ 决策变量, 其等于 1 当且仅当把物品 j 装入背包.

下面利用两种分支定界算法求解该问题.

1. 分支定界算法 1

在每个分支节点 l, 记录以下信息:

- **包含项** I_l 由于分支限制, 明确包含在节点 l 候选子问题最优解中的物品集, 即限制取 1 的变量集合.
- **排除项** E_l 由于分支限制, 明确不包含在节点 l 候选子问题最优解中的物品集, 即限制取 0 的变量集合.
- **自由项** F_l 未做限制的变量集合.
- $B(l)$ 节点 l 候选子问题的上界.

在图 4.11 所示的搜索树中, 节点 0 表示所有可行解的类. 节点 1 表示不包含物品 j 的所有可行解, 而节点 2 表示包含物品 j 的所有可行解. 节点 6 表示包含物品 j 和 r 但不包含物品 m 的所有可行解. 图 4.11 所示节点的集合 I_l 和 E_l 为

$$I_0 = \varnothing, \quad E_0 = \varnothing,$$

$$I_1 = \varnothing, \quad E_1 = \{j\},$$

$$I_2 = \{j\}, \quad E_2 = \varnothing,$$

$$I_3 = \{j\}, \quad E_3 = \{m\},$$

$$I_4 = \{j, m\}, \quad E_4 = \varnothing,$$

$$I_5 = \{j\}, \quad E_5 = \{m, r\},$$

$$I_6 = \{j, r\}, \quad E_6 = \{m\}.$$

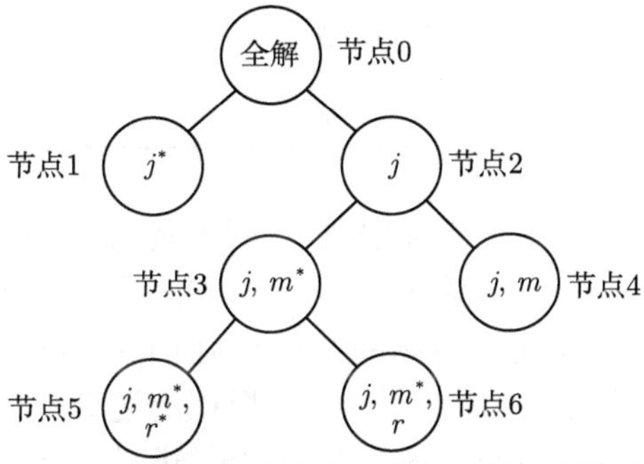

图 4.11　搜索树, 其中 j^* 和 j 分别代表该节点对应候选子问题最优解中固定为 0 和 1 变量的下标

下面介绍分支定界算法 1 使用的策略:

- **分支变量选择**　选择最优值最接近 0.5 的整数变量;
- **活跃节点选择**　利用最优界优先搜索, 选择母节点界最大的活跃节点, 当出现母节点界相同的多个节点时, 优先选择包含项元素个数最小的活跃节点;
- **$B(l)$ 的计算**　利用商业软件求解节点 l 候选问题的线性松弛问题, 其数学规划模型为

$$\max \sum_{j=1}^{n} c_j x_j$$

s.t.

$$\sum_{j=1}^{n} a_j x_j \leqslant b,$$

$$x_j = 1, \forall j \in I_l,$$

$$x_j = 0, \forall j \in E_l,$$

$$0 \leqslant x_j \leqslant 1, \forall j \in F_l.$$

下面用一个具体例子展示算法的具体操作过程. 该例子包含 7 个物品, 它们的重量和价值如表 4.7 所示. 背包的总容许重量 $b = 100$.

表 4.7　物品的重量和价值

序号	重量 (a_j)	价值 (c_j)
1	40	40
2	50	60
3	30	10
4	10	10
5	10	3
6	40	20
7	30	60

图 4.12 展示了利用分支定界算法 1 求解上述实例的搜索树 (相应算法代码可查阅附录 1, 详细代码可通过扫描二维码获取). 利用商业软件求解节点 0 对应候选问题的线性松弛问题, 得到最优解为 $(0.25, 1, 0, 1, 0, 0, 1)$, 最优值为 $B(0) = 140$. 根据上述分支变量选择策略, 选择最优值最接近 0.5 的变量 x_1 进行分支, 进而创建两个新的节点 1 和 2.

利用分支定界算法1求解例4.7背包问题的算法代码

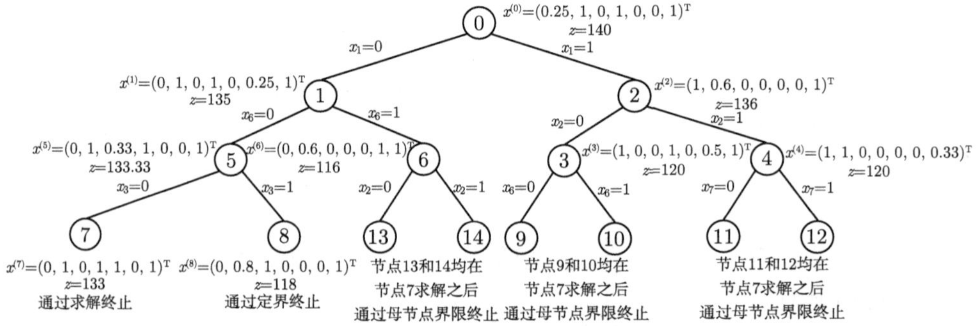

图 4.12　分支定界算法 1 的搜索树

节点 1 和 2 均为活跃节点, 它们具有相同的母节点界 140. 根据活跃节点选择策略, 选择节点 1 进行分析. 在节点 1 处, 限制最优解中不包含物品 1, 利用商业软件求解节点 1 对应候选问题的线性松弛问题, 得到最优解为 $(0, 1, 0, 1, 0, 0.25, 1)$, 最优值为 $B(1) = 135$. 选择变量 x_6 进行分支, 创建两个新的节点.

此时, 在活跃节点集中, 节点 2 的母节点界最大, 选择节点 2 进行分析. 在节点 2 处, 限制最优解中必须包含物品 1, 利用商业软件求解节点 2 对应候选问题的线性松弛问题, 得到最优解为 $(1, 0.6, 0, 0, 0, 0, 1)$, 最优值为 $B(2) = 136$. 选择变量 x_2 进行分支, 创建两个新的节点.

重复上述步骤, 在节点 7 处找到第一个整数可行解. 此时, 根据性质 4.8 (节点终止条件 2), 可以终止对节点 8 的搜索. 根据性质 4.10 (节点终止条件 4), 可以终止对所有剩余活跃节点 9、10、11、12、13 和 14 的搜索. 因此, 该实例在节点 7 处达到最优, 最优解为装入物品 2、4、5 和 7, 总价值为 133.

2. 分支定界算法 2

下面介绍分支定界算法 2 使用的策略:

- **分支变量选择** 选择 $\dfrac{c_j}{a_j}$ 最大的未赋值变量;
- **活跃节点选择** 利用最优界优先搜索, 当出现母节点界相同的多个节点时, 优先选择包含项元素个数最小的活跃节点;
- $B(l)$ **的计算** 利用贪婪方法进行计算. 具体的, 如果 $\sum\limits_{j \in I_l} a_j > b$, 则该节点对应的候选问题无可行解. 否则按照如下贪婪方法计算 $B(l)$:

(1) 将集合 F_l 中的物品按照 $\dfrac{c_j}{a_j}$ 递减的顺序进行重新排序, 并从更新后的集合 F_l 中按照从小到大的顺序将物品逐个装入背包, 直到所装载物品的总重量正好等于 $b - \sum\limits_{j \in I_l} a_j$. 在这个过程中, 允许对最后一个装入背包的物品进行分割, 即该物品可以只装入一部分.

(2) $B(l)$ 等于上面 (1) 中装载物品的总价值加上 $\sum\limits_{j \in I_l} c_j$.

仍考虑表 4.7 中的具体例子, 计算比率 $\dfrac{c_j}{a_j}$, 并按此比率重新排序. 表 4.8 给出了更新后的信息:

表 4.8 更新后的信息

新索引	序号	重量 (a_j)	价值 (c_j)	比率
1	7	30	60	2
2	2	50	60	$\frac{6}{5}$
3	1	40	40	1
4	4	10	10	1
5	6	40	20	$\frac{1}{2}$
6	3	30	10	$\frac{1}{3}$
7	5	10	3	$\frac{3}{10}$

图 4.13 展示了利用分支定界算法 2 求解上述实例的搜索树. 利用上述贪婪策

略求解节点 0 对应候选问题的线性松弛问题, 得到一个分数解 $(1,1,0.5,0,0,0,0)$, 相应目标值为 $B(0)=140$, 其中物品 3 进行了分割, 仅装入了一半物品. 根据分支变量选择策略, 根据是否装入物品 1 (新索引为 1) 进行分支, 创建两个新的节点 1 和 2.

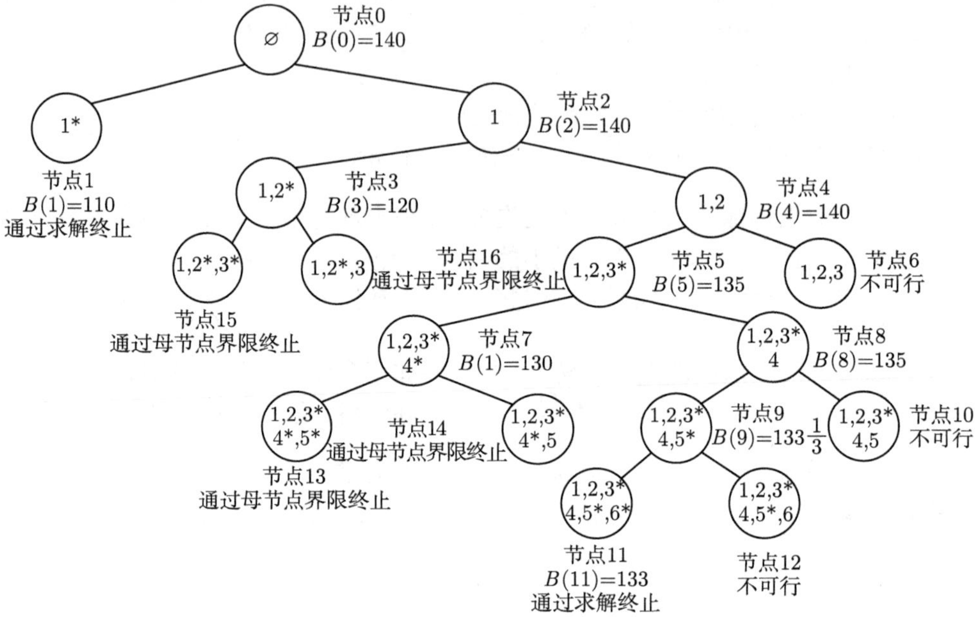

图 4.13　分支定界算法 2 的搜索树

节点 1 和 2 均为活跃节点, 它们具有相同的母节点界 140. 根据活跃节点选择策略, 选择节点 1 进行分析. 在节点 1 处, 限制最优解中不包含物品 1, 利用贪婪策略, 得到一个整数最优解 $(0,1,1,1,0,0,0)$, 相应目标值为 $B(1)=110$. 根据性质 4.9 (节点终止条件 3), 可以终止对节点 1 的搜索. 此时, 当前节点 2 是唯一的活跃节点, 选择节点 2 进行分析. 节点 2 限制最优解中必须包含物品 1, 利用贪婪策略可得 $B(2)=140$. 根据分支变量选择策略, 选择背包是否装入物品 2 进行分支, 创建两个新的节点.

重复上述步骤, 在节点 11 处找到第二个整数可行解, 相应目标值为 133. 此时, 根据性质 4.8 (节点终止条件 2), 可以终止对节点 11 的搜索. 根据性质 4.10 (节点终止条件 4), 可以终止对活跃节点 13、14、15 和 16 的搜索. 此时, 唯一的活跃节点 12 对应的候选问题不可行. 因此, 该实例在节点 11 处达到最优, 最优解为装入物品 1、2、4 和 7, 总价值为 133.

为了改进上述分支定界算法的收敛速度, 可以采取以下两种策略.

(1) **最好可行解更新策略** 在任意节点 l, 类似 $B(l)$ 的计算, 将集合 F_l 中的物品按照 $\dfrac{c_j}{a_j}$ 递减的顺序进行重新排序, 并从更新后的集合 F_l 中按照从小到大的顺序将物品逐个装入背包. 如果装入某个物品导致所装载物品的总重量大于 $b-\sum\limits_{j\in I_l} a_j$, 则跳过该物品, 转而选择下一个物品继续进行迭代. 在该策略中, 所有装入物品均不允许分割. 按照此策略得到的解是原问题的可行解, 如果其值优于当前最好可行解的值, 则更新当前最好可行解.

(2) **节点消除策略** 如果能证明节点 l 对应候选问题的最优值不超过节点 k 对应候选问题的最优值, 则仅需对节点 k 分析, 而忽略对节点 l 分析, 进而减少分支定界算法的迭代次数.

定义 4.13 对于节点 k 和 l, 如果

- $F_l \subseteq F_k$,
- $\sum\limits_{j\in I_l} c_j \leqslant \sum\limits_{j\in I_k} c_j$,
- $\sum\limits_{j\in I_l} a_j \geqslant \sum\limits_{j\in I_k} a_j$,

则称节点 k 支配节点 l.

如果节点 k 支配节点 l, 显然节点 l 对应候选问题的最优值不超过节点 k 对应候选问题的最优值.

图 4.14 展示了利用分支定界算法 2 结合改进策略求解上述实例的完整搜索树 (相应的算法代码可查阅附录 2, 详细代码可通过扫描二维码获取). 利用贪婪策略求解根节点对应候选问题的线性松弛问题, 得到 $B(0)=140$. 此外, 利用最好可行解更新策略求解根节点对应的候选问题, 得到一个整数可行解 $(1,1,0,1,0,0,1)$, 相应目标值为 133, 并更新当前下界 $\mathrm{LB}=133$. 利用该下界, 通过根据性质 4.8 (节点终止条件 2), 可以终止对图 4.13 中节点 3 和 7 的分支.

利用分支定界算法2求解例4.7背包问题的算法代码

4.4.2 购买商品问题

4.4.2.1 问题描述

某购买者需要从 m 个城市购买 n 种商品, 其中 m 个城市构成了城市集合 $I=\{1,2,\cdots,m\}$, n 种商品构成了商品集合 $J=\{1,2,\cdots,n\}$. 在城市 $i\in I$ 中商品 $j\in J$ 的成本为 c_{ij}, 从城市 i 到城市 k 的旅行成本为 h_{ik}. 该购买者从他所在城市 (比如城市 1) 出发, 前往其余 $m-1$ 个城市中的部分城市来购买所需商品, 并最终返回所在城市. 决策者需要为该购买者设计一个最优的旅行路线和购买策略, 以最小化总的旅行成本和购买成本.

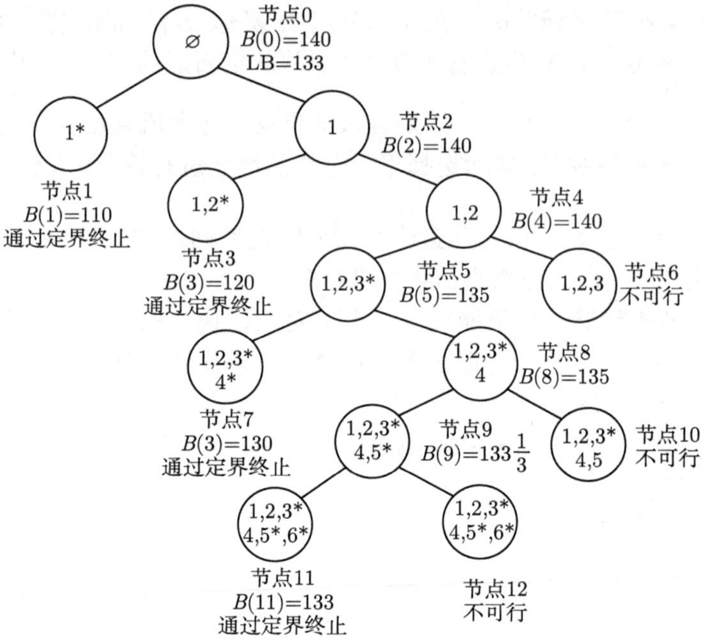

图 4.14 分支定界算法 2 结合改进策略的搜索树

为了简化问题, 假设每种商品都能在任意一个城市买到, 并且旅行成本满足三角不等式.

4.4.2.2 模型构建

对于 $i \in I, j \in J$, 定义 0-1 决策变量 x_{ij}:

$$x_{ij} = \begin{cases} 1, & \text{如果在城市 } i \text{ 购买商品 } j, \\ 0, & \text{否则}. \end{cases}$$

对于 $i, k \in I$, 定义 0-1 决策变量 y_{ik}:

$$y_{ik} = \begin{cases} 1, & \text{如果旅行路径依次经过点 } i \text{ 和 } k, \\ 0, & \text{否则}. \end{cases}$$

该问题对应的整数线性规划模型为

$$\min \sum_{i=1}^{m} \sum_{j=1}^{n} c_{ij} x_{ij} + \sum_{i=1}^{m} \sum_{k=1}^{m} h_{ik} y_{ik} \tag{4.9}$$

s.t.

$$\sum_{i=1}^{m} x_{ij} = 1, \quad \forall j \in J, \tag{4.10}$$

$$x_{ij} \leqslant \sum_{k=1}^{m} y_{ik}, \quad \forall i \in I, j \in J, \tag{4.11}$$

$$\sum_{k=1}^{m} y_{ik} = \sum_{k=1}^{m} y_{ki} \leqslant 1, \quad \forall i \in I, \tag{4.12}$$

$$\sum_{i \in S} \sum_{k \notin S} y_{ik} \geqslant 1, \quad \forall S \subseteq I, |S| \geqslant 2, \tag{4.13}$$

$$x_{ij}, y_{ik} \in \{0,1\}, \quad \forall i,k \in I, j \in J. \tag{4.14}$$

目标函数 (4.9) 为最小化总的旅行成本和购买成本. 约束条件 (4.10) 表示每种商品都只能在其中一个城市购买. 约束条件 (4.11) 保证了只能在旅行路线经过的城市中购买商品. 约束条件 (4.12) 和 (4.13) 保证了旅行路线是一条基本路, 即不会形成子回路. 约束条件 (4.14) 定义了 0-1 决策变量.

4.4.2.3 分支定界算法

该算法的基本思想是将所有可能的旅行路线集分解为更小的子集, 并为每个子集计算出总的旅行成本和购买成本的下界. 一旦发现某个子集的下界小于或等于其他所有子集的下界时, 该下界就会决定该子集的划分情况.

下面介绍分支定界算法使用的策略.

(1) **下界的计算** 以根节点对应候选问题的下界计算为例. 为了定义松弛问题, 引入新的 0-1 变量 y_i, 表示是否在城市 i 购买商品, 即城市 i 是否包含在旅行路线中. 具体地, 对于 $i \in I$, 定义 0-1 决策变量 y_i:

$$y_i \triangleq \begin{cases} 1, & \text{如果城市 } i \text{ 包含在旅行路线中}, \\ 0, & \text{否则}. \end{cases}$$

显然, 如下关系成立:

$$y_i - \sum_{k=1}^{m} y_{ik} = \sum_{k=1}^{m} y_{ki}, \quad \forall i \in I.$$

进一步地, 定义新的参数

$$f_i = \min_{k \in I} h_{ik}$$

表示旅行路线上离开城市 i 的最低旅行成本. 因此,

$$\sum_{i=1}^{m}\sum_{k=1}^{m} h_{ik}y_{ik} \geqslant \sum_{i=1}^{m} f_i y_i.$$

显然上式右端是总旅行成本的下界.

去掉约束条件 (4.12) 和 (4.13), 用变量 y_i 替代 y_{ik}, 得到原问题的如下松弛模型, 记作 RM:

$$\min \ \sum_{i=1}^{m}\sum_{j=1}^{n} c_{ij}x_{ij} + \sum_{i=1}^{m} f_i y_i$$

$$\text{s.t.}$$

$$\sum_{i=1}^{m} x_{ij} = 1, \quad \forall j \in J,$$

$$x_{ij} \leqslant y_i, \quad \forall i \in I, j \in J,$$

$$x_{ij}, y_i \in \{0,1\}, \quad \forall i \in I, j \in J.$$

(2) **分支**　搜索树根节点候选问题的可行域为所有可能的旅行路线集合. 将这个旅行路线集合的划分过程, 即将其拆分为互不重叠的子集, 称为**树的分支**, 而每一个这样的子集则对应着树上的一个节点. 例如, 包含 i,k 的节点 (参见图 4.15) 表示所有经过城市对 (i,k) 的旅行路线集合, 而包含 $\overline{i,k}$ 的节点表示所有不经过城市对 (i,k) 的旅行路线集合. 如果在节点 i,k 处进一步分支, 其中包含 $\overline{t,p}$ 的节点表示所有经过 (i,k) 但不经过 (t,p) 的旅行路线集合, 而包含 t,p 的节点表示所有同时经过 (i,k) 和 (t,p) 的旅行路线集合.

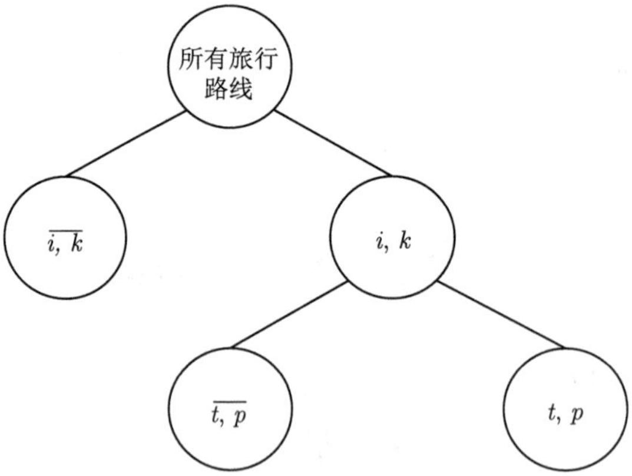

图 4.15　分支树

每个分支步骤涉及的主要决策是如何选择一个城市对 (t, p) 作为分支的基础. 在算法执行中, 选择一个城市对 (t, p), 以期在排除该城市对后, 所得的子问题能够产生尽可能高的下界. 这一策略旨在提高搜索效率, 通过优先排除那些不太可能包含在最优解中的路线, 从而更快地锁定最优解的范围.

下面用一个具体例子展示算法的具体操作过程. 该例子包含 5 个城市和 8 种商品, 其旅行成本矩阵和商品购买成本矩阵如表 4.9 和表 4.10 所示, 其中 M 表示非常大的正常数. 在表 4.10 中添加了第 9 种商品 (虚拟商品), 它仅在城市 1 以零成本提供, 以确保城市 1 (购买者所在城市) 始终处于解中.

表 4.9 旅行成本矩阵

i	j				
	1	2	3	4	5
1	—	32	54	47	48
2	18	—	22	25	16
3	39	41	—	28	19
4	26	8	30	—	24
5	35	17	6	9	—

表 4.10 商品购买成本矩阵

i	j								
	1	2	3	4	5	6	7	8	9
1	M	M	M	M	M	M	M	M	0
2	M	M	17	26	85	M	32	M	M
3	42	82	63	94	60	M	12	55	M
4	60	10	57	8	M	95	96	9	M
5	M	M	M	80	21	16	M	77	M

对于该问题, 有 $f_1 = \min_{k \in I} h_{1k} = 32, f_2 = 16, f_3 = 19, f_4 = 8, f_5 = 6$. 将 f_i 作为固定成本, c_{ij} 作为可变成本, 松弛问题 RM 给出了该问题的一个下界 216, 这构成了搜索树的根节点. 在该松弛问题的解中, 5 个城市均需访问, 最优路径为 $\{(1,2), (2,5), (5,3), (3,5), (4,2)\}$. 该解中含有子回路, 因此需要进一步分支.

现在考虑基于城市对 (t, p) 进行分支, 目标是选择一个城市对, 使得在排除这个城市对后, 所得到的子问题能够产生尽可能大的下界. 为此, 需要计算在不经过每个城市 i 时, 下一个次高的固定成本 f_i'. 此时, $f_1' = 47, f_2' = 18, f_3' = 28, f_4' = 24, f_5' = 9$.

现在考虑如何来选择城市对 (t, p). 具体地, t 满足下式:

$$f_t' - f_t = \max_{i \in A} \{f_i' - f_i\},$$

其中集合 A 是在上一个解中要访问的城市集; p 是 $h_{tp} = f_t$ 所对应的城市.

在给定的问题中,

$$f_1' - f_1 = 15, \quad f_2' - f_2 = 2, \quad f_3' - f_3 = 9, \quad f_4' - f_4 = 16, \quad f_5' - f_5 = 3.$$

因此, $\max\limits_{i \in A}\{f_i' - f_i\} = f_4' - f_4 = 16$. 此外, $h_{42} = f_4$. 因此, 第一个分支基于城市对 $(4,2)$.

节点 $\overline{(4,2)}$ 的下界是 232, 这是通过设置 $h_{42} = \infty$, $f_4 = 24$ 后求解松弛问题 RM 得到的.

节点 $(4,2)$ 的下界为 231, 这是在删除旅行成本矩阵第 4 行和第 2 列, 并设置 $h_{24} = \infty$ (可以防止经过 $(2,4)$ 以形成子回路) 之后求解松弛问题 RM 得到的. 在这种情况下, $f_1 = 47, f_2 = 16, f_3 = 19, f_4 = 8, f_5 = 6$.

由于节点 $(4,2)$ 的下界小于节点 $\overline{(4,2)}$ 的下界, 选择节点 $(4,2)$ 进行分析. 类似前面分析, 选择城市对 $(3,5)$ 进行分支. 接下来选择节点 $(3,5)$ 进行分析, 并选择城市对 $(5,4)$ 进行分支, 在节点 $(5,4)$ 得到了一个可行解 $\{(1,3),(3,5),(5,4),(4,2),(2,1)\}$, 总成本为 243. 接下来, 搜索左边的分支直到树的搜索完成 (见图 4.16).

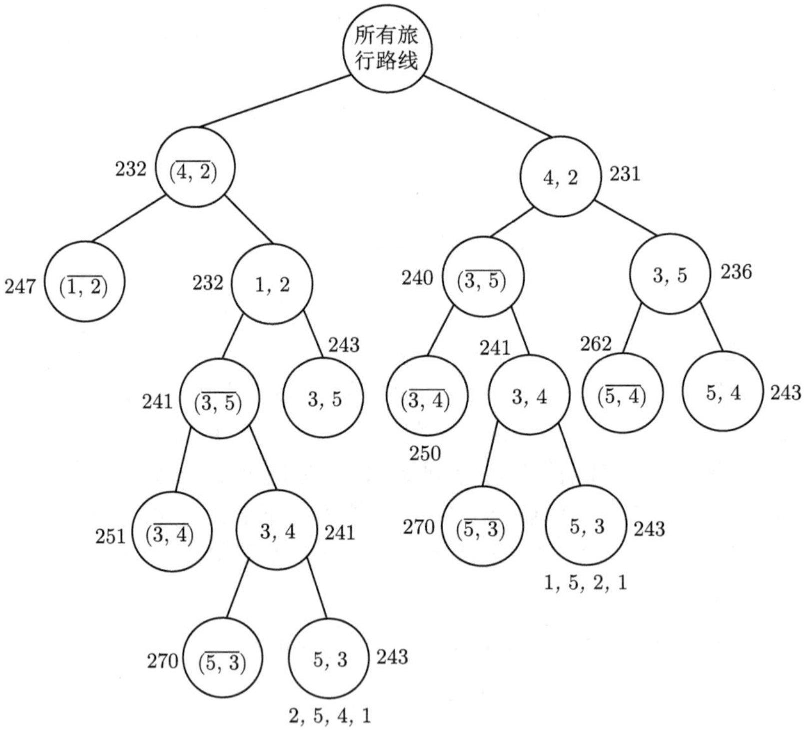

图 4.16　所有旅行路线树

上述问题的最优旅行路线为 1-3-5-4-2-1, 其中旅行成本为 108 个单位, 购买成本为 135 个单位. 具体地, 商品 9 在城市 1 购买, 商品 3 在城市 2 购买, 商品 1 和 7 在城市 3 购买, 商品 2, 4 和 8 在城市 4 购买, 商品 6 在城市 4 购买.

习 题 四

4-1. 用分支定界算法求解下列模型:

(1)

$$\max\ z = 3x_1 + 3x_2 + x_3$$

s.t.

$$x_1 - x_2 + 2x_3 \leqslant 4,$$

$$-3x_1 + 4x_2 \leqslant 2,$$

$$2x_1 + x_2 - 3x_3 \leqslant 3,$$

$$x_1, x_2 \in \mathbb{Z}_+, \quad x_3 \in \mathbb{R}_+;$$

(2)

$$\min\ z = -x_1 - 4x_2$$

s.t.

$$-2x_1 + 3x_2 \leqslant 3,$$

$$x_1 + 2x_2 \leqslant 8,$$

$$x_1, x_2 \in \mathbb{Z}_+;$$

(3)

$$\max\ z = 3x_1 + 3x_2 + x_3$$

s.t.

$$x_1 - x_2 + 2x_3 \leqslant 4,$$

$$-3x_1 + 4x_2 \leqslant 2,$$

$$2x_1 + x_2 - 3x_3 \leqslant 3,$$

$$x_1, x_2 \in \mathbb{Z}_+, \quad x_3 \in \mathbb{R}_+.$$

4-2. 用隐枚举法求解

$$\min\ z = 2x_1 + 4x_2 + 6x_3 + 8x_4 + 12x_5$$

s.t.

$$
\begin{aligned}
&-8x_1+4x_2+x_3-x_4-5x_5\leqslant -5,\\
&-6x_1+3x_2+2x_3-x_5\leqslant -2,\\
&2x_1-9x_2-3x_3+2x_4-3x_5\leqslant -4,\\
&x_j\in\{0,1\},\quad \forall j=1,\cdots,5.
\end{aligned}
$$

4-3. 某油气勘探钻井公司需要从 8 个位置中选择 4 个进行勘探, 记这 8 个位置为 $s_1,s_2,\cdots,s_8$, 对应的期望收益为 $p_1,p_2,\cdots,p_8$, 请问应如何在满足以下约束下选择最优的勘探策略, 使得该公司获利最高?

(a) 如果位置 s_3 是被勘探的位置, 那么位置 s_1 和 s_2 也必须被勘探.

(b) 勘探位置 s_6 和 s_7 将不能勘探位置 s_8.

(c) 勘探 s_3 或 s_4 都将不能勘探位置 s_5.

写出该问题的整数规划模型并用分支定界算法求解.

4-4. 某公司每年有 18 万元可用于投资的资金. 他们计划对表 4.11 中所列的项目进行投资, 每个项目每年将获得净现值, 也需要现金支出 (以万元计), 任何项目都不允许部分投资, 该公司应如何投资?

(a) 写出该问题的整数线性规划模型, 其中

① 项目 4, 5, 6 和 7 中的一个必须投资;

② 如果项目 1 被投资, 那么项目 2 不能被投资;

③ 如果项目 3 被投资, 那么项目 4 必须也被投资;

④ 如果项目 8 被投资, 那么项目 9 或 10 或两者也必须被投资;

⑤ 如果项目 1 或项目 2 被投资, 那么项目 9 或 10 都不能被投资.

表 4.11　投资项目净现值与现金支出 (以万元计)

	净现值	第一年	第二年	第三年	第四年
项目 1	30	12	4	4	0
项目 2	30	0	12	4	4
项目 3	20	3	4	4	4
项目 4	15	10	0	0	0
项目 5	15	0	11	0	0
项目 6	15	0	0	12	0
项目 7	15	0	0	0	13
项目 8	24	8	8	0	0
项目 9	18	0	0	10	4
项目 10	18	0	0	4	10

(b) 用分支定界算法求解上述模型.

4-5. 考虑背包模型 (4.8), 该问题表明分支定界算法的计算复杂度较高. 简单起见, 假设所有的 $c_j=c$, 所有的 $a_j=2$, 背包容量 $b=n$.

(a) 当 n 为奇数和偶数时, 最优解分别是什么?

(b) 当 n 为 3 和 5 时, 分支定界算法需要考虑多少个子问题?

4-6. 对如下线性规划模型:

$$\min \quad -x_1 - 2x_2$$

$$\text{s.t.}$$

$$-2x_1 + 2x_2 \leqslant 3,$$

$$2x_1 + 2x_2 \leqslant 9.$$

分 (a) 无整数限制, (b) x_1 为整数, (c) x_1, x_2 均为整数 3 种情况, 用图解法求解相应的问题, 并给出用分支定界算法求解情况 (c) 的过程, 画出搜索数.

4-7. 改进分支定界算法 (算法 4.1) 使得它更快更有效地找出可行解并保证与最优解在 5% 以内的误差.

4-8. 某城市可划分为 11 个防火区, 已设有 4 个消防站, 如图 4.17 所示.

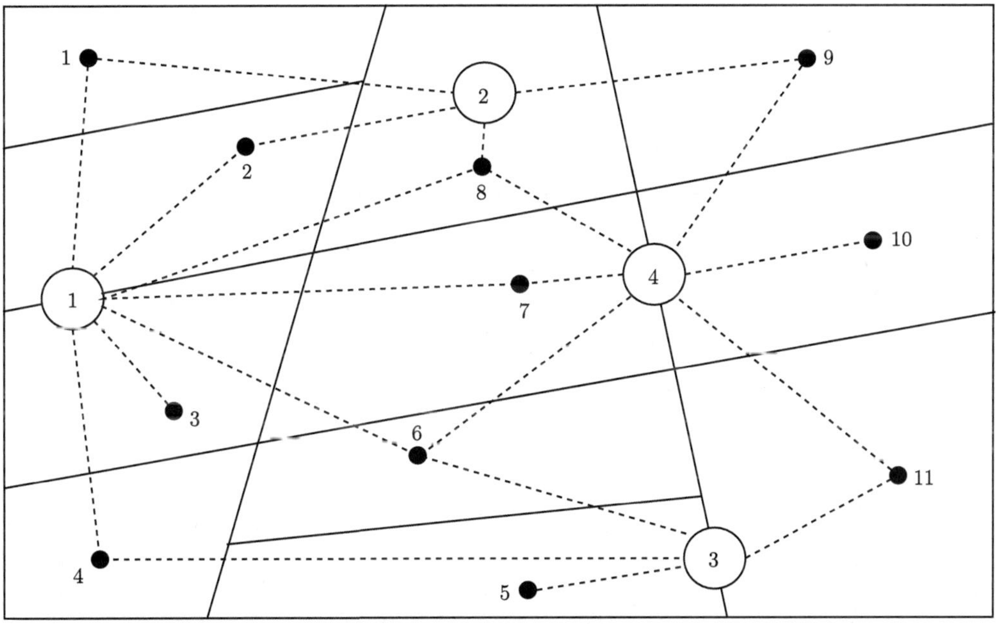

图 4.17　消防站位置图

虚线表示该消防站可以在消防允许时间内到达该防火区进行有效的消防灭火. 问能否关闭若干消防站, 但仍不影响任何一个防火区的消防救灾工作, 请用分支定界算法求解 (提示: 对每一个消防站建立一个表示是否将关闭的 0-1 变量).

4-9. 篮球队需要选择 5 名队员组成出场阵容参加比赛. 8 名队员的身高及擅长位置见表 4.12.

出场阵容应满足以下条件:

(a) 有且只有一名中锋上场;
(b) 至少有一名后卫上场;
(c) 若 1 号或 4 号上场, 则 6 号不上场, 反之若 6 号上场, 则 1 号和 4 号均不上场;
(d) 2 号和 8 号至少有一个不上场.

表 4.12　篮球队员身高及擅长位置

队员	1	2	3	4	5	6	7	8
身高/m	1.92	1.90	1.88	1.86	1.85	1.83	1.80	1.78
擅长位置	中锋	中锋	前锋	前锋	前锋	后卫	后卫	后卫

请问应选择哪 5 名队员上场, 才能使出场队员的平均身高最高? 试建立数学模型, 并用分支定界算法求解.

第 5 章 割平面法

割平面法由 R. E. Gomory 于 1958 年首次提出, 主要用于求解整数线性规划模型. 其主要思路是: 先不考虑整数约束, 求解相应的线性松弛模型, 并通过不断引入线性不等式约束 (称为"割平面"或"有效不等式"), 逐步割去松弛模型可行域中不包含整数最优解的部分可行域, 最终逼近原整数模型的可行域, 进而求出原问题的最优解.

在割平面法提出初期, 包括 Gomory 在内的大多数学者都认为, 该方法存在数值不稳定的问题, 缺乏实际应用价值; 加之求解过程中需要多次切割, 可能导致方法失效. 直到 20 世纪 90 年代中期, 学者们发现, 将割平面法与分支定界法相结合 (称作分支定切法) 时效率很高, 并且能有效克服其数值不稳定的缺陷. 现在, 几乎所有的商用整数规划求解器都或多或少使用了 Gomory 割平面法.

本章将对割平面法作一个较为全面的介绍. 首先引入有效不等式的定义, 然后介绍割平面法, 进而重点介绍几种常用的割平面: Chvatal-Gomory 割平面、Gomory 割平面、混合整数舍入切和覆盖不等式, 最后介绍分支定切算法.

5.1 有效不等式

有效不等式

5.1.1 有效不等式定义

考虑如下整数线性规划模型:

$$
\begin{aligned}
\min\ & z = \boldsymbol{c}^{\mathrm{T}}\boldsymbol{x} \\
\text{s.t.}\ & \\
& \boldsymbol{A}\boldsymbol{x} \leqslant \boldsymbol{b}, \\
& \boldsymbol{x} \in \mathbb{Z}_{+}^{n},
\end{aligned}
\tag{5.1}
$$

其中, $\boldsymbol{A}$ 是一个 $m \times n$ 矩阵, $\boldsymbol{c} \in \mathbb{R}^n$, $\boldsymbol{b} \in \mathbb{R}^m$.

令 $X = \left\{\boldsymbol{x} | A\boldsymbol{x} \leqslant \boldsymbol{b}, \boldsymbol{x} \in \mathbb{Z}_{+}^{n}\right\}$, 如果能得到集合 X 的凸包表达式: $\operatorname{conv}(X) = \left\{\boldsymbol{x} | \bar{\boldsymbol{A}}\boldsymbol{x} \leqslant \bar{\boldsymbol{b}}, \boldsymbol{x} \in \mathbb{R}_{+}^{n}\right\}$, 则可得到模型 (5.1) 的等价模型

$$\min\ z = \boldsymbol{c}^{\mathrm{T}}\boldsymbol{x}$$

$$\text{s.t.} \tag{5.2}$$

$$\bar{\boldsymbol{A}}\boldsymbol{x} \leqslant \bar{\boldsymbol{b}},$$

$$\boldsymbol{x} \in \mathbb{R}_+^n.$$

对于混合整数线性规划模型而言, 上述结论同样成立. 然而使用线性不等式来刻画整数线性规划模型的凸包 conv(X), 难度极大. 通常采用的办法是, 先对整数线性规划模型进行线性松弛, 再不断添加线性不等式约束, 以此逐步逼近凸包 conv(X), 进而达到求解整数线性规划模型的目的. 这种求解方法被称为割平面法, 在求解过程中添加的线性不等式约束称为有效不等式 (又称割平面或切).

定义 5.1　如果对任意的 $\boldsymbol{x} \in X$, 都有 $\pi^{\mathrm{T}}\boldsymbol{x} \leqslant \pi_0$ 成立, 则称不等式 $\pi^{\mathrm{T}}\boldsymbol{x} \leqslant \pi_0$ 是**集合 X 的有效不等式**.

在模型 (5.1) 中添加它原本不需要的有效不等式, 通常能够显著提升其线性松弛模型的有效性. 然而, 并非所有有效不等式都能起到增强线性松弛模型有效性的作用. 比如, 模型 (5.1) 中的约束都是平凡有效的, 这是因为线性松弛模型的所有可行解都满足这些约束.

命题 5.1　为了增强线性松弛模型的有效性, 一个有效不等式必须能够切除一些在线性松弛模型中可行, 但在模型 (5.1) 中不可行的解.

例 5.1　考虑如下整数线性规划模型:

$$\min\ z = 16x_1 + 14x_2 + 15x_3$$

$$\text{s.t.}$$

$$x_1 + x_2 \geqslant 1,$$

$$x_1 + x_3 \geqslant 1,$$

$$x_2 + x_3 \geqslant 1,$$

$$x_j \in \{0, 1\}, \quad \forall j = 1, 2, 3.$$

其线性松弛模型的最优解为 $\boldsymbol{x} = \left(\dfrac{1}{2}, \dfrac{1}{2}, \dfrac{1}{2}\right)^{\mathrm{T}}$. 判断如下各不等式是否为上述整数线性规划模型的有效不等式. 如果是有效不等式, 进一步判断添加该不等式约束能否强化原线性松弛模型.

(1) $x_1 + x_2 + x_3 \geqslant 1$.

(2) $x_1 + x_2 + x_3 \geqslant 2$.

(3) $10x_1 + 10x_2 + 10x_3 \geqslant 25$.

解　(1) 显然, 根据所给模型的约束条件, 其任意可行解均满足 $x_1 + x_2 + x_3 \geqslant$

1. 因此, 不等式 (1) 是有效不等式. 然而, 线性松弛模型的最优解 $\boldsymbol{x}=\left(\frac{1}{2},\frac{1}{2},\frac{1}{2}\right)^{\mathrm{T}}$ 也满足该不等式, 因此增加该不等式约束并不能加强原线性松弛模型.

(2) 将整数线性规划模型的 3 个约束条件相加, 有 $x_1+x_2+x_3\geqslant 1.5$. 因为 $x_1,x_2,x_3\in\{0,1\}$, 有 $x_1+x_2+x_3\geqslant 2$ 成立, 即不等式 (2) 是有效不等式. 同时, 线性松弛模型的最优解 $\boldsymbol{x}=\left(\frac{1}{2},\frac{1}{2},\frac{1}{2}\right)^{\mathrm{T}}$ 不满足该不等式, 因此增加该不等式约束可以加强原线性松弛模型.

(3) 不等式 (3) 是无效的. 因为解 $\boldsymbol{x}=(1,0,1)^{\mathrm{T}}$ 是所给模型的整数可行解, 但不满足该不等式.

下面通过一个例子展示如何通过添加有效不等式来求得最优整数解.

例 5.2 考虑如下整数线性规划模型:

$$
\begin{aligned}
&\max\ z=8x_1+5x_2\\
&\text{s.t.}\\
&\qquad x_1+x_2\leqslant 6,\\
&\qquad 9x_1+5x_2\leqslant 45,\\
&\qquad x_1,x_2\in\mathbb{Z}_+.
\end{aligned}
$$

解 首先线性松弛该整数规划模型, 其最优解为 $\boldsymbol{x}=\left(3\frac{3}{4},2\frac{1}{4}\right)^{\mathrm{T}}$, 最优值为 $41\frac{1}{4}$.

由于该最优解为分数解, 添加约束条件 $3x_1+2x_2\leqslant 15$, 再次求解松弛问题, 得到最优解为 $\boldsymbol{x}=(3,3)^{\mathrm{T}}$, 最优值为 39. 此时最优解为整数解, 因此解 $x_1=3$, $x_2=3$ 为上述整数线性规划模型的最优解.

以上所采用的算法就是割平面法, 添加的约束 $3x_1+2x_2\leqslant 15$ 为该问题的有效不等式. 不等式 $3x_1+2x_2\leqslant 15$ 的生成方法是由 Gomory 提出的, 称为 Gomory 割平面, 其详细过程将在 5.3 节中予以介绍. 该有效不等式切除松弛域的示意图如图 5.1 所示.

例 5.1 表明, 有效不等式对整数线性规划模型的任意可行解均成立, 并且它能够剔除松弛问题的当前最优解, 促使可行域朝着凸包的方向逼近.

下面介绍割平面法的具体流程.

算法 5.1 (割平面法)

步骤 0 初始化. 线性松弛整数线性规划模型得到松弛模型 LP, 令 P^0 为松弛模型 LP 的可行域, 并令 $k=1$.

步骤 1 求解当前 LP. 求解当前 LP, 记最优解为 $\boldsymbol{x}^k$.

步骤 2 判断算法终止条件. 判断 $\boldsymbol{x}^k$ 是否为整数解. 如果是, 则 $\boldsymbol{x}^k$ 为原问题的最优解, 算法终止.

步骤 3 鉴别有效不等式. 生成切除解 $\boldsymbol{x}^k$ 的有效不等式 $\left(\boldsymbol{\pi}^k\right)^{\mathrm{T}} \boldsymbol{x} \leqslant \pi_0^k$, 并将该不等式加入当前 LP, 令 $P^{k+1} = P^k \cap \left\{\boldsymbol{x} \,\middle|\, \left(\boldsymbol{\pi}^k\right)^{\mathrm{T}} \boldsymbol{x} \leqslant \pi_0^k\right\}$.

步骤 4 更新迭代参数. 令 $k = k+1$, 转到**步骤 1**.

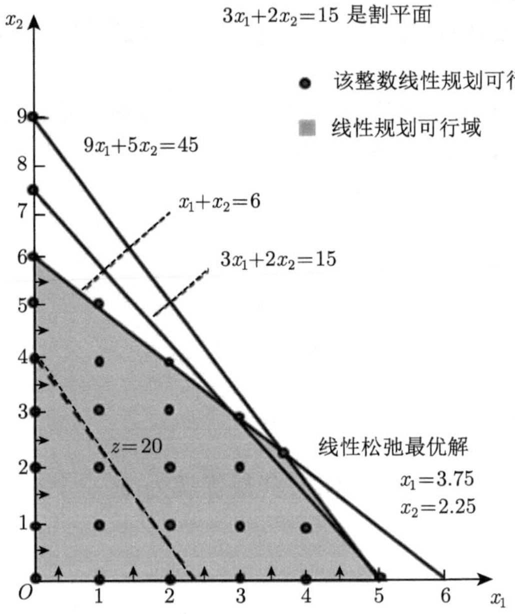

图 5.1 有效不等式的生成示意图

5.1.2 强有效不等式

本节将介绍强有效不等式的定义以及一些基本的多面体理论. 在讨论强有效不等式前, 需要首先介绍两个基本概念: 占优与冗余.

定义 5.2 对于集合 $P \subseteq \mathbb{R}_+^n$ 的两个有效不等式 $\boldsymbol{\mu}^{\mathrm{T}}\boldsymbol{x} \leqslant \mu_0$ 和 $\boldsymbol{\pi}^{\mathrm{T}}\boldsymbol{x} \leqslant \pi_0$, 如果存在 $u > 0$ 使得 $\boldsymbol{\pi} \geqslant u\boldsymbol{\mu}$ 以及 $\pi_0 \leqslant u\mu_0$, 并且 $(\boldsymbol{\pi}, \pi_0) \neq (u\boldsymbol{\mu}, u\mu_0)$, 则称不等式 $\boldsymbol{\pi}^{\mathrm{T}}\boldsymbol{x} \leqslant \pi_0$ **占优**不等式 $\boldsymbol{\mu}^{\mathrm{T}}\boldsymbol{x} \leqslant \mu_0$, 或不等式 $\boldsymbol{\pi}^{\mathrm{T}}\boldsymbol{x} \leqslant \pi_0$ 比不等式 $\boldsymbol{\mu}^{\mathrm{T}}\boldsymbol{x} \leqslant \mu_0$ **更强**.

显然, 如果不等式 $\boldsymbol{\pi}^{\mathrm{T}}\boldsymbol{x} \leqslant \pi_0$ 占优不等式 $\boldsymbol{\mu}^{\mathrm{T}}\boldsymbol{x} \leqslant \mu_0$, 则 $\left\{\boldsymbol{x} \in \mathbb{R}_+^n : \boldsymbol{\pi}^{\mathrm{T}}\boldsymbol{x} \leqslant \pi_0\right\} \subseteq \left\{\boldsymbol{x} \in \mathbb{R}_+^n : \boldsymbol{\mu}^{\mathrm{T}}\boldsymbol{x} \leqslant \mu_0\right\}$.

定义 5.3 如果问题 P 存在 k 个有效不等式 $\left(\boldsymbol{\pi}^i\right)^{\mathrm{T}} \boldsymbol{x}_i \leqslant \pi_0^i (i = 1, \cdots, k, k \geqslant$

2), 并且存在 $u_i > 0$, 使得不等式

$$\sum_{i=1}^{k} u_i \left(\boldsymbol{\pi}^i\right)^{\mathrm{T}} \boldsymbol{x}_i \leqslant \sum_{i=1}^{k} u_i \pi_0^i$$

占优有效不等式 $\boldsymbol{\pi}^{\mathrm{T}}\boldsymbol{x} \leqslant \pi_0$, 则称有效不等式 $\boldsymbol{\pi}^{\mathrm{T}}\boldsymbol{x} \leqslant \pi_0$ 是该问题的**冗余有效不等式**.

显然, $\{\boldsymbol{x} \in \mathbb{R}_+^n : \left(\boldsymbol{\pi}^i\right)^{\mathrm{T}} \boldsymbol{x}_i \leqslant \pi_0^i, \forall i = 1, \cdots, k\} \subseteq \left\{x \in \mathbb{R}_+^n : \sum_{i=1}^{k} u_i (\boldsymbol{\pi}^i)^{\mathrm{T}} \boldsymbol{x}_i \leqslant \sum_{i=1}^{k} u_i \pi_0^i \right\} \subseteq \{\boldsymbol{x} \in \mathbb{R}_+^n : \boldsymbol{\pi}^{\mathrm{T}}\boldsymbol{x} \leqslant \pi_0\}$.

下面通过两个例子简单说明不等式的占优与冗余关系.

例 5.3 考虑如下一组不等式:

$$x_1 + 3x_2 \leqslant 4,$$

$$2x_1 + 4x_2 \leqslant 9,$$

其几何关系如图 5.2(a) 所示.

此时, $\boldsymbol{\pi}^{\mathrm{T}} = (1,3)$, $\boldsymbol{\mu}^{\mathrm{T}} = (2,4)$, $\pi_0 = 4$ 且 $\mu_0 = 9$. 当取 $u = 0.5$ 时, 有 $\boldsymbol{\pi} \geqslant 0.5\boldsymbol{\mu}$, 并且 $\pi_0 \leqslant 0.5\mu_0$. 因此, 不等式 $x_1 + 3x_2 \leqslant 4$ 占优不等式 $2x_1 + 4x_2 \leqslant 9$.

例 5.4 考虑如下一组不等式:

$$6x_1 - x_2 \leqslant 9,$$

$$9x_1 - 5x_2 \leqslant 6,$$

其几何关系如图 5.2(b) 所示, 请问不等式 $5x_1 - 2x_2 \leqslant 6$ 是否冗余?

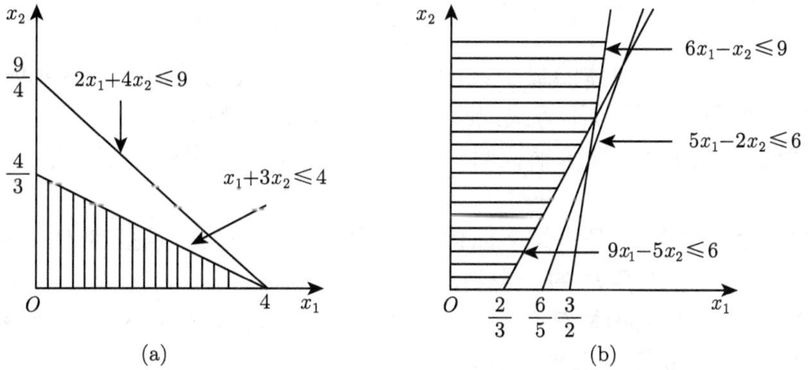

图 5.2 不等式的几何关系示意图

解 取 $u_1 = u_2 = \dfrac{1}{3}$, 对上述两不等式加权求和, 得到不等式 $5x_1 - 2x_2 \leqslant 5$. 此不等式占优不等式 $5x_1 - 2x_2 \leqslant 6$, 因此不等式 $5x_1 - 2x_2 \leqslant 6$ 为冗余不等式.

现在可以对强有效不等式给出如下定义.

定义 5.4 如果 $\boldsymbol{\pi}^{\mathrm{T}}\boldsymbol{x} \leqslant \pi_0$ 是有效不等式, 且不存在有效不等式占优该不等式, 则称 $\boldsymbol{\pi}^{\mathrm{T}}\boldsymbol{x} \leqslant \pi_0$ 为**强有效不等式**.

5.1.3 多面体、面和刻面

本节讨论多面体与有效不等式的关系, 进而解释描述一个多面体所必需的有效不等式.

定义 5.5 给定一组向量 $x_1, x_2, \cdots, x_k \in \mathbb{R}^n$, 若 $x_2 - x_1, x_3 - x_1, \cdots, x_k - x_1$ 线性无关, 或向量 $(x_1, 1), (x_2, 1), \cdots, (x_k, 1) \in \mathbb{R}^{n+1}$ 线性无关, 则称 $x_1, x_2, \cdots, x_k$ 是**仿射无关的**.

定义 5.6 如果多面体 P 中仿射无关的点最多为 k 个, 则称**多面体 P 的维数**为 $k-1$, 记为 $\dim(P) = k-1$.

定义 5.7 (1) 如果 $\boldsymbol{\pi}^{\mathrm{T}}\boldsymbol{x} \leqslant \pi_0$ 是多面体 P 的有效不等式, 则称 $F = \{x \in P | \boldsymbol{\pi}^{\mathrm{T}}\boldsymbol{x} = \pi_0\}$ 为**多面体 P 的一个面** (face).

(2) 如果 F 是多面体 P 的一个面, 并且 $\dim(F) = \dim(P) - 1$, 则称 F 是**多面体 P 的一个刻面** (facet).

(3) 如果 $F = \left\{x \in P | \boldsymbol{\pi}^{\mathrm{T}}\boldsymbol{x} = \pi_0\right\}$ 是多面体 P 的一个面, 则称**有效不等式 $\boldsymbol{\pi}^{\mathrm{T}}\boldsymbol{x} \leqslant \pi_0$ 代表或定义该面**.

如果多面体 $P \subseteq \mathbb{R}^n$ 中包含 n 个仿射无关的点, 即 $\dim(P) = n$, 则称该多面体是满维的. 在满维多面体中不可能存在 $\boldsymbol{a}^{\mathrm{T}}\boldsymbol{x} = b$ 使得对任意 $x \in P$ 均成立. 因此, 可以得到以下定理.

定理 5.1 如果 P 是满维多面体, 则 P 必有唯一的最小刻面

$$P = \{x \in \mathbb{R}^n | \boldsymbol{a}_i^{\mathrm{T}}\boldsymbol{x} \leqslant b, \forall i = 1, \cdots, m\}.$$

上述定理表明一个多面体的最小刻面中的任意不等式均是描述该多面体所必需, 如果从最小刻面中去掉该不等式, 则多面体 P 将发生变化.

下述结论从另一个视角来说明, 究竟什么样的有效不等式是描述一个多面体所必需的.

命题 5.2 如果 P 是满维多面体, 则不等式 $\boldsymbol{\pi}^{\mathrm{T}}\boldsymbol{x} \leqslant \pi_0$ 是描述 P 所必需的当且仅当该不等式定义了 P 的一个刻面.

对于一个满维多面体 P 而言, 不等式 $\boldsymbol{\pi}^{\mathrm{T}}\boldsymbol{x} \leqslant \pi_0$ 定义了 P 的一个刻面当且仅当 P 中有 n 个仿射无关的点满足 $\boldsymbol{\pi}^{\mathrm{T}}\boldsymbol{x} = \pi_0$.

下面通过一个具体例子阐释多面体的面与刻面的几何特征.

例 5.5 考虑如下多面体 P:

$$
\begin{aligned}
&x_1 + x_2 \leqslant 4,\\
&x_1 + 2x_2 \leqslant 10,\\
&x_1 + 2x_2 \leqslant 6,\\
&x_1 + x_2 \geqslant 2,\\
&x_1 \leqslant 2,\\
&x_1 \geqslant 0,\\
&x_2 \geqslant 0.
\end{aligned}
$$

其几何关系如图 5.3 所示.

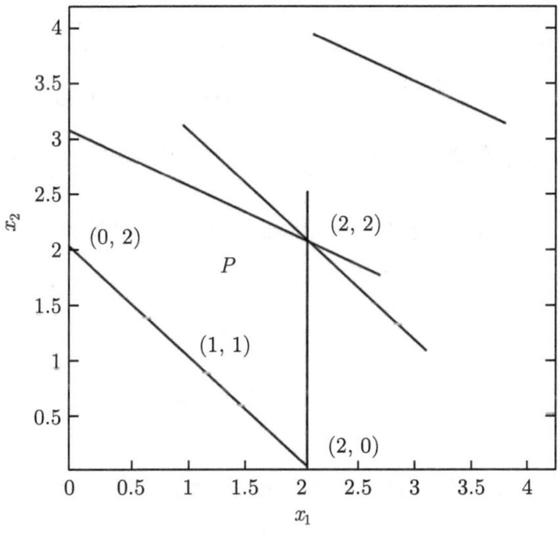

图 5.3 多面体几何关系示意图

由于多面体 P 中的点 $(2,0)$, $(1,1)$ 和 $(2,2)$ 仿射无关, 因此 P 是满维的.

不等式 $x_1 \leqslant 2$ 是 P 的有效不等式, 且 $(2,0)$ 和 $(2,2)$ 满足等式 $x_1 = 2$, 因此 $x_1 \leqslant 2$ 为 P 的一个刻面. 类似地, 不等式 $x_1 + 2x_2 \leqslant 6$, $x_1 + x_2 \geqslant 2$ 和 $x_1 \geqslant 0$ 也分别是 P 的刻面.

不等式 $x_1 + x_2 \leqslant 4$ 定义了 P 的一个面, 该面只包含点 $(2,2)$, 且该不等式可以由 $x_1 + 2x_2 \leqslant 6$ 与 $x_1 \leqslant 2$ 加权求和得到, 因此该不等式是冗余的.

同理, 不等式 $x_2 \geqslant 0$ 可由 $x_1 + x_2 \geqslant 2$ 与 $x_1 \leqslant 2$ 加权求和得到, 因此该不等式也是冗余.

由此可知该多面体的最小刻面为

$$
\begin{aligned}
&x_1 + 2x_2 \leqslant 6,\\
&x_1 + x_2 \geqslant 2,\\
&x_1 \leqslant 2,\\
&x_1 \geqslant 0.
\end{aligned}
$$

5.2 Chvatal-Gomory 割平面

Chvatal-Gomory 割平面, 也称为 Chvatal-Gomory 切, 是一种较为简单的有效不等式. 从理论上来说, 任意一个整数线性规划模型的有效不等式, 都可由该类不等式生成.

对于整数线性规划模型 (5.1), 令 $P = \left\{\boldsymbol{x} \in \mathbb{R}_+^n : \boldsymbol{A}\boldsymbol{x} \leqslant b\right\}$, 则可行域 X 可表示为 $X = P \cap \mathbb{Z}^n$. 生成可行域 X 的有效 Chvatal-Gomory 割平面的步骤如下:

(1) 对集合 P 构造有效不等式 $\sum\limits_{j=1}^{n} ua_j x_j \leqslant ub$, 其中 $u \geqslant 0, \sum\limits_{j=1}^{n} a_j x_j \leqslant b$;

(2) 由于 $\boldsymbol{x} \geqslant 0$, 可对上述不等式左端系数向下取整, 从而构造新的有效不等式 $\sum\limits_{j=1}^{n} \lfloor ua_j \rfloor x_j \leqslant ub$;

(3) 如果 $\boldsymbol{x}$ 是整数, 则 $\sum\limits_{j=1}^{n} \lfloor ua_j \rfloor x_j$ 为整数, 对上述有效不等式的右端系数向下取整, 不等式依然成立, 因此可得整数集合 X 的有效不等式 $\sum\limits_{j=1}^{n} \lfloor ua_j \rfloor x_j \leqslant \lfloor ub \rfloor$.

称 $\sum\limits_{j=1}^{n} \lfloor ua_j \rfloor x_j \leqslant ub$ 或 $\sum\limits_{j=1}^{n} \lfloor ua_j \rfloor x_j \leqslant \lfloor ub \rfloor$ 为 Chvatal-Gomory 割平面或 Chvatal-Gomory 切.

定理 5.2 整数线性规划模型 (5.1) 中的任意有效不等式都可以通过执行有限次 Chvatal-Gomory 方法得到.

证明 以 0-1 整数线性规划模型为例证明该定理. 令 $P = \{x \in \mathbb{R}_+^n : \boldsymbol{A}\boldsymbol{x} \leqslant b, \boldsymbol{0} \leqslant \boldsymbol{x} \leqslant \boldsymbol{1}\} \neq \varnothing, X = P \cap \mathbb{Z}^n$. 假设 $\boldsymbol{\pi}^{\mathrm{T}}\boldsymbol{x} \leqslant \pi_0$ 是集合 X 的一个有效不等式,

其中 $\boldsymbol{\pi}$ 和 π_0 均取整数值. 下面需要证明该不等式是 Chvatal-Gomory 割平面, 或可以通过执行有限次 Chvatal-Gomory 方法得到. 为此, 需要证明下述几个论断.

(1) $\boldsymbol{\pi}^{\mathrm{T}}\boldsymbol{x} \leqslant \pi_0$ 是集合 P 的一个有效不等式当且仅当存在 $\boldsymbol{u} \geqslant 0, \boldsymbol{v} \geqslant 0$ 使得 $\boldsymbol{u}^{\mathrm{T}}\boldsymbol{A} - \boldsymbol{v} = \boldsymbol{\pi}$ 且 $\boldsymbol{u}^{\mathrm{T}}\boldsymbol{b} \leqslant \pi_0$, 或存在 $\boldsymbol{u} \geqslant 0$ 使得 $\boldsymbol{u}^{\mathrm{T}}\boldsymbol{A} \geqslant \boldsymbol{\pi}$ 且 $\boldsymbol{u}^{\mathrm{T}}\boldsymbol{b} \leqslant \pi_0$. 事实上, 由对偶理论, $\max\left\{\boldsymbol{\pi}^{\mathrm{T}}\boldsymbol{x} : \boldsymbol{x} \in P\right\} \leqslant \pi_0$ 当且仅当 $\min\{\boldsymbol{u}^{\mathrm{T}}\boldsymbol{b} : \boldsymbol{u}^{\mathrm{T}}\boldsymbol{A} - \boldsymbol{v} = \boldsymbol{\pi}, \boldsymbol{u} \geqslant 0, \boldsymbol{v} \geqslant 0\} \leqslant \pi_0$.

(2) 对于某个 $a \in \mathbb{Z}_+, \boldsymbol{\pi}^{\mathrm{T}}\boldsymbol{x} \leqslant \pi_0 + a$ 是集合 P 的一个有效不等式. 令 $a = [z_{\mathrm{LP}}] - \pi_0$, 其中 $z_{\mathrm{LP}} = \min\left\{\boldsymbol{c}^{\mathrm{T}}\boldsymbol{x} : \boldsymbol{x} \in P\right\}$. 由论断 (1), 可知该结论成立.

(3) 对于 $N = \{1, \cdots, n\}$ 的任意划分 N_1 和 N_2, 存在一个充分大的正常数 M, 使得

$$\boldsymbol{\pi}^{\mathrm{T}}\boldsymbol{x} \leqslant \pi_0 + M\sum_{j\in N_1} x_j + M\sum_{j\in N_2}(1 - x_j) \tag{5.3}$$

是集合 P 的一个有效不等式. 事实上, 只需要证明任意的 $\bar{\boldsymbol{x}} \in P$ 满足不等式 (5.3). 如果 $\bar{\boldsymbol{x}} \in \mathbb{Z}^n$, 则不等式 $\boldsymbol{\pi}^{\mathrm{T}}\bar{\boldsymbol{x}} \leqslant \pi_0$ 成立, 因此不等式 $\boldsymbol{\pi}^{\mathrm{T}}\bar{\boldsymbol{x}} \leqslant \pi_0 + M\sum\limits_{j\in N_1}\bar{x}_j + M\sum\limits_{j\in N_2}(1 - \bar{x}_j)$ 也成立. 否则, 对于 P 的任意非整数极点 $\bar{\boldsymbol{x}}$, 存在 $\alpha > 0$ 使得 $\sum\limits_{j\in N_1}\bar{x}_j + \sum\limits_{j\in N_2}(1 - \bar{x}_j) \geqslant \alpha$. 取 $M \geqslant \dfrac{a}{\alpha}$, 则由论断 (2), 对于 P 的任意极点 $\bar{\boldsymbol{x}}$, 有

$$\boldsymbol{\pi}^{\mathrm{T}}\bar{\boldsymbol{x}} \leqslant \pi_0 + a \leqslant \pi_0 + M\sum_{j\in N_1}\bar{x}_j + M\sum_{j\in N_2}(1 - \bar{x}_j).$$

(4) 对于某个 $b \subset \mathbb{Z}_+$, 如果 $\boldsymbol{\pi}^{\mathrm{T}}\boldsymbol{x} \leqslant \pi_0 + b + 1$ 是集合 X 的一个有效不等式, 则

$$\boldsymbol{\pi}^{\mathrm{T}}\boldsymbol{x} \leqslant \pi_0 + b + \sum_{j\in N_1} x_j + \sum_{j\in N_2}(1 - x_j) \tag{5.4}$$

也是集合 X 的一个有效不等式. 事实上, 令

$$M = \max\left\{\max_{x\in P}\frac{a}{\sum\limits_{j\in N_1} x_j + \sum\limits_{j\in N_2}(1 - x_j)}, b + 1\right\},$$

将不等式 $\boldsymbol{\pi}^{\mathrm{T}}\boldsymbol{x} \leqslant \pi_0 + b + 1$ 两边同乘以 $\dfrac{M-1}{M}$, 不等式 (5.3) 两边同乘以 $\dfrac{1}{M}$, 再

将两不等式相加得到如下有效不等式:

$$\begin{aligned}\boldsymbol{\pi}^{\mathrm{T}}\boldsymbol{x} &\leqslant \pi_0 + \frac{(M-1)(b+1)}{M} + \sum_{j\in N_1} x_j + \sum_{j\in N_2}(1-x_j)a \\ &\leqslant \pi_0 + b + \sum_{j\in N_1} x_j + \sum_{j\in N_2}(1-x_j).\end{aligned}$$

(5) 对于 $T=\{1,\cdots,k-1\}$ 的任意划分 T_1 和 T_2, 如果

$$\boldsymbol{\pi}^{\mathrm{T}}\boldsymbol{x} \leqslant \pi_0 + b + \sum_{j\in T_1\cup\{k\}} x_j + \sum_{j\in T_2}(1-x_j) \tag{5.5}$$

和

$$\boldsymbol{\pi}^{\mathrm{T}}\boldsymbol{x} \leqslant \pi_0 + b + \sum_{j\in T_1} x_j + \sum_{j\in T_2\cup\{k\}}(1-x_j) \tag{5.6}$$

是集合 X 的 Chvatal-Gomory 割平面,

$$\boldsymbol{\pi}^{\mathrm{T}}\boldsymbol{x} \leqslant \pi_0 + b + \sum_{j\in T_1} x_j + \sum_{j\in T_2}(1-x_j) \tag{5.7}$$

也是集合 X 的 Chvatal-Gomory 割平面. 事实上, 将不等式 (5.5) 和 (5.6) 的两边均同时乘以 $\dfrac{1}{2}$ 再相加, 可得有效不等式 (5.7).

(6) 如果 $\boldsymbol{\pi}^{\mathrm{T}}\boldsymbol{x}\leqslant \pi_0+b+1$ 是集合 X 的 Chvatal-Gomory 割平面, 则 $\boldsymbol{\pi}^{\mathrm{T}}\boldsymbol{x}\leqslant \pi_0+b$ 也是集合 X 的 Chvatal-Gomory 割平面. 事实上, 连续地对 $k=n,n-1,\cdots,1$ 及其任意划分 T_1 和 T_2, 使用论断 (5), 即可得证.

最后, 连续对 $b=a-1,a-2,\cdots,0$ 使用论断 (6), 即可证明 $\boldsymbol{\pi}^{\mathrm{T}}\boldsymbol{x}\leqslant\pi_0$ 是 Chvatal-Gomory 割平面.

下面通过一个简单的例子展示生成 Chvatal-Gomory 割平面的过程.

例 5.6　考虑如下 0-1 整数线性规划模型的约束条件:

$$\begin{aligned}&x_1+4x_2\leqslant 2,\\ &6x_1-x_2\leqslant 5,\\ &x_1,x_2\in\{0,1\}.\end{aligned}$$

首先, 取 $u_1=\dfrac{1}{7},u_2=\dfrac{1}{3}$, 对上述 2 个不等式进行加权求和, 得到有效不等式为

$$\frac{15}{7}x_1+\frac{5}{21}x_2\leqslant\frac{41}{21}.$$

其次, 对上述不等式左端系数向下取整, 得到新的有效不等式

$$2x_1 \leqslant \frac{41}{21}.$$

最后, 由于 $x_1 \in \{0,1\}$, 则可对右端系数向下取整, 进而得到 Chvatal-Gomory 割平面

$$x_1 \leqslant \frac{1}{2}.$$

5.3 Gomory 割平面

Gomory 割平面是第一个通用的割平面方法, 其基本思想是: 先求解整数线性规划模型的线性松弛模型, 得到最优基; 接着, 从松弛问题的最优解里找出非整数的基值, 再利用其对应的约束条件, 构造 Gomory 割平面.

5.3.1 纯整数线性规划模型

考虑如下纯整数线性规划模型:

$$\begin{aligned} \min\ & z = \boldsymbol{c}^{\mathrm{T}}\boldsymbol{x} \\ \text{s.t.}\ & \\ & \boldsymbol{A}\boldsymbol{x} = \boldsymbol{b}, \\ & \boldsymbol{x} \in \mathbb{Z}_+^n, \end{aligned} \tag{5.8}$$

其中, $\boldsymbol{A}$ 是一个 $m \times n$ 矩阵, $\boldsymbol{c} \in \mathbb{R}^n$, $\boldsymbol{b} \in \mathbb{R}^m$.

假设已知其线性松弛模型的最优基 $\boldsymbol{B} \in \mathbb{R}^{m\times m}$. 不妨假设 $\boldsymbol{B}$ 对应的列为 $\boldsymbol{A}$ 的前 m 列, 记 $\boldsymbol{A} = (\boldsymbol{B}, \boldsymbol{N})$, 则模型 (5.8) 可以写成以下形式:

$$\begin{aligned} \min\ & \bar{c}_0 + \sum_{j\in\mathrm{NB}} \bar{c}_j x_j \\ \text{s.t.}\ & \\ & x_{B_i} + \sum_{j\in\mathrm{NB}} \bar{a}_{ij} x_j = \bar{b}_i, \quad \forall i = 1,\cdots,m, \\ & \boldsymbol{x} \in \mathbb{Z}_+^n, \end{aligned} \tag{5.9}$$

其中 x_{B_i} 为第 i 个基变量, $\bar{b}_i \geqslant 0\,(i=1,\cdots,m)$, NB 是非基变量指标集.

如果线性松弛模型的最优解 $\boldsymbol{x}^*$ 不是整数解, 必存在某行的右端项 $\bar{b}_i$ 是非整数. 利用 Chvatal-Gomory 方法得到有效不等式

$$x_{B_i} + \sum_{j\in\mathrm{NB}} \lfloor \bar{a}_{ij} \rfloor x_j \leqslant \lfloor \bar{b}_i \rfloor.$$

将上式两端乘 -1 并与等式 $x_{B_i}+\sum\limits_{j\in \mathrm{NB}}\bar{a}_{ij}x_j=\bar{b}_i$ 相加, 可得如下 Gomory 割平面:

$$\sum_j \left(\bar{a}_{ij}-\lfloor\bar{a}_{ij}\rfloor\right)x_j \geqslant \bar{b}_i-\left\lfloor\bar{b}_i\right\rfloor. \tag{5.10}$$

由于 $\boldsymbol{x}^*$ 中所有非基变量 $x_j^*=0(j\in \mathrm{NB})$, 因此 $\boldsymbol{x}^*$ 不满足不等式 (5.10), 即在松弛模型中加入不等式 (5.10) 就可以切除 $\boldsymbol{x}^*$. 此外, 由上述分析, 不等式 (5.10) 显然是有效的. 因此, 不等式 (5.10) 是模型 (5.8) 的有效不等式.

定义 5.8 对于模型 (5.9) 中的任意行 $i=1,\cdots,m$, 定义 $f_{i0}=\bar{b}_i-\lfloor\bar{b}_i\rfloor$, $f_{ij}=\bar{a}_{ij}-\lfloor\bar{a}_{ij}\rfloor\,(j=1,\cdots,n)$.

不等式 (5.10) 也可以等价表示为

$$\sum_j f_{ij}x_j \geqslant f_{i0}. \tag{5.11}$$

下面举例说明如何用 Gomory 割平面法求解整数线性规划模型.

例 5.7 考虑如下整数线性规划模型:

$$\begin{aligned}
&\max\ x_1+x_2\\
&\text{s.t.}\\
&-x_1+x_2\leqslant 4,\\
&3x_1+x_2\leqslant 12,\\
&x_1,x_2\in\{0,1\}.
\end{aligned}$$

对上述模型添加松弛变量 x_3,x_4, 得到带等式约束的线性规划模型

$$\begin{aligned}
&\max\ x_1+x_2\\
&\text{s.t.}\\
&-x_1+x_2+x_3=4,\\
&3x_1+x_2+x_4=12,\\
&x_1,x_2\in\{0,1\},\quad x_3,x_4\in\mathbb{R}_+.
\end{aligned}$$

求解其线性松弛模型可得最优单纯形表 (表 5.1).

表 5.1

x_1	x_2	x_3	x_4	b
1	0	$-\frac{1}{4}$	$\frac{1}{4}$	$\frac{3}{4}$
0	1	$\frac{3}{4}$	$\frac{1}{4}$	$\frac{4}{7}$

该线性规划模型的最优解为 $\boldsymbol{x}=\left(\frac{3}{4},\frac{4}{7},0,0\right)^{\mathrm{T}}$. 利用上述单纯形表可得原整数规划模型的等价形式

$$\max\ x_1+x_2$$

$$\text{s.t.}$$

$$\begin{aligned}&x_1-\frac{1}{4}x_3+\frac{1}{4}x_4=\frac{3}{4},\\&x_2+\frac{3}{4}x_3+\frac{1}{4}x_4=\frac{4}{7},\\&x_1,x_2\in\{0,1\}\quad x_3,x_4\in\mathbb{R}_+.\end{aligned}$$

利用上述模型中的第一个约束条件可构造如下 Gomory 割平面

$$3x_3+x_4-s=3.$$

添加该有效不等式到线性松弛模型并重新用单纯形法求解, 得到如下最优的单纯形表 (表 5.2).

表 5.2

x_1	x_2	x_3	x_4	s	b
1	0	0	$\frac{1}{3}$	$-\frac{1}{12}$	1
0	1	0	0	$\frac{1}{4}$	1
0	0	1	$\frac{1}{3}$	$-\frac{1}{3}$	1

该线性规划模型的最优解为 $\boldsymbol{x}-(1,1,1,0,0)^{\mathrm{T}}$, 且为整数解. 因此, 原整数规划模型的最优解是 $x_1=x_2=1$.

下述定理给出了比 Gomory 割平面 (5.11) 更强的有效不等式.

定理 5.3 不等式

$$\sum_{f_{ij}\leqslant f_{i0}}f_{ij}x_j+\sum_{f_{ij}>f_{i0}}\frac{f_{i0}}{1-f_{i0}}(1-f_{ij})x_j\geqslant f_{i0}\tag{5.12}$$

是一个比 Gomory 割平面 (5.11) 更强的有效不等式.

证明 首先证明不等式 (5.12) 是模型 (5.8) 的一个有效不等式. 模型 (5.9) 中的第 $i=1,\cdots,m$ 行可重新表示为

$$x_{B_i}+\sum_{f_{ij}\leqslant f_{i0}}(\lfloor\bar{a}_{ij}\rfloor+f_{ij})\,x_j+\sum_{f_{ij}>f_{i0}}(\lceil\bar{a}_{ij}\rceil-(1-f_{ij}))\,x_j=\lfloor\bar{b}_i\rfloor+f_{i0}.$$

重新整理可得

$$\begin{aligned}&x_{B_i}+\sum_{f_{ij}\leqslant f_{i0}}\lfloor\bar{a}_{ij}\rfloor x_j+\sum_{f_{ij}>f_{i0}}\lceil\bar{a}_{ij}\rceil x_j-\lfloor\bar{b}_i\rfloor\\=&f_{i0}-\sum_{f_{ij}\leqslant f_{i0}}f_{ij}x_j+\sum_{f_{ij}>f_{i0}}(1-f_{ij})x_j.\end{aligned}\tag{5.13}$$

由于 $\boldsymbol{x}_j$ 为非负整数, 等式 (5.13) 左边为整数, 因此, 等式 (5.13) 右边也应为整数. 下面分如下两种情况进行证明.

(1) 等式 (5.13) 左边 $\leqslant 0$. 在该情形下, 有

$$\sum_{f_{ij}\leqslant f_{i0}}f_{ij}x_j-\sum_{f_{ij}>f_{i0}}(1-f_{ij})x_j\geqslant f_{i0}.\tag{5.14}$$

(2) 等式 (5.13) 左边 $\geqslant 1$. 在该情形下, 有

$$-\sum_{f_{ij}\leqslant f_{i0}}f_{ij}x_j+\sum_{f_{ij}>f_{i0}}(1-f_{ij})\,x_j\geqslant 1-f_{i0}.\tag{5.15}$$

不等式 (5.15) 两边同时乘以 $\dfrac{f_{i0}}{1-f_{i0}}$ 有

$$-\sum_{f_{ij}\leqslant f_{i0}}\frac{f_{i0}}{1-f_{i0}}f_{ij}x_j+\sum_{f_{ij}>f_{i0}}\frac{f_{i0}}{1-f_{i0}}(1-f_{ij})\,x_j\geqslant f_{i0}.\tag{5.16}$$

注意到, 所有 x_j 均为非负整数, 且不等式 (5.14) 和 (5.16) 的右端值相同. 因此, 可以通过比较不等式 (5.14) 和 (5.16) 中每个变量的系数, 选择其中较大的系数, 将两个不等式进行组合, 从而得到一个有效不等式. 具体地, 当 $f_{ij}\leqslant f_{i0}$ 时, 选取 (5.14) 中的正系数, 否则, 选取 (5.16) 中的正系数. 因此, 可以得到有效不等式

$$\sum_{f_{ij}\leqslant f_{i0}}f_{ij}x_j+\sum_{f_{ij}>f_{i0}}\frac{f_{i0}}{1-f_{i0}}(1-f_{ij})x_j\geqslant f_{i0},$$

即不等式 (5.12) 是有效的.

现在证明不等式 (5.12) 比 Gomory 割平面 (5.11) 更强. 事实上, 不等式 (5.12) 与 Gomory 割平面 (5.11) 相比, 区别主要在于变量 $x_j(j \in \mathrm{NB})$ 的系数. 当 $f_{ij} > f_{i0}$ 时, 显然有

$$\frac{f_{i0}}{1-f_{i0}}(1-f_{ij}) < f_{ij}\frac{1-f_{ij}}{1-f_{i0}} < f_{ij}.$$

因此, 当 $f_{ij} > f_{i0}$ 时, 不等式 (5.12) 中变量的系数严格小于 Gomory 割平面 (5.11) 中相应变量的系数, 这意味着有效不等式 (5.12) 更有效.

例 5.8 考虑如下整数线性规划模型:

$$\max \ z = 5.5x_1 - 2.1x_2$$

$$\text{s.t.}$$

$$-x_1 + x_2 \leqslant 2,$$

$$8x_1 + 2x_2 \leqslant 17,$$

$$x_1, x_2 \in \mathbb{Z}_+.$$

首先加入松弛变量 x_3 和 x_4, 将不等式约束转化为等式约束. 上述模型转化为

$$z - 5.5x_1 - 2.1x_2 = 0,$$

$$-x_1 + x_2 + x_3 = 2,$$

$$8x_1 + 2x_2 + x_4 = 17,$$

$$x_j \in \mathbb{R}_+, \quad \forall j = 1, \cdots, 4.$$

通过求解上述线性松弛模型, 原问题可改写为

$$z + 0.58x_3 + 0.76x_4 = 14.08,$$

$$x_2 + 0.8x_3 + 0.1x_4 = 3.3,$$

$$x_1 - 0.2x_3 + 0.1x_4 = 1.3,$$

$$x_j \in \mathbb{Z}_+, \quad \forall j = 1, \cdots, 4.$$

对应的最优解为 $\boldsymbol{x} = (1.3, 3.3, 0, 0)^{\mathrm{T}}$, 最优值为 14.08. 由等式 $x_2 + 0.8x_3 + 0.1x_4 = 3.3$, 可求得 $f_{20} = 0.3, f_{23} = 0.8, f_{24} = 0.1$. 因此, 由定理 5.3 得到 Gomory 割平面

$$\frac{1-0.8}{1-0.3}x_3 + \frac{0.1}{0.3}x_4 \geqslant 1, \text{ 即 } 6x_3 + 7x_4 \geqslant 21.$$

类似地, 由等式 $x_1 - 0.2x_3 + 0.1x_4 = 1.3$ 也可生成 Gomory 割平面

$$6x_3 + 7x_4 \geqslant 21.$$

将 $x_3 = 2 + x_1 - x_2$ 和 $x_4 = 17 - 8x_1 - 2x_2$ 代入上述 Gomory 割平面, 可以得到有效不等式

$$5x_1 + 2x_2 \leqslant 11.$$

将该有效不等式添加到线性松弛模型, 可得到以下新模型:

$$\max \ z = 5.5x_1 - 2.1x_2$$

s.t.

$$\begin{aligned} & -x_1 + x_2 \leqslant 2, \\ & 8x_1 + 2x_2 \leqslant 17, \\ & 5x_1 + 2x_2 \leqslant 11, \\ & x_1 x_2 \in \mathbb{R}_+. \end{aligned}$$

通过处理上述线性规划模型, 可得到如下等价形式:

$$\begin{aligned} & z + \frac{1}{12}x_4 + \frac{29}{30}x_5 = 12.05, \\ & x_3 + \frac{7}{6}x_4 - \frac{5}{3}x_5 = 3.5, \\ & x_1 + \frac{1}{3}x_4 - \frac{1}{3}x_5 = 2, \\ & x_2 - \frac{5}{6}x_4 + \frac{4}{3}x_5 = 0.5, \\ & x_j \in \mathbb{R}_+, \quad \forall j = 1, \cdots, 5. \end{aligned}$$

由等式 $x_3 + \frac{7}{6}x_4 - \frac{5}{3}x_5 = 3.5$, 可生成如下 Gomory 割平面:

$$\frac{\frac{1}{6}}{0.5}x_4 + \frac{\frac{1}{3}}{0.5}x_5 \geqslant 1, \text{ 即 } x_4 + 2x_5 \geqslant 3.$$

用原始变量 x_1 和 x_2 表示这个割平面, 可得到如下有效不等式:

$$3x_1 + x_2 \leqslant 6.$$

将上述不等式添加到当前线性松弛模型, 可得到基解: $x_1 = 1, x_2 = 3$. 因为 x_1 和 x_2 取整数值, 该解为原问题的最优解, 最优值为 11.08.

5.3.2 混合整数线性规划模型

考虑如下混合整数线性规划模型:

$$\begin{aligned} & \min z = \boldsymbol{c}_1^{\mathrm{T}}\boldsymbol{x} + \boldsymbol{c}_2^{\mathrm{T}}\boldsymbol{y} \\ \text{s.t.} & \\ & \boldsymbol{A}_1\boldsymbol{x} + \boldsymbol{A}_2\boldsymbol{y} = \boldsymbol{b}, \\ & \boldsymbol{x} \in \mathbb{R}_+^{n_1}, \ \boldsymbol{y} \in \mathbb{Z}_+^{n_2}, \end{aligned} \tag{5.17}$$

其中, $\boldsymbol{A}_1$ 和 $\boldsymbol{A}_2$ 分别是 $m \times n_1$ 和 $m \times n_2$ 矩阵, $\boldsymbol{c}_1 \in \mathbb{R}^{n_1}$, $\boldsymbol{c}_2 \in \mathbb{R}^{n_2}$, $\boldsymbol{b} \in \mathbb{R}^m$.

假设已知其线性松弛模型的最优基 $\boldsymbol{B} \in \mathbb{R}^{m\times m}$, 并且 $\boldsymbol{B}$ 中存在未取到整数值的整数基变量 y_{B_i}, 则其对应的等式约束可写成以下形式:

$$y_{B_i} + \sum_{j\in N_1} \bar{a}_{ij} y_j + \sum_{j\in N_2} \bar{a}_{ij} x_j = \bar{b}_i, \tag{5.18}$$

其中 $N_1 \cup N_2$ 是非基变量指标集, N_1 对应非基变量中的整数变量, N_2 对应非基变量中的实数变量.

定理 5.4 不等式

$$\sum_{f_{ij}\leqslant f_{i0}} f_{ij} y_j + \sum_{f_{ij}>f_{i0}} \frac{f_{i0}(1-f_{ij})}{1-f_{i0}} y_{ij} + \sum_{\bar{a}_{ij}>0} \bar{a}_{ij} x_j - \sum_{\bar{a}_{ij}<0} \frac{f_{i0}}{1-f_{i0}} \bar{a}_{ij} x_j \geqslant f_{i0} \tag{5.19}$$

是模型 (5.17) 的有效不等式, 称为 Gomory 混合整数割平面.

证明 类似于定理 5.3 的证明. 等式 (5.18) 可重新表示为

$$y_{B_i} + \sum_{f_{ij}\leqslant f_{i0}} (\lfloor \bar{a}_{ij} \rfloor + f_{ij}) y_j + \sum_{f_{ij}>f_{i0}} (\lceil \bar{a}_{ij} \rceil - (1-f_{ij})) y_j + \sum_{\bar{a}_{ij}>0} \bar{a}_{ij} x_j + \sum_{\bar{a}_{ij}<0} \bar{a}_{ij} x_j$$
$$= \lfloor \bar{b}_i \rfloor + f_{i0}.$$

重新整理可得

$$\begin{aligned} & y_{B_i} + \sum_{f_{ij}\leqslant f_{i0}} \lfloor \bar{a}_{0j} \rfloor y_j + \sum_{f_{ij}>f_{i0}} \lceil \bar{a}_{0j} \rceil y_j - \lfloor \bar{b}_i \rfloor \\ = & f_{i0} - \sum_{f_{ij}\leqslant f_{i0}} f_{ij} y_j + \sum_{f_{ij}>f_{i0}} (1-f_{ij}) y_j - \sum_{\bar{a}_{ij}>0} \bar{a}_{ij} x_j - \sum_{\bar{a}_{ij}<0} \bar{a}_{ij} x_j. \end{aligned} \tag{5.20}$$

由于 x_j 为非负整数, 等式 (5.20) 左边为整数, 因此等式 (5.20) 右边也应为整数. 下面分如下两种情况进行证明.

(1) 等式 (5.20) 左边 $\leqslant 0$. 在该情况下, 有

$$\sum_{f_{ij}\leqslant f_{i0}} f_{ij}y_j - \sum_{f_{ij}>f_{i0}} (1-f_{ij})y_j + \sum_{\bar{a}_{ij}>0} \bar{a}_{ij}x_j + \sum_{\bar{a}_{ij}<0} \bar{a}_{ij}x_j \geqslant f_{i0}. \tag{5.21}$$

(2) 等式 (5.20) 左边 $\geqslant 1$. 在该情况下, 有

$$-\sum_{f_{ij}\leqslant f_{i0}} f_{ij}y_j + \sum_{f_{ij}>f_{i0}} (1-f_{ij})\,y_j - \sum_{\bar{a}_{ij}>0} \bar{a}_{ij}x_j - \sum_{\bar{a}_{ij}<0} \bar{a}_{ij}x_j \geqslant 1-f_{i0}. \tag{5.22}$$

不等式 (5.22) 两边同时乘以 $\dfrac{f_{i0}}{1-f_{i0}}$ 有

$$\begin{aligned}&-\sum_{f_{ij}\leqslant f_{i0}} \frac{f_{i0}}{1-f_{i0}} f_{ij}y_j + \sum_{f_{ij}>f_{i0}} \frac{f_{i0}}{1-f_{i0}}(1-f_{ij})\,y_j\\ &-\sum_{\bar{a}_{ij}>0} \frac{f_{i0}}{1-f_{i0}}\bar{a}_{ij}x_j - \sum_{\bar{a}_{ij}<0} \frac{f_{i0}}{1-f_{i0}}\bar{a}_{ij}x_j \geqslant f_{i0}.\end{aligned} \tag{5.23}$$

注意到, 不等式 (5.21) 和 (5.23) 的右端值相同. 因此, 可以通过比较不等式 (5.21) 和 (5.23) 中每个变量的系数, 选择其中较大的系数, 将两个不等式进行组合, 从而得到一个有效不等式. 进而可以得到有效不等式

$$\sum_{f_{ij}\leqslant f_{i0}} f_{ij}y_j + \sum_{f_{ij}>f_{i0}} \frac{f_{i0}(1-f_{ij})}{1-f_{i0}} y_{ij} + \sum_{\bar{a}_{ij}>0} \bar{a}_{ij}x_j - \sum_{\bar{a}_{ij}<0} \frac{f_{i0}}{1-f_{i0}}\bar{a}_{ij}x_j \geqslant f_{i0},$$

即不等式 (5.19) 是有效的.

5.4 混合整数舍入切

定理 5.5 设 $X=\{(x,y)\in\mathbb{R}_+\times\mathbb{Z}|x+y\geqslant b\}$. 如果 $f=b-\lfloor b\rfloor>0$, 则

$$x\geqslant f\left(\lceil b\rceil-y\right) \quad 或 \quad \frac{x}{f}+y\geqslant\lceil b\rceil$$

是集合 X 的有效不等式, 称为混合整数舍入切.

证明 如果 $y\geqslant\lceil b\rceil$, 则 $x\geqslant 0\geqslant f\left(\lceil b\rceil-y\right)$. 否则, 有

$$x\geqslant b-y=f+\left(\lfloor b\rfloor-y\right)$$

$$\geqslant f+f(\lfloor b\rfloor-y)\ \big(\text{因为}\ \lfloor b\rfloor-y\geqslant 0\ \text{且}\ f<1\big)$$
$$=f(\lceil b\rceil-y).$$

图 5.4 展示了 $b=2.2$ 时, 定理 5.5 中集合 X 的混合整数舍入切.

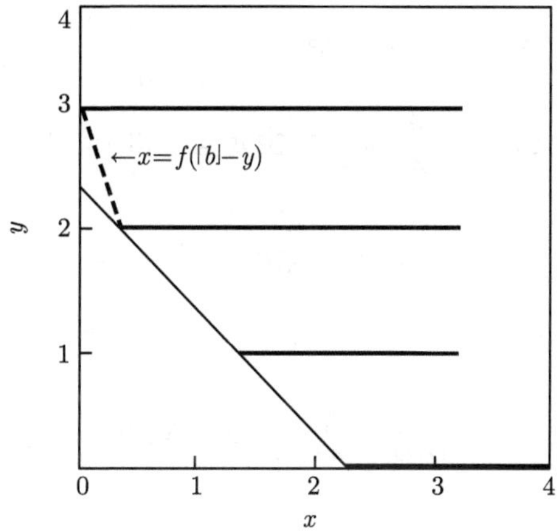

图 5.4 混合整数舍入切

推论 5.1 设 $X=\{(x,y)\in\mathbb{R}_+\times\mathbb{Z}|y\leqslant b+x\}$. 如果 $f=b-\lfloor b\rfloor>0$, 则

$$y\leqslant\lfloor b\rfloor+\frac{x}{1-f}$$

是集合 X 的有效不等式.

证明 不等式 $y\leqslant b+x$ 等价于 $x-y\geqslant -b$. 因为 $-b-\lfloor -b\rfloor=1-f$, 由定理 5.4 可知, $\dfrac{x}{1-f}-y\geqslant\lceil -b\rceil=-\lfloor b\rfloor$ 是集合 X 的有效不等式, 得证.

下面考虑如下混合整数集合:

$$X=\left\{(x,y)\in\mathbb{R}_+\times\mathbb{Z}_+^2: a_1y_1+a_2y_2\leqslant b+x\right\},$$

其中 $b\notin\mathbb{Z}$.

定理 5.6 令 $f=b-\lfloor b\rfloor$, $f_i=a_i-\lfloor a_i\rfloor\,(i=1,2)$. 假设 $f_1\leqslant f\leqslant f_2$, 则

$$\lfloor a_1\rfloor y_1+\left(\lceil a_2\rceil+\frac{f_2-f}{1-f}\right)y_2\leqslant\lfloor b\rfloor+\frac{x}{1-f}$$

是集合 X 的有效不等式.

证明 由于 $y_1\geqslant 0$ 且 $a_2=\lceil a_2\rceil-(1-f_2)$, 对于任意的 $(x,\boldsymbol{y})\in X$, 有

$$\lfloor a_1\rfloor y_1+\lceil a_2\rceil y_2\leqslant b+x+(1-f_2)y_2.$$

由推论 5.1, 有

$$\lfloor a_1 \rfloor y_1 + \lceil a_2 \rceil y_2 \leqslant \lfloor b \rfloor + \frac{x + (1 - f_2) y_2}{1 - f},$$

得证.

例 5.9 考虑集合 $X = \left\{(x, \boldsymbol{y}) \in \mathbb{R}_+ \times \mathbb{Z}_+^3 : \frac{10}{3}y_1 + 1 \cdot y_2 + \frac{11}{4}y_3 \leqslant \frac{21}{2} + x\right\}$, 则 $f = \frac{1}{2}, f_1 = \frac{1}{3}, f_2 = 0, f_3 = \frac{3}{4}$. 因此, 由定理 5.6 可知

$$3y_1 + y_2 + \frac{5}{2}y_3 \leqslant 10 + 2x$$

是集合 X 的有效不等式.

5.5 覆盖不等式

考虑 0-1 背包集合

$$X = \left\{ \boldsymbol{x} \in \{0, 1\}^n \,\middle|\, \sum_{j=1}^{n} a_j x_j \leqslant b \right\},$$

其中 $a_j \in \mathbb{Z}_+ (j = 1, \cdots, n), b \in \mathbb{Z}_+$. 如果 $a_j \geqslant b$, 则必有 $x_j = 0$. 因此, 假设 $a_j \leqslant b (j = 1, \cdots, n)$. 利用背包集合 X 及其凸包 $\mathrm{conv}(X)$ 的特点, 可以得到定义 $\mathrm{conv}(X)$ 刻面的有效不等式.

定义 5.9 若指标集合 $C \subset N = \{1, \cdots, n\}$ 满足 $\sum\limits_{j \in C} a_j > b$, 则称 C **是一个覆盖**. 若覆盖集合 C 中去掉任何一个元素都不再是覆盖, 则称 C 为**最小覆盖**.

例 5.10 判断以下集合是否为不等式的最小覆盖:

$$6x_1 + 5x_2 + 3x_3 + 5x_4 + 8x_5 + 3x_6 \leqslant 17.$$

(1) $A = \{1, 2, 3, 4\}$, (2) $B = \{1, 2, 3, 5\}$, (3) $C = \{1, 2, 3, 6\}$.

解 (1) 对于集合 A, $\sum\limits_{j \in A} a_j = 6 + 5 + 3 + 5 = 19 > 17$, 且去掉任意元素后其和均小于 17. 因此, 集合 A 为该不等式的最小覆盖.

(2) 对于集合 B, $\sum\limits_{j \in B} a_j = 6 + 5 + 3 + 8 = 22 > 17$. 因此, 集合 B 为不等式的一个覆盖, 但去掉第 3 个元素的新集合 $\{1, 2, 5\}$ 的计算结果为 $\sum\limits_{j \in B} a_j = 6+5+8 =$

$19>17$, 且不能去除任意元素. 因此, 集合 B 不是该不等式的最小覆盖, 但集合 $\{1,2,5\}$ 为一个最小覆盖.

(3) 对于集合 C, $\sum\limits_{j\in C}a_j=6+5+3+3=17$, 且去掉任意元素后均小于 17. 因此, 集合 C 为该不等式的最小覆盖.

由覆盖的定义可以得到如下覆盖不等式.

定理 5.7 如果 $C\subset N$ 是一个覆盖, 则覆盖不等式

$$\sum_{j\in C}x_j\leqslant|C|-1 \tag{5.24}$$

是集合 X 的有效不等式.

证明 不妨设 $\boldsymbol{x}^R\in X$ 不满足上述不等式, 其中 $R\subset N$, $\boldsymbol{x}^R$ 如下定义:

$$x_j^R=\begin{cases}1, & j\in R,\\ 0, & \text{否则}.\end{cases}$$

如果 $\sum\limits_{j\in C}x_j^R\geqslant|C|$, 则 $|R\cap C|=|C|$. 因此, $C\subseteq R$, 于是

$$\sum_{j=1}^n a_jx_j^R=\sum_{j\in R}a_j\geqslant\sum_{j\in C}a_j>b,$$

即 $\boldsymbol{x}^R\notin X$, 矛盾.

例 5.11 写出如下不等式的最小覆盖和对应的覆盖不等式,

$$6x_1+5x_2+3x_3+5x_4+8x_5+3x_6\leqslant 17.$$

解 由例 5.10, 易得该不等式的最小覆盖有 $\{1,2,3,4\}$, $\{1,2,5\}$, $\{1,2,3,6\}$, $\{2,3,5,6\}$, $\{2,4,5\}$ 和 $\{3,4,5,6\}$, 其对应的覆盖不等式分别为

$$\begin{aligned}&x_1+x_2+x_3+x_4\leqslant 3,\\&x_1+x_2+x_5\leqslant 2,\\&x_1+x_2+x_3+x_6\leqslant 3,\\&x_2+x_3+x_5+x_6\leqslant 3,\\&x_2+x_4+x_5\leqslant 2,\\&x_3+x_4+x_5+x_6\leqslant 3.\end{aligned}$$

接下来讨论: 覆盖不等式 (5.24) 是不是 “强” 的? 是否存在比覆盖不等式 (5.24) 更强的切?

定理 5.8 如果 C 是集合 X 的一个覆盖, 则扩展的覆盖不等式

$$\sum_{j\in E(C)} x_j \leqslant |C|-1 \tag{5.25}$$

是集合 X 的有效不等式, 其中 $E(C)=C\cup\{j|a_j\geqslant a_i,\forall i\in C\}$.

证明 类似于定理 5.6 的证明, 不妨设 $\boldsymbol{x}^R\in X$ 不满足上述不等式. 如果 $\sum\limits_{j\in E(C)} x^R\geqslant |C|$, 则 $|R\cap E(C)|\geqslant |C|$. 于是

$$\sum_{j=1}^{n} a_j x_j^R=\sum_{j\in R} a_j\geqslant \sum_{j\in R\cap E(C)} a_j\geqslant \sum_{j\in C} a_j>b,$$

这与 $\boldsymbol{x}^R\in X$ 矛盾.

显然, 扩展的覆盖不等式 (5.25) 占优覆盖不等式 (5.24), 即扩展的覆盖不等式 (5.25) 更强.

例 5.12 覆盖 $C=\{1,2,3,4\}$ 的扩展覆盖不等式为

$$x_1+x_2+x_3+x_4+x_5\leqslant 3,$$

显然, 扩展覆盖不等式 $x_1+x_2+x_3+x_4+x_5\leqslant 3$ 占优覆盖不等式

$$x_1+x_2+x_3+x_4\leqslant 3.$$

5.6 分支定切算法

在分支定界算法框架下, 如果通过有效不等式对每个节点对应的线性松弛模型进行改进, 称这种算法为**分支定切算法** (banch-and-cut agorithm).

定义 5.10 分支定切算法通过在分支一个部分解前, 尝试用新的有效不等式来加强松弛模型的有效性. 新增的约束应该切除 (使不可行) 最新得出的松弛模型的最优解.

分支定切算法具体流程如下.

算法 5.2 (分支定切算法)

步骤 0 初始化. 创建根节点 0. 令 $j=k=1$, 初始化活跃节点集 $\varPsi=\{0\}$. 如果原问题存在已知可行解 $\bar{\boldsymbol{x}}$, 选择该解作为当前最好可行解, 并记录其目标值 $\bar{z}$. 否则, 若是最大化问题, 则令 $\bar{z}=-\infty$; 若是最小化问题, 则令 $\bar{z}=+\infty$.

步骤 1 终止条件. 如果存在活跃节点, 选择一个节点 $P_k\in\varPsi$, 令 $\varPsi=\varPsi\setminus\{P_k\}$, 并转到**步骤 2**. 否则, 终止算法. 此时, 如果存在最好可行解 $\bar{\boldsymbol{x}}$, 则它是原问题最优解; 否则, 原问题不可行.

步骤 2 求解线性松弛问题. 求解节点 P_k 对应候选问题的线性松弛模型 LP_k, 记最优解为 $\tilde{\boldsymbol{x}}^k$ (如果存在), 最优值为 $\tilde{z}^k$.

步骤 3 节点终止条件 1. 如果松弛模型 LP_k 无解, 则终止对节点 P_k 的搜索, 令 $k=k+1$, 并转到**步骤 1**.

步骤 4 节点终止条件 2. 如果解 $\tilde{\boldsymbol{x}}^k$ 不比当前最好可行解 $\bar{\boldsymbol{x}}$ 更优, 则终止对节点 P_k 的搜索, 令 $k=k+1$, 并转到**步骤 1**.

步骤 5 节点终止条件 3 和 4. 如果解 $\tilde{\boldsymbol{x}}^k$ 满足原问题的整数约束, 则终止对节点 P_k 的搜索. 如果解 $\tilde{\boldsymbol{x}}^k$ 比当前最好可行解 $\bar{\boldsymbol{x}}$ 更优, 则更新当前最好可行解, 即令 $\bar{\boldsymbol{x}}=\tilde{\boldsymbol{x}}^k, \bar{z}=\tilde{z}^k$, 并从活跃节点集中删除那些母节点界不优于 $\bar{z}$ 的活跃节点. 令 $k=k+1$, 并转到**步骤 1**.

步骤 6 鉴别有效不等式. 如果存在有效不等式切除 (使不可行) 解 $\tilde{\boldsymbol{x}}^k$, 将这些有效不等式添加到当前线性松弛模型 LP_k 中, 并转到**步骤 2**.

步骤 7 分支. 选择一个在解 $\tilde{\boldsymbol{x}}^k$ 中取分数的整数变量作为分支变量, 创建两个新的活跃节点 P_{j+1} 和 P_{j+2}. 令 $\Psi=\Psi\cup\{P_{j+1},P_{j+2}\}, j=j+1, k=k+1$, 并转到**步骤 1**.

下面利用分支定切算法求解 4.4.1 节的背包问题.

例 5.13 考虑 4.4.1 节的背包问题:

$$\max \sum_{j=1}^{n} c_j x_j$$

s.t.

$$\sum_{j=1}^{n} a_j x_j \leqslant b,$$

$$x_j \in \{0,1\}, \forall j=1,\cdots,n,$$

并考虑如下具体案例: $n=7, b=100$, 其中物品的重量和价值如表 5.3 所示.

表 5.3 物品的重量和价值

序号	重量 (a_j)	价值 (c_j)
1	40	40
2	50	60
3	30	10
4	10	10
5	10	3
6	40	20
7	30	60

利用分支定切算法 5.2 求解上述问题, 相应搜索树如图 5.5 所示. 在鉴别覆盖不等式时, 采用如下贪婪策略: 将分数解中取值不为零的变量所对应的物品集合, 按照 a_j 递减的顺序进行重新排序, 并从更新后的物品集合中按照从小到大的顺序将物品逐个装入背包, 直到所装载物品的总重量正好等于或超过背包的剩余容量. 此时, 这些已装入的物品, 即为一个最小覆盖. 如果基于这个最小覆盖构建的覆盖不等式能够排除当前的分数解, 则将该不等式添加到当前的线性松弛模型中, 随后重新对模型进行求解. 具体的算法代码可查阅附录 3, 详细代码可通过扫描二维码获取.

利用分支定切算法求解例5.13背包问题的算法代码

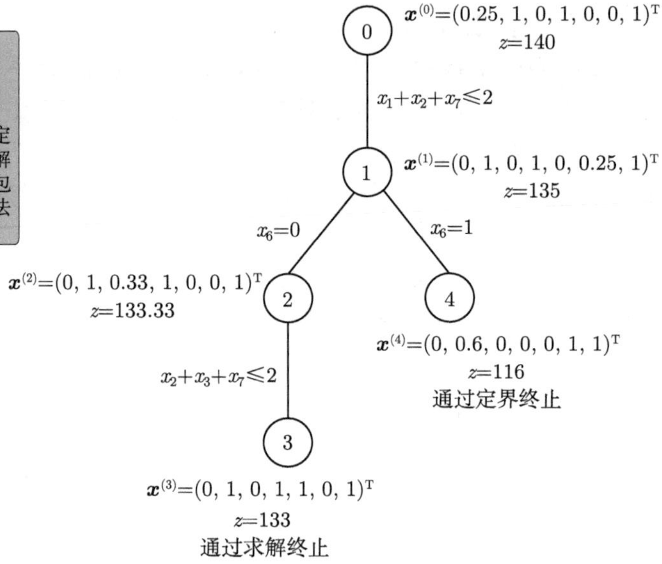

图 5.5 分支定切算法求背包问题实例的搜索树

节点 0 初始线性松弛模型的最优解为 $\boldsymbol{x}^{(0)} = (0.25,1,0,1,0,0,1)^{\mathrm{T}}$, 最优值为 140. 针对该分数解, 利用上述贪婪策略, 可鉴别出覆盖不等式 $x_1+x_2+x_7 \leqslant 2$. 将该不等式加入线性松弛模型, 得到节点 1.

节点 1 求解节点 1 对应的线性松弛模型, 得到最优解为 $\boldsymbol{x}^{(1)} = (0,1,0,1,0,0.25,1)^{\mathrm{T}}$, 最优值为 135. 选取 x_6 作为分支变量, 创建两个子节点 $2(x_6=0)$ 和 $4(x_6=1)$.

节点 2 求解节点 2 对应的线性松弛模型, 得到最优解为 $\boldsymbol{x}^{(2)} = (0,1,0.33,1,0,0,1)^{\mathrm{T}}$, 最优值为 133.33. 针对该分数解, 利用上述贪婪策略, 可鉴别出覆盖不等式 $x_7+x_2+x_3 \leqslant 2$. 将该不等式加入线性松弛模型, 得到节点 3.

节点 3 求解节点 3 对应的线性松弛模型, 得到最优解为 $\boldsymbol{x}^{(3)} = (0,1,0,1,1,$

$0,1)^{\mathrm{T}}$, 最优值为 133. 更新当前最好可行解 $\tilde{\boldsymbol{x}}=(0,1,0,1,1,0,1)^{\mathrm{T}}$ 及其目标值 $\bar{z}=133$, 并终止对节点 3 的搜索.

节点 4 求解节点 4 对应的线性松弛模型, 得到最优解为 $\boldsymbol{x}^{(4)}=(0,0.6,0,0,1,1,1)^{\mathrm{T}}$, 最优值为 116. 由于 116<133, 根据性质 4.9 (节点终止条件 3), 可终止对节点 4 的搜索.

当前活跃节点列表为空, 因此 $\tilde{\boldsymbol{x}}=(0,1,0,1,1,0,1)^{\mathrm{T}}$ 为原问题最优解, 133 为最优值. 值得注意的是, 4.4.1 节的分支定界算法 1 需要分析 9 个节点, 而添加有效不等式后仅需分析 5 个节点.

习 题 五

5-1. 考虑 $S_1,S_2\subseteq\mathbb{R}_+^n$, 假设 $\sum\limits_{j=1}^{n}a_j^i x_j\leqslant a_0^i(i=1,2)$ 均是集合 S_1 的有效不等式. 试证明 $\sum\limits_{j=1}^{n}\min(a_j^1,a_j^2)x_j\leqslant a_j^0$ 是集合 $S_1\cup S_2$ 的有效不等式.

5-2. 令 $P=\{x\in\mathbb{R}_+^n|\boldsymbol{A}\boldsymbol{x}=\boldsymbol{b}\}$ 且 $\boldsymbol{a}^{\mathrm{T}}\boldsymbol{x}=\beta$ 为 $\boldsymbol{A}\boldsymbol{x}=\boldsymbol{b}$ 中等式的线性组合, 试用 5.4 节中的混合整数舍入切推导 Gomory 割平面.

5-3. 考虑如下混合整数线性规划模型:

$$
\begin{aligned}
&\max\ 7x_1+5x_2+x_3+y_1\\
\text{s.t.}\quad&\\
&x_1+3x_2+4y_1+y_2=11,\\
&5x_1+x_2+3x_3+y_3=11,\\
&2x_3+2y_1-y_4=11,\\
&x_j\in\mathbb{Z}_+,\quad\forall j=1,2,3,\\
&y_j\in\mathbb{Z}_+,\quad\forall j=1,\cdots,4,
\end{aligned}
$$

其线性松弛模型的最优单纯形表示为

$$
\begin{aligned}
&x_1+0.786x_3-0.071y_2+0.214y_3-0.143y_4=2.214,\\
&x_2-0.929x_3+0.357y_2-0.071y_3+0.714y_4=0.929,\\
&y_1+0.500x_3-0.500y_4=0.929.
\end{aligned}
$$

(a) 易知该线性松弛模型的最优解为 $x_1=2.214,x_2=0.929,y_1=1.5,x_3=y_2=y_3=y_4=0$, 分别基于第 1 个和第 2 个基本方程来推导切除该分数解的两个 Gomory 割平面.

(b) 将上述最优单纯形表中的系数四舍五入到三位小数, 讨论这将如何影响 (a) 中生成的 Gomory 割平面的有效性.

5-4. 令 $a_1, \cdots, a_n \in \mathbb{Q}, b \in \mathbb{Q}_+ \backslash \mathbb{Z}, S = \left\{ \boldsymbol{x} \in \mathbb{Z}_+^n \middle| \sum_{j=1}^{n} a_j x_j = b \right\}$, 证明 $\sum_{j \in J} x_j \geqslant 1, J = \{j \in \{1, \cdots, n\} | a_j \notin \mathbb{Z}\}$ 是 S 的有效不等式.

5-5. 令 $\boldsymbol{c} \in \mathbb{R}^n, \boldsymbol{g} \in \mathbb{R}^p, b \in \mathbb{R}, S := \{(\boldsymbol{x}, \boldsymbol{y}) \in \mathbb{Z}^n \times \mathbb{R}^p : \boldsymbol{c}^{\mathrm{T}}\boldsymbol{x} + \boldsymbol{g}^{\mathrm{T}}\boldsymbol{y} \leqslant b + \alpha x_k, \boldsymbol{c}^{\mathrm{T}}\boldsymbol{x} = \boldsymbol{g}^{\mathrm{T}}\boldsymbol{y} \leqslant b + \beta(1 - x_k)\}$, 其中 $1 \leqslant k \leqslant n, \alpha, \beta > 0$, 证明 $\boldsymbol{c}^{\mathrm{T}}\boldsymbol{x} + \boldsymbol{g}^{\mathrm{T}}\boldsymbol{y} \leqslant b$ 是 S 的混合整数舍入切.

5-6. 考虑如下整数线性规划模型:

$$\max\ 2x_1 + x_2$$

$$\text{s.t.}$$

$$5x_1 + 4x_2 \geqslant 10,$$

$$x_1 + 3x_2 \geqslant 3,$$

$$x_1, x_2 \in \mathbb{Z}_+.$$

加入松弛变量 x_3 和 x_4 后, 相应线性松弛模型的最优解为 $\left(0, \frac{5}{2}, 0, \frac{9}{2}\right)^{\mathrm{T}}$, 并且

$$B^{-1} = \begin{bmatrix} \frac{1}{4} & 0 \\ -\frac{3}{4} & 1 \end{bmatrix}.$$

请写出基于原始变量 x_1 和 x_2 的 Gomory 割平面.

5-7. 一个标准形式的整数线性规划 ($\boldsymbol{Ax} = \boldsymbol{b}, \boldsymbol{x} \in \mathbb{Z}_+^7$) 的线性松弛基变量 x_1, x_2, x_3 已被求解, 其最优单纯形表为

x_1	x_2	x_3	x_4	x_5	x_6	x_7	b
1	0	0	−2.7	1.1	−2.3	13.4	1.6
0	1	0	3.9	−4.7	2.8	2.2	3.0
0	0	1	0.6	0.0	13.6	−5.9	2.4

(a) 求出基于第一个方程的 Gomory 割平面.

(b) 求出所有其他能找到的 Gomory 割平面.

5-8. 考虑如下二元背包问题:

$$18x_1 + 3x_2 + 20x_3 + 17x_4 + 6x_5 + 10x_6 + 5x_7 + 12x_8 \leqslant 25,$$

$$x_j \in \{0, 1\}, \quad \forall j = 1, \cdots, 8.$$

(a) 找出 5 个关于这个背包问题的覆盖有效不等式.

(b) 如果以上背包约束只是一个拥有许多约束的更大模型的一部分, 解释为什么 (a) 中的不等式仍旧有效, 并且可以增强相应的线性松弛模型.

5-9. 考虑如下整数线性规划模型:

$$\max\ 40x_1 + 10x_2 + 60x_3 + 8x_4$$

$$\text{s.t.}$$

$$18x_1 + 3x_2 + 20x_3 + 5x_4 \leqslant 25,$$

$$x_j \in \{0,1\}, \quad \forall j = 1, \cdots, 4.$$

其线性松弛模型的最优解为 $\left(\dfrac{5}{18}, 0, 1, 0\right)^{\mathrm{T}}$, 判断以下不等式是否为该整数规划模型的有效不等式. 如果是, 判断将其增加为新约束后是否能增强线性松弛模型.

(a) $x_1 + x_3 \leqslant 1$.

(b) $x_1 + x_2 + x_3 + x_4 \leqslant 3$.

(c) $x_2 + x_4 \geqslant 1$.

(d) $18x_1 + 20x_3 \leqslant 25$.

5-10. 考虑具有如下约束条件的纯整数线性规划模型:

$$\begin{aligned} -1x_1 + 2x_2 &\leqslant 10, \\ 5x_1 + 1x_2 &\leqslant 20, \\ -2x_1 - 2x_2 &\leqslant -7. \end{aligned}$$

(a) 画出线性松弛模型可行解集的二维图形.

(b) 找出所有整数可行解和它们的凸包.

(c) 判断该凸包的维度.

(d) 找出凸包所有侧面对应的不等式, 以及能证明每一个不等式所要求的仿射独立解.

(e) 找出另一个与凸包有交集, 但不对应侧面的不等式.

(f) 找出另一个有效不等式, 能切除部分线性规划可行解集, 且与凸包没有交集.

5-11. 考虑如下 0-1 整数线性规划模型:

$$\max\ 21x_1 + 21x_2 + 48x_3 + 33x_4 + 18x_5 + 17x_6 + 39x_7$$

$$\text{s.t.}$$

$$5x_1 + 14x_2 + 12x_3 + 21x_4 + x_5 \leqslant 30,$$

$$x_1 + x_2 + x_3 \leqslant 1,$$

$$x_j \in \{0,1\}, \quad \forall j - 1, \cdots, 7.$$

(a) 利用优化求解软件来求解上述整数线性规划模型和其对应的线性松弛模型.

(b) 解释为什么从第 1 个和第 2 个约束条件得出的覆盖不等式对于上述整数线性规划模型是有效的.

(c) 考虑用分支定切算法来求解该整数线性规划模型. 从 (a) 中的线性松弛模型开始, 利用优化软件分析每一个节点. 在增加有效不等式的时候, 利用 (b) 中得到的覆盖不等式. 对于任意部分解, 在得到最多 3 个有效不等式后进行分支, 并对具有最大角标的小数变量进行分支. 此过程一直迭代下去, 直到共有 5 个节点被分析过.

5-12. 在下面的例子中, 给出了一个集合 X 和一个点 x 或 (x, y). 求切除该点的一个有效不等式.

(a) $X = \{(\boldsymbol{x}, y) \in \mathbb{R}_+^2 \times \{0,1\} : x_1 + x_2 \leqslant 2y, x_j \leqslant 1, j = 1,2\}$

$$(x_1, x_2, y) = (1, 0, 0.5).$$

(b) $X = \{(x, y) \in \mathbb{R}_+ \times \mathbb{Z}_+ : x \leqslant 9, x \leqslant 4y\}$

$$(x, y) = \left(9, \frac{9}{4}\right).$$

(c) $X = \{(x_1, x_2, y) \in \mathbb{R}_+^2 \times \mathbb{Z}_+ : x_1 + x_2 \leqslant 25, x_1 + x_2 \leqslant 8y\}$

$$(x_1, x_2, y) = \left(20, 5, \frac{25}{8}\right).$$

(d) $X = \{\boldsymbol{x} \in \mathbb{Z}_+^5 : 9x_1 + 12x_2 + 8x_3 + 17x_4 + 13x_5 \geqslant 50\}$

$$(x_1, x_2, x_3, x_4, x_5) = \left(0, \frac{25}{6}, 0, 0, 0\right).$$

(e) $X = \{\boldsymbol{x} \in \mathbb{Z}_+^4 : 4x_1 + 8x_2 + 7x_3 + 5x_4 \leqslant 33\}$

$$(x_1, x_2, x_3, x_4) = \left(0, 0, \frac{33}{7}, 0\right).$$

5-13. 证明不等式 $y_2 + y_3 + 2y_4 \leqslant 6$ 是集合 $X = \{\boldsymbol{y} \in \mathbb{Z}_+^4 : 4y_1 + 5y_2 + 9y_3 + 12y_4 \leqslant 34\}$ 的有效不等式.

5-14. 考虑如下整数线性规划模型:

$$\min\ x_1 + 2x_2$$

$$\text{s.t.}$$

$$\begin{aligned} & x_1 + x_2 \geqslant 4, \\ & \frac{1}{2}x_1 + \frac{5}{2}x_2 \geqslant \frac{5}{2}, \\ & x_1, x_2 \in \mathbb{Z}_+. \end{aligned}$$

证明 $\left(\dfrac{15}{4}, \dfrac{1}{4}\right)^{\mathrm{T}}$ 是相应线性松弛模型的最优解, 并且找到有效不等式来切除该分子解.

5-15. 利用 Gomory 割平面法求解如下整数线性规划模型:

$$\min\ 5x_1 + 9x_2 + 23x_3$$

s.t.

$$20x_1 + 35x_2 + 95x_3 \geqslant 319,$$

$$x_j \in \mathbb{Z}_+, \quad \forall j = 1, 2, 3.$$

5-16. 利用混合整数舍入切来证明

$$y_1 + \frac{3}{2}y_2 + y_3 + 4y_4 \geqslant 16$$

是集合

$$X = \{\boldsymbol{y} \in \mathbb{Z}_+^4 : y_1 + 6y_2 + 12y_3 + 48y_4 \geqslant 184\}$$

的有效不等式.

5-17. 利用混合整数舍入切来证明

$$x_2 + x_4 \leqslant 20 + 4(y + 2)$$

是集合

$$X = \{(\boldsymbol{x}, y) \in \mathbb{R}_+^4 \times \mathbb{Z}_+ : x_1 + x_2 + x_3 + x_4 \leqslant 10y,$$
$$x_1 \leqslant 13, x_2 \leqslant 15, x_3 \leqslant 6, x_4 \leqslant 9\}$$

的有效不等式.

第 6 章 列生成算法

20 世纪 60 年代, 线性规划单纯形法的创始人 G. B. Dantzig 和凸优化理论的创始人 P. S. Wolfe 基于凸多面体理论, 针对具有块角结构的线性规划模型提出了一种分解策略, 即 Dantzig-Wolfe 分解. 该分解策略提供了一种求解复杂大规模组合优化问题的思路: 将问题分解为上下两个层次 (见图 6.1), 上层问题称为主问题 (master problem), 下层问题主要包括一个或多个在结构上更容易把握、变量和约束个数更少、相对容易求解的问题, 这些问题被称为子问题 (sub-problem), 各子问题通过耦合约束相互关联. 在求解的迭代过程中, 主问题和子问题分开求解, 并相互传递改进信息. 具体地, 主问题初始时仅包含部分变量 (初始列), 主问题求解后, 将对偶变量 (影子价格) 传递给子问题. 子问题基于接收到的对偶变量, 寻找能改进主问题目标函数值的新列 (变量), 并将其反馈给主问题. 这一过程不断循环, 直到主问题的目标函数值无法再得到改进, 此时算法收敛, 这便是列生成算法的基本过程.

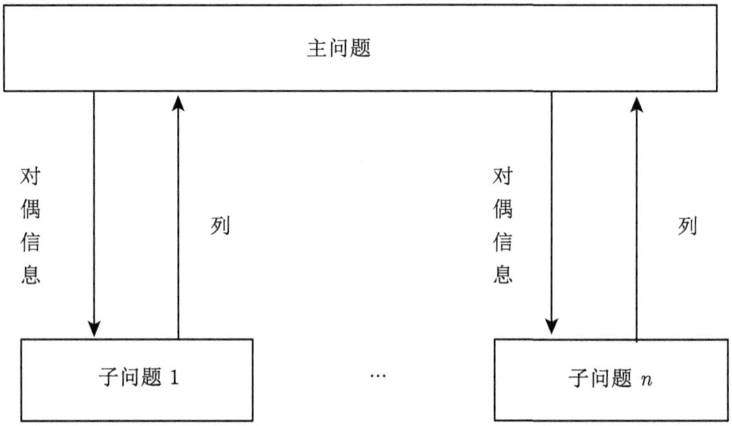

图 6.1　列生成的基本过程

本章将对列生成算法作一个较为全面的介绍. 首先通过一个整数线性规划模型介绍列生成算法的基本原理, 并以带时间窗的车辆路径问题为例讨论列生成算法的改进策略, 包括: 基本路径松弛、递减状态空间松弛、双向标号算法、启发式定价、上界利用、平稳对偶变量值等. 接着介绍分支定价算法、分支定价定切算法以及相应的改进策略, 最后介绍列生成算法的一些经典应用案例.

6.1 Dantzig-Wolfe 分解

6.1.1 基本定理

考虑如下整数线性规划模型:

$$\begin{aligned} &\min z = \boldsymbol{c}^{\mathrm{T}}\boldsymbol{x} \\ \text{s.t.} \\ &\boldsymbol{D}\boldsymbol{x} \geqslant \boldsymbol{d}, \\ &\boldsymbol{x} \in X, \end{aligned} \tag{6.1}$$

其中, $\boldsymbol{D}$ 是一个 $m \times n$ 矩阵, $\boldsymbol{c} \in \mathbb{R}^n$, $\boldsymbol{d} \in \mathbb{R}^m$, $X \subset \mathbb{Z}^n$.

在正式介绍 Dantzig-Wolfe 分解之前, 先引入一些相关定义和基本定理.

定义 6.1 设集合 $I \subset \mathbb{R}^n$ 为凸集, $\boldsymbol{x} \in I$, 有以下定义:

(1) $\boldsymbol{x}$ 为一个**方向**, 如果 $\boldsymbol{x} \neq \boldsymbol{0}$, 则对任意的正实数 μ, 有 $\mu\boldsymbol{x} \in I$;

(2) $\boldsymbol{x}$ 为一个**极方向**, 如果 $\boldsymbol{x}$ 是 I 的一个方向, 并且对任意的方向 $\boldsymbol{x}_1$, $\boldsymbol{x}_2$ 和任意的正实数 μ_1, μ_2, 有 $\boldsymbol{x} = \mu_1\boldsymbol{x}_1 + \mu_2\boldsymbol{x}_2$, 则 $\exists \mu > 0$, 使得 $\boldsymbol{x}_1 = \mu\boldsymbol{x}_2$.

定理 6.1 (Minkowski 定理) 任意多面体 $P = \{\boldsymbol{x} \in \mathbb{R}^n : \boldsymbol{A}\boldsymbol{x} \geqslant \boldsymbol{b}\}$ 可以重新表示为如下形式:

$$P = \left\{ \boldsymbol{x} \in \mathbb{R}^n : \boldsymbol{x} = \sum_{g \in G} \lambda_g \boldsymbol{x}^g + \sum_{r \in R} \mu_r \boldsymbol{v}^r, \sum_{g \in G} \lambda_g = 1, \boldsymbol{\lambda} \in \mathbb{R}_+^{|G|}, \boldsymbol{\mu} \in \mathbb{R}_+^{|R|} \right\},$$

其中, $\{\boldsymbol{x}^g\}_{g \in G}$ 和 $\{\boldsymbol{v}^r\}_{r \in R}$ 分别表示多面体 P 的极点集和极方向集.

特别地, Minkowski 定理可以应用于整数点集 X 的凸包 $\operatorname{conv}(X)$.

定理 6.2 任意一个整数集 $X \subset \mathbb{Z}^n$ 可以重新表示为如下形式:

$$X = \left\{ \boldsymbol{x} \in \mathbb{Z}^n : \boldsymbol{x} = \sum_{g \in G} \lambda_g \boldsymbol{x}^g + \sum_{r \in R} \mu_r \boldsymbol{v}^r, \sum_{g \in G} \lambda_g = 1, \boldsymbol{\lambda} \in \mathbb{Z}_+^{|G|}, \boldsymbol{\mu} \in \mathbb{Z}_+^{|R|} \right\},$$

其中, $\{\boldsymbol{x}^g\}_{g \in G}$ 是集合 X 中的有限点集, $\{\boldsymbol{v}^r\}_{r \in R}$ 为 $\operatorname{conv}(X)$ 的极方向集.

6.1.2 Dantzig-Wolfe 分解

下面正式介绍 Dantzig-Wolfe 分解. 假设 X 为有界集合, 即 $\operatorname{conv}(X)$ 不含极方向. 首先, 根据定理 6.1, 整数线性规划模型 (6.1) 可以表示成如下 Dantzig-

Wolfe 分解形式, 称为凸包形式 (DWc).

$$z^{\mathrm{DWc}}=\min\sum_{g\in G^c}\left(\boldsymbol{c}^{\mathrm{T}}\boldsymbol{x}^g\right)\lambda_g \tag{6.2}$$

s.t.

$$\sum_{g\in G^c}(\boldsymbol{D}\boldsymbol{x}^g)\lambda_g\geqslant \boldsymbol{d}, \tag{6.3}$$

$$\sum_{g\in G^c}\lambda_g=1, \tag{6.4}$$

$$\boldsymbol{x}=\sum_{g\in G^c}\boldsymbol{x}^g\lambda_g\in\mathbb{Z}^n, \tag{6.5}$$

$$\boldsymbol{\lambda}\in\mathbb{R}_+^{|G^c|}, \tag{6.6}$$

其中, $\{\boldsymbol{x}^g\}_{g\in G^c}$ 为 $\mathrm{conv}(X)$ 的极点.

其次, 根据定理 6.2, 整数线性规划模型 (6.1) 可以表示成如下形式, 称为离散形式 (DWd).

$$z^{\mathrm{DWd}}=\min\sum_{g\in G^d}\left(\boldsymbol{c}^{\mathrm{T}}\boldsymbol{x}^g\right)\lambda_g \tag{6.7}$$

s.t.

$$\sum_{g\in G^d}(\boldsymbol{D}\boldsymbol{x}^g)\lambda_g\geqslant \boldsymbol{d}, \tag{6.8}$$

$$\sum_{g\in G^d}\lambda_g=1, \tag{6.9}$$

$$\boldsymbol{\lambda}\in\{0,1\}^{|G^d|}, \tag{6.10}$$

其中, $\{\boldsymbol{x}^g\}_{g\in G^d}$ 是 X 中的所有点.

$\mathrm{conv}(X)$ 的所有极点集通常是 X 的严格子集, 因此 $G^c\subseteq G^d$. 但当考虑 Dantzig-Wolfe 分解模型的线性松弛时, 这两种形式便不存在差异了. 原因在于, 集合 X 中的任意一点, 都能够表示为 $\mathrm{conv}(X)$ 中极点的凸组合.

性质 6.1　DWc 与 DWd 的松弛是相同的, 并且有

$$\begin{aligned}z_{\mathrm{LP}}^{\mathrm{DWc}}=z_{\mathrm{LP}}^{\mathrm{DWd}}&=\min\left\{\boldsymbol{c}^{\mathrm{T}}\boldsymbol{x}:\boldsymbol{D}\boldsymbol{x}\geqslant\boldsymbol{d},\boldsymbol{x}\in\mathrm{conv}(X)\right\}\\&=\min\left\{\sum_{g\in G^c}\left(\boldsymbol{c}^{\mathrm{T}}\boldsymbol{x}^g\right)\lambda_g:\sum_{g\in G^c}\left(\boldsymbol{D}\boldsymbol{x}^g\right)\lambda_g\geqslant d,\lambda\in\mathbb{R}_+^{|G^c|}\right\},\end{aligned}$$

其中, $\{\boldsymbol{x}^g\}_{g\in G^c}$ 为 conv(X) 的极点, $z_{\text{LP}}^{\text{DWc}}$ 和 $z_{\text{LP}}^{\text{DWd}}$ 分别代表 DWc 和 DWd 线性松弛模型的目标值.

此外, 当 $X\subset\{0,1\}^n$ 时, 由于任意 $\boldsymbol{x}\in X$ 是 conv(X) 的一个极点, 因此 DWc 和 DWd 没有区别. 即在 DWc 中 $\boldsymbol{x}=\sum\limits_{g\in G^c}\boldsymbol{x}^g\lambda_g\in\{0,1\}^n$, 当且仅当在 DWd 中 $\boldsymbol{\lambda}\in\{0,1\}^{|G^d|}$ 成立.

6.1.3 块角结构

通过观察可以发现, 很多实际问题的数学模型呈现出如下块角结构. 在该结构中, 不同的变量集合上分别定义了几个约束块, 而这些变量集则通过若干复杂的约束相互关联

$$
\begin{aligned}
&\min(\boldsymbol{c}^1)^{\mathrm{T}}\boldsymbol{x}^1+(\boldsymbol{c}^2)^{\mathrm{T}}\boldsymbol{x}^2+\cdots+(\boldsymbol{c}^L)^{\mathrm{T}}\boldsymbol{x}^L\\
\text{s.t.}\quad&\\
&\boldsymbol{D}_1\boldsymbol{x}^1+\boldsymbol{D}_2\boldsymbol{x}^2+\cdots+\boldsymbol{D}_L\boldsymbol{x}^L\geqslant\boldsymbol{d},\\
&\boldsymbol{B}_1\boldsymbol{x}^1\geqslant\boldsymbol{b}^1,\\
&\boldsymbol{B}_2\boldsymbol{x}^2\geqslant\boldsymbol{b}^2,\\
&\cdots\cdots\\
&\boldsymbol{B}_L\boldsymbol{x}^L\geqslant\boldsymbol{b}^L,\\
&\boldsymbol{x}^l\in\{0,1\}^{n_l},\quad\forall l=1,\cdots,L,
\end{aligned}
\tag{6.11}
$$

其中, n_l 表示块 l 中的变量数目.

为了便于表示, 这里仅以 0-1 整数线性规划模型为例, 但是讨论可以扩展到一般的混合整数线性规划模型. 对于 $l=1,\cdots,L$, 令 $X_l=\{\boldsymbol{x}^l\in\{0,1\}^{n_l}:\boldsymbol{B}_l\boldsymbol{x}\geqslant\boldsymbol{b}^l\}$, 且 $\{\boldsymbol{x}^{lg}\}_{g\in G^l}$ 是 X_l 中的所有点. 根据定理 6.2, 模型 (6.11) 的 Dantzig-Wolfe 分解模型为

$$
\begin{aligned}
&\min\sum_{l=1}^{L}\sum_{g\in G^l}\left(\left(\boldsymbol{c}^l\right)^{\mathrm{T}}\boldsymbol{x}^{lg}\right)\lambda_{lg}\\
\text{s.t.}\quad&\\
&\sum_{l=1}^{L}\sum_{g\in G^l}\left(\boldsymbol{D}^l\boldsymbol{x}^{lg}\right)\lambda_{lg}\geqslant\boldsymbol{d},\\
&\sum_{g\in G^l}\lambda_{lg}=1,\quad\forall l=1,\cdots,L,\\
&\lambda_{lg}\in\{0,1\},\quad\forall l=1,\cdots,L,\quad g\in G^l.
\end{aligned}
\tag{6.12}
$$

例 6.1 (广义指派问题)　考虑如下广义指派问题:

$$
\begin{aligned}
& \max \sum_{i=1}^{m}\sum_{j=1}^{n} c_{ij}x_{ij} \\
\text{s.t.} & \\
& \sum_{j=1}^{n} x_{ij} \leqslant 1, \quad \forall i = 1,\cdots,m, \\
& \sum_{i=1}^{m} t_{ij}x_{ij} \leqslant T_j, \quad \forall j = 1,\cdots,n, \\
& \boldsymbol{x} \in \{0,1\}^{m\times n}.
\end{aligned} \tag{6.13}
$$

该问题存在 n 个块角, 对于 $j=1,\cdots,n$, 第 j 个块取决于 m 个变量 $x_{1j},\cdots,x_{mj}$. 定义 X_j 为一个 0-1 背包集合.

$$
X_j = \left\{\boldsymbol{y} \in \{0,1\}^m : \sum_{i=1}^{m} t_{ij}y_i \leqslant T_j\right\}, \quad \forall j = 1,\cdots,n.
$$

模型 (6.13) 的 Dantzig-Wolfe 分解模型为

$$
\begin{aligned}
& \min \sum_{i=1}^{m}\sum_{j=1}^{n}\sum_{g\in G^j} (c_{ij}x^{jg})\lambda_{jg} \\
\text{s.t.} & \\
& \sum_{j=1}^{n}\sum_{g\in G^j} x^{jg}\lambda_{jg} \leqslant 1, \quad \forall i = 1,\cdots,m, \\
& \sum_{g\in G^j} \lambda_{jg} = 1, \quad \forall j = 1,\cdots,n, \\
& \lambda_{jg} \in \{0,1\}, \quad \forall j = 1,\cdots,n, g \in G^j,
\end{aligned} \tag{6.14}
$$

其中, $\left\{x^{jg}\right\}_{g\in G^j}$ 是 X_j 中的所有点.

一种特殊情况是: 所有的块都相同, 即 $\boldsymbol{c}^1 = \boldsymbol{c}^2 = \cdots = \boldsymbol{c}^L = \boldsymbol{c}, \boldsymbol{B}_1 = \boldsymbol{B}_2 = \cdots = \boldsymbol{B}_L = \boldsymbol{B}, \boldsymbol{b}^1 = \boldsymbol{b}^2 = \cdots = \boldsymbol{b}^L = \boldsymbol{b}, \boldsymbol{D}_1 = \boldsymbol{D}_2 = \cdots = \boldsymbol{D}_L = \boldsymbol{D}$. 此时, 定义 $X^* = X^1 = \cdots = X^L = \{\boldsymbol{x}^g\}_{g\in G^*}$, 引入 $v_g = \sum_{l=1}^{L}\lambda_{lg}$, 则目标函数 $\sum_{l=1}^{L}\sum_{g\in G^l}((\boldsymbol{c}^l)^{\mathrm{T}}\boldsymbol{x}^{lg})\lambda_{lg}$ 可以简化为 $\sum_{g\in G^*}(\boldsymbol{c}^{\mathrm{T}}\boldsymbol{x}^g)v_g$, 约束 $\sum_{l=1}^{L}\sum_{g\in G^l}(\boldsymbol{D}^l\boldsymbol{x}^{lg})\lambda_{lg} \geqslant \boldsymbol{d}$ 可

以简化为 $\sum_{g\in G^*}(\boldsymbol{D}\boldsymbol{x}^g)v_g \geqslant \boldsymbol{d}$. 因此, 这种情况下的简化形式如下:

$$
\begin{aligned}
&\min \sum_{g\in G^*}\left(\boldsymbol{c}^{\mathrm{T}}\boldsymbol{x}^g\right)v_g\\
&\text{s.t.}\\
&\qquad \sum_{g\in G^*}(\boldsymbol{D}\boldsymbol{x}^g)v_g \geqslant \boldsymbol{d},\\
&\qquad \sum_{g\in G^*}v_g = L,\\
&\qquad \boldsymbol{v}\in\mathbb{Z}_+^{|G^*|}.
\end{aligned}
\tag{6.15}
$$

下面通过一个例子来介绍特殊情况下的分解形式.

例 6.2 (切割下料问题) 假定有无限多根长度为 L 的木料, 给定向量 $\boldsymbol{d}\in\mathbb{Z}_+^n$ 和 $\boldsymbol{s}\in\mathbb{R}_+^n$. 切割下料问题可描述为: 如何通过截取长度为 L 的长木料, 以获取长度为 s_i, 数量为 d_i 的短木料 $(i=1,\cdots,n)$. 定义 $X^*=\left\{\boldsymbol{x}\in\mathbb{Z}_+^n:\sum_{i=1}^n s_i x_i\leqslant L\right\}$, X^* 中的每个点 $\boldsymbol{x}^g, g\in G^*$, 对应一个切割模式. 令 $\boldsymbol{D}=\boldsymbol{I}$ 和 $\boldsymbol{c}=\boldsymbol{1}$, 则可以得到该问题的 Dantzig-Wolfe 分解模型如下:

$$
\begin{aligned}
&\min \sum_{g\in G^*}v_g\\
&\text{s.t.}\\
&\qquad \sum_{g\in G^*}\boldsymbol{x}^g v_g \geqslant \boldsymbol{d},\\
&\qquad \boldsymbol{v}\in\mathbb{Z}_+^{|G^*|}.
\end{aligned}
$$

6.2 列生成算法

列生成算法

本节介绍如何利用列生成算法计算 Dantzig-Wolfe 分解后的松弛模型.

6.2.1 列生成算法

考虑 DWc 或者 DWd 的线性松弛模型

$$
z^{\mathrm{MP}}=\min\sum_{g\in G}\left(\boldsymbol{c}^{\mathrm{T}}\boldsymbol{x}^g\right)\lambda_g,
\tag{6.16}
$$

s.t.

$$\sum_{g\in G} (\boldsymbol{D}\boldsymbol{x}^g)\lambda_g \geqslant \boldsymbol{d}, \tag{6.17}$$

$$\sum_{g\in G} \lambda_g = 1, \tag{6.18}$$

$$\boldsymbol{\lambda} \in \mathbb{R}_+^{|G|}. \tag{6.19}$$

通常称为 Dantzig-Wolfe 主问题 (MP).

直接求解上述模型并不现实, 因为对于大规模问题而言, 找出 conv(Z) 中所有极点非常困难. 事实上, 上述模型的最优解中, 仅有部分变量 λ_g 起作用 (即: 取值非 0). 基于这一事实, 列生成算法是求解上述模型的一种有效算法. 该算法的主要思想是: 从求解仅包含部分变量 λ_g 的模型开始 (称为受限主问题, 记作 RMP), 利用当前 RMP 最优解对应的对偶值, 鉴别是否存在检验数为负的变量 (列). 如果存在检验数为负的列, 则将检验数最负的列加入当前 RMP 中 (加入该列能降低当前 RMP 的最优值), 然后继续上述迭代步骤. 如果不存在检验数为负的列, 则当前最优解就是 MP 的最优解. 其中, 寻找检验数最负的列的问题称为定价子问题. 列生成算法特别适用于变量数量庞大但约束相对较少的场景.

假设 X 是一个有界整数集. 令 $\{\boldsymbol{x}^g\}_{g\in G}$ 代表 X 中的所有点或者 conv(X) 的极点. 假设在列生成算法的第 k 次迭代时, 仅知道部分子集 $\{\boldsymbol{x}^g\}_{g\in G^k}$, 其中 $G^k \subset G$, 则相应的 RMP 为

$$z^{\text{RMP}} = \min \sum_{g\in G^k} \left(\boldsymbol{c}^{\text{T}}\boldsymbol{x}^g\right)\lambda_g, \tag{6.20}$$

s.t.

$$\sum_{g\in G^k} (\boldsymbol{D}\boldsymbol{x}^g)\lambda_g \geqslant \boldsymbol{d}, \tag{6.21}$$

$$\sum_{g\in G^k} \lambda_g = 1, \tag{6.22}$$

$$\boldsymbol{\lambda} \in \mathbb{R}_+^{|G^k|}.$$

RMP 的对偶问题表示如下:

$$\max \boldsymbol{\pi}^{\text{T}}\boldsymbol{d} + \sigma \tag{6.23}$$

s.t.

$$\boldsymbol{\pi}^{\text{T}}\boldsymbol{D}\boldsymbol{x}^g + \sigma \leqslant \boldsymbol{c}^{\text{T}}\boldsymbol{x}^g, \quad \forall g \in G^k, \tag{6.24}$$

$$\boldsymbol{\pi} \geqslant 0, \quad \sigma \in \mathbb{R}^1. \tag{6.25}$$

设 $\boldsymbol{\lambda}^k$ 和 $((\boldsymbol{\pi}^k)^{\mathrm{T}}, \sigma^k)$ 分别为当前 RMP 的最优解和对偶解. 下面介绍一些性质来说明列生成算法的合理性.

性质 6.2 列 $\boldsymbol{x}^g$ (变量 λ_g) 关于当前对偶解 $((\boldsymbol{\pi}^k)^{\mathrm{T}}, \sigma^k)$ 的检验数为

$$\boldsymbol{c}^{\mathrm{T}}\boldsymbol{x}^g - (\boldsymbol{\pi}^k)^{\mathrm{T}}\boldsymbol{D}\boldsymbol{x}^g - \sigma^k.$$

性质 6.3 该次迭代的定价子问题为

$$\zeta^k = \min_{g\in G}\left(\boldsymbol{c}^{\mathrm{T}}\boldsymbol{x}^g - (\boldsymbol{\pi}^k)^{\mathrm{T}}\boldsymbol{D}\boldsymbol{x}^g\right) - \sigma^k = \min_{\boldsymbol{x}\in X}\left(\boldsymbol{c}^{\mathrm{T}} - (\boldsymbol{\pi}^k)^{\mathrm{T}}\boldsymbol{D}\right)\boldsymbol{x} - \sigma^k.$$

因此, 可以通过在集合 X 上求解单个整数规划模型来寻找检验数为负的列, 而不是检查所有列的检验数. 当 $\zeta^k = 0$ 时, 则不存在检验数为负的列.

性质 6.4 当前 RMP 的最优值 $z^{\mathrm{RMP}} = \sum\limits_{g\in G^k}\left(\boldsymbol{c}^{\mathrm{T}}\boldsymbol{x}^g\right)\lambda_g = (\boldsymbol{\pi}^k)^{\mathrm{T}}\boldsymbol{d} + \sigma^k$ 为 MP 最优值 $z^{\mathrm{MP}*}$ 的上界.

证明 MP 和当前 RMP 的主要差异在于: 当前 RMP 中, 所有变量 $\lambda_g(g \in G^c \setminus G^k)$ 的取值固定为 0. 因此, 当前 RMP 的可行域包含于 MP 的可行域, 得证.

性质 6.5 $z^{\mathrm{RMP}} + \zeta^k$ 提供了 MP 最优值 $z^{\mathrm{MP}*}$ 的一个下界 (对偶界).

证明 利用对偶定理可证. 一方面, $z^{\mathrm{MP}*} = \max\{\boldsymbol{\pi}^{\mathrm{T}}\boldsymbol{d} + \sigma : \boldsymbol{\pi}^{\mathrm{T}}\boldsymbol{D}\boldsymbol{x}^g + \sigma \leqslant \boldsymbol{c}^{\mathrm{T}}\boldsymbol{x}^g, \forall g \in G, \boldsymbol{\pi} \geqslant 0, \sigma \in \mathbb{R}^1\}$. 另一方面, 由 ζ 的定义, 对任意的 $g \in G$, 有 $\zeta^k + \sigma^k \leqslant \boldsymbol{c}^{\mathrm{T}}\boldsymbol{x}^g - (\boldsymbol{\pi}^k)^{\mathrm{T}}\boldsymbol{D}\boldsymbol{x}^g$. 因此, $((\boldsymbol{\pi}^k)^{\mathrm{T}}, \zeta^k + \sigma^k)$ 是上述对偶问题的一个可行解, 故 $z^{\mathrm{RMP}} + \zeta^k = \left(\boldsymbol{\pi}^k\right)^{\mathrm{T}}\boldsymbol{d} + \zeta^k + \sigma^k \leqslant z^{\mathrm{MP}*}$, 得证.

性质 6.4 和性质 6.5 表明在列生成算法的迭代过程中可以得到 MP 的下界和上界.

当原问题呈现块角结构时, 考虑模型 (6.12). 设 $\boldsymbol{\lambda}^k$ 和 $((\boldsymbol{\pi}^k)^{\mathrm{T}}, (\boldsymbol{\sigma}^k)^{\mathrm{T}})$ 分别为第 k 次迭代时 RMP 的最优解和对偶解. 此时, 每个 l 对应一个定价子问题, 记 ζ_l^k 为第 l 个定价子问题的最优值, 则 MP 的上界为 $(\boldsymbol{\pi}^k)^{\mathrm{T}}\boldsymbol{d} + \sum\limits_{l=1}^{L}\sigma_l^k$, 下界为 $(\boldsymbol{\pi}^k)^{\mathrm{T}}\boldsymbol{d} + \sum\limits_{l=1}^{L}\zeta_l^k$. 当 L 个子系统相同时, 上下界可以分别表示为 $(\boldsymbol{\pi}^k)^{\mathrm{T}}\boldsymbol{d} + L\sigma^k$ 和 $(\boldsymbol{\pi}^k)^{\mathrm{T}}\boldsymbol{d} + L\zeta^k$.

性质 6.6 如果当前 RMP 的解 $\boldsymbol{\lambda}$ 是整数解, 则相应的值 z^{RMP} 是原问题的一个上界.

性质 6.6 表明在列生成算法的迭代过程中可以产生原问题的可行解.

下面介绍列生成算法的具体流程.

算法 6.1 (列生成算法)

步骤 0 初始化. 令原问题初始上界为 PB $=+\infty$, MP 初始上界为 UB $=+\infty$, 下界为 LB $=-\infty$. 生成 G 的一个子集 G^k 使得初始 RMP 是可行的 (可以使用人工变量来满足初始 RMP 的可行性, 并在后续的迭代过程中逐步排除人工变量). 令 $k=1$.

步骤 1 求解当前 RMP. 求解当前 RMP, 记最优解为 $\boldsymbol{\lambda}^k$, 对偶解为 $((\boldsymbol{\pi}^k)^{\mathrm{T}}, \sigma^k)$, 最优值为 z^{RMP}. 令 UB $=z^{\mathrm{RMP}}$.

步骤 2 判断算法终止条件. 判断 $\boldsymbol{\lambda}^k$ 是否为整数解, 如果是, 则更新 PB. 如果 PB $=$ LB, 则终止算法.

步骤 3 求解定价子问题. 求解定价子问题 $\zeta^k=\min\{(\boldsymbol{c}^{\mathrm{T}}-\left(\boldsymbol{\pi}^k\right)^{\mathrm{T}}\boldsymbol{D})\boldsymbol{x}:\boldsymbol{x}\in X\}-\sigma^k$, 令 $\boldsymbol{x}^k$ 表示该问题的最优解. 如果 $\zeta^k=0$, 则令 LB $=z^{\mathrm{RMP}}$, 算法停止. 否则, 将 $\boldsymbol{x}^k$ 对应的列添加进当前 RMP 中形成新的 RMP.

步骤 4 更新下界. 令 LB $=\max\{\mathrm{LB}, (\boldsymbol{\pi}^k)^{\mathrm{T}}\boldsymbol{d}+\sigma^k+\zeta\}$. 如果 PB $=$ LB, 则算法停止.

步骤 5 更新迭代参数. $k=k+1$, 转到**步骤 1**.

在列生成算法过程中, MP 的上界 UB 和对偶界 $(\boldsymbol{\pi}^k)^{\mathrm{T}}\boldsymbol{d}+\sigma^k+\zeta$ (步骤 4 中的那个公式) 的收敛过程通常如图 6.2 所示.

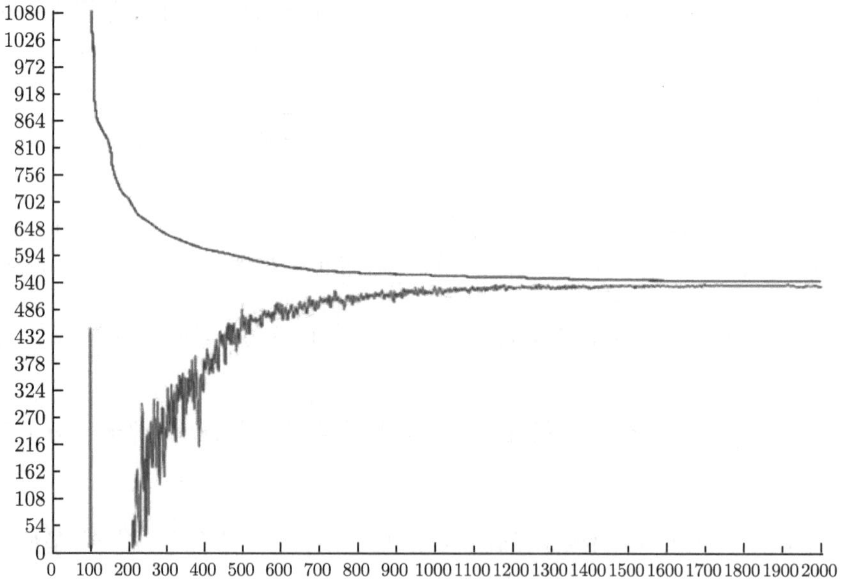

图 6.2 列生成算法的收敛性

列生成算法的经济解释可以直接从线性规划对偶中得出: Dantzig-Wolfe 分解可以看作是一个分散决策的过程. 主问题扮演着协调者的角色, 其设定价格以使激励约束 $\boldsymbol{D}_1\boldsymbol{x}^1+\boldsymbol{D}_2\boldsymbol{x}^2+\cdots+\boldsymbol{D}_L\boldsymbol{x}^L \geqslant \boldsymbol{d}$ 被满足. 这些价格被传递到各个子部分 (即定价子问题). 每个子部分都使用这些价格来评估其活动 ($\boldsymbol{x}^l \in X^L$) 并返回一个商业计划 (带有负的检验数). 反复进行该过程, 直到不再产生更多的改进方案, 此时设定的价格是最优的.

例 6.3 (背包问题) 给定若干个容量为 1 的背包和 5 个物品, 物品尺寸向量为 $\boldsymbol{s}=\left(\dfrac{1}{6},\dfrac{2}{6},\dfrac{2}{6},\dfrac{3}{6},\dfrac{4}{6}\right)$, 请确定装下所有物品所需的最小背包数.

解 定义 G 为将物品装入 1 个背包的所有可行方案集. 对于 $i=1,\cdots,5, g\in G$, 定义 0-1 参数 a_i^g:

$$a_i^g=\begin{cases}1, & \text{如果在方案 } g \text{ 中物品 } i \text{ 装入了背包,}\\ 0, & \text{否则.}\end{cases}$$

列生成算法: 有约束的最短路问题

对于 $g\in G$, 定义 0-1 决策变量 λ_g:

$$\lambda_g=\begin{cases}1, & \text{如果在最优解中使用了方案 } g,\\ 0, & \text{否则.}\end{cases}$$

列生成算法: 背包问题

该问题的 Dantzig-Wolfe 分解模型 (集合划分模型) 为

$$\min \sum_{g\in G}\lambda_g$$

$$\text{s.t.}$$

$$\sum_{g\in G}a_i^g\lambda_g=1, \quad \forall i=1,\cdots,5,$$

$$\lambda_g\in\{0,1\}, \quad \forall g\in G.$$

用列生成算法求解上述模型. 将每个物品单独放在一个背包, 从而形成 5 个方案来初始化受限主问题 RMP, 其最优值为 $z=5$, 对应的对偶解为 $\boldsymbol{\pi}=(1,1,1,1,1)^{\mathrm{T}}$. 其定价子问题为

$$\zeta=1-\max\{x_1+x_2+x_3+x_4+x_5 : x_1+2x_2+2x_3+3x_4+4x_5\leqslant 6, \forall \boldsymbol{x}\in\{0,1\}^5\},$$

其中, $x_i=1$ 当且仅当物品 i 装入了背包.

利用列生成算法求解例 6.3 背包问题的算法代码

上述问题是一个经典的单背包问题，其最优解为 $\boldsymbol{x}^6 = (1,1,1,0,0)^{\mathrm{T}}$，最优值为 -2. 因此，对偶界为 $\sum_i \pi_i + 5\times(-2) = -5$. 将 $\boldsymbol{x}^6$ 对应的变量 λ_6 添加到当前 RMP 中. 表 6.1 给出了列生成算法的迭代结果 (具体的算法代码可查阅附录 4，详细代码可通过扫描二维码获取).

表 6.1　列生成算法求解背包问题的迭代过程

k	z^k	主问题的解	$(\boldsymbol{\pi}^k)^{\mathrm{T}}$	LB	UB	$(\boldsymbol{x}^k)^{\mathrm{T}}$
5	5	$\lambda_1=\lambda_2=\lambda_3=\lambda_4=\lambda_5=1$	$(1,1,1,1,1)$	-5	5	$(1,1,1,0,0)$
6	3	$\lambda_4=\lambda_5=\lambda_6=1$	$(0,0,1,1,1)$	-2	3	$(0,0,1,1,0)$
7	3	$\lambda_1=\lambda_4=\lambda_5=1$	$(0,1,0,1,1)$	-2	3	$(0,1,0,1,0)$
8	3	$\lambda_1=\lambda_6=\lambda_7=\lambda_8=\frac{1}{2},\lambda_5=1$	$(1,0,0,1,1)$	-2	3	$(1,0,0,0,1)$
9	2.5	$\lambda_6=\lambda_7=\lambda_8=\frac{1}{2},\lambda_9=1$	$\left(0,\frac{1}{2},\frac{1}{2},\frac{1}{2},1\right)$	0	2.5	$(0,1,0,0,1)$
10	2.33	$\lambda_6=\lambda_8=\lambda_{10}=\frac{1}{3},\lambda_7=\lambda_9=\frac{2}{3}$	$\left(\frac{1}{3},\frac{1}{3},\frac{1}{3},\frac{2}{3},\frac{2}{3}\right)$	$\frac{2}{3}$	2.33	$(1,1,0,1,0)$
11	2.25	$\lambda_6=\lambda_{11}=\frac{1}{4},\lambda_9=\upsilon_{10}=\frac{1}{2},\lambda_7=\frac{3}{4}$	$\left(\frac{1}{4},\frac{1}{4},\frac{1}{2},\frac{1}{2},\frac{3}{4}\right)$	1	2.25	$(0,0,1,0,1)$
12	2	$\lambda_{11}=\lambda_{12}=1$	$(0,0,0,1,1)$	2	2	$(0,0,0,0,1)$

当迭代到第 12 次时，RMP 产生了一个最优整数解，此时 UB $=$ LB. 因此，算法结束，该最优整数解也是背包问题的最优解. 上述问题的上界 UB 和下界 LB 的收敛过程如图 6.3 所示.

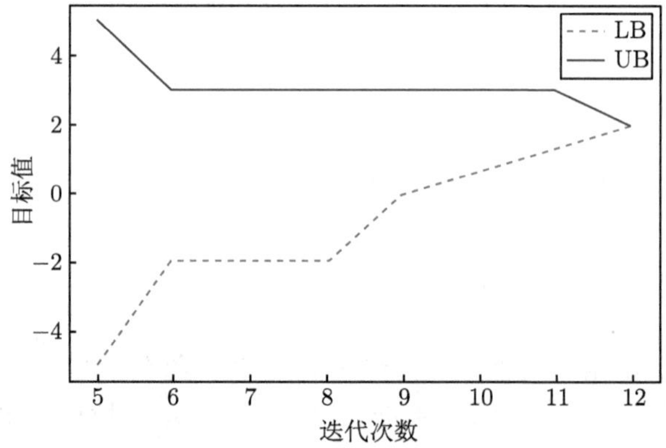

图 6.3　例 6.3 中列生成算法的收敛性

例 6.4 (带时间窗的车辆路径问题, vehicle routing problems with time windows)　设 $G=(V,A)$ 是一个完全有向图，其中 $V=V'\cup\{0,n+1\}$ 为顶点集，$A=\{(i,j):i,j\in V,i\neq j\}$ 为弧集. V' 为 n 个客户的集合，顶点 0 和 $n+1$

分别表示路线的始点仓库和终点仓库 (通常为同一个仓库).

每个客户 i 有一个货物需求量 $q_i > 0$, 服务时间 $s_i > 0$ 和一个时间窗 $[e_i, l_i]\,(0 \leqslant e_i \leqslant l_i)$. 该时间窗定义了服务客户 i 的最早开始时间和最晚开始时间, 车辆到达客户 i 的时间不允许晚于 l_i, 允许早于 e_i, 但必须等待至 e_i 时刻才能开始服务. 每条弧 $(i,j) \in A$ 上的旅行成本和旅行时间分别为 c_{ij} 和 t_{ij}. 假设旅行成本和旅行时间均满足三角不等式 (即: $c_{ik} + c_{kj} \geqslant c_{ij}$, $t_{ik} + t_{kj} \geqslant t_{ij}$), $q_0 = s_0 = e_0 = q_{n+1} = s_{n+1} = e_{n+1} = 0$ 且 $l_0 = l_{n+1} = T$, 其中 T 表示车辆的最大行驶时长.

此外, 仓库中有 K 个容量为 Q 且规格相同的车辆, 每位客户只能被服务一次. 该问题的目标为寻找一个可行的配送方案以使总路径成本最低.

如果一个配送方案满足以下条件, 则称该方案可行.

- 每辆车服务客户的货物需求量之和不超过车辆的容量 Q;
- 每个客户的货物需求都必须得到满足;
- 每个客户仅被一辆车服务, 且仅能访问一次;
- 每个客户的时间窗必须得到满足;
- 每个车辆的行驶时长不超过 T.

解　构建 Dantzig-Wolfe 分解模型

令 Ω 为所有的可行路径 (满足车辆容量的基本路线) 集, c_r 为路径 $r \in \Omega$ 的旅行成本. 对于 $i \in V', r \in \Omega$, 定义 0-1 参数 a_i^r:

$$a_i^r = \begin{cases} 1, & \text{如果路径 } r \text{ 访问了客户 } i, \\ 0, & \text{否则.} \end{cases}$$

对于 $r \in \Omega$, 定义 0-1 决策变量 λ_r:

$$\lambda_r = \begin{cases} 1, & \text{如果在最优解中使用了路径 } r, \\ 0, & \text{否则.} \end{cases}$$

车辆路径问题的 Dantzig-Wolfe 分解模型 (集合划分模型) 为

$$\min \sum_{r \in \Omega} c_r \lambda_r \tag{6.26}$$

s.t.

$$\sum_{r \in \Omega} a_i^r \lambda_r = 1, \quad \forall i \in V', \tag{6.27}$$

$$\sum_{r \in \Omega} \lambda_r \leqslant K, \tag{6.28}$$

$$\lambda_r \in \{0, 1\}, \quad \forall r \in \Omega. \tag{6.29}$$

目标函数 (6.26) 为最小化总路径成本. 约束条件 (6.27) 确保每个客户仅被一个车辆服务. 约束条件 (6.28) 表示最多只能使用 K 辆车. 约束条件 (6.29) 定义了决策变量的范围.

定价子问题 由于车辆相同, 该问题只有一个定价子问题, 即寻找一个车辆的服务顾客集和服务路线以使相应路径的检验数最负. 令 $\boldsymbol{\pi}$ 和 σ 分别为约束条件 (6.27) 和 (6.28) 对应的对偶变量. 路径 (变量) λ_r 的检验数可以表示如下:

$$\bar{r}c_r = c_r - \sum_{i\in V'} a_i^r \pi_i - \sigma = \sum_{(i,j)\in A} c_{ij} b_{ij}^r - \sum_{i\in V'} a_i^r \pi_i - \sigma = \sum_{(i,j)\in A} \bar{c}_{ij} b_{ij}^r, \tag{6.30}$$

其中, b_{ij}^r 为 0-1 参数, 表示路径 r 是否访问了弧 (i,j); $\bar{c}_{ij} = c_{ij} - \dfrac{\theta_i}{2} - \dfrac{\theta_j}{2}$ 称为弧 (i,j) 的修正成本, 其中

$$\theta_k = \begin{cases} \pi_k, & 如果\ k \in V', \\ \sigma, & 如果\ k \in \{0, n+1\}. \end{cases}$$

对于 $i, j \in V$, 定义 0-1 决策变量 x_{ij}:

$$x_{ij} = \begin{cases} 1, & 如果车辆访问了弧\ (i,j) \in A, \\ 0, & 否则. \end{cases}$$

对于 $i \in V$, 定义连续变量 T_i, 表示车辆在客户 i 处的服务开始时间; 定义连续变量 Q_i, 表示车辆到达客户 i 时货物的剩余量.

于是, 定价子问题可以定义为

$$\min \sum_{(i,j)\in A} \bar{c}_{ij} x_{ij} \tag{6.31}$$

s.t.

$$\sum_{j\in V'\cup\{0\}} x_{ji} = \sum_{j\in V'\cup\{n+1\}} x_{ij} \leqslant 1, \quad \forall i \in V', \tag{6.32}$$

$$T_i + t_{ij} + s_i \leqslant T_j + (l_i + t_{ij} + s_i)(1 - x_{ij}), \quad \forall (i,j) \in A, \tag{6.33}$$

$$e_i \sum_{j\in V'\cup\{0\}} x_{ji} \leqslant T_i \leqslant l_i \sum_{j\in V'\cup\{n+1\}} x_{ji}, \quad \forall i \in V, \tag{6.34}$$

$$T_{n+1} \leqslant T, \quad \forall i \in V, \tag{6.35}$$

$$Q_j + q_i \leqslant Q_i + (Q + q_i)(1 - x_{ij}), \quad \forall (i,j) \in A, \tag{6.36}$$

$$x_{ij} \in \{0,1\}, \quad \forall (i,j) \in A, \tag{6.37}$$

$$T_i, Q_i \geqslant 0, \quad \forall i \in V'. \tag{6.38}$$

目标函数 (6.31) 为最小化路径成本. 约束条件 (6.32) 确保车辆到达每个客户和离开该客户的次数相同, 且均不超过 1 次. 约束条件 (6.33) 定义了车辆在客户处的服务开始时间, 而约束条件 (6.34) 确保满足客户的时间窗要求. 约束条件 (6.35) 确保车辆的行驶时长不超过 T. 约束条件 (6.36) 定义了车辆到达客户处时货物的剩余量. 约束条件 (6.37) 和 (6.38) 定义了决策变量的范围.

定价子问题求解 定价子问题是一个带有资源约束的基本最短路径问题 (elementary shortest path problem with resource constraints, ESPPRC), 目标函数为最小化路径的检验数, 是一个强 NP-难问题. 下面介绍基于动态规划思想的标号算法来精确求解该问题.

该算法从顶点 0 开始, 向前逐步搜索客户点, 直到到达目的地仓库 (顶点 $n+1$). 任意一个从顶点 0 开始的部分路径, 都可以用一个标号表示. 该算法主要包含标号定义、标号初始化、标号扩展和标号消除几个步骤.

1. 标号定义

用标号 $L=(v(L), S(L), q(L), t(L), \bar{c}(L))$ 表示任意一个从顶点 0 到顶点 i 的部分路径, 其中

- $v(L)=i$: 该部分路径访问的最后一个顶点;
- $S(L)$: 已服务客户以及该部分路径不能访问客户的集合;
- $q(L)$: 该部分路径上客户需求的货物量之和;
- $t(L)$: 该部分路径上车辆在客户 i 处的最早服务开始时间;
- $\bar{c}(L)$: 该部分路径对应的检验数.

值得注意的是, 所谓"该部分路径不可访问的客户"是指该路径后续访问该客户必定会违背该客户的时间窗约束、车辆的容量约束或车辆的最大行驶时间约束.

2. 标号初始化和扩展

在顶点 0 处, 初始标号 $L_0=(0,\varnothing,0,0,0)$. 用 $p(L)$ 表示标号 L 代表的部分路径, 如果 $p(L)$ 沿弧 (i,j) 进行扩展, 新的部分路径对应的标号 $L'=(v(L'), S(L'), q(L'), t(L'), \bar{c}(L'))$:

$$v(L')=j, \tag{6.39}$$

$$S(L')=S(L)\cup\{j\}\cup\{\text{该部分路径不可访问的客户集}\}, \tag{6.40}$$

$$q(L')=q(L)+q_j, \tag{6.41}$$

$$t(L')=\max\{t(L)+s_i+t_{ij}, e_j\}, \tag{6.42}$$

$$\bar{c}(L')=\bar{c}(L)+\bar{c}_{ij}. \tag{6.43}$$

标号 L' 表示部分路径 $p(L') = p(L) \oplus (i,j)$, 其中 $\oplus$ 作为连接符号. 执行此扩展后, 要验证路径 $p(L')$ 是否可行, 需检验累积资源是否处于顶点 j 的资源窗内. 具体来说, 如果 $q(L') \leqslant Q$ 且 $t(L') \leqslant l_j$, 则部分路径 $p(L')$ 是可行的. 否则, $p(L')$ 不可行, 此时应舍弃标号 L'.

3. 支配规则

标号算法的效率, 很大程度取决于它能否剔除无用的部分路径, 即消除一些不可能生成最优路径的部分路径, 进而减少搜索空间.

给定标号 L, 设 $E(L)$ 为部分路径 $p(L)$ 的可行路径扩展集, 即如果 $p(L) \oplus \omega$ 是一条可行路径, 则 G 中从顶点 $v(L)$ 出发的部分路径 ω 属于 $E(L)$.

标号 L' 可以被舍弃 (即: 不需要继续考虑该标号的扩展), 如果存在一组标号 $\Psi = \{L_1, L_2, \cdots, L_{|\Psi|}\}$, 对于所有可行扩展 $\omega \in E(L')$, 都能找到一个标号 $L \in \Psi$ 满足:

① $p(L) \oplus \omega$ 是可行的;

② $p(L) \oplus \omega$ 的检验数小于或等于 $p(L') \oplus \omega$ 的检验数.

需要注意的是, 条件①和条件②难以评估, 因为它需要枚举所有部分路径和扩展. 因此, 将上述两个条件替换为以下充分条件.

设 L_1 和 L_2 为两个标号, 其中 $v(L_1) = v(L_2)$, 如果

$$S(L_1) \subseteq S(L_2), \tag{6.44}$$

$$q(L_1) \leqslant q(L_2), \tag{6.45}$$

$$t(L_1) \leqslant t(L_2), \tag{6.46}$$

$$\bar{c}(L_1) \leqslant \bar{c}(L_2), \tag{6.47}$$

则标号 L_1 支配 L_2. 此时, 标号 L_2 可以被舍弃. 这个支配规则是有效的, 因为由 (6.40)~(6.43) 右边定义的资源扩展函数 (resource extension functions) 相对于 $t(L)$, $q(L)$ 和 $\bar{c}(L)$ 分别是非递减的. 因此, 不难验证, 当满足 (6.44)–(6.47) 时, 条件①和条件②成立.

值得注意的是, 在经典列生成算法中, 每次迭代仅将检验数最负的列加到当前 RMP 中. 事实上, 将一个检验数为负的列 (不一定是最负的) 加到当前 RMP 中, 都有可能改进 RMP 的最优值. 利用标号算法求解定价子问题时, 可以找到所有检验数为负的列. 因此, 在实际执行时, 可以选择将若干个检验数最负的列加到当前 RMP 中. 该方法的好处是可以减少列生成算法的迭代次数, 但在一定程度上会增加 RMP 的规模.

6.2.2 列生成算法的改进策略

改进策略往往与具体的问题结构有着密切的关系. 本节将通过带时间窗的车辆路径问题 (例 6.4) 来介绍相应的改进策略.

6.2.2.1 基本路径松弛

鉴于 ESPPRC 问题的复杂性, 为了缩短定价子问题的计算时间, 已有的一些研究主要聚焦于 ESPPRC 问题松弛算法的设计, 即松弛满足基本路径的要求, 允许路径中有一个或多个循环子路. 下面介绍几种常用的松弛方法.

1. k-循环路径消除 (k-cycle elimination)

k-循环路径消除的核心思想是禁止子问题寻找的路径中出现长度为 k 的子回路, 即禁止形如 $i-j_1-j_2-\cdots-j_{k-1}-i$ 的子回路出现.

特别地, 当 $k=2$ 时, 形式为 $i-j-i$ 的子回路被禁止. 2-循环路径消除是较常用的方法, 该方法的一个显著优势是: 在不改变标号算法复杂度的情况下能产生较强的界. 当 $k\geqslant 3$ 时, 在基础标号算法的基础上, 引入长度为 k 的向量来表示给定客户 $i\in V'$ 位于第 j 个位置的所有路径. 对于当前部分路径最后的 k 个顶点, 均建立相应的向量, 然后用集合 H 表示所有会违反 k-循环路径的向量 (扩展). 以 4-循环路径消除为例, 考虑一个部分路径 L, 其最后访问的四个顶点是 (a,b,c,v), 此时定义 $H(L)$ 为包含一组形如 $(v,\cdot,\cdot,\cdot)$, $(\cdot,v,\cdot,\cdot)$, $(\cdot,\cdot,v,\cdot)$, $(\cdot,\cdot,\cdot,v)$, $(c,\cdot,\cdot,\cdot)$, $(\cdot,c,\cdot,\cdot)$, $(\cdot,\cdot,c,\cdot)$, $(b,\cdot,\cdot,\cdot)$, $(\cdot,b,\cdot,\cdot)$ 和 $(a,\cdot,\cdot,\cdot)$ 的集合. 从 L 到集合 $H(L)$ 的任意扩展都被禁止, 因为这将产生一个长度为 4 或更短的子回路.

2. 部分基本路径松弛 (partial elementarily relaxation)

部分基本路径松弛, 可以看作只要求在客户子集 $\varphi_{\max}$ 上满足基本路. 子集 $\varphi_{\max}$ 的维数 $|\varphi_{\max}|=\Theta$ 是先验确定的, 而子集 $\varphi_{\max}$ 是动态生成的.

在算法开始阶段, 设定集合 $\varphi_{\max}=\varnothing$, 在后续的迭代过程中, 不断添加当前 RMP 最优解中访问超过一次的客户到该集合中, 这一操作持续进行, 直到满足 $|\varphi_{\max}|=\Theta$. 每当把客户 i 添加到 $\varphi_{\max}$ 时, 都需要调整标号算法以禁止多次访问客户 i, 同时从当前 RMP 中删除多次访问该客户的列 (路径). 完成上述操作后, 对当前 RMP 进行重新求解, 之后继续执行将客户添加到 $\varphi_{\max}$ 的步骤. 值得注意的是, 如果 $\varphi_{\max}$ 的最大基数 Θ 小于 n, 则该方法并不能保证在算法结束时得到基本路径.

3. Ng-路径松弛 (Ng-path relaxation)

在 Ng-路径松弛方法中, 每个客户 $i\in V'$ 有一个邻域 N_i, 该邻域包含客户 i 以及与其最近的 $\varDelta$ 个客户, 其中 $\varDelta\geqslant 0$ 是先验确定的. 可以使用不同的标准 (距离、时间) 来定义与客户的接近程度.

一个 Ng-路径可以包含循环子路, 其中如果一个循环子路始于并且终于客户 $j \in V'$, 则在该循环子路中必存在一个点 i 使得 $j \notin N_i$. 即不存在一个始于并且终于客户 $j \in V'$ 的循环子路, 使得该循环子路中的任意一个点 i 满足 $j \in N_i$.

在标号算法中, 用 $\Pi(L) \subseteq V'$ 代表部分路径 $P(L) = (0, i_1, \cdots, i_k)$ 中所有违背 Ng-路径松弛约束的拓展方式集. 令 $V(L) = \{i_1, \cdots, i_k\}$ 表示在 $P(L)$ 中已经访问的客户集, 则 $\Pi(L)$ 可表示如下:

$$\Pi(L) = \left\{ i_u \in V(L) : i_u \in \bigcap_{s=u}^{k} N_{i_s} \right\},$$

称 $\Pi(L) \subseteq V'$ 为路径 $P(L)$ 的 "记忆".

对于某个顶点 $j \in \Pi(L)$ 来说, 随着 $p(L)$ 的拓展, 它可能会离开路径的 "记忆", 即 j 可以被遗忘或者被重新访问.

应用 Ng-路径松弛方法时, 需要修正标号算法:

- 用 $\Pi(L)$ 替代 $S(L)$;
- 部分路径 $P(L)$ 可以沿着弧 (i, j) 扩展当且仅当 $j \notin \Pi(L)$, 新的标号 L' 形成时, $\Pi(L')$ 计算如下:

$$\Pi(L') = (\Pi(L) \cap N_j) \cup \{j\};$$

- 在支配规则中, 用下式替换式 (6.44):

$$\Pi(L_1) \subseteq \Pi(L_2).$$

Δ 是 Ng-路径松弛方法的一个重要参数. Δ 越大, 相应标号算法的复杂度越高, Ng-路径越接近基本路, 得到的原问题下界越紧. 特别地, 当 $\Delta = |V'|$ 时, Ng-路径就是基本路.

6.2.2.2 递减状态空间松弛

对于 ESPPRC 问题, 递减状态空间松弛算法在每次迭代时为定价子问题 ESPPRC 的最优值提供一个下界, 其工作原理如下.

首先, 求解一个松弛的 ESPPRC 问题, 允许路径中含有子回路. 如果检验数最负的路径不存在子回路, 那么这条路径即为 ESPPRC 的最优路径. 否则, 将此路径中被多次访问的客户添加到集合 $\hat{\delta}$ 中.

在下一次迭代中, 继续求解松弛的 ESPPRC 问题, 其中 $\hat{\delta}$ 中的顶点不允许形成回路. 该过程一直迭代, 直到下列条件之一成立:

- 找到一条或多条具有负检验数的基本路径;
- 最优路径的检验数非负.

6.2.2.3 双向标号算法

经典的标号算法, 也称前向标号算法, 是一种前向动态规划算法. 该算法从顶点开始, 以逐步向前搜索客户点的方式进行, 直到到达顶点 $n+1$. 与之相对应的是后向标号算法, 该算法从顶点 $n+1$ 开始, 以逐步向后搜索客户点的方式进行, 直到到达顶点 0. 然而, 这两种算法在迭代后期, 复杂度会不断攀升, 产生的标号数量呈指数级增长. 双向标号算法可以有效克服这一缺陷, 能极大提升 ESPPRC 问题的求解效率.

双向标号算法同时沿两个方向 (顶点 0 到后续顶点, 顶点 $n+1$ 到前续顶点) 进行标号扩展, 然后在合适的位置将前向和后向的标号连接起来, 产生完整的可行路径. 为了避免沿着一个方向持续搜索下去, 当能够保证在另一个方向上生成当前部分路径的剩余路径时, 就可停止在该方向上路径的扩展. 这可以通过弧边界或资源边界两种方式来实现.

弧边界方法主要计算在不超过资源限制的情况下, 当前部分路径仍然可以访问的顶点数量上界. 如果此上限值小于该路径已经访问的顶点数量, 则停止扩展. 资源边界方法主要利用某一种关键资源来终止路径扩展, 其中该资源随着路径的扩展单独变化. 只有在该关键资源的累积量不超过其可用量的一半时, 路径才能继续扩展. 例如, 如果装载量被选择为关键资源, 则只有装载消耗小于 $Q/2$ 的标号才能被扩展.

由于生成的标号数量会随着路径上弧的数量增加而呈指数级增长, 因此在两个方向上尽量缩短路径长度, 能够有效减少生成的标号总数, 进而提升标号算法的迭代速度. 特别地, 当可行路径所包含的顶点数量越多, 双向标号算法效果越显著.

下面以带时间窗的车辆路径问题为例, 介绍求解定价子问题 ESPPRC 的后向标号算法, 以及双向标号算法中将一对前向部分路径和后向部分路径拼接为一条完整路径的条件.

1. 后向标号定义

用标号 $B=(v(B), S(B), q(B), t(B), \bar{c}(B))$ 表示任意一个从顶点 $n+1$ 到顶点 j 的部分路径, 其中

- $v(B)=j$: 该部分路径访问的最后一个顶点;
- $S(B)$: 已服务客户以及该部分路径不能访问客户的集合;
- $q(B)$: 该部分路径上车辆到达客户 j 时的剩余容量;
- $t(B)$: 该部分路径上车辆在客户 j 的最晚离开时间;
- $\bar{c}(B)$: 该部分路径对应的检验数.

2. 后向标号初始化和扩展

在顶点 $n+1$ 处, 初始后向标号 $B_{n+1}=(n+1, \varnothing, Q, T, 0)$. 用 $p(B)$ 表示后向标号 B 代表的部分路径, 如果 $p(B)$ 沿弧 (j, i) 进行扩展, 新的部分路径对应的

标号 $B' = (v(B'), S(B'), q(B'), t(B'), \bar{c}(B'))$:

$$v(B') = i,$$

$$S(B') = S(B) \cup \{i\} \cup \{\text{该部分路径不可访问的客户集}\},$$

$$q(B') = q(B) - q_j,$$

$$t(B') = \min\{t(B) - s_j - t_{ij}, l_i + s_i\},$$

$$\bar{c}(B') = \bar{c}(B) + \bar{c}_{ij}.$$

标号 B' 表示部分路径 $p(B') = p(B) \oplus (j, i)$, 其中 $\oplus$ 作为连接符号. 执行此扩展后, 要验证路径 $p(B')$ 的可行性, 需检查累积资源是否处于顶点 i 的资源窗内. 具体而言, 如果 $q(B') \geqslant 0$ 且 $t(B') \geqslant e_i + s_i$, 则部分路径 $p(B')$ 是可行的. 否则, $p(B')$ 不可行, 此时应舍弃标号 L'.

3. 支配规则

设 B_1 和 B_2 为两个标号, 其中 $v(B_1) = v(B_2)$, 如果

$$S(B_1) \subseteq S(B_2),$$

$$q(B_1) \geqslant q(B_2),$$

$$t(B_1) \geqslant t(B_2),$$

$$\bar{c}(L_1) \leqslant \bar{c}(B_2),$$

则标号 B_1 支配 B_2. 此时, 标号 B_2 可以被舍弃.

4. 拼接条件

前向标号 $L = (v(L) = i, S(L), q(L), t(L), \bar{c}(L))$ 和后向标号 $(v(B) = i, S(B), q(B), t(B), \bar{c}(B))$ 可以拼接成一条完整路径的充分条件为

- $(V' \setminus S(L)) \cap (V' \setminus S(B)) = \varnothing$;
- $q(L) \leqslant q(B)$;
- $t(L) + s_i \leqslant t(B)$.

6.2.2.4　启发式定价

尽管前文已经给出了上述诸多加速方法来加快执行标号算法, 但在实际应用中, 这些方法仍有可能非常耗时. 事实上, 在列生成算法中, 除了最后一次迭代, 需要精确求解来验证当前解的最优性, 其余的迭代过程并不要求必须找出检验数最负的列, 只要能找到检验数为负的列就可以. 因此, 在前期迭代中可以采用快速有效的启发式算法 (如贪婪算法、禁忌搜索、变邻域搜索等) 来寻找检验数为负的列. 只有当启发式算法找不到检验数为负的列时, 才执行标号算法进行精确求解.

该种策略一方面能大幅减少标号算法的调用次数, 避免了不必要的精确计算; 另一方面, 由于启发式算法找到的并非最优解, 会导致列生成的迭代次数有所增加. 然而, 大量实验数据显示, 列生成算法在运行过程中, 约 90% 以上的时间都花费在定价子问题的精确求解上. 因此, 综合来看, 这种策略往往能够显著缩短总的计算时间, 在提升算法效率方面具有积极意义.

6.2.2.5 上界利用

本小节将讨论两种基于原问题下界和上界的改进策略. 第一种策略是将某些变量的值固定为 0, 以减少模型的规模. 第二种策略是基于基本路径进行枚举, 以帮助缩小搜索树节点在完整性方面的差距.

1. 通过检验数固定变量

Nemhauser 和 Wolsey (1980) 提出采用固定变量的方法以提高算法的收敛速度, 而变量固定可以通过不同的方式执行. 这部分主要介绍通过检验数来固定变量的方式, 其核心思想如下.

设 $P=\{\min \boldsymbol{c}^{\mathrm{T}}\boldsymbol{x}:\boldsymbol{E}\boldsymbol{x}=\boldsymbol{b},\boldsymbol{x}\in\mathbb{Z}_+^n\}$ 是一个整数线性规划模型, 其中 $\bar{z}$ 为问题 P 的一个上界. 设 $D=\{\max \boldsymbol{\pi}^{\mathrm{T}}\boldsymbol{b}:\boldsymbol{\pi}\boldsymbol{E}\leqslant\boldsymbol{c}\}$ 为 P 的线性松弛对偶问题, 其中 $\boldsymbol{\pi}$ 为对偶问题 D 的可行解, 目标值为 $\underline{z}=\boldsymbol{\pi}^{\mathrm{T}}\boldsymbol{b}$. 显然, $\underline{z}$ 是问题 P 的下界. 给定对偶变量 $\boldsymbol{\pi}$, 可以得到变量 x_j 的检验数 $\bar{r}c_j=c_j-\boldsymbol{\pi}^{\mathrm{T}}\boldsymbol{E}_j$, 其中 $\boldsymbol{E}_j$ 表示矩阵 $\boldsymbol{E}$ 中与变量 x_j 对应的系数列. 如果变量 x_j 的检验数 $\bar{r}c_j>\bar{z}-\underline{z}$, 则在最优解中 $x_j=0$. 此时, 可以将变量 x_j 固定为 0, 即可以从模型中移除该变量.

对于车辆路径问题而言, 变量固定的方法并不能直接应用于路径变量 $\lambda_r(r\in\Omega)$. 因为, 这将需要使用复杂的机制来在定价问题中禁止 (再) 生成与被移除变量相关的路径. 相比之下, 变量固定策略更适用于固定弧变量. 当固定一个弧变量时, 也可以删除当前 RMP 中大量的路径变量, 即删除所有使用该弧的路径. 此外, 从图 G 中移除弧, 会使定价子问题的求解难度降低. 然而, 这种做法有一个不便之处: 在列生成算法中不能直接获得弧变量 x_{ij} 的检验数. 接下来, 介绍一种固定弧变量的方法.

对任意的弧 $(i,j)\in A$, 令 $\Omega_{ij}\subseteq\Omega$ 为所有经过弧 (i,j) 的路径 (列) 集合. 于是, 弧 (i,j) 的检验数 $\bar{r}c_{ij}$ 可计算如下:

$$\bar{r}c_{ij}=\min_{r\in\Omega_{ij}} rc_r-\min_{r\in\Omega}\bar{r}c_r.$$

因为在列生成的任意一次迭代中, 都有 $\min\limits_{r\in\Omega}\bar{r}c_r\leqslant 0$. 如果 $\tilde{r}c_{ij}=\min\limits_{r\in\Omega_{ij}}\bar{r}c_r>\bar{z}-\underline{z}$, 则可以禁止使用弧 (i,j). 事实上, 如果能得到 $\tilde{r}c_{ij}$ 的下界 LB_{ij}, 并且有 $\mathrm{LB}_{ij}>\bar{z}-\underline{z}$, 则也可以禁止使用弧 (i,j).

2. 路径枚举 (route enumeration)

理想情况下, 希望能够枚举出所有可行路径, 然后使用混合整数规划求解器直接求解相应模型. 但是, 这通常是不切实际的, 因为可行路径的数量会随着实际问题规模的增大呈指数级增长. 因此, Baldacci 等于 2008 年提出了一种路径枚举方法.

给定从当前最好可行解中获得的上界 $\bar{z}$, 以及根据对偶解 $\boldsymbol{\pi}$ 得到的下界 $\underline{z}$, 枚举所有检验数 $\bar{r}c_r < \bar{z} - \underline{z}$ 的路径子集 Ω''. 进而, 求解在集合 Ω'' 下的相应模型 (DWc), 这样做足以证明当前最好可行解是最优的或找到目标值小于 $\bar{z}$ 的最优解.

6.2.2.6　平稳对偶变量值

列生成算法在后期迭代中存在收敛问题, 这主要是由于 RMP 的退化特性以及对偶变量在相邻迭代间的不稳定性所导致的. 一方面, 退化的 RMP 经常产生多个最优对偶解, 这使得原始解的最优性难以证明. 此外, 列生成算法虽然进行了多次迭代, 但 RMP 的目标值几乎没有改进或改进很小 (尾差效应). 另一方面, 即使已经生成了一些好的列, 对偶变量的不稳定性通常导致定价子问题生成的列与最优解存在较大偏差.

因此, 需要对 MP 进行修正以加快列生成算法的收敛速度. 主要的改进策略如下:

- 删除 MP 中的冗余约束或不起作用约束, 可有效降低列生成算法的退化程度.
- 将约束条件 (6.27) 中的 "=" 换成 "⩾", 对偶变量将更稳定.

一些用来克服对偶变量不稳定性问题的常用策略主要包括:

- **稳定化方法** (Amor et al., 2009): 限制连续迭代间对偶变量在对偶空间中的变化距离. 一种典型的方法是对对偶变量偏离当前稳定中心 $\check{\boldsymbol{\pi}}$ 的情况进行惩罚, 这里的当前稳定中心指的是迭代到目前为止, 能给出最好对偶界的对偶变量. 定义 $\mathrm{S}(\boldsymbol{\pi} - \check{\boldsymbol{\pi}})$ 为对偶向量 $\boldsymbol{\pi}$ 偏离当前稳定中心 $\check{\boldsymbol{\pi}}$ 的惩罚函数, 其随着两者偏离距离的增加而增大. 函数 $\mathrm{S}(\cdot)$ 可以是点对线性函数, 也可以是二次函数. 例如, 设

$$\mathrm{S}(\boldsymbol{\pi} - \check{\boldsymbol{\pi}}) = \begin{cases} 0, & \text{如果 } \mathbf{0} \leqslant \boldsymbol{\pi} \leqslant 2\check{\boldsymbol{\pi}}, \\ -\infty, & \text{否则}. \end{cases}$$

则 MP 变为

$$\min \sum_{g \in G^c} \left(\boldsymbol{c}^{\mathrm{T}} \boldsymbol{x}^{g}\right) \lambda_g + 2\boldsymbol{\rho}^{\mathrm{T}} \check{\boldsymbol{\pi}}$$

s.t.

$$\sum_{g\in G^c}(\boldsymbol{D}\boldsymbol{x}^g)\lambda_g+\boldsymbol{\rho}\geqslant\boldsymbol{d},$$

$$\sum_{g\in G^c}\lambda_g=1,$$

$$\boldsymbol{\lambda}\in\mathbb{R}_+^{|G^c|},\quad \boldsymbol{\rho}\in\mathbb{R}_+^m.$$

MP 的对偶问题变为

$$\max \boldsymbol{\pi}^{\mathrm{T}}\boldsymbol{d}+\sigma$$

$$\text{s.t.}$$

$$\boldsymbol{\pi}\boldsymbol{D}\boldsymbol{x}^g+\sigma\leqslant \boldsymbol{c}\boldsymbol{x}^g,\quad \forall g\in G^c,$$

$$\boldsymbol{\pi}\leqslant 2\check{\boldsymbol{\pi}},$$

$$\boldsymbol{\pi}\geqslant 0,\quad \sigma\in\mathbb{R}^1.$$

- **内点方法求解** RMP (Rousseau et al., 2007): 利用内点方法 (如 analytic center method) 求解 RMP, 可以生成与 RMP 可行域中心点对应的对偶向量, 从而避免使用单纯形法生成的对偶极点 (其可能导致不实际的变量检验数). 实践证明, 利用内点方法求解 RMP, 每次迭代要么产生严格改进的对偶界, 要么根据内点法对偶向量所生成的定价子问题的最小检验数, 会严格小于根据单纯形法对偶变量所生成的定价子问题的最小检验数.
- **平滑技巧** (Pessoa et al., 2018): 利用平滑对偶向量 $\bar{\boldsymbol{\pi}}=\alpha\check{\boldsymbol{\pi}}+(1-\alpha)\boldsymbol{\pi}$ 来构建定价子问题, 其中 $\boldsymbol{\pi}$ 为当前 RMP 的对偶解, $\check{\boldsymbol{\pi}}$ 为当前稳定中心, $\alpha\in(0,1)$ 为平滑因子. 当使用上述平滑技巧时, 列生成算法找到的列可能出现如下 3 种情况: ① 该列基于对偶向量 $\bar{\boldsymbol{\pi}}$ 和 $\boldsymbol{\pi}$ 的检验数都是负的; ② 该列基于对偶向量 $\boldsymbol{\pi}$ 的检验数是负的, 但基于对偶向量 $\bar{\boldsymbol{\pi}}$ 的检验数是非负的; ③ 不存在基于对偶向量 $\boldsymbol{\pi}$ 检验数为负的列. 在情形①中, 将检验数为负的列直接加到当前 RMP 中. 在情形②中, 随着算法的迭代, 逐渐降低 α 值. 在情形③中, 随着算法的迭代, 逐渐降低 α 值, 同时重新求解更新 $\bar{\boldsymbol{\pi}}$ 后构建的定价子问题.

6.3 分支定价算法

6.3.1 分支定价算法思想

对于整数规划模型, 如果使用列生成算法求解得到的是分数解, 则必须结合分支定界算法进一步求解. 在分支定界算法框架下, 如果每个节点对应的线性松弛问题均采用列生成算法进行求解, 称这种算法为**分支定价算法** (branch-and-price algorithm).

给定分支定界树中某个节点对应 Dantzig-Wolfe 分解模型 (不妨设为模型 (6.16)~(6.19)) 的最优解 $\tilde{\boldsymbol{\lambda}}$, 设 $\tilde{\boldsymbol{x}}$ 是相应线性松弛问题的解, 即 $\tilde{\boldsymbol{x}} = \sum_{g\in G} \boldsymbol{x}^g \tilde{\lambda}_g$. 如果 $\tilde{\boldsymbol{x}}$ 满足相应的整数约束 $\tilde{\boldsymbol{x}} \in \mathbb{Z}^n$, 则终止对该节点的搜索. 否则, 选取一个变量 x_j 作为分支变量, 其中 $\tilde{x}_j \notin \mathbb{Z}$, 创建两个新的节点, 其可行域分别为

$$x_j \leqslant \lfloor \tilde{x}_j \rfloor \tag{6.48}$$

或

$$x_j \geqslant \lceil \tilde{x}_j \rceil, \tag{6.49}$$

分别称为**下分支**和**上分支**.

下面仅考虑下分支的情形, 上分支可以类似处理. 对于下分支, 新的节点对应的候选问题为

$$
\begin{aligned}
& z^L = \min \boldsymbol{c}^{\mathrm{T}} \boldsymbol{x} \\
\text{s.t.}\quad & \boldsymbol{D}\boldsymbol{x} \geqslant \boldsymbol{d}, \\
& x_j \leqslant \lfloor \tilde{x}_j \rfloor, \\
& \boldsymbol{x} \in X.
\end{aligned} \tag{6.50}
$$

下面有两种方式可以对模型 (6.50) 进行分解, 即分别添加新的约束到主问题或定价子问题.

方式 1　添加新的约束到主问题. 此时, 新的主问题 MP1 可以表示为

$$
\begin{aligned}
& z^{\mathrm{MP1}} = \min \sum_{g\in G} \left(\boldsymbol{c}^{\mathrm{T}} \boldsymbol{x}^g\right) \lambda_g, \\
\text{s.t.}\quad & \sum_{g\in G} (\boldsymbol{D}\boldsymbol{x}^g) \lambda_g \geqslant \boldsymbol{d}, \\
& \sum_{g\in G} x_j^g \lambda_g \leqslant \lfloor \tilde{x}_j \rfloor, \\
& \sum_{g\in G} \lambda_g = 1,
\end{aligned}
$$

$$\boldsymbol{\lambda} \in \mathbb{R}_{+}^{|G|}.$$

设列生成算法第 k 次迭代结束后, 受限主问题 RMP1 的最优对偶解为 $((\boldsymbol{\pi}^{k})^{\mathrm{T}}, \gamma^{k}, \sigma^{k}) \in \mathbb{R}_{+}^{m} \times \mathbb{R}_{-} \times \mathbb{R}$, 则定价子问题可以表示为

$$\zeta_{1}^{t} = \min\left\{\left(\boldsymbol{c}^{\mathrm{T}} - (\boldsymbol{\pi}^{k})^{\mathrm{T}}\boldsymbol{D}\right)\boldsymbol{x} - \gamma^{k}x_{j} - \sigma^{k} : \boldsymbol{x} \in X\right\}.$$

方式 2 添加新的约束到定价子问题. 此时, 新的主问题 MP2 可以表示为

$$z^{\mathrm{MP2}} = \min \sum_{g\in G} \left(\boldsymbol{c}^{\mathrm{T}}\boldsymbol{x}^{g}\right)\lambda_{g}$$

s.t.

$$\sum_{g\in G} (\boldsymbol{D}\boldsymbol{x}^{g})\lambda_{g} \geqslant \boldsymbol{d},$$

$$\sum_{g\in G} \lambda_{g} = 1,$$

$$\boldsymbol{\lambda} \in \mathbb{R}_{+}^{|G|}.$$

设列生成算法第 k 次迭代结束后, 受限主问题 RMP2 的最优对偶解为 $((\boldsymbol{\pi}^{k})^{\mathrm{T}}, \sigma^{k}) \in \mathbb{R}_{+}^{m} \times \mathbb{R}$, 则定价子问题可以表示为

$$\zeta_{2}^{t} = \min\left\{\left(\boldsymbol{c}^{\mathrm{T}} - (\boldsymbol{\pi}^{k})^{\mathrm{T}}\boldsymbol{D}\right)\boldsymbol{x} - \sigma^{k} : \boldsymbol{x} \in X, x_{j} \leqslant \lfloor \tilde{x}_{j} \rfloor\right\}.$$

值得注意的是, 当建立一个新节点时, 其母节点最终 RMP 中的列需要继承下来以形成该新节点的初始 RMP. 在第二种方式中, 该新节点从其母节点继承的列中, 如果不满足约束 $x_{j} \leqslant \lfloor \tilde{x}_{j} \rfloor$, 则这些列需从初始 RMP 中删除.

定理 6.3 方式 2 生成的下界比方式 1 的更紧, 即 $z^{\mathrm{MP1}} \leqslant z^{\mathrm{MP2}}$.

证明

$$\begin{aligned} z^{\mathrm{MP1}} &= \min\left\{\boldsymbol{c}^{\mathrm{T}}\boldsymbol{x} : \boldsymbol{D}\boldsymbol{x} \geqslant \boldsymbol{d}, \boldsymbol{x} \in \operatorname{conv}(X), x_{j} \leqslant \lfloor \tilde{x}_{j} \rfloor\right\} \\ &\leqslant \min\left\{\boldsymbol{c}^{\mathrm{T}}\boldsymbol{x} : \boldsymbol{D}\boldsymbol{x} \geqslant \boldsymbol{d}, \boldsymbol{x} \in \operatorname{conv}\left(X \cap \{\boldsymbol{x} : x_{j} \leqslant \lfloor \tilde{x}_{j} \rfloor\}\right)\right\} = z^{\mathrm{MP2}}. \end{aligned}$$

定理 6.3 表明, 如果方式 2 不改变定价子问题的结构, 即不增加定价子问题的求解难度, 则通常采用方式 2 进行分支更有效.

分支定价算法具体流程如下.

算法 6.2 (分支定价算法)

步骤 0 初始化. 创建根节点 0, 生成初始受限主问题. 令 $j = k = 1$, 初始化活跃节点集 $\Psi = \{0\}$. 如果原问题存在已知可行解 $\bar{\boldsymbol{x}}$, 则选择该解作为当前最好可

行解, 并记录其目标值 $\bar{z}$. 否则, 若是最大化问题, 令 $\bar{z}=-\infty$; 若是最小化问题, 令 $\bar{z}=+\infty$.

步骤 1 算法终止条件. 如果存在活跃节点, 选择一个节点 $P_k \in \Psi$, 令 $\Psi = \Psi \setminus \{P_k\}$, 并转到步骤 2. 否则, 终止算法. 此时, 如果存在最好可行解 $\bar{\boldsymbol{x}}$, 则它是原问题最优解; 否则, 原问题不可行.

步骤 2 松弛. 利用列生成算法 6.1 求解节点 P_k 对应 Dantzig-Wolfe 分解模型的松弛问题 MP_k, 记最优解为 $\tilde{\boldsymbol{\lambda}}^k$ (如果存在), 最优值为 $\tilde{z}^k$, 并计算原始解 $\tilde{\boldsymbol{x}}^k$.

步骤 3 节点终止条件 1. 如果松弛问题 MP_k 无解, 则终止对节点 P_k 的搜索, 令 $k=k+1$, 并转到步骤 1.

步骤 4 节点终止条件 2. 如果解 $\tilde{\boldsymbol{x}}^{(k)}$ 不比当前最好可行解 $\bar{\boldsymbol{x}}$ 更优, 则终止对节点 P_k 的搜索, 令 $k=k+1$, 并转到步骤 1.

步骤 5 节点终止条件 3 和 4. 如果解 $\tilde{\boldsymbol{x}}^k$ 满足原问题的整数约束, 则终止对节点 P_k 的搜索. 如果解 $\tilde{\boldsymbol{x}}^k$ 比当前最好可行解 $\bar{\boldsymbol{x}}$ 更优, 则更新当前最好可行解, 即令 $\bar{\boldsymbol{x}}=\tilde{\boldsymbol{x}}^k, \bar{z}=\tilde{z}^k$, 并从活跃节点集中删除那些母节点界不优于 $\bar{z}$ 的活跃节点 . 令 $k=k+1$, 并转到步骤 1.

步骤 6 分支. 选择分支变量, 创建两个新的活跃节点 P_{j+1} 和 P_{j+2}, 构建 P_{j+1} 和 P_{j+2} 对应 Dantzig-Wolfe 分解模型松弛问题的初始受限主问题. 令 $\Psi = \Psi \cup \{P_{j+1}, P_{j+2}\}, j=j+1, k=k+1$, 并转到步骤 1.

6.3.2 分支策略

下面以带时间窗的车辆路径问题为例, 介绍常用的分支策略.

6.3.2.1 弧分支

基于弧变量 $x_{ij}=\sum\limits_{r\in\Omega} b_{ij}^r \lambda_r ((i,j)\in A)$ 的分支简单且易于实现, 同时具备较好的鲁棒性, 这使得该分支策略成为目前最流行的策略. 由于弧变量 x_{ij} 是 0-1 变量, 对其进行分支会创建两个子节点, 其中一个节点限制 $x_{ij}=0$, 另一个节点限制 $x_{ij}=1$. 此时, 可以采用方式 2 进行分支, 即将分支约束添加到定价子问题中.

当限制 $x_{ij}=0$ 时, 可以从当前 RMP(由母节点继承来的列构成) 中, 移除所有经过弧 (i,j) (即 $b_{ij}^r=1$) 的路径变量 $\lambda_r (r\in\Omega)$, 以此保证当前 RMP 中的列均可行. 在求解定价子问题时, 只需将弧 (i,j) 从图 G 中删除, 从而不会改变定价子问题结构, 因此标号算法仍然适用.

当限制 $x_{ij}=1$ 时, 需要从当前 RMP 中, 移除所有未经过弧 (i,j)(即 $b_{ij}^r=0$) 路径变量 $\lambda_r (r\in\Omega)$, 从而保证当前 RMP 中的列均可行. 在求解定价子问题时, 需要寻找一个必须经过弧 (i,j) 的路径. 为了实现这一点, 需要从图 G 中删除所

有 $(i,k), k \neq j$ 和 $(k,j), k \neq i$ 形式的弧. 此操作确保: 如果某条路径访问了顶点 i, 则其后续访问节点必为顶点 j.

6.3.2.2 车辆使用数量分支

当主问题最优解中, 的车辆使用数量为分数时, 可以基于车辆使用数量进行分支, 表示为 $\sum\limits_{r\in\Omega}\lambda_r$. 这样的分支决策可以通过方式 1 来实现, 即将相关约束添加到主问题中. 在定价子问题中, 需要将其对偶值考虑到弧的修正成本中.

这种分支策略通常会对搜索树的大小产生较大影响. 当分数解中的车辆使用数量为整数时, 需要考虑其他分支策略.

6.3.2.3 资源窗分支

在车辆路径问题中, 若考虑时间窗等特征, 可以采用资源窗分支策略. 虽然最常用的资源窗分支是基于时间窗展开的, 但针对其他资源, 比如负载, 也能设计类似的分支策略.

在主问题的分数解中, 可能存在多条访问同一顾客 $i \in V'$, 但服务开始时间不同的路径. 在一定条件下, 将客户 i 的时间窗 $[e_i, l_i]$ 分割为两个不相交的时间窗 $[e_i, t]$ 和 $[t+1, l_i]$, 其中 $t \in [e_i, l_i - 1]$. 如此一来, 就能使其中一些路径对 $[e_i, t]$ 不可行, 另一部分对 $[t+1, l_i]$ 不可行.

基于时间窗进行分支的关键要点有两个: 一是如何寻找一个客户, 并将其时间窗划分为两个子时间窗, 以此确保能在后续的分支中排除当前分数解; 二是明确具体的拆分方式. 一旦确定了客户 i 和时间 t, 可以按照如下方式创建两个子节点.

在一个子节点, 将限制顾客 i 的时间窗为 $[e_i, t]$. 此时, 需要从当前受限 RMP 中, 删除所有在客户 i 处的服务开始时间大于 t 的路径; 同时在定价子问题中, 要求在客户 i 处的服务时间必须落在时间区间 $[e_i, t]$ 之内. 在另一个子节点, 将限制顾客 i 的时间窗限定为 $[t+1, l_i]$. 此时, 只需对定价子问题做相应修正.

6.3.2.4 强分支

强分支的核心思想是, 快速评估一组候选分支策略 (弧分支、车辆数分支、资源窗分支等), 对每个子节点所得到的下界 (对最小化问题) 产生的影响, 再根据某种标准选择最佳分支策略.

例如, 在给定节点应用弧分支策略时, 确定一个弧子集 $A^C \subset A$, 将其作为候选分支变量集. 对于 A^C 中的每个弧 a, 如果选择此弧进行分支, 则依次应用相应的分支决策来计算两个子节点的下界 lb_a^- 和 lb_a^+. 在完成所有这些下界的计算之后, 可以选择最佳的弧 $a^* \in \underset{a\in A^C}{\operatorname{argmax}} \min\{\mathrm{lb}_a^-, \mathrm{lb}_a^+\}$ 进行分支.

强分支可以显著减少在搜索树中需要探索的节点数量, 但在每个节点选择最佳分支策略时, 需要耗费一定时间. 因此, 在实际执行过程中, 通常会对候选集合的规模加以限制, 并通过计算节点对应的近似下界来选择最佳分支策略.

6.4　分支定价定切算法

6.4.1　分支定价定切算法思想

尽管 Dantzig-Wolfe 分解后的松弛模型, 能够给出比线性松弛更好的下界, 但下界有时依旧不够强, 这会导致分支定价算法的效率不高. 因此, 在设计分支定价算法求解复杂组合优化问题时, 通常需要设计有效不等式 (切) 来加强主问题的下界.

根据 de Aragão 和 Uchoa (2003) 对于切的分类, 添加至主问题的切可以分为鲁棒切和非鲁棒切.

- **鲁棒切**　形如下式的有效不等式为鲁棒切

$$\sum_{r\in R}\sum_{(i,j)\in A}\beta_{ij}b_{ij}^{r}\lambda_r \leqslant \beta_0. \tag{6.51}$$

- **非鲁棒切**　形如下式的有效不等式为非鲁棒切

$$\sum_{r\in R}\beta_r\lambda_r \leqslant \beta_0. \tag{6.52}$$

鲁棒切不会增加定价子问题的复杂性. 以带时间窗的车辆路径问题为例, 令 ρ 表示有效不等式 (6.51) 的对偶变量, 路径 $r\in\Omega$ 的检验数 $\bar{r}c_r$ 表示如下:

$$\begin{aligned}\bar{r}c_r &= c_r-\sum_{i\in V'}a_i^r\pi_i-\rho\sum_{(i,j)\in A}\beta_{ij}b_{ij}^r-\sigma\\ &=\sum_{(i,j)\in A}\left(c_{ij}-\frac{\pi_i}{2}-\frac{\pi_j}{2}-\rho\beta_{ij}\right)b_{ij}^r=\sum_{(i,j)\in A}\tilde{c}_{ij}b_{ij}^r,\end{aligned}$$

其中 $\pi_0=\pi_{n+1}=\sigma$. 通过设置 $\tilde{c}_{ij}=c_{ij}-\dfrac{\pi_i}{2}-\dfrac{\pi_j}{2}-\rho\beta_{ij}$, 可以同时处理若干个鲁棒切, 每个切对应一个对偶值.

非鲁棒切通常会增加定价子问题的复杂性. 令 φ 表示有效不等式 (6.52) 的对偶变量, 路径 $r\in\Omega$ 的检验数 $\bar{r}c_r$ 表示如下:

$$\bar{r}c_r=\sum_{(i,j)\in A}\bar{c}_{ij}b_{ij}^r-\beta_r\varphi. \tag{6.53}$$

此时, 相应的可变系数 $\beta_r(r\in\Omega)$ 不能表示为弧的线性函数, 故不能将对偶值 σ 直接传递到弧的修正成本中. 因此, 该类切被称为非鲁棒切. 在求解相应的定价子问题时, 需要针对这些对偶值, 额外增加相应的资源变量, 以此来确保定价子问题的有效求解.

将有效不等式融入 MP 求解过程的列生成算法, 被称作列和切生成算法. 其核心思路是: 首先, 用列生成算法求解 MP, 当最优解为分数解时, 鉴别切除该分数解的有效不等式, 并将这些有效不等式添加到当前 RMP 中. 随后, 用列生成算法继续求解更新后的 RMP. 这一过程持续迭代, 直到要么受限 RMP 的最优解为整数解, 要么找不到切除分数解的有效不等式.

列和切生成算法的具体流程如下.

算法 6.3 (列和切生成算法)

步骤 0　初始化. 生成 G 的一个子集 G^k 使得初始 RMP 是可行的, 令 $k = 1$.

步骤 1　求解 MP. 用列生成算法求解主问题 MP^k, 记最优解为 $\boldsymbol{\lambda}^k$, 计算原始最优解 $\boldsymbol{x}^k$.

步骤 2　判断算法终止条件. 判断 $\boldsymbol{\lambda}^k$ 是否为整数解, 如果是, 则终止算法.

步骤 3　鉴别有效不等式. 鉴别切除分数解 $\boldsymbol{\lambda}^k$ 或 $\boldsymbol{x}^k$ 的有效不等式. 如果存在这样的有效不等式, 则将其添加到当前 RMP 中, 形成新主问题 MP^{k+1} 的初始 RMP. 否则, 算法终止.

步骤 4　更新迭代参数. 令 $k = k + 1$, 转到**步骤 1**.

对于整数规划模型, 如果使用列和切生成算法得到的解是分数解, 则必须结合分支定界算法来进一步求解. 在分支定界算法框架下, 如果每个节点对应的线性松弛问题用列和切生成算法进行求解, 称这种算法为**分支定价定切算法** (branch-price-cut algorithm).

6.4.2　常见鲁棒切

6.4.2.1　$\boldsymbol{k}$-路切、子回路消除约束和舍入容量切

k-路切 (k-path cuts) 广泛应用于各种车辆路径问题的求解算法中. k-路切假设: 给定一个顾客子集 $S \subseteq V'$, 能够估计出服务 S 中所有顾客所需车辆数量的下界 $k(S)$. 在这种情况下, 在任何可行解中至少有 $k(S)$ 条路径必定会进入集合 S, 表示如下:

$$X(S) = \sum_{(i,j)\in\delta^-(S)} x_{ij} \geqslant k(S), \tag{6.54}$$

其中, $\delta^-(S) = \{(i,j) \in A | i \in V \backslash S, j \in S\} \subset A$ 表示进入 S 的弧集, $X(S)$ 表示进入 S 的总流量. 值得注意的是, 因为一条路径可能不止一次地进入 S, 有效不等式 (6.54) 的左侧提供了用于服务集合 S 中所有顾客所需车辆数量的上界.

如何计算 $k(S)$ 取决于具体的问题. 对于具有容量限制的车辆路径问题 (capacitated vehicle routing problem) 来说, $k(S)$ 对应于一个装箱问题的解, 其中车辆的装载容量 Q 相当于箱子的容量, 而集合 S 中的客户就好比物品, 客户的货物需求量就是物品的重量. 由于装箱问题是一个 NP-难问题, 有效不等式 (6.54) 的右侧可以用 $k(S) = \lceil d(S)/Q \rceil$ 代替, 其中 $d(S) = \sum\limits_{i \in S} q_i$. 如果 $k(S) = 1$, 则有效不等式 (6.54) 对应子回路消除约束 (subtour elimination constraints); 如果 $k(S) \geqslant 2$, 则有效不等式 (6.54) 对应的是舍入容量切 (rounded capacity cuts).

对于带时间窗的车辆路径问题 (VRPTW) 来说, 计算 $k(S)$ 并非易事, 因为这需要求解访问顾客集为 S 的 VRPTW. 然而, 如果只需要确定 $k(S) > 1$ 是否成立, 难度则相对较低, 因为这等价于求解一个带时间窗的旅行商问题, 该问题可以用动态规划在伪多项式时间内完成. 如果带时间窗的旅行商问题对于满足 $X(S) < 2$ 的子集 S 是不可行的, 则得到一个 2-路切.

6.4.2.2 用容量索引变量定义的切

在车辆路径问题中, 获取鲁棒切的另一种方法是使用容量索引 (capacityindexed, CI) 变量. CI 变量可以在多重图 $G_Q = (V, A_Q)$ 上定义, 其中 A_Q 是一个包含弧 $(i,j)^\kappa, \forall (i,j) \in A, \kappa = 0, 1, \cdots, Q - d_i$ 和弧 $(0,i)^Q, \forall i \in V'$ 的集合. 每一条弧 $(i,j)^\kappa$ 都对应一个二元变量 y_{ij}^κ, 表示车辆通过 (i,j) 时是否具有剩余容量 κ, 或者说, 负载是否为 $Q - \kappa$.

当定价子问题涉及负载资源变量时, CI 变量可以很容易地用路径变量来表示. 设 $b_{ij}^{r\kappa}$ 是一个 0-1 参数, 其含义为路径 r 是否以负载 $Q - \kappa$ 经过弧 (i,j), 可表示为

$$y_{ij}^\kappa = \sum_{r \in \Omega} b_{ij}^{r\kappa} \lambda_r, \quad \forall (i,j)^\kappa \in A^Q. \tag{6.55}$$

在根据 CI 变量定义的公式中, 以 s 为索引的一般约束具有以下形式:

$$\sum_{(i,j)^\kappa \in A^Q} \beta_{ij}^{\kappa s} y_{ij}^\kappa \geqslant \beta_s.$$

由式 (6.55), 相应的有效不等式可表示为如下形式:

$$\sum_{r \in \Omega} \left(\sum_{(i,j)^\kappa \in A^Q} \beta_{ij}^{\kappa s} b_{ij}^{r\kappa} \right) \lambda_r \geqslant \beta_s.$$

给定一个顾客集合 $S \subseteq V'$, 用 $\delta_{\bar{Q}}(S)$ 表示 A_Q 中进入 S 的弧子集. 相关的舍入容量切可表示为

$$\sum_{(i,j)^{\kappa}\in\delta_Q^-(S)} y_{ij}^{\kappa} \geqslant \left\lceil \frac{d(S)}{Q} \right\rceil = k(S).$$

即

$$\sum_{r\in\Omega}\left(\sum_{(i,j)^{\kappa}\in\delta_Q^-(S)} b_{ij}^{r\kappa}\right)\lambda_r \geqslant \left\lceil \frac{d(S)}{Q} \right\rceil = k(S). \tag{6.56}$$

令 $\kappa^* = d(S) - Q(k(S)-1) - 1$, 它表示车辆能够配送给集合 S 中顾客的最大负载, 以使剩余需求 $d(S) - \kappa^*$ 仍至少需要 $k(S)$ 辆车来完成服务. 如果集合 S 中剩余容量 $\kappa > \kappa^*$ 的车辆数少于 $k(S)$ 辆, 则至少需要一辆额外的车进入集合 S. 因此, 根据 CI 变量定义的加强舍入容量切如下:

$$\frac{k(S)+1}{k(S)} \sum_{(i,j)\in\delta_Q^-(S):\kappa>\kappa^*} y_{ij}^k + \sum_{(i,j)\in\delta_Q^-(S):\kappa\leqslant\kappa^*} y_{ij}^k \geqslant k(S)+1. \tag{6.57}$$

显然, 有效不等式 (6.57) 支配不等式 (6.56).

6.4.3 非鲁棒切

6.4.3.1 子集行切 (subset row cuts)

子集行切 (SRCs) 由 Jepsen 等于 2008 年提出, 是目前求解集合划分模型时极为有效的一种非鲁棒切. 给定客户集合 $C \subseteq V'$, SRC 可表示如下:

$$\sum_{r\in\Omega}\left\lfloor \gamma \sum_{i\in C} a_i^r \right\rfloor \lambda_r \leqslant \lfloor \gamma |C| \rfloor,$$

其中, $\gamma = \frac{1}{k}, k = 1, \cdots, |C|$. 当 $\sum_{i\in C} a_i^r \geqslant k$ (即路径 r 访问 C 中的客户超过 k 次) 时, 路径变量 λ_r 有非 0 的系数.

不同的 $|C|$ 和 γ 产生不同的 SRCs. 目前现有的分支定价定切算法限制 $|C| \leqslant 5$, 因为 $|C|$ 越大鉴别 SRCs 越困难. 根据 Pecin 等 (2017) 的研究结果, 有意义的 SRCs 的设置如下:

- 3-SRCs: $|C| = 3, \gamma - \frac{1}{2}$;
- 4-SRCs: $|C| = 4, \gamma = \frac{2}{3}$;
- (5, 2)-SRCs: $|C| = 5, \gamma = \frac{1}{2}$;
- (5, 3)-SRCs: $|C| = 5, \gamma = \frac{1}{3}$;

- 1-SRCs: $|C|=1,\gamma=\dfrac{1}{2}$.

由于鉴别 SRCs 是 NP-难问题, 通常采用枚举所有维数不超过 $|C|$ 的客户集的方式来鉴别 SRCs.

假设 MP 中具有以下 SRCs:

$$\sum_{r\in\Omega}\left\lfloor\gamma\sum_{i\in C}a_i^r\right\rfloor\lambda_r\leqslant\lfloor\gamma\,|C_s|\rfloor,\quad\forall s\in\Gamma. \tag{6.58}$$

由公式 (6.53), 变量 λ_r 的检验数为

$$\bar{r}c_r=\sum_{(i,j)\in A}\bar{c}_{ij}b_{ij}^r-\sum_{s\in\Gamma}\xi_s\left\lfloor\gamma\sum_{i\in C}a_i^r\right\rfloor,$$

其中, $\xi_s\leqslant 0$ 为约束条件 (6.58) 对应的对偶变量, $-\xi_s\left\lfloor\gamma\sum\limits_{i\in C}a_i^r\right\rfloor$ 表示对路径 r 每访问 C_s 中 k 个顾客的惩罚.

为了处理这种惩罚, 用以求解定价子问题的标号算法需做相应修正. 令 $\bar{\Gamma}=\{s\in\Gamma:\xi_s<0\}$, 则对任意 $s\in\bar{\Gamma}$, 需要在标号 L 中增加一个资源变量 $u_s(L)$, 用以记录相应部分路径访问 C_s 中客户的次数.

基于上述定义, 如果 $p(L)$ 沿弧 (i,j) 进行扩展, 则形成新的标号 L', 其中,

$$u_s(L')=\begin{cases}u_s\left(L\right), & \text{如果 } j\notin C_s,\\ u_s\left(L\right)+1\,(\mathrm{mod})\,k, & \text{否则.}\end{cases}$$

如果 $u_s\left(L\right)+1\,(\mathrm{mod})\,k=0$ (即: 该部分路径恰好访问了 C_s 中 k 个顾客), 则要从路径检验数中减去 ξ_s. 因此,

$$\bar{c}\left(L'\right)=\bar{c}\left(L\right)+\bar{c}_{ij}-\sum_{s\in\bar{\Gamma}}z_s\xi_s,$$

其中,

$$z_s=\begin{cases}0, & \text{如果 } u_s(L')\neq 0,\\ 1, & \text{否则.}\end{cases}$$

在支配规则中, 不等式 (6.45) 需更新为

$$\bar{c}\left(L_1\right)-\sum_{s\in\bar{\Gamma}:u_s(L_1)>u_s(L_2)}\xi_s\leqslant\bar{c}\left(L_2\right).$$

6.4.3.2　有限记忆的子集行切 (limited-memory sRCs)

减少子集行切对标号算法影响的一种有效方法, 是定义弱化的子集行切, 使得对于较大数量的标号 L 和弱化子集行切 S, 有 $u_s\left(L\right)=0$. 有限记忆的子集行切

(lm-SRCs) 就属于这类切割. 它由集合 C, 乘数 γ 和一个记忆集合 $M(C \subseteq M \subseteq V')$ 来定义, 可表示为

$$\sum_{r\in\Omega} \alpha(C,M,\gamma,r)\lambda_r \leqslant \lfloor\gamma\,|C|\rfloor,$$

其中系数 α 为 (C,M,γ,r) 的函数, 并且满足 $\alpha(C,M,\gamma,r)\lambda_r \leqslant \left|\gamma\sum_{i\in C} a_i^r\right|$. 如果 $M = V'$, 则 lm-SRCs 等同于相应的 SRCs. 否则, 由 $\alpha(C,M,\gamma,r)$ 的定义可知, lm-SRCs 要弱于 SRCs, 但其对偶值 σ_S 在定价子问题中更容易处理. 参数 $|C|$ 和 γ 的选择类似于 SRCs.

类似地, 假设 MP 中具有以下 lm-SRCs:

$$\sum_{r\in\Omega} \alpha(C_s,M_s,\gamma,r)\lambda_r \leqslant \lfloor\gamma\,|C_s|\rfloor\,, \quad s\in\Gamma. \tag{6.59}$$

由式 (6.53), 变量 λ_r 的检验数为

$$\bar{r}c_r = \sum_{(i,j)\in A} \bar{c}_{ij} b_{ij}^r - \sum_{s\in\Gamma} \xi_s\alpha(C_s,M_s,\gamma,r),$$

其中, $\xi_s \leqslant 0$ 为约束条件 (6.59) 对应的对偶变量.

用以求解定价子问题的标号算法需要做如下修正. 令 $\bar{\Gamma} = \{s\in\Gamma : \xi_s < 0\}$, 则对任意 $s\in\bar{\Gamma}$ 需要在标号 L 中增加一个资源变量 $u_s(L)$, 用以记录相应部分路径访问 C_s 中客户的次数.

基于上述定义, 如果 $p(L)$ 沿弧 (i,j) 进行扩展, 则形成新的标号 L', 其中,

$$u_s(L') = \begin{cases} 0, & \text{如果 } j\notin M_s, \\ u_s(L), & \text{如果 } j\in M_s/C_s, \\ u_s(L)+1(\text{mod})\gamma, & \text{如果 } j\in C_s, \end{cases} \tag{6.60}$$

$$\bar{c}(L') = \bar{c}(L) + \bar{c}_{ij} - \sum_{s\in\bar{\Gamma}} z_s\xi_s, \tag{6.61}$$

其中,

$$z_s = \begin{cases} 0, & \text{如果 } u_s(L')\neq 0 \text{ 或 } j\notin M_s, \\ 1, & \text{如果 } j\in C_s \text{ 且 } u_s(L')=0. \end{cases}$$

系数 α 计算如下: 每当访问一个客户 $j\in C_s$ 且 $u_s(L')=0$, 系数 α 增加 1. 公式 (6.60) 和 (6.61) 表明: 每当访问一个客户 $j\notin M_s$, $u_s(L')$ 重置为 0, 即忘记之前曾访问过 C_s 中的客户, 因此, 会有 $\alpha(C_s,M_s,\gamma,r)\lambda_r \leqslant \left|\gamma\sum_{i\in C} a_i^r\right|$.

在支配规则中, 不等式 (6.45) 需更新为

$$\bar{c}(L_1) - \sum_{s\in\bar{\Gamma}:u_s(L_1)>u_s(L_2)} \xi_s \leqslant \bar{c}(L_2).$$

6.4.3.3 基本切 (elementary cuts)

Balas 于 1977 年引入了基本切, 将其作为集合划分约束 (6.28) 的逻辑阐释. 基本切的核心在于, 如果在最优解中, 存在路径 $r \in \Omega$ 未访问的客户 i, 那么不能选择访问 i 的路径以及至少一个被路径 r 访问过的客户. 此后 Pecin 等于 2017 年提出了一组新的有效不等式, 这组不等式被证明优于 Balas 所提出的基本切, 并且当路径集只包含基本路径时, 这种支配是严格的.

具体而言, 给定客户集合 $C \subset V'$, 客户 $i \in V'\backslash C$, 乘数 $\gamma_i^C = \dfrac{|C|-1}{|C|}$ 以及 $\gamma_j^C = \dfrac{1}{|C|}$, 这些秩等于 1 的 Chvatal-Gomory 割平面, 称为**基本切**, 其表达式如下:

$$\sum_{r\in\Omega} \left\lfloor \gamma_i^C a_i^r + \sum_{j\in C} \gamma_j^C a_j^r \right\rfloor \lambda_r \leqslant 1.$$

相较于 Balas 提出的切, 这些秩等于 1 的 Chvatal-Gomory 割平面的另一个优点是: 所有适用于其他秩等于 1 的 Chvatal-Gomory 割平面的理论, 包括标号定义、支配规则和有限记忆机制等, 都能应用于此处.

6.4.3.4 加强容量切 (strengthened capacity cuts)

如果将弧和路径的关系式应用到不等式 (6.54), 便能获得形为 $\sum_{r\in\Omega} \rho_S^r \lambda_r \geqslant k(S)$ 的鲁棒不等式, 其中 $\rho_S^r = \sum_{(i,j)\in\delta^-(S)} b_{ij}^r$, 表示路径 $r \in \Omega$ 进入集合 S 的次数. 注意, 即使 Ω 只包含基本路径, ρ_S^r 也可能大于 1, 原因在于一条路径可能多次进入或离开集合 S.

重新将 ρ_S^r 定义为路径 r 是否访问 S 中至少一个客户的 0-1 决策变量, 则加强容量切可表示为

$$\sum_{r\in\Omega} \rho_S^r \lambda_r \geqslant k(S). \tag{6.62}$$

显然, 加强容量切 (6.62) 支配不等式 (6.54).

6.5 列生成算法的应用

6.5.1 乘务调度问题

6.5.1.1 问题描述

给定车辆行驶任务, 根据任务中可换班点, 将任务分割成一系列子任务 $M = \{1, \cdots, m\}$. 每个子任务都能看作一个最小值乘段. 乘务员一天服务的最小值乘段序列即为班次, 就构成了一个班次, 所有的班次集合用 $N = \{1, \cdots, n\}$ 表示. 乘务员每天从签到点开始工作, 到签离点结束, 完成一天的工作任务. 乘务调度的目标是寻找成本最小的班次集合, 并使得每个最小值乘段都有乘务员服务.

设 $G = (V, A)$ 是一个完全有向图, 其中 $V = M \cup \{0, n+1\}$ 为顶点集, 0 和 $n+1$ 分别代表班次的签到点和签离点, $A = \{(i, j) : i, j \in V, i \neq j\}$ 是弧集, t_{ij} 表示两个最小值乘段之间的间隔时间, s_i 表示服务最小值乘段 i 需要的时间.

对于 $r \in N$, 假设班次 r 所包含的最小值乘段集为 Q_r, 则班次 r 的成本记为 c_r:

$$c_r = \sum_{i \in Q_r} c_i^M,$$

其中 c_i^M 为最小值乘段 i 的服务成本. 在实际情况中, 班次的可行性会受到多种因素限制, 比如最大工作时长、任务与人员类型匹配等. 这里仅考虑最大工作时长约束, 并设乘务员的最大工作时长为 T.

6.5.1.2 模型构建

假定已知所有满足班次有效性约束的班次集, 则乘务调度问题等价于从中选择一个成本 (或数量) 最小的班次子集, 使得每个最小值乘段包含于所选班次子集的某个班次中. 因此, 乘务调度问题可以用一个集合划分模型来描述.

对于 $i \in M, r \in N$, 定义 0-1 参数 a_{ir}:

$$a_{ir} = \begin{cases} 1, & \text{如果班次 } r \text{ 覆盖最小值乘段 } i, \\ 0, & \text{否则}. \end{cases}$$

对于 $r \in N$, 定义 0-1 决策变量 λ_r:

$$\lambda_r = \begin{cases} 1, & \text{如果被选班次子集包含班次 } r, \\ 0, & \text{否则}. \end{cases}$$

则乘务调度问题可以描述为下列集合划分问题:

$$\min \sum_{r \in N} c_r \lambda_r \tag{6.63}$$

s.t.

$$\sum_{r\in N} a_{ir}\lambda_r = 1, \quad \forall i \in M, \tag{6.64}$$

$$\lambda_r \in \{0,1\}, \quad \forall r \in N. \tag{6.65}$$

目标函数 (6.63) 为最小化班次的总成本. 约束条件 (6.64) 保证每个最小值乘段必须属于某个班次, 且只能属于一个班次. 约束条件 (6.65) 定义决策变量.

如果约束条件 (6.64) 中的 “=” 替换为 “⩾”, 即

$$\sum_{r\in N} a_{ir}\lambda_r \geqslant 1, \quad \forall i \in M. \tag{6.66}$$

相应模型就变成了集合覆盖模型 (set covering problem, SCP).

此时, 约束条件 (6.66) 表示每个最小值乘段至少被一个班次覆盖. 事实上, 该模型仍然是有效的, 因为该问题是最小化问题, 在最优解里必能保证每个最小值乘段仅被一个班次覆盖 (一个最小值乘段被多个班次覆盖必然会增加成本). 与集合划分模型相比较, 集合覆盖模型求解起来更加容易, 其得到的对偶解更稳定.

6.5.1.3 问题求解

下面介绍利用分支定价算法求解上述模型的主要环节.

1. 主问题

其线性松弛问题 (MP) 为

$$\min \sum_{r\in N} c_r\lambda_r \tag{6.67}$$

s.t.

$$\sum_{r\in N} a_{ir}\lambda_r \geqslant 1, \quad \forall i \in M, \tag{6.68}$$

$$\lambda_r \geqslant 0, \quad \forall r \in N. \tag{6.69}$$

2. 定价子问题

令 $\pi_i \geqslant 0$ 为约束条件 (6.68) 的对偶变量, 则变量 λ_r 的检验数可以表示如下:

$$\bar{r}c_r = c_r - \sum_{i\in M} a_{ir}\pi_i = \sum_{(i,j)\in A} c_{ij}b_{ij}^r - \sum_{i\in M} a_{ir}\pi_i = \sum_{(i,j)\in A} \bar{c}_{ij}b_{ij}^r, \tag{6.70}$$

其中, b_{ij}^r 为 0-1 参数, 其等于 1 当且仅当班次 r 包含了最小值乘段 i 和 j, 且最小值乘段 j 在最小值乘段 i 后服务, $c_{ij} = \frac{c_i^M}{2} + \frac{c_j^M}{2}$, $\bar{c}_{ij} = c_{ij} - \frac{\pi_i}{2} - \frac{\pi_j}{2}$.

对于 $(i,j)\in A$, 定义 0-1 决策变量 x_{ij}:

$$x_{ij}=\begin{cases}1, \text{该班次包含最小值乘段 } i \text{ 和 } j, \text{且最小值乘段 } j \text{ 在最小值乘段 } i \text{ 后服务},\\ 0, \text{否则}.\end{cases}$$

对于 $i\in V$, 定义连续变量 T_i 表示到达最小值乘段 i 的时间.

因此, 寻找能改进的列 (或变量) 等价于求解如下定价子问题:

$$\min \sum_{(i,j)\in A} \bar{c}_{ij}x_{ij} \tag{6.71}$$

s.t.

$$\sum_{j\in M\cup\{n+1\}} x_{0j} = \sum_{i\in M\cup\{0\}} x_{i,n+1} = 1, \tag{6.72}$$

$$\sum_{j\in M\cup\{n+1\}} x_{ij} = \sum_{j\in M\cup\{0\}} x_{ji}, \quad \forall i\in M \tag{6.73}$$

$$T_i + t_{ij} + s_i \leqslant T_j + (T + t_{ij} + s_i)(1 - x_{ij}), \quad \forall (i,j)\in A, \tag{6.74}$$

$$T_{n+1} \leqslant T, \tag{6.75}$$

$$x_{ij}\in\{0,1\}, \quad \forall (i,j)\in A, \tag{6.76}$$

$$T_i \geqslant 0, \quad \forall i\in V. \tag{6.77}$$

约束条件 (6.72) 保证每个班次必须签到并且签离一次. 约束条件 (6.73) 表示班次中的每个最小值乘段的出入平衡. 约束条件 (6.74) 给出两个连续访问的最小值乘段开始时间的关系. 约束条件 (6.75) 表示班次的最大时长不超过 T. 约束条件 (6.76) 和 (6.77) 定义了决策变量.

如果上述子问题能得到具有检验数为负的班次 (列), 则将该列加入到当前受限制主问题中, 并重新求解该主问题. 上述主问题与定价子问题求解过程迭代进行, 直到不存在检验数为负的新班次 (列) 为止.

由于一般的乘务班次需要满足多种约束, 下面介绍如何将一般的乘务调度问题的子问题可以转化为带资源约束的最短路问题. 其构造的主要步骤如下:

(i) 根据乘务调度问题给定的车辆任务块集, 构造有向网络图 $G=(V,A)$, 其中 V 和 A 分别表示节点集与弧集, 确保任意班次能表示为图中从起点到终点的某条有向路径.

(ii) 根据乘务调度的班次有效性约束集 C, 定义多种资源集 R, 以及各种资源在弧集 A 上的消耗量, 使得对任意从签到点 0 出发的路径 (或部分路径), 若其资源累积消耗量不超过给定的最大资源可用量, 则该路径 (或部分路径) 对应一个可行的班次 (或部分班次).

(iii) 根据班次检验数计算方法, 定义弧集 A 上的检验数, 使得有向路径所含弧集上检验数的累积量等于其对应班次 (或部分班次) 的检验数.

上述步骤中, 节点集 V 与弧集 A 的具体构造方法、资源集 R 的定义方法, 以及弧集 A 检验数的定义方法, 都需依据具体问题来确定. 当完成带资源约束的最短路问题的构造后, 求解定价子问题等价于寻找网络图上具有最小检验数的路径 (即班次), 通常采用带标号的动态规划方法求解.

3. 分支策略

如果在根节点使用列生成得到整数解, 则终止算法. 否则, 需要进一步分支. 该问题的分支规则与车辆路径问题的分支规则类似, 通常采用基于弧的分支. 首先根据分子解计算弧变量

$$x_{ij} = \sum_{r \in N} \lambda_r b_{ij}^r.$$

选择最接近 0.5 的弧进行分支, 两个子节点分别添加约束条件

$$x_{ij} = 0 \text{ 或 } x_{ij} = 1.$$

对分支后的节点继续采用列生成算法继续求解, 直至所有的节点为非活跃节点时算法终止, 问题求解结束.

6.5.2　平行机调度问题

6.5.2.1　问题描述

一个加工系统共有 m 台机器 $M = \{1, \cdots, m\}$ 和 n 个要加工的工件 $N = \{1, \cdots, n\}$. 每个工件只需加工一道工序, 可在任意一台机器上加工. 机器在加工过程中不可中断, 一台机器在任意时刻只能加工一个工件.

工件 $J_j (j \in N)$ 在机器 $M_k (k \in M)$ 上所需的加工时间为 p_{jk}, 设 A_j^k 和 B_j^k 分别为可以在机器 k 上于工件 j 之后和之前加工的工件集. 对于给定的一种排序 (调度), 记 C_j 为工件 J_j 的完工时间. 该问题需要决策在每台机器上加工的工件集以及相应的调度方案, 目标是最小化所有工件完工时间的相关函数, 常用的函数有最小化最大完工时间以及最小化总完工时间和等.

6.5.2.2　模型构建

对于 $i, j \in N, k \in M$, 定义 0-1 决策变量 x_{ij}^k:

$$x_{ij}^k = \begin{cases} 1, & \text{工件 } j \text{ 紧排在工件 } i \text{ 之后在机器 } k \text{ 上加工}, \\ 0, & \text{否则}. \end{cases}$$

如果工件 j 在机器 k 上第一个加工, 则令 $x_{0j}^k=1$. 否则, 令 $x_{0j}^k=0$. 若工件 j 在机器 k 上最后一个加工, 则令 $x_{j,n+1}^k=1$. 否则, 令 $x_{j,n+1}^k=0$.

对于 $j\in N$, 定义连续变量 C_j 为工件 j 的完工时间.

根据上面的定义, 建立如下数学模型:

$$\min \sum_{j\in N} f_j(C_j) \tag{6.78}$$

s.t.

$$\sum_{k\in M}\sum_{i\in B_j^k\cup\{0\}} x_{ij}^k=1, \quad \forall j\in N, \tag{6.79}$$

$$\sum_{j\in N} x_{0j}^k \leqslant 1, \quad \forall k\in M, \tag{6.80}$$

$$\sum_{i\in B_j^k\cup\{0\}} x_{ij}^k=\sum_{i\in A_j^k\cup\{n+1\}} x_{ji}^k, \quad \forall j\in N, k\in M, \tag{6.81}$$

$$C_j=\sum_{k\in M}\left(p_{jk}x_{0j}^k+\sum_{i\in B_j^k}(C_i+p_{jk})x_{ij}^k\right), \quad \forall j\in N, \tag{6.82}$$

$$x_{ij}^k\in\{0,1\}, \quad C_j\geqslant 0, \quad \forall i,j\in N, \quad k\in M. \tag{6.83}$$

约束条件 (6.79) 确保每个工件一定被加工且最多只能被加工一次. 约束条件 (6.80) 表明每台机器最多被使用一次. 约束条件 (6.81) 明确了工件加工的先后顺序, 确保每台机器上的调度是可行的. 约束条件 (6.82) 定义了工件 j 的完工时间. 约束条件 (6.83) 定义了决策变量.

式 (6.82) 也可以转化为下述约束条件:

$$C_i+p_{jk}\leqslant C_j+T\left(1-x_{ij}^k\right), \quad \forall i\in N\cup\{0\}, j\in A_i^k, \ k\in M,$$

其中, $C_0=0$, T 为一个比较大的正常数.

6.5.2.3 问题求解

下面介绍利用分支定价算法求解模型 (6.78)~(6.83) 的主要环节.

1. 主问题

对于 $k\in M$, 定义 Ω^k 为机器 k 上所有可行调度集.

对于 $s\in\Omega^k$, 定义 f_s^k 为可行调度 s 的相应目标值.

对于 $j\in N, k\in M, s\in\Omega^k$, 定义 0-1 参数 a_{js}^k:

$$a_{js}^k = \begin{cases} 1, & \text{如果可行调度 } s \text{ 包含工件 } j, \\ 0, & \text{否则.} \end{cases}$$

对于 $k \in M, s \in \Omega^k$, 定义 0-1 决策变量 λ_r:

$$\lambda_s^k = \begin{cases} 1, & \text{如果在最优解中使用可行调度 } s, \\ 0, & \text{否则,} \end{cases}$$

则模型 (6.78)~(6.83) 可以重表示为下列集合划分模型:

$$\min \sum_{k \in M} \sum_{s \in \Omega^k} f_s^k \lambda_s^k \tag{6.84}$$

$$\sum_{k \in M} \sum_{s \in \Omega^k} a_{js}^k \lambda_s^k = 1, \quad \forall j \in N, \tag{6.85}$$

$$\sum_{s \in \Omega^k} \lambda_s^k \leqslant 1, \quad \forall k \in M, \tag{6.86}$$

$$\lambda_s^k \in \{0, 1\}, \quad \forall s \in \Omega^k, \quad k \in M. \tag{6.87}$$

2. 定价子问题

求解定价子问题的目的是找到能使总目标值降低最多的可行调度, 并将之对应的列添加到受限主问题中. 令 π_j 和 σ_k 分别为约束条件 (6.85) 和 (6.86) 的对偶变量, 则变量 λ_s^k 的检验数为

$$r_s^k = f_s^k - \sum_{j \in N} a_{js}^k \pi_j - \sigma_k = \sum_{i \in N \cup \{0\}} \sum_{j \in B_i^k} \bar{c}_{ij} x_{ij}^k, \tag{6.88}$$

其中 $\bar{c}_{ij}^k = c_{ij} - \dfrac{\pi_i}{2} - \dfrac{\pi_j}{2}$, $\pi_0 = \pi_{n+1} = \sigma_k, c_{ij} = \dfrac{f_i(C_i)}{2} + \dfrac{f_j(C_j)}{2}$.

因此, 定价子问题进一步可分解为 m 个定价子问题, 其中每台机器对应一个定价子问题. 机器 $M_k (k \in M)$ 对应的定价子问题可以表示为

$$\sum_{i \in N \cup \{0\}} \sum_{j \in B_i^k} \bar{c}_{ij} x_{ij}^k \tag{6.89}$$

s.t.

$$\sum_{j \in N} x_{0j}^k = 1, \tag{6.90}$$

$$\sum_{i \in B_j^k \cup \{0\}} x_{ij}^k = \sum_{i \in A_j^k \cup \{n+1\}} x_{ij}^k, \quad \forall j \in N, \tag{6.91}$$

$$C_j = \sum_{k \in M} \left(p_{jk} x_{0j}^k + \sum_{i \in B_j^k} (C_i + p_{jk}) x_{ij}^k \right), \quad \forall j \in N, \tag{6.92}$$

$$x_{ij}^k \in \{0,1\}, \quad C_j \geqslant 0, \quad \forall i,j \in N. \tag{6.93}$$

上述定价子问题的目标是寻找机器 M_k 上检验数最小的可行调度, 可以利用动态规划方法进行精确求解.

3. 分支策略

对于 $i,j \in N, k \in M, s \in \Omega^k$, 定义 0-1 参数 e_{ij}^s:

$$e_{ij}^s = \begin{cases} 1, & \text{如果可行调度 } s \text{ 包含工件 } i \text{ 和 } j \text{并且工件 } j \text{ 紧排在 } i \text{ 后加工}, \\ 0, & \text{否则}. \end{cases}$$

则变量 x_{ij}^k 和 λ_s^k 之间具有如下关系:

$$x_{ij}^k = \sum_{s \in \Omega_k} \lambda_s^k e_{ij}^s.$$

易知, 变量 $\boldsymbol{x} = \left(x_{ij}^k\right)_{i,j \in N, k \in M}$ 为整数解当且仅当变量 $\boldsymbol{\lambda} = \left(\lambda_s^k\right)_{k \in M, s \in \Omega^k}$ 为整数解. 因此, 如 6.3.2 节所述, 可以选择变量 x_{ij}^k 进行分支.

习 题 六

6-1. 请简述适用于使用列生成算法求解的优化问题所具有的特点.

6-2. 请简要描述列生成算法的一般步骤.

6-3. 请应用列生成算法求解如下下料问题. 家具制造所用到的材料均从长 $b = 12\text{m}$ 的材料中切割下来的. 某生产商需要不同类型的材料如表 6.2 所示, 请问厂家应如何下料使在满足需求的前提下用料最省?

表 6.2 不同类型的材料

i	长度 h_i	需求 d_i
1	3	25
2	4	15
3	5	12
4	7	8

(a) 定义切割方案 r 为一个总长度不超过 b 米, 切出类型 i (长度为 h_i) 的数量为 a_{ir} 的组合. 设 R 表示所有可能的切割方案, x_r 表示切割方案 r 用到的次数, 请说明下料问题可描述为

如下的整数线性规划模型:

$$\min \sum_{r\in R} x_r$$

s.t.

$$\sum_{r\in R} a_{ir}x_r \geqslant d_i, \quad \forall i=1,\cdots,4,$$

$$x_r \in \mathbb{Z}_+, \quad \forall r \in R.$$

(b) 对于模型 (a) 的当前 RMP, 设其最优解对应的对偶值为 $\{\tilde{v}_i\}$, 说明相应的定价子问题等价于如下背包问题:

$$\min 1-\sum_{i=1}^{4} \tilde{v}_i a_{ir}$$

s.t.

$$\sum_{i=1}^{4} h_i a_{ir} \leqslant b,$$

$$a_{ir} \in \mathbb{Z}_+, \quad \forall i=1,\cdots,4.$$

(c) 请解释列生成算法的优点, 例如, 列生成算法可以通过易处理的模型生成检验数为负的列或证明不存在检验数为负的列.

(d) 若应用列生成算法来求解此问题, 在构造初始 RMP 时可以选择 4 种只切割单一长度类型的切割方案, 如表 6.2, 请解释这样构造初始列集合的好处.

(e) 求解问题 (d) 中的 RMP, 计算得到最优解 $\bar{\boldsymbol{x}}$ 和对偶解 $\bar{\boldsymbol{v}}$, 并利用该结果和问题 (b) 中的观察法, 选择下一个应该进入的列.

6-4. 请应用列生成算法求解如下整数线性规划模型:

$$\min \sum_{j=1}^{6} c_j x_j$$

s.t.

$$\sum_{j=1}^{6} a_{ij}x_j \geqslant b_i, \quad \forall i=1,\cdots,6,$$

$$x_j \in \mathbb{Z}_+, \quad \forall j=1,\cdots,6,$$

其中, $b_i \leqslant 6$ 且为正整数, 对于任何一列 j, 约束条件系数 a_{ij} 为非负整数且总和不大于 6, 对应成本 $c_j=\sum_{i=1}^{6}\log_{10}(a_{ij}+1)$.

(a) 请写出一个由列 j 构成的初始 RMP, 其中列 j 中的一个元素 $a_{ij}\neq 0$ 可以满足原始可行解.

(b) 请说明用列生成算法求解每个 RMP, 而不是在算法终止之前要求决策变量满足整数约束的合理性.

(c) 假设求解当前 RMP 得到对偶解 $\bar{v}_1, \cdots, \bar{v}_6$, 请写出生成下一个新的列 g 的定价子问题.

(d) 请解释新进入当前 RMP 的列 g 不可能在 RMP 列集合中的原因.

(e) 解释 (c) 中如何判断出没有可以新生成的列, 应该终止算法.

6-5. 请应用列生成算法求解如下问题. 某医疗救助中心正在为小型直升机设计航班, 这些小型直升机将用于为受自然灾害影响的人们配送医疗、食品、住房资源. 表 6.3 给出了不同应急物资重量占飞机可承载重量 w_i 的比例和占集装箱容量 v_i 的比例. 该医疗救助中心希望以最少的航班配送次数, 保障所有物资需求都能得到满足.

表 6.3 不同应急物资的重量、容量和需求量

i	物资	重量 w_i	容量 v_i	需求量 q_i
1	紧急医疗补给	0.06	0.12	30
2	饮用水	0.25	0.15	25
3	柴油发电机	0.45	0.23	12
4	发电机燃油	0.23	0.34	24
5	帐篷	0.12	0.29	14
6	检测设备	0.15	0.24	30
7	毛毯	0.02	0.16	40
8	雨衣	0.05	0.12	23

(a) 设 x_j 表示装载组合 j 的运送次数, a_{ij} 表示第 j 个装载组合中, 物资 i 的集装箱数量, 将该医疗救助中心的计划问题描述成一个整数线性规划模型.

(b) 说明存在大量可行装箱组合, 使得该问题适合采用列生成算法求解的原因.

(c) 写出系数 a_{ij} 应该满足的重量约束 w_i 和容量约束 v_i.

(d) 为该医疗救助中心构造一个初始的列集合, 其中某类物资 i 达到重量或容量约束所允许的最大数量, 而其余物资对应的系数满足 $a_{ij} = 0$.

(e) 假设列生成算法已经求解了当前 RMP, 得到物资 i 对应的对偶变量 $\bar{w}_i$. 写出定价子问题的数学模型, 以及列 g 符合进入当前 RMP 的条件.

(f) 根据 (e) 中定价子问题模型, 写出算法终止的条件, 并解释其原因.

(g) 使用优化软件求解 (e) 中 RMP. 写出列生成算法迭代的求解过程, 直到主问题中增加了 5 个新列或满足 (f) 中的终止条件.

(h) 对 (g) 中得到的结果进行向上取整处理, 得到近似最优解.

6-6. 请应用列生成算法求解如下问题. 为了激发教师对长期战略计划的思考, 某高校工业工程系计划将 12 位教师分成 4 个团队, 每个团队 3 人. 每位教师和其他教师的配合度不同, 可以用表 6.4 所示的配合度评分表示 (100 为最好, 0 为最差).

(a) 设决策变量 x_j 表示教师团队组合 $T_j = \{i_1, i_2, i_3\}$ 是否在计划安排中, 用整数规划模型对上述问题进行建模, 目标是最大化 4 个团队的总配合度得分, 其中每个团队的配合度得分 h_j 是 3 人两两得分之和.

(b) 如果考虑所有可能的团队组合, (a) 中的规划模型有多少列?

(c) 如果考虑所有可能的团队组合, 讨论直接求解 (a) 中模型的难度, 尤其是当教师数量较大时.

(d) 若 RMP 选择的初始列是教师 1~ 教师 3, 教师 4~ 教师 6, 教师 7~ 教师 9 和教师 10~ 教师 12, 解释采用列生成算法求解的好处.

(e) 采用优化软件求解 (d) 中第一个 RMP 的最优解和对偶最优解.

(f) 根据 (e) 中的对偶最优解, 写出定价子问题模型.

(g) 根据 (f) 中的定价子问题模型, 手动计算三个新的列, 并根据相应的检验数说明可能改进当前 RMP 目标函数值的原因.

(h) 将 (g) 中得到的列添加到当前 RMP 中, 重新求解, 判断是否改进了当前 RMP 目标函数值, 并进行解释.

(i) 说明 (h) 中得到的解是否达到最优解.

表 6.4

	教师 2	教师 3	教师 4	教师 5	教师 6	教师 7	教师 8	教师 9	教师 10	教师 11	教师 12
教师 1	20	60	95	55	75	25	65	70	100	56	89
教师 2		46	13	85	56	78	73	59	6	12	9
教师 3			45	27	45	30	53	2	35		12
教师 4				11	2	45	28	25	30	6	10
教师 5					42	57	52	98	72		88
教师 6						15	53	34	91	12	19
教师 7							38	28	68	25	16
教师 8								7	49	16	94
教师 9									35	32	55
教师 10										8	11
教师 11											10

第 7 章 拉格朗日松弛算法

拉格朗日松弛算法

拉格朗日松弛算法是一种求解复杂优化问题的近似算法，能在较短时间内获取高质量的可行解，还具备便于进行性能评价等特点. 该算法的思想最早可追溯到 20 世纪 60 年代，当时起源于对调度问题的研究. 到了 70 年代初，A. M. Geoffrion 在求解整数规划模型时，首次正式提出了拉格朗日松弛算法的定义. 此后，这一算法在车辆路径、选址、调度、广义分配、集合覆盖等诸多经典的组合优化问题中得到了广泛应用.

拉格朗日松弛算法的基本思路是，通过引入拉格朗日乘子，将那些导致问题难以求解的约束条件，以类似惩罚项的形式融入目标函数之中. 如此一来，原问题就转化为相对容易求解的拉格朗日松弛问题. 在求解过程中，通过不断求解拉格朗日对偶问题，逐步逼近原问题的最优解. 对于最小 (大) 化问题，拉格朗日对偶问题的最优值是原问题最优值的下 (上) 界. 基于这一特性，拉格朗日松弛算法常被用于求解问题的下界或上界. 大量实际计算结果显示，利用拉格朗日松弛算法得到的界相对较紧，同时计算所需时间也处于可接受的范围.

本章将对拉格朗日松弛算法作一个较为全面的介绍. 首先，以一个整数规划模型为例，说明拉格朗日松弛算法的原理，并比较原问题、拉格朗日松弛问题、拉格朗日对偶问题之间的相互关系. 随后，重点介绍几种常用的求解拉格朗对偶问题的算法. 最后，介绍拉格朗日松弛算法的一些经典应用案例.

7.1 拉格朗日原问题和对偶问题

本节基于一个整数规划模型，相继推导出该问题的拉格朗日松弛问题以及拉格朗日对偶问题，并说明它们之间的相互关联.

考虑如下整数规划模型:

$$
\begin{aligned}
& z_I = \min f(\boldsymbol{x}) \\
\text{s.t.} & \\
& g(\boldsymbol{x}) \geqslant \boldsymbol{b}, \\
& \boldsymbol{x} \in \mathbb{Z}_+^n.
\end{aligned}
\tag{7.1}
$$

假定所有数均为有理数. 当模型 (7.1) 无界时，定义 $z_I = +\infty$; 当模型 (7.1) 不可行时，定义 $z_I = -\infty$.

为方便后续证明, 在 7.2 节和 7.3 节中, 令 $f(\boldsymbol{x}) = \boldsymbol{c}^{\mathrm{T}}\boldsymbol{x}$, $g(\boldsymbol{x}) = \boldsymbol{A}\boldsymbol{x}$, 其中 $\boldsymbol{c} \in \mathbb{R}^n, \boldsymbol{A} \in \mathbb{R}^{m\times n}, \boldsymbol{b} \in \mathbb{R}^m$. 基于问题的结构, 可以将约束 $\boldsymbol{A}\boldsymbol{x} \geqslant \boldsymbol{b}$ 划分为两个子约束: $\boldsymbol{A}_1\boldsymbol{x} \geqslant \boldsymbol{b}^1$, $\boldsymbol{A}_2\boldsymbol{x} \geqslant \boldsymbol{b}^2$. 其中, 约束 $\boldsymbol{A}_2\boldsymbol{x} \geqslant \boldsymbol{b}^2$ 可以看作是容易处理的约束条件, 而约束 $\boldsymbol{A}_1\boldsymbol{x} \geqslant \boldsymbol{b}^1$ 是难处理的约束条件. 定义难约束的个数为 p 个, 简单约束为 q 个.

令 $Q = \{\boldsymbol{x} \in \mathbb{Z}_+^n : \boldsymbol{A}_2\boldsymbol{x} \geqslant \boldsymbol{b}^2\}$. 对于任意的 $\boldsymbol{\lambda} \in \mathbb{R}_+^p$, 下述问题 LR$(\boldsymbol{\lambda})$ 称为拉格朗日松弛问题:

$$z_{\mathrm{LR}}(\boldsymbol{\lambda}) = \min_{\boldsymbol{x}\in Q} \boldsymbol{c}^{\mathrm{T}}\boldsymbol{x} + \boldsymbol{\lambda}^{\mathrm{T}}\left(\boldsymbol{b}^1 - \boldsymbol{A}_1\boldsymbol{x}\right). \tag{7.2}$$

其中 $\boldsymbol{\lambda}$ 为拉格朗日乘子, $z_{\mathrm{LR}}(\boldsymbol{\lambda})$ 为拉格朗日对偶函数.

最大化拉格朗日对偶函数 $z_{\mathrm{LR}}(\boldsymbol{\lambda})$, 可以得到如下拉格朗日对偶问题:

$$z_{\mathrm{LD}} = \max_{\boldsymbol{\lambda}\geqslant 0} z_{\mathrm{LR}}(\boldsymbol{\lambda}). \tag{7.3}$$

定理 7.1　对于 $\forall\boldsymbol{\lambda} \in \mathbb{R}_+^p$, $z_{\mathrm{LR}}(\boldsymbol{\lambda}) \leqslant z_I$.

证明　当 $z_I = -\infty$ 时, 结论显然成立. 下面假设模型 (7.1) 存在可行解. 设 $\bar{\boldsymbol{x}}$ 是模型 (7.1) 的任意可行解. 因为 $\bar{\boldsymbol{x}} \in Q$, $\bar{\boldsymbol{x}}$ 对于拉格朗日松弛问题 LR$(\boldsymbol{\lambda})$ 是可行的. 又因为 $\boldsymbol{A}_1\bar{\boldsymbol{x}} \geqslant \boldsymbol{b}^1$ 和 $\boldsymbol{\lambda} \geqslant \boldsymbol{0}$, 有 $z_{\mathrm{LR}}(\boldsymbol{\lambda}) \leqslant \boldsymbol{c}^{\mathrm{T}}\bar{\boldsymbol{x}} + \boldsymbol{\lambda}^{\mathrm{T}}\left(\boldsymbol{b}^1 - \boldsymbol{A}_1\bar{\boldsymbol{x}}\right) \leqslant \boldsymbol{c}^{\mathrm{T}}\bar{\boldsymbol{x}}$, 这意味着 $z_{\mathrm{LR}}(\boldsymbol{\lambda}) \leqslant z_I$.

定理 7.2　如果拉格朗日对偶问题 (7.3) 的目标值有限, 则

$$z_{\mathrm{LD}} = \min\left\{\boldsymbol{c}^{\mathrm{T}}\boldsymbol{x} : \boldsymbol{A}_1\boldsymbol{x} \geqslant \boldsymbol{b}^1, \boldsymbol{x} \in \mathrm{conv}(Q)\right\}. \tag{7.4}$$

证明　设 $\left\{\boldsymbol{x}^t : t = 1, \cdots, T\right\}$ 是 conv(Q) 的极点集合, 则有

$$\begin{aligned} z_{\mathrm{LD}} &= \max_{\boldsymbol{\lambda}\geqslant 0}\left(\min_{\boldsymbol{x}\in Q}\left(\boldsymbol{c}^{\mathrm{T}}\boldsymbol{x} + \boldsymbol{\lambda}^{\mathrm{T}}\left(\boldsymbol{b}^1 - \boldsymbol{A}_1\boldsymbol{x}\right)\right)\right) \\ &= \max_{\boldsymbol{\lambda}\geqslant 0}\left(\min_{t=1,\cdots,T}\left(\boldsymbol{c}^{\mathrm{T}}\boldsymbol{x}^t + \boldsymbol{\lambda}^{\mathrm{T}}\left(\boldsymbol{b}^1 - \boldsymbol{A}_1\boldsymbol{x}^t\right)\right)\right) \\ &= \max_{\boldsymbol{\lambda}\geqslant 0}\left(\boldsymbol{\lambda}^{\mathrm{T}}\boldsymbol{b}^1 + \min_{t=1,\cdots,T}\left(\boldsymbol{c}^{\mathrm{T}}\boldsymbol{x}^t - \lambda^{\mathrm{T}}\boldsymbol{A}_1\boldsymbol{x}^t\right)\right). \end{aligned} \tag{7.5}$$

引入辅助变量 σ, 则有

$$\begin{aligned} z_{\mathrm{LD}} = &\max_{\lambda\geqslant 0} \boldsymbol{\lambda}^{\mathrm{T}}\boldsymbol{b}^1 + \sigma \\ \text{s.t.}& \\ &\boldsymbol{\lambda}^{\mathrm{T}}\boldsymbol{A}_1 x^t + \sigma \leqslant \boldsymbol{c}^{\mathrm{T}}\boldsymbol{x}^t, \quad \forall t = 1, \cdots, T, \end{aligned} \tag{7.6}$$

$$\boldsymbol{\lambda} \in \mathbb{R}_+^p, \sigma \in \mathbb{R}.$$

对模型 (7.6) 进行对偶, 可以得到如下对偶问题:

$$z_{\mathrm{LD}} = \min \sum_{t=1}^{T} \boldsymbol{c}^{\mathrm{T}}(\mu^t \boldsymbol{x}^t)$$

$$\text{s.t.}$$

$$\sum_{t=1}^{T} \boldsymbol{A}_1 \left(\mu^t \boldsymbol{x}^t\right) \geqslant \boldsymbol{b}^1, \tag{7.7}$$

$$\sum_{t=1}^{T} \mu^t = 1,$$

$$\mu^t \geqslant 0, \forall t = 1, \cdots, T,$$

其中, μ^t 为对偶变量. 因为

$$\operatorname{conv}(Q) = \left\{ \sum_{t=1}^{T} \mu^t \boldsymbol{x}^t : \sum_{t=1}^{T} \mu^t = 1\,, \mu^t \geqslant 0 \right\},$$

定理得证.

定理 7.3 对偶函数 $z_{\mathrm{LR}}(\boldsymbol{\lambda})$ 在 $\mathbb{R}_+^{m_1}$ 上是分片线性凹函数.

证明 由根据 $z_{\mathrm{LR}}(\boldsymbol{\lambda})$ 的定义, 对于 $\boldsymbol{\lambda} \in \mathbb{R}_+^{m_1}$, 有 $z_{\mathrm{LR}}(\boldsymbol{\lambda}) = \min\limits_{\boldsymbol{x} \in Q} \boldsymbol{c}^{\mathrm{T}}\boldsymbol{x} + \boldsymbol{\lambda}^{\mathrm{T}}(\boldsymbol{b}^1 - \boldsymbol{A}_1\boldsymbol{x})$. 由于 Q 是有限集合, $z_{\mathrm{LR}}(\boldsymbol{\lambda})$ 是有限个关于 $\boldsymbol{\lambda}$ 的线性函数的最小值. 因此, $z_{\mathrm{LR}}(\boldsymbol{\lambda})$ 是一个分片线性凹函数.

设 z_{LP} 为模型 (7.1) 的线性松弛问题的最优值, 有如下定理.

定理 7.4 $z_{\mathrm{LP}} \leqslant z_{\mathrm{LD}} \leqslant z_I$.

证明 由定理 7.1, 易知 $z_{\mathrm{LD}} \leqslant z_I$. 下面证明 $z_{\mathrm{LP}} \leqslant z_{\mathrm{LD}}$. 拉格朗日对偶问题 (7.3) 的可行域为 $\operatorname{conv}(Q) \cap \left\{\boldsymbol{x} \in \mathbb{Z}_+^n : \boldsymbol{A}_1\boldsymbol{x} \geqslant \boldsymbol{b}^1\right\}$, 模型 (7.1) 的线性松弛问题的可行域是 $\left\{\boldsymbol{x} \in \mathbb{R}_+^n : \boldsymbol{A}\boldsymbol{x} \geqslant \boldsymbol{b}\right\}$, 且有 $\operatorname{conv}(Q) \cap \left\{\boldsymbol{x} \in \mathbb{Z}_+^n : \boldsymbol{A}_1\boldsymbol{x} \geqslant \boldsymbol{b}^1\right\} \subseteq \left\{\boldsymbol{x} \in \mathbb{R}_+^n : \boldsymbol{A}\boldsymbol{x} \geqslant \boldsymbol{b}\right\}$. 在上述两个集合中最小化线性函数 $\boldsymbol{c}^{\mathrm{T}}\boldsymbol{x}$, 可得 $z_{\mathrm{LP}} \leqslant z_{\mathrm{LD}}$.

定理 7.4 表明, 通过拉格朗日对偶问题得到的下界, 至少与直接线性松弛得到的下界一样紧.

对于拉格朗日松弛问题的一个最优解, 如果它是原问题的可行解, 并且满足每一个被松弛的不等式约束对应的互补松弛条件, 即 $\boldsymbol{\lambda}^{\mathrm{T}}\left(\boldsymbol{b}^1 - \boldsymbol{A}_1\boldsymbol{x}\right) = 0$, 则该最优解也是原问题的一个最优解.

7.2 拉格朗日松弛的进一步讨论

本节针对一些特殊的整数规划模型提出不同的拉格朗日分解策略.

7.2.1 等式约束的松弛

考虑如下带有等式约束的整数线性规划模型:

$$
\begin{aligned}
& z_{\mathrm{I}} = \min \boldsymbol{c}^{\mathrm{T}}\boldsymbol{x} \\
\text{s.t.} \quad & \\
& \boldsymbol{A}\boldsymbol{x} = \boldsymbol{b}, \\
& \boldsymbol{x} \in \mathbb{Z}_{+}^{n}.
\end{aligned}
\tag{7.8}
$$

将等式约束 $\boldsymbol{A}\boldsymbol{x} = \boldsymbol{b}$ 写成标准形式: $\boldsymbol{A}\boldsymbol{x} \geqslant \boldsymbol{b}$ 和 $-\boldsymbol{A}\boldsymbol{x} \geqslant -\boldsymbol{b}$. 同时把这两个约束松弛到目标函数中有

$$
\begin{aligned}
z_{\mathrm{LR}} &= \boldsymbol{c}^{\mathrm{T}}\boldsymbol{x} + \boldsymbol{\lambda}_1^{\mathrm{T}}(\boldsymbol{b} - \boldsymbol{A}\boldsymbol{x}) + \boldsymbol{\lambda}_2^{\mathrm{T}}(-\boldsymbol{b} - \boldsymbol{A}\boldsymbol{x}) \\
&= \boldsymbol{c}^{\mathrm{T}}\boldsymbol{x} + (\boldsymbol{\lambda}_1 - \boldsymbol{\lambda}_2)^{\mathrm{T}}(\boldsymbol{b} - \boldsymbol{A}\boldsymbol{x}),
\end{aligned}
$$

令 $\boldsymbol{\lambda} = \boldsymbol{\lambda}_1 - \boldsymbol{\lambda}_2$, 则 $\boldsymbol{\lambda}$ 无非负约束.

7.2.2 含两类约束的拉格朗日松弛

考虑如下形式的整数线性规划模型:

$$
\begin{aligned}
& z_{\mathrm{IP}} = \min \boldsymbol{c}^{\mathrm{T}}\boldsymbol{x} \\
\text{s.t.} \quad & \\
& \boldsymbol{A}\boldsymbol{x} \geqslant \boldsymbol{b}, \\
& \boldsymbol{B}\boldsymbol{x} \geqslant \boldsymbol{d}, \\
& \boldsymbol{x} \in \mathbb{Z}_{+}^{n}.
\end{aligned}
\tag{7.9}
$$

引入辅助变量 $\boldsymbol{y}$, 可以将模型 (7.9) 转化成下述等价模型:

$$
\begin{aligned}
& z_{\mathrm{IP}} = \min \boldsymbol{c}^{\mathrm{T}}\boldsymbol{x} \\
\text{s.t.} \quad & \\
& \boldsymbol{A}\boldsymbol{x} \geqslant \boldsymbol{b},
\end{aligned}
\tag{7.10}
$$

$$\boldsymbol{x} = \boldsymbol{y},$$

$$\boldsymbol{B}\boldsymbol{y} \geqslant \boldsymbol{d},$$

$$\boldsymbol{x}, \boldsymbol{y} \in \mathbb{Z}_+^n.$$

利用拉格朗日乘子 $\boldsymbol{\lambda} \in \mathbb{R}^n$, 将约束 $\boldsymbol{x} = \boldsymbol{y}$ 松弛到目标函数中, 则相应的模型转化为

$$\begin{aligned}
&\min \boldsymbol{c}^{\mathrm{T}}\boldsymbol{x} + \boldsymbol{\lambda}^{\mathrm{T}}(\boldsymbol{x} - \boldsymbol{y}) \\
\text{s.t.}\quad & \\
&\boldsymbol{A}\boldsymbol{x} \geqslant \boldsymbol{b}, \\
&\boldsymbol{B}\boldsymbol{y} \geqslant \boldsymbol{d}, \\
&\boldsymbol{x}, \boldsymbol{y} \in \mathbb{Z}_+^n.
\end{aligned} \tag{7.11}$$

观察到模型 (7.11) 的约束分别只与 $\boldsymbol{x}$ 和 $\boldsymbol{y}$ 相关, 因此该问题可以分解为两个相应的拉格朗日子问题

$$\begin{aligned}
&z_{\mathrm{LR1}}(\boldsymbol{\lambda}) = \min \boldsymbol{c}^{\mathrm{T}}\boldsymbol{x} + \boldsymbol{\lambda}^{\mathrm{T}}\boldsymbol{x} \\
\text{s.t.}\quad & \\
&\boldsymbol{A}\boldsymbol{x} \geqslant \boldsymbol{b}, \\
&\boldsymbol{x} \in \mathbb{Z}_+^n.
\end{aligned} \tag{7.12}$$

以及

$$\begin{aligned}
&z_{\mathrm{LR2}}(\boldsymbol{\lambda}) = \min -\boldsymbol{\lambda}^{\mathrm{T}}\boldsymbol{y} \\
\text{s.t.}\quad & \\
&\boldsymbol{B}\boldsymbol{y} \geqslant \boldsymbol{d}, \\
&\boldsymbol{y} \in \mathbb{Z}_+^n.
\end{aligned} \tag{7.13}$$

且有 $z_{\mathrm{LR1}}(\boldsymbol{\lambda}) + z_{\mathrm{LR2}}(\boldsymbol{\lambda}) \leqslant z_{\mathrm{IP}}$. 因此, 模型 (7.9) 的拉格朗日对偶问题为

$$z_{\mathrm{LD}} = \max_{\boldsymbol{\lambda} \in \mathbb{R}^n} z_{\mathrm{LR1}}(\boldsymbol{\lambda}) + z_{\mathrm{LR2}}(\boldsymbol{\lambda}). \tag{7.14}$$

7.3　拉格朗日对偶问题的求解算法

本节讨论求解拉格朗日对偶问题的几种常用算法. 根据定理 7.3, 拉格朗日对偶函数是一个分片凹函数, 因此拉格朗日对偶问题属于非光滑的凸优化问题. 下面分别介绍求解拉格朗日对偶问题的次梯度算法、外逼近算法和 Bundle 算法.

7.3.1　次梯度算法

光滑函数的次梯度方向总是上升方向, 而对于非光滑凹函数而言, 其次梯度方向不一定是上升方向, 但沿次梯度方向总能得到更接近最优解的迭代点.

定义 7.1　设 $h(\boldsymbol{x})$ 是 $\mathbb{R}^n$ 上的凹函数, $\boldsymbol{x}_0 \in \mathbb{R}^n$, 若 $h(\boldsymbol{x}) \leqslant h(\boldsymbol{x}_0) + \boldsymbol{\xi}^{\mathrm{T}}(\boldsymbol{x}-\boldsymbol{x}_0)$, $\forall \boldsymbol{x} \in \mathbb{R}^n$, 则称 $\boldsymbol{\xi}$ 是函数 $h(\boldsymbol{x})$ 在 $\boldsymbol{x}_0$ 处的次梯度, 记为 $\boldsymbol{\xi} \in \partial h(\boldsymbol{x}_0)$.

考虑一般的整数规划模型 (7.1), 令 $\boldsymbol{\lambda} \in \mathbb{R}^n_+$, 则拉格朗日对偶函数为

$$z_{\mathrm{LR}}(\boldsymbol{\lambda}) = f(\boldsymbol{x}) + \boldsymbol{\lambda}^{\mathrm{T}}(\boldsymbol{b}-g(\boldsymbol{x})). \tag{7.15}$$

关于拉格朗日对偶函数, 存在如下性质:

性质 7.1　对于拉格朗日对偶函数 $z_{\mathrm{LR}}(\boldsymbol{\lambda})$, 设 $\boldsymbol{x}_{\boldsymbol{\lambda}}$ 是 $z_{\mathrm{LR}}(\boldsymbol{\lambda})$ 的最优解, 则 $\boldsymbol{\xi} = \boldsymbol{b} - g(\boldsymbol{x}_{\boldsymbol{\lambda}})$ 是 $z_{\mathrm{LR}}(\boldsymbol{\lambda})$ 在 $\boldsymbol{\lambda}$ 处的次梯度.

证明　因为 $\boldsymbol{x}_{\boldsymbol{\lambda}}$ 是拉格朗日对偶函数 $z_{\mathrm{LR}}(\boldsymbol{\lambda})$ 的最优解, 则 $\forall \boldsymbol{\mu} \in \mathbb{R}^n_+$ 有

$$\begin{aligned}
z_{\mathrm{LR}}(\boldsymbol{\mu}) &= \min_{\boldsymbol{x}\in\mathbb{Z}^n_+}\left[f(\boldsymbol{x}) + \boldsymbol{\mu}^{\mathrm{T}}(\boldsymbol{b} - g(\boldsymbol{x}))\right] \\
&\leqslant f(\boldsymbol{x}_{\boldsymbol{\lambda}}) + \boldsymbol{\mu}^{\mathrm{T}}(\boldsymbol{b}-g(\boldsymbol{x}_{\boldsymbol{\lambda}})) \\
&= f(\boldsymbol{x}_{\boldsymbol{\lambda}}) + \boldsymbol{\lambda}^{\mathrm{T}}(\boldsymbol{b} - g(\boldsymbol{x}_{\boldsymbol{\lambda}})) + (\boldsymbol{b} - g(\boldsymbol{x}_{\boldsymbol{\lambda}}))^{\mathrm{T}}(\boldsymbol{\mu} - \boldsymbol{\lambda}) \\
&= z_{\mathrm{LR}}(\boldsymbol{\lambda}) + \boldsymbol{\xi}^{\mathrm{T}}(\boldsymbol{\mu} - \boldsymbol{\lambda}),
\end{aligned}$$

因此, $\boldsymbol{\xi} = \boldsymbol{b} - g(\boldsymbol{x}_{\boldsymbol{\lambda}})$ 是 $z_{\mathrm{LR}}(\boldsymbol{\lambda})$ 在 $\boldsymbol{\lambda}$ 处的次梯度.

定义拉格朗日对偶函数 $z_{\mathrm{LR}}(\boldsymbol{\lambda})$ 在 $\boldsymbol{\lambda}$ 处的所有次梯度组成的集合 $\partial z_{\mathrm{LR}}(\boldsymbol{\lambda})$ 为:

$$\partial z_{\mathrm{LR}}(\boldsymbol{\lambda}) = \left\{\boldsymbol{\xi} | z_{\mathrm{LR}}(\boldsymbol{\mu}) \leqslant z_{\mathrm{LR}}(\boldsymbol{\lambda}) + \boldsymbol{\xi}^{\mathrm{T}}(\boldsymbol{\mu} - \boldsymbol{\lambda}), \forall \boldsymbol{\mu} \in \mathbb{R}^n_+\right\}.$$

可以证明 $\partial z_{\mathrm{LR}}(\boldsymbol{\lambda})$ 是所有形如 $g(\boldsymbol{x}_{\boldsymbol{\lambda}}) - \boldsymbol{b}$ 的点构成集合的凸包, 即存在以下关系:

$$\partial z_{\mathrm{LR}}(\boldsymbol{\lambda}) = \mathrm{conv}\left\{\boldsymbol{b} - \boldsymbol{g}(\boldsymbol{x}) | z_{\mathrm{LR}}(\boldsymbol{\lambda}) = f(\boldsymbol{x}) + \boldsymbol{\lambda}^{\mathrm{T}}(\boldsymbol{b}-g(\boldsymbol{x})), \boldsymbol{x} \in X\right\}.$$

下面介绍次梯度算法的具体流程.

算法 7.1(次梯度算法)

步骤 0　初始化. 选择初始的拉格朗日对偶乘子 $\boldsymbol{\lambda}^1 \geqslant 0$, 令 $k = 1$, 初始化原问题当前上界 $\bar{z} = +\infty$ 和拉格朗日对偶问题当前最优值 $z_{\mathrm{LD}} = -\infty$.

步骤 1 求解拉格朗日松弛问题. 考虑拉格朗日松弛问题 $\mathrm{LR}\left(\boldsymbol{\lambda}^k\right)$: $z_{\mathrm{LR}}\left(\boldsymbol{\lambda}^k\right) = \min\limits_{\boldsymbol{x}\in Q} f\left(\boldsymbol{x}\right) + \left(\boldsymbol{\lambda}^k\right)^{\mathrm{T}}\left(\boldsymbol{b} - g(\boldsymbol{x})\right)$, 并记最优解为 $\boldsymbol{x}^k$, 令 $\boldsymbol{\xi}^k = \boldsymbol{b} - g(\boldsymbol{x}^k)$.

步骤 2 更新上界和下界. 若 $z_{\mathrm{LD}} < z_{\mathrm{LR}}\left(\boldsymbol{\lambda}^k\right)$, 则令 $z_{\mathrm{LD}} = z_{\mathrm{LR}}\left(\boldsymbol{\lambda}^k\right)$. 若 $\boldsymbol{b} - g(\boldsymbol{x}^k) \leqslant 0$ 且 $\bar{z} > f\left(\boldsymbol{x}^k\right)$, 则令 $\bar{z} = f\left(\boldsymbol{x}^k\right)$.

步骤 3 判断算法终止条件. 若 $\boldsymbol{b} - g(\boldsymbol{x}^k) \leqslant 0$ 且 $\left(\boldsymbol{\lambda}^k\right)^{\mathrm{T}}\left(\boldsymbol{b} - g(\boldsymbol{x}^k)\right) = 0$ 或 $\dfrac{\bar{z} - z_{\mathrm{LD}}}{z_{\mathrm{LD}}} \leqslant \varepsilon$, 则终止算法, 其中 ε 为给定的控制参数.

步骤 4 更新拉格朗日乘子. 选择合适步长 $s_k > 0$, 更新拉格朗日乘子 $\boldsymbol{\lambda}^{k+1} = \left(\max\left(0, \boldsymbol{\lambda}^k + \dfrac{s_k\boldsymbol{\xi}^k}{\|\boldsymbol{\xi}^k\|}\right)\right)^{\mathrm{T}}$.

步骤 5 更新迭代参数. 设 $k = k + 1$, 转到**步骤 1**.

次梯度算法的难点在于步长 s_k 的选择. 在每次迭代时, 都必须沿着次梯度方向选择合适的步长, 这对确保算法的收敛性至关重要.

引理 7.1 令 $\boldsymbol{\lambda}^* \geqslant 0$ 是拉格朗日对偶问题 $z_{\mathrm{LR}}\left(\boldsymbol{\lambda}\right)$ 的最优解, 则对于任意的 k, 有

$$z_{\mathrm{LR}}\left(\boldsymbol{\lambda}^*\right) - z_{\mathrm{LD}} \leqslant \frac{\left\|\boldsymbol{\lambda}^1 - \boldsymbol{\lambda}^*\right\|^2 + \sum\limits_{i=1}^{k} s_i^2}{2\sum\limits_{i=1}^{k}\left(s_i/\left\|\boldsymbol{\xi}^i\right\|\right)}. \tag{7.16}$$

证明 因为 $\boldsymbol{\xi}^i$ 是拉格朗日对偶函数 $z_{\mathrm{LR}}\left(\boldsymbol{\lambda}\right)$ 在 $\boldsymbol{\lambda}^i$ 处的次梯度, 则有

$$z_{\mathrm{LR}}\left(\boldsymbol{\lambda}^*\right) \leqslant z_{\mathrm{LR}}\left(\boldsymbol{\lambda}^i\right) + \left(\boldsymbol{\xi}^i\right)^{\mathrm{T}}\left(\boldsymbol{\lambda}^* - \boldsymbol{\lambda}^i\right).$$

因此

$$\begin{aligned}
\left\|\boldsymbol{\lambda}^{i+1} - \boldsymbol{\lambda}^*\right\|^2 &= \left\|\max\left\{\boldsymbol{\lambda}^i + \frac{s_i\boldsymbol{\xi}^i}{\|\boldsymbol{\xi}^i\|}, 0\right\} - \boldsymbol{\lambda}^*\right\|^2 \\
&\leqslant \left\|\boldsymbol{\lambda}^i + \frac{s_i\boldsymbol{\xi}^i}{\|\boldsymbol{\xi}^i\|} - \boldsymbol{\lambda}^*\right\|^2 \\
&= \left\|\boldsymbol{\lambda}^i - \boldsymbol{\lambda}^*\right\|^2 + \frac{2s_i\boldsymbol{\xi}^i}{\|\boldsymbol{\xi}^i\|}\left(\boldsymbol{\xi}^i\right)^{\mathrm{T}}\left(\boldsymbol{\lambda}^i - \boldsymbol{\lambda}^*\right) + s_i^2 \\
&\leqslant \left\|\boldsymbol{\lambda}^i - \boldsymbol{\lambda}^*\right\|^2 + \frac{2s_i\boldsymbol{\xi}^i}{\|\boldsymbol{\xi}^i\|}\left(z_{\mathrm{LR}}\left(\boldsymbol{\lambda}^i\right) - z_{\mathrm{LR}}\left(\boldsymbol{\lambda}^*\right)\right) + s_i^2.
\end{aligned} \tag{7.17}$$

将 (7.17) 两端对 $i = 1, \cdots, k$ 进行求和, 得到

$$0 \leqslant \left\|\boldsymbol{\lambda}^{k+1}-\boldsymbol{\lambda}^*\right\|^2 \leqslant \left\|\boldsymbol{\lambda}^1-\boldsymbol{\lambda}^*\right\|^2 + 2\sum_{i=1}^{k}\left(\frac{s_i}{\left\|\boldsymbol{\xi}^i\right\|}\right)\left(z_{\mathrm{LR}}\left(\boldsymbol{\lambda}^i\right) - z_{\mathrm{LR}}\left(\boldsymbol{\lambda}^*\right)\right) + \sum_{i=1}^{k} s_i^2.$$

因此

$$\begin{aligned} z_{\mathrm{LR}}\left(\boldsymbol{\lambda}^*\right) - z_{\mathrm{LD}} &= z_{\mathrm{LR}}\left(\boldsymbol{\lambda}^*\right) - \max_{i=1,\cdots,k} z_{\mathrm{LR}}\left(\boldsymbol{\lambda}^i\right) \\ &\leqslant \frac{\sum_{i=1}^{k}\left(s_i/\left\|\boldsymbol{\xi}^i\right\|\right)\left(z_{\mathrm{LR}}\left(\boldsymbol{\lambda}^*\right) - z_{\mathrm{LR}}\left(\boldsymbol{\lambda}^i\right)\right)}{\sum_{i=1}^{k}\left(s_i/\left\|\boldsymbol{\xi}^i\right\|\right)} \\ &\leqslant \frac{\left\|\boldsymbol{\lambda}^1-\boldsymbol{\lambda}^*\right\|^2 + \sum_{i=1}^{k} s_i^2}{2\sum_{i=1}^{k}\left(s_i/\left\|\boldsymbol{\xi}^i\right\|\right)}. \end{aligned}$$

根据引理 7.1, 选取合适的步长能使算法 7.1 产生收敛于最优值的点列 $\{\lambda_k\}$. 次梯度算法有许多可采用的步长, 以下为几种能够保证收敛性的步长规则:

(1) 步长规则 1

$$s_k = \epsilon, \text{其中} \epsilon > 0 \text{是常数};$$

(2) 步长规则 2

$$\sum_{k=1}^{+\infty} s_k^2 < +\infty, \text{且} \sum_{k=1}^{+\infty} s_k = +\infty;$$

(3) 步长规则 3

$$s_k \to 0, k \to +\infty, \text{且} \sum_{k=1}^{+\infty} s_k = +\infty.$$

采用步长规则 2 和步长规则 3 的次梯度算法收敛速度相对较慢. 此外, 还有一种步长规则

$$s_k = \rho\frac{U_k - z_{\mathrm{LR}}\left(\boldsymbol{\lambda}^k\right)}{\left\|\boldsymbol{\xi}^k\right\|}, \quad 0 < \rho < 2. \tag{7.18}$$

其中 $\boldsymbol{\xi}^k \neq \mathbf{0}$, U_k 是拉格朗日对偶问题最优值 z_{LD} 的近似, 且 $U_k \geqslant z_{\mathrm{LR}}\left(\boldsymbol{\lambda}^k\right)$.

例 7.1 考虑如下整数线性规划模型:

$$\min \quad f(\boldsymbol{x}) = 2x_1^2 + x_2^2$$

$$\text{s.t.}$$
$$g_1(\boldsymbol{x}) = 15 - 6x_1 - 2x_2 \leqslant 12,$$
$$g_2(\boldsymbol{x}) = 18 - 3x_1 - 2x_2 \leqslant 15,$$
$$\boldsymbol{x} \in X = \left\{ \begin{array}{c} 0 \leqslant x_1 \leqslant 2, 0 \leqslant x_2 \leqslant 1 \\ 2x_1 + 3x_2 \geqslant 4 \\ x_1, x_2 \in \mathbb{Z} \end{array} \right\}$$

X 的所有元素为 $\left\{(1,1)^{\mathrm{T}}, (2,0)^{\mathrm{T}}, (2,1)^{\mathrm{T}}\right\}$.

利用次梯度算法求解上述模型的拉格朗日对偶问题的具体步骤如下 (具体的算法代码可查阅附录 5, 详细代码可通过扫描二维码获取).

利用次梯度算法求解例 7.1 的算法代码

步骤 0 初始化. 选择乘子 $\boldsymbol{\lambda}^1 = (2,1)^{\mathrm{T}}$, 令 $z_{LD} = -\infty$, $\bar{z} + \infty$.

第一次迭代

步骤 1 求解拉格朗日松弛问题:

$$(\mathrm{LR}^1) \quad z_{\mathrm{LR}}(\boldsymbol{\lambda}^1) = \min \ 2x_1^2 + x_2^2 + 2(3 - 6x_1 - 2x_2) + 3 - 3x_1 - 2x_2$$
$$\text{s.t.} \ \boldsymbol{x} \in X,$$

得其最优解为 $\boldsymbol{x}^1 = (2,1)^{\mathrm{T}}$, 最优值为 $z_{\mathrm{LR}}(\boldsymbol{\lambda}^1) = -18$, 相应次梯度为 $\boldsymbol{\xi}^1 = (-11,-5)^{\mathrm{T}}$.

步骤 2 更新上界和下界. 因为 $-\infty = z_{\mathrm{LD}} < z_{\mathrm{LR}}(\boldsymbol{\lambda}^1) = -18$, 更新下界 $z_{\mathrm{LD}} = -18$. 此外, 因为 $(-11,-5)^{\mathrm{T}} < 0$ 且 $f(\boldsymbol{x}^1) = 9 < +\infty$, 更新上界 $\bar{z} = 9$.

步骤 3 判断算法终止条件. 因为 $(\boldsymbol{\lambda}^1)^{\mathrm{T}} \boldsymbol{\xi}^1 = (2,1)(-11,-5)^{\mathrm{T}} \neq 0$, 算法继续执行.

步骤 4 更新拉格朗日乘子. 选择步长 $s_k = 5$. 更新拉格朗日乘子 $\boldsymbol{\lambda}^{k+1} = (0,0)^{\mathrm{T}}$.

第二次迭代

步骤 1 求解拉格朗日松弛问题:

$$(\mathrm{LR}^2) \quad z_{\mathrm{LR}}(\boldsymbol{\lambda}^2) = \min \ 2x_1^2 + x_2^2$$
$$\text{s.t.} \ \boldsymbol{x} \in X,$$

得其最优解为 $\boldsymbol{x}^2 = (1,1)^{\mathrm{T}}$, 最优值为 $z_{\mathrm{LR}}(\boldsymbol{\lambda}^2) = 3$, 相应次梯度为 $\boldsymbol{\xi}^2 = (-5,-2)^{\mathrm{T}}$.

步骤 2 更新上界和下界. 因为 $z_{\mathrm{LD}} < z_{\mathrm{LR}}(\boldsymbol{\lambda}^2) = 3$, 更新下界 $z_{\mathrm{LD}} = 3$. 此外, 由于 $(-5,-2)^{\mathrm{T}} < 0$ 且 $f(\boldsymbol{x}^2) = 3 < 9$, 更新上界 $\bar{z} = 3$.

步骤 3 判断算法终止条件. 因为 $(\boldsymbol{\lambda}^2)^T \boldsymbol{\xi}^2 = (0,0)(-5,-2)^{\mathrm{T}} = 0$ 且 $\boldsymbol{\xi}^2 = (-5,-2)^{\mathrm{T}} < 0$, 算法终止. 最优解为 $\boldsymbol{x} = (1,1)^{\mathrm{T}}$, 最优值为 3.

定理 7.5 假设算法 7.1 采用 (7.18) 所示的步长规则来选择合适的步长, $\{\boldsymbol{\lambda}^k\}$ 是其迭代产生的序列. 若 $\{U_k\}$ 单调上升, 且 $\lim\limits_{k\to+\infty} U_k = U \leqslant z_{\text{LD}}$, 则有

$$\lim_{k\to+\infty} z_{\text{LR}}\left(\boldsymbol{\lambda}^k\right) = U \quad \text{和} \quad \lim_{k\to+\infty} \boldsymbol{\lambda}^k = \boldsymbol{\lambda}^*, \text{并且} z_{\text{LR}}\left(\boldsymbol{\lambda}^*\right) = U.$$

证明 对于 $\forall \boldsymbol{\lambda} \in \Delta(U) = \left\{\boldsymbol{\lambda} \in \mathbb{R}_+^n \,|\, z_{\text{LR}}(\boldsymbol{\lambda}) \geqslant U\right\}$,

$$\begin{aligned}
\left\|\boldsymbol{\lambda} - \boldsymbol{\lambda}^{k+1}\right\|^2 &= \left\|\boldsymbol{\lambda} - \max\left\{\boldsymbol{\lambda}^k + \frac{s_k\boldsymbol{\xi}^k}{\|\boldsymbol{\xi}^k\|}, 0\right\}\right\|^2 \\
&\leqslant \left\|\boldsymbol{\lambda}-\boldsymbol{\lambda}^k - s_k\left(\boldsymbol{\xi}^k / \left\|\boldsymbol{\xi}^k\right\|\right)\right\|^2 \\
&= \left\|\boldsymbol{\lambda}-\boldsymbol{\lambda}^k\right\|^2 + s_k^2 - 2\left(s_k / \left\|\boldsymbol{\xi}^k\right\|\right)\left(\boldsymbol{\xi}^k\right)^{\mathrm{T}}\left(\boldsymbol{\lambda}-\boldsymbol{\lambda}^k\right) \\
&\leqslant \left\|\boldsymbol{\lambda}-\boldsymbol{\lambda}^k\right\|^2 + s_k^2 - 2\left(s_k / \left\|\boldsymbol{\xi}^k\right\|\right)\left(z_{\text{LR}}(\boldsymbol{\lambda}) - z_{\text{LR}}\left(\boldsymbol{\lambda}^k\right)\right) \\
&\leqslant \left\|\boldsymbol{\lambda}-\boldsymbol{\lambda}^k\right\|^2 + s_k^2 - 2s_k\left(U_k - z_{\text{LR}}\left(\boldsymbol{\lambda}^k\right)\right) / \left\|\boldsymbol{\xi}^k\right\| \\
&= \left\|\boldsymbol{\lambda}-\boldsymbol{\lambda}^k\right\|^2 - \rho(2-\rho)\left(U_k - z_{\text{LR}}\left(\boldsymbol{\lambda}^k\right)\right)^2 / \left\|\boldsymbol{\xi}^k\right\|^2.
\end{aligned} \tag{7.19}$$

则 $\left\{\left\|\boldsymbol{\lambda} - \boldsymbol{\lambda}^k\right\|\right\}$ 是一个单调递减序列, 该序列收敛. 同时由于 $\left\{\left\|\boldsymbol{\xi}^k\right\|\right\}$ 是有界序列, 对上述不等式两边取极限, 得

$$\lim_{k\to+\infty} z_{\text{LR}}\left(\boldsymbol{\lambda}^k\right) = U.$$

令 $\boldsymbol{\lambda}^*$ 为有界序列 $\{\boldsymbol{\lambda}^k\}$ 的一个极限点. 由 $z_{\text{LR}}(\boldsymbol{\lambda})$ 的连续性可得 $z_{\text{LR}}(\lambda^*) = U$, 因此 $\boldsymbol{\lambda}^* \in \Delta(U)$. 由于 $\left\{\left\|\boldsymbol{\lambda}^*-\boldsymbol{\lambda}^k\right\|\right\}$ 是单调递减的, 有 $\lim\limits_{k\to+\infty} \boldsymbol{\lambda}^k = \boldsymbol{\lambda}^*$. 在实际计算中, U_k 难以估计, 常取 $U_k = \bar{z}$.

7.3.2 外逼近算法

由于 X 是一个有限整数集, 拉格朗日对偶问题 (7.3) 可以表示为如下线性规划模型:

$$\begin{aligned}
&\text{(LD)} \max \mu \\
\text{s.t.}\ & \\
&\mu \leqslant f(\boldsymbol{x}) + \boldsymbol{\lambda}^{\mathrm{T}}(\boldsymbol{b} - g(\boldsymbol{x})), \quad \forall \boldsymbol{x} \in X, \\
&\boldsymbol{\lambda} \in \mathbb{R}_+^p.
\end{aligned} \tag{7.20}$$

当决策变量的数量 n 较大时, 模型 (7.20) 中的约束数量和集合 X 中的元素数量通常也会较多, 因此直接求解模型 (7.20) 往往存在困难. 此时, 可以采用如下

割平面形式对该模型进行不断逼近:

$$
\begin{aligned}
&\left(\mathrm{LD}^k\right) \max \mu \\
\text{s.t.} \quad & \qquad\qquad\qquad\qquad\qquad\qquad\qquad (7.21)\\
&\mu \leqslant f\left(\boldsymbol{x}^l\right)+\boldsymbol{\lambda}^{\mathrm{T}}\left(\boldsymbol{b}-g\left(\boldsymbol{x}^l\right)\right), \quad \forall \boldsymbol{x}^l \in T^k \subseteq X, \\
&\boldsymbol{\lambda} \in \mathbb{R}_{+}^p,
\end{aligned}
$$

其中, T^k 为迭代到第 k 次时的可行整数解集. 通过不断在 $\left(\mathrm{LD}^k\right)$ 中添加线性约束 (割平面), 可以逐步逼近 (LD).

下面介绍外逼近算法的具体流程.

算法 7.2 (外逼近算法)

步骤 0 初始化. 从 X 中取子集 T^1, 使 T^1 至少包含一个可行解 $\boldsymbol{x}^0$, 令 $k=1$.

步骤 1 求解线性规划模型. 求解线性规划模型 LD^k, 记最优解为 $\left(\mu^k, \boldsymbol{\lambda}^k\right)^{\mathrm{T}}$.

步骤 2 求解拉格朗日松弛问题. 求解拉格朗日松弛问题 $\mathrm{LR}\left(\boldsymbol{\lambda}^k\right)$, 记最优解为 $\boldsymbol{x}^k$, 最优值为 $z_{\mathrm{LR}}\left(\boldsymbol{\lambda}^k\right)$.

步骤 3 判断算法终止条件. 如果

$$
\left(\boldsymbol{\lambda}^k\right)^{\mathrm{T}}\left[g\left(\boldsymbol{x}^k\right)-\boldsymbol{b}\right]=0, \quad g\left(\boldsymbol{x}^k\right) \geqslant \boldsymbol{b}. \tag{7.22}
$$

则终止算法, $\boldsymbol{x}^k$ 为模型 (7.1) 的最优解, $\boldsymbol{\lambda}^k$ 为拉格朗日对偶问题 (7.3) 的最优解, 并且 $z_I=z_{\mathrm{LD}}$. 如果

$$
\mu^k \leqslant z_{\mathrm{LR}}\left(\boldsymbol{\lambda}^k\right), \tag{7.23}
$$

则终止算法, $\boldsymbol{\lambda}^k$ 为拉格朗日对偶问题 (7.3) 的最优解, 并且 $\mu^k=z_{\mathrm{LD}}$.

步骤 4 更新迭代参数. 将 $\boldsymbol{x}^k$ 添加到 T^k 中, $T^k=T^k \cup\left\{\boldsymbol{x}^k\right\}$. 令 $k=k+1$, 转到**步骤 1**.

该算法为**外逼近算法**, 也称为**割平面法**. 此算法通过迭代不断增加约束条件, 逐步剔除不包含最优解的区域. 该算法收敛结果如下.

定理 7.6 算法 7.2 在有限步内终止, 且能找到拉格朗日对偶问题 (7.3) 的最优解.

证明 对于任意迭代次数 k, 由于 T^k 至少包含模型 (7.1) 的一个可行解, 则问题 $\left(\mathrm{LD}^k\right)$ 必存在有限解. 若算法在步骤 3 满足条件 (7.22), 则强对偶定理成立, 算法终止. 此时, $\boldsymbol{x}^k$ 为模型 (7.1) 的最优解, $\boldsymbol{\lambda}^k$ 为拉格朗日对偶问题 (7.3) 的最优解, 并且 $z_I=z_{\mathrm{LD}}$. 若算法在步骤 3 满足条件 (7.23), 则

$$
z_{\mathrm{LD}} \geqslant z_{\mathrm{LR}}\left(\boldsymbol{\lambda}^k\right)=f\left(\boldsymbol{x}^k\right)+\left(\boldsymbol{\lambda}^k\right)^{\mathrm{T}}\left(g\left(\boldsymbol{x}^k\right)-\boldsymbol{b}\right) \geqslant \mu^k.
$$

此外, 由于拉格朗日对偶问题 (7.3) 的可行域是模型 (LD^k) 可行域的子集, $\mu^k \geqslant z_{\mathrm{LD}}$. 因此, $\mu^k = z_{\mathrm{LD}}$, 这表明 $\boldsymbol{\lambda}^k$ 为拉格朗日对偶问题 (7.3) 的最优解, 算法终止.

若算法在步骤 3 未满足终止条件 (7.22) 和 (7.23), 则有 $\boldsymbol{x}^k \notin T^k$. 此时, 可将点 $\boldsymbol{x}^k$ 加入到 T^k 中, 并进入下一次迭代. 由于 X 是有限集, 算法必然会在有限步内终止.

综上, 算法 7.2 在有限步内终止, 且能找到拉格朗日对偶问题 (7.3) 的最优解, 定理得证.

注意, 线性规划模型 LD^{k+1} 是在模型 LD^k 中增加一个线性约束得到的. 因此线性规划模型 $\mathrm{LD}^k\,(k=1,2,\cdots)$, 可以采用对偶单纯形法来求解.

例 7.2　考虑例 7.1 中的模型. 容易证明, X 中的所有元素均是模型的可行解. 下面将利用外逼近算法对上述模型的拉格朗日对偶问题进行求解, 具体步骤如下 (具体的算法代码可查阅附录 6, 详细代码可通过扫描二维码获取).

利用外逼近算法求解例 7.2 的算法代码

步骤 0　初始化. 选择初始点 $\boldsymbol{x}^0 = (2,1)^{\mathrm{T}}$, 令 $T^1 = \{\boldsymbol{x}^0\}$, $k=1$.

第一次迭代:

步骤 1　求解线性规划子问题 LD^1:

$$
\begin{aligned}
(\mathrm{LD}^1)\quad & \max\ \mu \\
\text{s.t.}\quad & \\
& \mu \leqslant 9 - 11\lambda_1 - 5\lambda_2, \\
& \lambda_1, \lambda_2 \geqslant 0,
\end{aligned}
$$

得其最优解为 $\boldsymbol{\lambda}^1 = (0,0)^{\mathrm{T}}, \mu^1 = 9$.

步骤 2　求解拉格朗日松弛问题:

$$
\begin{aligned}
z_{\mathrm{LR}}\ (\boldsymbol{\lambda}^1) &= \min 2x_1^2 + x_2^2 \\
\text{s.t.}\ \ \boldsymbol{x} &\in X,
\end{aligned}
$$

得其最优解为 $\boldsymbol{x}^1 = (1,1)^{\mathrm{T}}$, 最优值为 $z_{\mathrm{LR}}(\boldsymbol{\lambda}^1) = 3$, 相应次梯度为 $\boldsymbol{\xi}^1 = (-5,-2)^{\mathrm{T}}$.

步骤 3　判断算法终止条件. 因为 $(\boldsymbol{\lambda}^1)^{\mathrm{T}}\boldsymbol{\xi}^1 = (0,0)^{\mathrm{T}}(-5,-2)=0$ 且 $\boldsymbol{\xi}^1<0$, 算法终止. 最优解为 $\boldsymbol{x}^1 = (1,1)^{\mathrm{T}}$, 最优值为 3.

7.3.3　Bundle 算法

次梯度算法通常具有如下局限性: ①次梯度方向不一定是上升方向; ②沿次梯度方向收敛速度较慢. Bundle 算法能在一定程度上克服上述局限, 其主要思想是通过之前的迭代点以及次梯度信息，构造分片线性函数来逼近对偶函数 $z_{\mathrm{LR}}(\boldsymbol{\lambda})$, 并通过求解二次规划子问题，寻找当前迭代点处的上升方向.

假设已知迭代点 $\boldsymbol{\lambda}_k$, 一些试验点 $\bar{\boldsymbol{\lambda}}_j$ 以及这些点对应的次梯度 $\boldsymbol{\xi}_j(j \in J_k \subseteq \{1,\cdots,k\})$, 其中 $\boldsymbol{\lambda}_k$ 为当前稳定中心. 构造如下割平面模型 $\hat{f}_k(\boldsymbol{\lambda})$ 来逼近 $z_{\mathrm{LR}}(\boldsymbol{\lambda})$:

$$\hat{f}_k(\boldsymbol{\lambda}) = \min_{j \in J_k} \left\{ z_{\mathrm{LR}}\left(\bar{\boldsymbol{\lambda}}_j\right) + \boldsymbol{\xi}_j^{\mathrm{T}}\left(\boldsymbol{\lambda} - \bar{\boldsymbol{\lambda}}_j\right) \right\}. \tag{7.24}$$

令 p_j^k 表示割平面 $z_{\mathrm{LR}}(\boldsymbol{\lambda}_j) + \boldsymbol{\xi}_j^{\mathrm{T}}\left(\boldsymbol{\lambda} - \bar{\boldsymbol{\lambda}}_j\right)$ 与拉格朗日对偶函数 $z_{\mathrm{LR}}(\boldsymbol{\lambda})$ 在 $\boldsymbol{\lambda}_k$ 处的线性误差,

$$p_j^k = z_{\mathrm{LR}}(\boldsymbol{\lambda}_k) - z_{\mathrm{LR}}\left(\bar{\boldsymbol{\lambda}}_j\right) - \boldsymbol{\xi}_j^{\mathrm{T}}\left(\boldsymbol{\lambda}_k - \bar{\boldsymbol{\lambda}}_j\right), \quad \forall j = 1,\cdots,k.$$

则割平面模型 (7.24) 可表示为

$$\hat{f}_k(\boldsymbol{\lambda}) = \min_{j \in J_k} \left\{ z_{\mathrm{LR}}(\boldsymbol{\lambda}_k) + \boldsymbol{\xi}_j^{\mathrm{T}}(\boldsymbol{\lambda} - \boldsymbol{\lambda}_k) - p_j^k \right\}. \tag{7.25}$$

根据凹性, 对任意的 $\boldsymbol{\lambda} \in \mathbb{R}_+^p$ 和 $p_j^k \geqslant 0 (j \in J_k)$, 有

$$\hat{f}_k(\boldsymbol{\lambda}) \geqslant z_{\mathrm{LR}}(\boldsymbol{\lambda}). \tag{7.26}$$

令 $l = \underset{j \in J_k}{\operatorname{argmin}} \left\{ z_{\mathrm{LR}}(\boldsymbol{\lambda}_k) + \boldsymbol{\xi}_j^{\mathrm{T}}(\boldsymbol{\lambda} - \boldsymbol{\lambda}_k) - p_j^k \right\}$, 当 $\boldsymbol{\lambda}_l$ 离 $\boldsymbol{\lambda}_k$ 较远时, $\hat{f}_k(\boldsymbol{\lambda}_l)$ 无法保证对 $z_{\mathrm{LR}}(\boldsymbol{\lambda})$ 的逼近效果. 因此, 为确保 $\hat{f}_k(\boldsymbol{\lambda})$ 的最小值在 $\boldsymbol{\lambda}_k$ 附近取到, 需要在式 (7.25) 中加入一个稳定项 $\dfrac{1}{2}(\boldsymbol{\lambda} - \boldsymbol{\lambda}_k)^{\mathrm{T}} \boldsymbol{M}_k (\boldsymbol{\lambda} - \boldsymbol{\lambda}_k)$, 其中 $\boldsymbol{M}_k$ 为正则且对称的 $n \times n$ 矩阵, 该矩阵表示对偶函数 $z_{\mathrm{LR}}(\boldsymbol{\lambda})$ 在 $\boldsymbol{\lambda}_k$ 球形邻域中曲率的信息. 如果 $\hat{f}_k(\boldsymbol{\lambda})$ 能够在 $\boldsymbol{\lambda}_k$ 处较好地逼近 $z_{\mathrm{LR}}(\boldsymbol{\lambda})$, 则 $z_{\mathrm{LR}}(\boldsymbol{\lambda})$ 在该点处的搜索方向可由下式得到

$$\boldsymbol{d}_k = \underset{\boldsymbol{d} \in \mathbb{R}^p}{\operatorname{argmax}} \left\{ \hat{f}_k(\boldsymbol{\lambda}_k + \boldsymbol{d}) - \frac{1}{2} \boldsymbol{d}^{\mathrm{T}} \boldsymbol{M}_k \boldsymbol{d} \right\}. \tag{7.27}$$

于是, 下一个试验点定义为 $\bar{\boldsymbol{\lambda}}_{k+1} = \boldsymbol{\lambda}_k + \boldsymbol{d}_k$.

为了更新下一个点 $\boldsymbol{\lambda}_{k+1}$, 考虑下述两个情形:

- 下降情形. 此时, 点 $\bar{\boldsymbol{\lambda}}_{k+1}$ 严格优于点 $\boldsymbol{\lambda}_k$, 即

$$z_{\mathrm{LR}}\left(\bar{\boldsymbol{\lambda}}_{k+1}\right) \geqslant z_{\mathrm{LR}}(\boldsymbol{\lambda}_k) - \theta \delta_k, \tag{7.28}$$

其中, $\theta \in \left(0, \dfrac{1}{2}\right)$ 为线性搜索参量, $\delta_k = \hat{f}_k\left(\bar{\boldsymbol{\lambda}}_{k+1}\right) - z_{\mathrm{LR}}(\boldsymbol{\lambda}_k)$ 为对偶函数 $z_{\mathrm{LR}}(\boldsymbol{\lambda})$ 在点 $\boldsymbol{\lambda}_k$ 处的预测增长量. 该情形下, 定义 $\boldsymbol{\lambda}_{k+1} = \bar{\boldsymbol{\lambda}}_{k+1}$.

• 空情形. 此时, 不等式 (7.28) 不成立. 该情形下, 定义 $\boldsymbol{\lambda}_{k+1}=\boldsymbol{\lambda}_k$.

上述两种情形下, 均设 $J_{k+1}=J_k\cup\{k+1\}$. 空情形虽然不能改进稳定中心, 但可以有效提升 $\hat{f}_k$, 以便在下次迭代中得到较好的搜索方向.

算法的终止条件为

$$\delta_k \geqslant \varepsilon, \tag{7.29}$$

其中, ε 是事先给定的误差阈值.

因为 $\hat{f}_k(\boldsymbol{\lambda}_k+\boldsymbol{d})$ 是分片线性函数, 模型 (7.27) 等价于下述二次规划模型:

$$\begin{aligned}&\max\ w+\frac{1}{2}\boldsymbol{d}^{\mathrm{T}}\boldsymbol{M}_k\boldsymbol{d}\\ \text{s.t.}&\\ &w\leqslant z_{\mathrm{LR}}(\boldsymbol{\lambda}_k)+\boldsymbol{\xi}_j^{\mathrm{T}}\boldsymbol{d}-p_j^k,\quad \forall j\in J_k.\end{aligned} \tag{7.30}$$

下面介绍 Bundle 算法的具体流程.

算法 7.3 (Bundle 算法)

步骤 0 初始化. 令初始点为 $\boldsymbol{\lambda}_k$, 指定线性搜索参量 $\theta\in\left(0,\frac{1}{2}\right)$, 误差阈值 ε, 计算初始点 $\bar{\boldsymbol{\lambda}}_k=\boldsymbol{\lambda}_k\in\mathbb{R}_+^p$ 相应的次梯度 $\boldsymbol{\xi}_k\in\partial f(\boldsymbol{\lambda}_k)\,(k\in J_k)$, 其中 J_k 为 $\{1,\cdots,k\}$ 索引的非空子集, 取 $k=1$.

步骤 1 计算搜索方向. 求解模型 (7.30) 得到搜索方向 $\boldsymbol{d}_k$, 且更新 $\bar{\boldsymbol{\lambda}}_{k+1}=\boldsymbol{\lambda}_k+\boldsymbol{d}_k$.

步骤 2 更新解. 计算 $\delta_k=\hat{f}_k\left(\bar{\boldsymbol{\lambda}}_{k+1}\right)-z_{\mathrm{LR}}(\boldsymbol{\lambda}_k)$, 当 $z_{\mathrm{LR}}\left(\bar{\boldsymbol{\lambda}}_{k+1}\right)\geqslant z_{\mathrm{LR}}(\boldsymbol{\lambda}_k)-\theta\delta_k$, 令 $\boldsymbol{\lambda}_{k+1}=\bar{\boldsymbol{\lambda}}_{k+1}$, 否则 $\boldsymbol{\lambda}_{k+1}=\boldsymbol{\lambda}_k$, 更新 $J_{k+1}=J_k\cup\{k+1\}$.

步骤 3 判断算法终止条件. 如果 $\delta_k\geqslant\varepsilon$, 则终止算法.

步骤 4 更新迭代参数. 令 $k=k+1$, 转到**步骤 1**.

尽管 Bundle 算法有较好的收敛性质, 但由于每次迭代需要求解一个二次规划模型, 计算比较耗时. 许多学者对经典的 Bundle 算法进行了改进, 下面介绍一些改进的 Bundle 算法.

1. 对角线变尺度 Bundle 算法

传统 Bundle 算法在处理非光滑凸函数时, 会基于次梯度信息构建线性模型来逼近目标函数. 而对角线变尺度 Bundle 算法在此基础上引入变尺度思想, 通过动态调整一个对角矩阵来改变搜索方向和步长. 这个对角矩阵如同为算法赋予了“个性化导航”, 能根据目标函数的局部特征, 灵活调整搜索策略. 此外, 该算法只对相关变量对应的对角元素进行调整, 大大减少计算量, 加快收敛速度. 在该算法中, 矩阵 $\boldsymbol{M}_k$ 采用下述对角线形式

$$\boldsymbol{M}_k=u_k\boldsymbol{I},$$

其中 u_k 表示权重参数, $\boldsymbol{I}$ 为单位矩阵.

2. 倾斜 Bundle 算法

倾斜 Bundle 算法也是 Bundle 算法的一种变体或拓展形式. 它通常是在传统 Bundle 算法的基础上, 通过引入一些特殊的机制或对算法的某些部分进行调整, 使得算法在处理特定类型的优化问题时具有更好的性能或特性, 比如可能在处理具有某种特殊结构或性质的非光滑凸优化问题时, 通过"倾斜"的方式来更好地逼近目标函数、确定搜索方向等, 以提高算法的收敛速度、稳定性或对问题的适应性等. 具体地, 倾斜 Bundle 算法将一些二阶信息和一些内点特征积累到 Bundle 算法. 矩阵 $\boldsymbol{M}_k$ 根据原始的对角线形式处理

$$\boldsymbol{M}_k = u_k\boldsymbol{I},$$

其中 u_k 采用二次插值技术进行更新. 此外, 式 (7.25) 更新为

$$\hat{f}_k(\boldsymbol{\lambda}) = \min_{j\in J_k}\left\{z_{\mathrm{LR}}(\boldsymbol{\lambda}_k) + (1-\rho_j^k)\boldsymbol{\xi}_j^{\mathrm{T}}(\boldsymbol{\lambda}-\boldsymbol{\lambda}_k) - p_j^k\right\},$$

其中, $\rho_j^k\in[0,\kappa]$ 为倾斜参数, $\kappa\in[0,1)$. 同时, 线性误差更新为

$$l_j^k = \max\left\{\kappa q_j^k, p_j^k\right\},$$

其中, $q_j^k = z_{\mathrm{LR}}(\boldsymbol{\lambda}_k) - z_{\mathrm{LR}}(\bar{\boldsymbol{\lambda}}_j) - (1-\rho_j^k)\xi_j^{\mathrm{T}}(\boldsymbol{\lambda}_k-\bar{\boldsymbol{\lambda}}_j)$. 当 $\kappa=0$ 时, 该算法与对角线变尺度 Bundle 算法相同.

3. 水平 Bundle 算法

由于割平面模型的水平集具有较规则的行为, 一些学者提出了一种利用最小化约束于 $\hat{f}_k(\boldsymbol{\lambda})$ 水平集的稳定二次项 Bundle 算法. 即, 搜索定向问题 (7.27) 可以替换为如下形式:

$$\boldsymbol{d}_k = \underset{\boldsymbol{d}\in\mathbb{R}^p}{\operatorname{argmin}}\left\{\frac{1}{2}\boldsymbol{d}\boldsymbol{M}_k{}^{\mathrm{T}}\boldsymbol{d} : \hat{f}_k(\boldsymbol{\lambda}_k+\boldsymbol{d}) \geqslant f_k^{\mathrm{lev}}\right\}.$$

当 $k\to\infty$ 时, 选择 $f_k^{\mathrm{lev}} > z_{\mathrm{LR}}(\boldsymbol{\lambda}_k)$ 来确保 $f_k^{\mathrm{lev}}\uparrow\sup f$.

4. Bundle-Newton 算法

Bundle-Newton 算法通过引入一个新的二次规划模型来代替分段线性割平面模型:

$$\tilde{f}_k(\boldsymbol{\lambda}) = \min_{j\in J_k}\left\{z_{\mathrm{LR}}(\bar{\boldsymbol{\lambda}}_j) + \boldsymbol{\xi}_j^{\mathrm{T}}(\boldsymbol{\lambda}-\bar{\boldsymbol{\lambda}}_j) + \frac{1}{2}\varrho_j(\boldsymbol{\lambda}-\bar{\boldsymbol{\lambda}}_j)^{\mathrm{T}}\boldsymbol{M}_j(\boldsymbol{\lambda}-\bar{\boldsymbol{\lambda}}_j)\right\},$$

其中 $\varrho_j\in[0,1]$ 为阻尼系数. 因此, 搜索定向问题 (7.27) 可以替换为如下形式:

$$\boldsymbol{d}_k = \underset{\boldsymbol{d}\in\mathbb{R}^p}{\operatorname{argmax}}\left\{\tilde{f}_k(\boldsymbol{\lambda}_k+\boldsymbol{d})\right\}.$$

当将 Bundle-Newton 算法与之前的各种 Bundle 算法的变形进行比较时，可以发现 Bundle-Newton 算法是“真实的”二阶算法，因为模型的每一部分都包含以稳定矩阵 $\boldsymbol{M}_j$ 形式表示的二阶信息.

通过上述介绍的求解拉格朗日对偶问题的三种搜索算法 (即次梯度算法、外逼近算法和 Bundle 算法)，通常能得到对偶最优解 $\boldsymbol{\lambda}^*$，但当算法终止时，不一定能得到原问题的可行解.

例 7.3　考虑如下整数线性规划模型:

$$\min f(\boldsymbol{x}) = 3x_1 + 2x_2 - 1.5x_1^2$$

s.t.

$$g_1(\boldsymbol{x}) = 15 - 7x_1 + 2x_2 \leqslant 12,$$

$$g_2(\boldsymbol{x}) = 15 + 2x_1^2 - 7x_2 \leqslant 1,$$

$$\boldsymbol{x} \in X = \left\{(0,\ 1)^{\mathrm{T}}, (0,\ 2)^{\mathrm{T}}, (1,\ 0)^{\mathrm{T}}, (1,\ 1)^{\mathrm{T}}, (2,\ 0)^{\mathrm{T}}\right\}.$$

该问题的最优解为 $\boldsymbol{x}^* = (1,\ 1)^{\mathrm{T}}$，最优值分别为 $f(\boldsymbol{x}^*) = 3.5$. 拉格朗日对偶问题的最优解为 $\boldsymbol{\lambda}^* = (0.1951,\ 0.3415)^{\mathrm{T}}$，最优值为 1.6095. 拉格朗日松弛问题 $z_{\mathrm{LR}}(\boldsymbol{\lambda}^*)$ 有三个最优解，分别是 $(0,\ 1)^{\mathrm{T}}$, $(0,\ 2)^{\mathrm{T}}$, $(2,\ 0)^{\mathrm{T}}$，三个解均不可行.

虽然求解拉格朗日对偶问题并不一定能获得原问题的最优解甚至是可行解，但对偶算法作为常用的松弛算法，通常能够为原问题提供较好的界.

7.4　拉格朗日松弛算法的应用

拉格朗日松弛算法自提出以来就被广泛应用于数学、管理、工程等众多领域，本小节重点介绍其在广义指派问题和开放车间调度问题的应用案例.

7.4.1　广义指派问题

考虑 2.2 节的广义指派模型

$$\min \sum_{i \in I} \sum_{j \in J} c_{ij} x_{ij}$$

s.t.

$$\sum_{j \in J} r_{ij} x_{ij} \leqslant b_i, \quad \forall i \in I, \tag{7.31}$$

$$\sum_{i \in I} x_{ij} = 1, \quad \forall j \in J, \tag{7.32}$$

$$x_{ij} \in \{0, 1\}, \quad \forall i \in I, j \in J. \tag{7.33}$$

在构造拉格朗日松弛问题时, 首先要确定被松弛的约束条件. 要松弛的约束条件不同, 松弛后形成的子问题也就不同, 因此相应的求解算法也会存在差异. 此外, 选择不同的松弛约束条件还会对相应对偶问题的最优值产生影响, 即会影响到拉格朗日界的质量. 下面介绍两种拉格朗日松弛方法.

松弛方法 1 对约束条件 (7.31) 进行松弛, 设乘子变量为 $\boldsymbol{\mu} \in \mathbb{R}_+^{|J|}$, 则拉格朗日松弛问题为

$$z_{\text{LR1}}(\boldsymbol{\mu}) = \min \sum_{i \in I} \sum_{j \in J} c_{ij} x_{ij} + \sum_{i \in I} \mu_i \left(\sum_{j \in J} x_{ij} - b_i \right)$$

s.t.

$$\sum_{i \in I} x_{ij} = 1, \quad \forall j \in J,$$

$$x_{ij} \in \{0, 1\}, \quad \forall i \in I, j \in J.$$

该问题进一步可以分解为 $|J|$ 个子问题

$$z_{\text{LR1}}(\boldsymbol{\mu}) = \min \sum_{j \in J} z_{\text{LR1}}(\boldsymbol{\mu}, j) - \sum_{i \in I} \mu_i b_i,$$

其中 $z_{\text{LR1}}(\boldsymbol{\mu}, j)$ 是如下模型的最优值:

$$\begin{aligned} &\min \sum_{i \in I} (c_{ij} + \mu_i) x_{ij} \\ &\text{s.t.} \\ &\sum_{i \in I} x_{ij} = 1, \\ &x_{ij} \in \{0,1\}, \quad \forall i \in I. \end{aligned} \tag{7.34}$$

容易看出, $z_{\text{LR1}}(\boldsymbol{\mu}, j) = \min\limits_{i \in I}(c_{ij} + \mu_i)$, 求解其最优值的时间复杂度为 $O(|I|)$. 因此, 计算 $z_{\text{LR1}}(\boldsymbol{\mu})$ 的时间复杂度为 $O(|I||J|)$.

松弛方法 2 对约束条件 (7.32) 进行拉格朗日松弛, 设乘子变量 $\boldsymbol{\lambda} \in \mathbb{R}^{|J|}$, 则拉格朗日松弛问题为

$$z_{\text{LR2}}(\boldsymbol{\lambda}) = \min \sum_{i \in I} \sum_{j \in J} c_{ij} x_{ij} + \sum_{j \in J} \lambda_j \left(\sum_{i \in I} x_{ij} - 1 \right)$$

s.t.

$$\sum_{j\in J} r_{ij}x_{ij} \leqslant b_i, \quad \forall i \in I,$$

$$x_{ij} \in \{0, 1\}, \quad \forall i \in I, j \in J.$$

该问题进一步可分解为 $|I|$ 个子问题

$$z_{\text{LR2}}(\boldsymbol{\lambda}) = \min \sum_{i\in I} z_{\text{LR2}}(\boldsymbol{\lambda}, i) - \sum_{j=1} \lambda_j,$$

其中 $z_{\text{LR2}}(\boldsymbol{\lambda}, i)$ 是如下模型的最优值:

$$\begin{aligned} &\min \sum_{j\in J} (c_{ij} + \lambda_j)x_{ij} \\ \text{s.t.}& \\ &\sum_{j\in J} r_{ij}x_{ij} \leqslant b_i, \\ &x_{ij} \in \{0, 1\}, \quad \forall j \in J. \end{aligned} \tag{7.35}$$

模型 (7.35) 是一个经典的一维背包问题, 精确求解该问题的动态规划算法的计算复杂度为 $O(b_i)$. 因此, 计算 $z_{\text{LR2}}(\boldsymbol{\lambda})$ 相当于求解 $|I|$ 个一维背包问题, 其计算复杂度为 $O(|I|b_{\max})$, 其中 $b_{\max} = \max\limits_{i\in I} b_i$. 因此, 当 $b_{\max}$ 较小时, 可以有效精确求解该拉格朗日松弛问题.

7.4.2 开放车间调度问题

7.4.2.1 问题描述

某加工系统共有 H 种类型的机器和 n 个需要加工的工件 $N=\{1,\cdots,n\}$. 每个工件 $i\in N$ 有 n_i 个工序 $N_i=\{1,\cdots,n_i\}$, 令 O_{ij} 表示工件 i 的第 j 个工序. 每个工件都需依照各自的加工工序要求, 依次在对应类型的任意一台机器上加工一次, 且同一时间, 工件只能在一台机器上进行加工. 此外, 机器在加工过程中不可中断, 任意时刻, 一台机器也仅能加工一个工件.

对于 $i\in N, j\in N_i$, 设 m_{ij} 和 p_{ij} 分别为工序 O_{ij} 所需的机器类型和加工时间, w_i 和 r_i 分别为工件 i 的权重和释放时间 (最早可以开始加工的时间). 对于 $h=1,\cdots,H$, 令 O^h 为需要在 h 类型机器上加工的工序集合, M_h 为 h 类型机器的个数.

请问应如何将工件分配到机器进行加工, 从而使总的加权完工时间最小?

7.4.2.2 模型建立

定义以下决策变量

C_{ij}: 工序 O_{ij} 的完成时间.

δ_{ijkh}: 0-1 变量, 其等于 1 当且仅当 k 时刻工序 O_{ij} 在 h 类型机器上加工.

则该问题的整数规划模型可表示如下:

$$\min \sum_{i \in N} w_i C_{in_i} \tag{7.36}$$

s.t.

$$C_{i,j-1} + p_{ij} \leqslant C_{ij}, \quad \forall i \in N, j \in N_i, \tag{7.37}$$

$$\sum_{i \in N} \sum_{j \in N_i} \delta_{ijkh} \leqslant M_h, \quad \forall h = 1, \cdots, H,\ k = 0, 1, \cdots, K-1, \tag{7.38}$$

$$\delta_{ijkh} = \begin{cases} 1, & \text{如果} k \in [C_{ij} - p_{ij}, C_{ij} - 1],\ h = m_{ij}, \\ 0, & \text{否则}, \end{cases} \tag{7.39}$$

$$C_{ij} \geqslant 0, \quad \forall i \in N, j \in N_i. \tag{7.40}$$

目标函数 (7.36) 为最小化总的加权完工时间. 约束条件 (7.37) 定义了每个工序的完工时间 (令 $C_{i0} = r_i$, 表示每个工件 i 的第一个工序要在 r_i 时刻之后才能加工). 约束条件 (7.38) 表示机器能力约束, 即同时使用同种类型的工件不能超过该类型机器可用数. 约束条件 (7.39) 和 (7.40) 定义了决策变量.

7.4.2.3 松弛方法

下面介绍两种拉格朗日松弛方法.

松弛方法 1 松弛约束条件 (7.37). 把约束条件 (7.37) 依据机器类型划分成 H 组, 每组内的决策变量都与所有需在该类型机器上加工的操作相对应. 而各组决策变量之间之所以存在耦合关系, 是由约束 (7.31) 造成的. 因此, 松弛约束条件 (7.37) 后, 能够得到 H 个彼此独立的拉格朗日子问题. 具体地, 引入拉格朗日乘子 $\lambda_{ij}(i \in N, j \in N_i)$, 可以得到如下拉格朗日松弛问题

$$\begin{aligned} z_{\mathrm{LR1}}(\boldsymbol{\lambda}) &= \min \left\{ \sum_{i \in N} w_i C_{in_i} + \sum_{i \in N} \sum_{j \in n_i} \lambda_{ij} \left(C_{i,j-1} + p_{ij} - C_{ij} \right) \right\} \\ &= \min \sum_{h=1}^{H} \left\{ \sum_{O_{in_i} \in O^h} (w_i - \lambda_{in_i}) C_{in_i} + \sum_{O_{ij} \in O^h, j \neq n_i} (\lambda_{i,j+1} - \lambda_{ij}) C_{ij} \right\} \\ &\quad + \sum_{i \in N} \sum_{j \in N_i} \lambda_{ij} p_{ij} \end{aligned}$$

s.t.

约束条件 (7.38) 和 (7.39),

$$\lambda_{ij} \geqslant 0, \quad \forall i \in N, j \in N_i.$$

相应的第 $h(h=1,\cdots,H)$ 个子问题为

$$z_{\text{LR1}}(\boldsymbol{\lambda}, h) = \sum_{O_{in_i} \in O^h} (w_i - \lambda_{in_i}) C_{in_i} + \sum_{O_{ij} \in O^h, j \neq n_i} (\lambda_{i,j+1} - \lambda_{ij}) C_{ij}$$

s.t.

约束条件 (7.38) 和 (7.39),

$$\lambda_{ij} \geqslant 0, \quad \forall i \in N, j \in N_i.$$

当同种类型的机器仅有 1 台, 且工件能够在任意时刻启动加工流程时, 对应的子问题便可以转化为最小化总加权完工时间的单机调度问题. 基于加权最短加工时间规则, 这一问题能够在多项式时间内得到精确求解. 反之, 如果存在对工件开始加工时刻的限制, 那么该子问题就属于 NP-难问题. 当同种类型的机器数量超过 1 台时, 对应的子问题是最小化总加权完工时间的并行机调度问题, 为强 NP-难问题.

这种松弛方法对应的拉格朗日对偶问题 DP1 为

$$z_{\text{DP1}} = \max \left\{ \sum_{h=1}^{H} z_{\text{LR1}}(\boldsymbol{\lambda}) + \sum_{i \in N} \sum_{j \in N_i} \lambda_{ij} p_{ij} \right\}$$

s.t.

$$\lambda_{i,j+1} \geqslant \lambda_{ij}, \quad \forall i \in N, j \in N_i,$$

$$\lambda_{ij} \geqslant 0, \quad \forall i \in N, j \in N_i.$$

假设其最优解为 λ_{ij}^*, 则 $z_{\text{DP1}} = \sum_{h=1}^{H} z_{\text{LR1}}(\boldsymbol{\lambda}^*, h) + \sum_{i \in N} \sum_{j \in N_i} \lambda_{ij}^* p_{ij}$.

松弛方法 2　松弛约束条件 (7.38). 此时, 原问题可以分解为 n 个相互独立的子问题. 具体地, 引入拉格朗日乘子 $\pi_{kh}(k=0,1,\cdots,K-1, h=1,\cdots,H)$, 可以得到如下拉格朗日松弛问题

$$\begin{aligned} z_{\text{LR2}}(\boldsymbol{\pi}) &= \min \left\{ \sum_{i \in N} w_i C_{in_i} + \sum_{k=0}^{K-1} \sum_{h=1}^{H} \pi_{kh} \left(\sum_{i \in N} \sum_{j \in N_i} \delta_{ijkh} - M_{kh} \right) \right\} \\ &= \min \left\{ \sum_{i \in N} w_i C_{in_i} - \sum_{k=0}^{K-1} \sum_{h=1}^{H} \pi_{kh} M_{kh} + \sum_{k=0}^{K-1} \sum_{h=1}^{H} \sum_{i \in N} \sum_{j \in N_i} \delta_{ijkh} \pi_{kh} \right\} \end{aligned}$$

$$= \min \left\{ \sum_{i \in N} w_i C_{in_i} - \sum_{k=0}^{K-1} \sum_{h=1}^{H} \pi_{kh} M_{kh} + \sum_{i \in N} \sum_{j \in N_i} \sum_{k=C_{ij}-p_{ij}}^{C_{ij}-1} \pi_{km_{ij}} \right\}$$

$$= \min \sum_{i \in N} \left\{ w_i C_{in_i} + \sum_{j \in N_i} \sum_{k=C_{ij}-p_{ij}}^{C_{ij}-1} \pi_{km_{ij}} \right\} - \sum_{k=0}^{K-1} \sum_{h=1}^{H} \pi_{kh} M_{kh}$$

s.t.

约束条件 (7.37) 和 (7.40),

相应的第 $i(i = 1, \cdots, n)$ 个子问题为

$$z_{\text{LR2}}(\boldsymbol{\pi}, i) = \min w_i C_{in_i} + \sum_{j \in N_i} \sum_{k=C_{ij}-P_{ij}}^{C_{ij}-1} \pi_{km_{ij}}$$

s.t.

约束条件 (7.37) 和 (7.40).

该问题为机器有额外费用的单任务调度问题, 可以利用基于有向图最短路径的动态规划算法精确求解, 其求解复杂度为 $O(Kn_i)$. 这种松弛方法对应的拉格朗日对偶问题 DP2 为

$$z_{\text{DP2}} = \max \left\{ \sum_{i \in N} z_{\text{LR2}}(\boldsymbol{\pi}, i) - \sum_{k=0}^{K-1} \sum_{h=1}^{H} \pi_{kh} M_{kh} \right\}$$

s.t.

$$\pi_{kh} \geqslant 0, \quad \forall k = 0, 1, \cdots, K-1, h = 1, \cdots, H.$$

假设其最优解为 π^*_{kh}, 则 $z_{\text{DP2}} = \sum_{i \in N} z_{\text{LR2}}(\boldsymbol{\pi}^*, i) - \sum_{k=0}^{K-1} \sum_{h=1}^{H} \pi^*_{kh} M_{kh}$.

习 题 七

7-1. 考虑如下整数规划模型, 根据要求松弛相应的约束条件, 并写出拉格朗日松弛问题的模型, 以及拉格朗日乘子的符号约束.

$$\max\ 15x_1 + 55x_2 + 25x_3$$

s.t.

$$40x_1 - 12x_2 + 11x_3 \leqslant 65,$$

$$19x_1 + 60x_2 + \ 3x_3 \geqslant 30,$$

$$3x_1 + \ 2x_2 + \ 2x_3 = 15,$$

$$x_j \in \{0,1\}, \quad \forall j = 1,\ 2,\ 3.$$

(a) 松弛约束条件 1 和 2.

(b) 松弛约束条件 1 和 3.

7-2. 考虑如下设施选址问题:

$$\min\ 2x_{11} + 6x_{12} + 4x_{21} + 2x_{22} + 300y_1 + 250y_2$$

s.t.

$$30x_{11} + 25x_{12} \leqslant 30y_1,$$

$$30x_{21} + 20x_{22} \leqslant 55y_2,$$

$$x_{11} + x_{12} = 1,$$

$$x_{21} + x_{22} = 1,$$

$$0 \leqslant x_{ij} \leqslant 1, \quad \forall i, j = 1,\ 2,$$

$$y_1, y_2 \in \{0, 1\}.$$

(a) 请使用枚举法计算所有可能的最优解.

(b) 若松弛约束条件 3 和 4, 对应的拉格朗日乘子分别是 λ_1 和 λ_2, 请写出拉格朗日松弛问题的模型.

(c) 观察发现 (b) 中松弛问题比原问题更容易求解, 试解释其中的原因.

(d) 求解 (b) 中拉格朗日松弛问题 (使用枚举法), 其中 $\lambda_1 = \lambda_2 = 0$, 并说明得到目标函数值是 (a) 中原问题最优值的下界.

(e) 若 $\lambda_1 = \lambda_2 = -100$, 请重新求解问题 (d).

(f) 若 $\lambda_1 = 1000, \lambda_2 = -500$, 请重新求解问题 (d).

7-3. 基于习题 7-2, 回答以下问题:

(g) 在 (f) 得到的最优解处, 计算次梯度方向. 假设步长 $s = 500$, 更新拉格朗日对偶问题的最优解, 重新计算拉格朗日松弛问题, 并判断是否改进了最优解.

(h) 在 (f) 得到的最优解处, 计算次梯度方向. 假设步长 $s = 250$, 更新拉格朗日对偶问题的最优解, 重新计算拉格朗日松弛问题, 并对结果进行解释.

(i) 由 (b) 中拉格朗日松弛问题得到的界比原问题线性松弛得到的界更好吗？请解释原因.

(j) 若松弛约束条件 1 和 2, 并保留约束条件 3 和 4, 试写出对应的拉格朗日松弛问题的模型.

(k) 由 (j) 中拉格朗日松弛问题得到的界比原问题线性松弛得到的界更好吗？请解释原因.

7-4. 考虑如下广义分配问题, 若松弛约束条件 1 和 2, 拉格朗日乘子分别是 $\boldsymbol{\lambda} = (0,\ 0)^{\mathrm{T}}$, $\boldsymbol{\lambda} = (10,\ 12)^{\mathrm{T}}$ 或 $\boldsymbol{\lambda} = (100,\ 200)^{\mathrm{T}}$, 请重新计算习题 7-2 中的各个问题.

$$\min\ 15x_{11} + 10x_{12} + 35x_{21} + 20x_{22}$$

s.t.

$$x_{11}+x_{12}=1,$$

$$x_{21}+x_{22}=1,$$

$$30x_{11}+60x_{12}\leqslant 90,$$

$$35x_{21}+40x_{22}\leqslant 60,$$

$$x_{ij}\in\{0,1\},\quad \forall i,j=1,\ 2.$$

7-5. 考虑如下 0-1 整数线性规划模型:

$$\min\quad 5x_1-2x_2$$

s.t.

$$7x_1-2x_2\geqslant 5,$$

$$x_1,x_2\in\{0,1\}.$$

(a) 若松弛约束条件 1, 对应拉格朗日乘子为 λ, 请写出拉格朗日松弛问题的模型, 并解释原因.

(b) 请解释由 (a) 得到的松弛问题是原问题的松弛问题, 说明原因.

(c) 说明 (a) 得到的松弛问题是否总可以作为线性规划求解.

(d) 松弛问题存在 4 个可能的整数解, 给出松弛问题目标函数关于乘子 λ 的四种线性表达式, 假设这些解均是最优解.

(e) 根据 (d) 的结果, 画图说明拉格朗日对偶问题目标函数关于乘子 λ 的表达式.

(f) 根据 (e) 中的图, 选择最优的拉格朗日乘子 λ, 并说明原因.

7-6. 考虑如下 0-1 整数线性规划模型:

$$\max\ 14x_1+21x_2+16x_3+17x_4+13x_5+19x_6+35x_7$$

s.t.

$$\sum_{j=1}^{7}x_j\leqslant 3,$$

$$3x_1+8x_2+5x_3\leqslant 1,$$

$$12x_4+9x_5+8x_6+7x_7\leqslant 1,$$

$$x_j\in\{0,1\},\forall j=1,\cdots,7.$$

(a) 松弛约束条件 1, 试写出相应的拉格朗日松弛问题的模型; 将拉格朗日乘子初始化为 $\lambda=20$ 还是 $\lambda=-20$ 更适合求解该松弛模型? 说明理由.

(b) 说明 (a) 中得到的松弛问题是原问题松弛问题的原因.

(c) 若拉格朗日乘子为 $\lambda = 10$, 使用观察法求解 (a) 中的松弛问题. 请给出最优解及其目标函数值, 并验证其最优性.

(d) 从 (c) 得到的结果开始, 计算后续迭代时得到的次梯度方向.

7-7. 考虑如下整数线性规划模型:

$$\max\ 20x_1 + 30x_2 - 560y_1 - 720y_2$$

$$\text{s.t.}$$

$$1.5x_1 + \ \ 4x_2 \leqslant 300,$$

$$x_1 - 220y_1 \leqslant 0,$$

$$x_2 - 75y_2 \leqslant 0,$$

$$x_1, x_2 \geqslant 0,$$

$$y_1, y_2 \in \{0,1\}.$$

(a) 利用拉格朗日乘子 λ_1 和 λ_2 对最后两个线性约束条件进行松弛, 请写出拉格朗日松弛问题的模型.

(b) 说明两个乘子应该满足的符号约束.

7-8. 考虑如下 0-1 整数线性规划模型:

$$\max\ 7x_1 + 3x_2 + 4x_3$$

$$\text{s.t.}$$

$$x_1 + 2x_2 \leqslant 4,$$

$$x_2 + x_3 \leqslant 0,$$

$$x_j \in \{0,1\}, \quad \forall j = 1,\ 2,\ 3.$$

(a) 直接观察给出问题的最优解.

(b) 若松弛约束条件 2, 假设拉格朗日乘子为 λ, 请写出对应的拉格朗日松弛问题.

(c) 令 $\lambda \geqslant 0$, 直接观察给出 (b) 中松弛问题的最优解, 并说明得到的目标函数是原问题的一个上界.

第 8 章 Benders分解算法

Benders 分解算法由 J. F. Benders 于 1962 年提出，主要用于求解含有复杂变量的大规模整数规划模型．它通过固定模型中的复杂变量，有效降低问题处理难度．该算法的主要思路是将原问题分解为一个主问题 (master problem) 和一个或多个子问题 (sub-problem)，通过迭代地求解主问题和子问题，逐步逼近原问题的最优解．与列生成不同，Benders 分解采用行生成 (row generation) 方法：基于当前主问题的解，通过求解子问题以生成主问题的有效不等式，并不断迭代以最终找到原问题的最优解．因此，Benders 分解算法也称为变量分解法 (variable partitioning) 或者外部线性化方法，是广泛使用的解析算法之一．

Benders 分解算法最初用于求解混合整数规划模型，其中分解后的主问题为线性规划模型或混合整数线性规划模型，而子问题为线性规划模型．当主问题的变量固定后，可以用标准对偶理论来生成主问题的有效不等式．随后，为了能够求解子问题中也含有整数变量的情况，Benders 分解算法被拓展为广义 Benders 分解算法．如今，Benders 分解方法的应用范畴极为广泛，涵盖了线性、非线性、整数、随机、多级、双层等各类优化问题．其应用领域涵盖了规划与调度、医疗健康、交通运输与电信、能源与资源管理、化学工艺设计等多个方面．

本章将对 Benders 分解算法作一个较为全面的介绍．首先，通过一个混合整数线性规划模型，详细介绍经典的 Benders 分解算法和 Benders-分支定切算法，同时深入讨论 Benders 分解算法的改进策略，包括：Benders 主问题加速策略、Benders 切的选择策略以及生成加强切的改进策略．随后，介绍 Benders 分解的扩展算法．最后，介绍 Benders 分解算法的一些经典应用案例．

Benders分解

8.1 Benders 分解算法

本节通过一个混合整数线性规划模型，对 Benders 分解算法和 Benders-分支定切算法展开介绍，内容主要涉及算法的分解策略，以及具体的求解流程．

考虑如下混合整数线性规划模型：

$$
\begin{aligned}
z^{\mathrm{MIP}} = \min\ & \boldsymbol{c}^{\mathrm{T}}\boldsymbol{x} + \boldsymbol{h}^{\mathrm{T}}\boldsymbol{y} \\
\text{s.t.}\ & \\
& \boldsymbol{G}\boldsymbol{x} + \boldsymbol{H}\boldsymbol{y} \geqslant \boldsymbol{b},
\end{aligned}
\tag{8.1}
$$

$$\boldsymbol{x} \in \mathbb{Z}_+^n, \quad \boldsymbol{y} \in \mathbb{R}_+^p,$$

其中, 整数变量 $\boldsymbol{x}$ 被视为“重要的”或“复杂”的决策变量, $\boldsymbol{c} \in \mathbb{R}^n, \boldsymbol{h} \in \mathbb{R}^p, \boldsymbol{G} \in \mathbb{R}^{m\times n}, \boldsymbol{H} \in \mathbb{R}^{m\times p}, \boldsymbol{b} \in \mathbb{R}^m$.

8.1.1 Benders 重表示

令 $Q = \{(\boldsymbol{x},\boldsymbol{y}) \in \mathbb{R}_+^n \times \mathbb{R}_+^p : \boldsymbol{Gx} + \boldsymbol{Hy} \geqslant \boldsymbol{b}\}$, 定义 $\text{proj}_x(Q) = \{\boldsymbol{x} \in \mathbb{R}_+^n : \exists \boldsymbol{y} \in \mathbb{R}_+^p$ 使得 $(\boldsymbol{x},\boldsymbol{y}) \in Q\}$ 为集合 Q 在变量 $\boldsymbol{x}$ 上的映射.

模型 (8.1) 等价于如下仅含有整数变量 $\boldsymbol{x}$ 的整数线性规划模型:

$$\begin{aligned} z^{\text{MIP}} &= \min\ \boldsymbol{c}^{\text{T}}\boldsymbol{x} + \phi(\boldsymbol{x}) \\ \text{s.t.} & \\ & \boldsymbol{x} \in \text{proj}_{\boldsymbol{x}}(Q) \cap \mathbb{Z}_+^n, \end{aligned} \tag{8.2}$$

其中,

$$\begin{aligned} \phi(\boldsymbol{x}) &= \min\ \boldsymbol{h}^{\text{T}}\boldsymbol{y} \\ \text{s.t.} & \\ & \boldsymbol{Hy} \geqslant \boldsymbol{b} - \boldsymbol{Gx}, \\ & \boldsymbol{y} \in \mathbb{R}_+^p. \end{aligned} \tag{8.3}$$

为了更好地表示集合 $\text{proj}_{\boldsymbol{x}}(Q)$, 引入以下 Farkas 引理.

引理 8.1 (Farkas 引理)　对于 $\boldsymbol{A} \in \mathbb{R}^{m\times n}, \boldsymbol{a} \in \mathbb{R}^m$, 多面体 $\{\boldsymbol{x} \in \mathbb{R}_+^n : \boldsymbol{Ax} \geqslant \boldsymbol{a}\} \neq \varnothing$ 的充要条件为: $\forall \boldsymbol{v} \in V$, 有 $\boldsymbol{v}^{\text{T}}\boldsymbol{a} \leqslant 0$, 其中 $V = \{\boldsymbol{v} \in \mathbb{R}_+^m : \boldsymbol{v}^{\text{T}}\boldsymbol{A} \leqslant 0\}$.

由 Farkas 引理 8.1, 下列结论成立.

命题 8.1　令 $Q = \{(\boldsymbol{x},\boldsymbol{y}) \in \mathbb{R}_+^n \times \mathbb{R}_+^p : \boldsymbol{Gx} + \boldsymbol{Hy} \geqslant \boldsymbol{b}\}$, 则

$$\begin{aligned} \text{proj}_{\boldsymbol{x}}(Q) &= \{\boldsymbol{x} \in \mathbb{R}_+^n : \boldsymbol{v}^{\text{T}}(\boldsymbol{b} - \boldsymbol{Gx}) \leqslant 0, \forall \boldsymbol{v} \in V\} \\ &= \{\boldsymbol{x} \in \mathbb{R}_+^n : (\boldsymbol{v}^k)^{\text{T}}(\boldsymbol{b} - \boldsymbol{Gx}) \leqslant 0, \forall k = 1,\cdots,K\}. \end{aligned} \tag{8.4}$$

其中, $V = \{\boldsymbol{v} \in \mathbb{R}_+^m : \boldsymbol{v}^{\text{T}}\boldsymbol{H} \leqslant 0\}$, $\{v^k\}_{k=1,\cdots,K}$ 为集合 V 的极方向集合.

证明　根据 $\text{proj}_{\boldsymbol{x}}(Q)$ 的定义, $\boldsymbol{x} \in \text{proj}_{\boldsymbol{x}}(Q)$ 当且仅当 $Q(\boldsymbol{x}) = \{\boldsymbol{y} \in \mathbb{R}_+^p : \boldsymbol{Hy} \geqslant \boldsymbol{b} - \boldsymbol{Gx}\}$ 非空. 令 $\boldsymbol{A} = \boldsymbol{H}$, $\boldsymbol{a} = \boldsymbol{b} - \boldsymbol{Gx}$, 由 Farkas 引理 8.1, 命题成立.

由命题 8.1, 模型 (8.2) 等价于如下模型:

$$\begin{aligned} z^{\text{MIP}} &= \min\ \boldsymbol{c}^{\text{T}}\boldsymbol{x} + \phi(\boldsymbol{x}) \\ \text{s.t.} & \end{aligned} \tag{8.5}$$

$$(\boldsymbol{v}^k)^{\mathrm{T}}(\boldsymbol{b}-\boldsymbol{G}\boldsymbol{x}) \leqslant 0, \quad \forall k=1,\cdots,K,$$
$$\boldsymbol{x} \in \mathbb{Z}_+^n.$$

进一步地, 给定 $\boldsymbol{x} \in \mathbb{Z}^n$, 由对偶理论, 模型 (8.3) 等价于如下线性规划模型:

$$\begin{aligned} & \phi(\boldsymbol{x}) = \max\ \boldsymbol{\mu}^{\mathrm{T}}(\boldsymbol{b}-\boldsymbol{G}\boldsymbol{x}) \\ \text{s.t.} & \\ & \boldsymbol{\mu}^{\mathrm{T}}\boldsymbol{H} \leqslant \boldsymbol{h}, \\ & \boldsymbol{\mu} \in \mathbb{R}_+^m. \end{aligned} \tag{8.6}$$

其中, $\boldsymbol{\mu} \in \mathbb{R}_+^m$ 为模型 (8.3) 约束条件对应的对偶变量.

令 $\{\boldsymbol{\mu}^j\}_{j=1,\cdots,J}$ 为集合 $U=\{\boldsymbol{\mu} \in \mathbb{R}_+^m : \boldsymbol{\mu}^{\mathrm{T}}\boldsymbol{H} \leqslant \boldsymbol{h}\}$ 的极点集合, 根据定理 3.8 和定理 3.9, 模型 (8.6) 等价于如下模型:

$$\phi(\boldsymbol{x}) = \max\left\{(\boldsymbol{\mu}^j)^{\mathrm{T}}(\boldsymbol{b}-\boldsymbol{G}\boldsymbol{x}) : j=1,\cdots,J\right\}. \tag{8.7}$$

引入连续变量 $\sigma \in \mathbb{R}$, 模型 (8.1) 可以重表示为

$$\begin{aligned} & (\mathrm{BRM})\ z^{\mathrm{MIP}} = \min\ \boldsymbol{c}^{\mathrm{T}}\boldsymbol{x}+\sigma \\ \text{s.t.} & \\ & (\boldsymbol{\mu}^j)^{\mathrm{T}}(\boldsymbol{b}-\boldsymbol{G}\boldsymbol{x}) \leqslant \sigma, \quad \forall j=1,\cdots,J, \\ & (\boldsymbol{v}^k)^{\mathrm{T}}(\boldsymbol{b}-\boldsymbol{G}\boldsymbol{x}) \leqslant 0, \quad \forall k=1,\cdots,K, \\ & \boldsymbol{x} \in \mathbb{Z}_+^n. \end{aligned} \tag{8.8}$$

此外, 在很多实际问题中, 混合整数规划模型具有如下形式的块角结构:

$$\begin{aligned} & \min\ \boldsymbol{c}^{\mathrm{T}}\boldsymbol{x}+(\boldsymbol{h}^1)^{\mathrm{T}}\boldsymbol{y}^1+(\boldsymbol{h}^2)^{\mathrm{T}}\boldsymbol{y}^2+\cdots+(\boldsymbol{h}^L)^{\mathrm{T}}\boldsymbol{y}^L \\ \text{s.t.} & \\ & \boldsymbol{G}^1\boldsymbol{x}+\boldsymbol{H}^1\boldsymbol{y}^1 \geqslant \boldsymbol{b}^1, \\ & \boldsymbol{G}^2\boldsymbol{x}+\boldsymbol{H}^2\boldsymbol{y}^2 \geqslant \boldsymbol{b}^2, \\ & \qquad \cdots\cdots \\ & \boldsymbol{G}^L\boldsymbol{x}+\boldsymbol{H}^L\boldsymbol{y}^L \geqslant \boldsymbol{b}^L, \end{aligned} \tag{8.9}$$

$$\boldsymbol{x} \in X, \quad \boldsymbol{y}^l \in Z^l, \quad \forall l = 1, \cdots, L,$$

其中, X 为一个非空集合, Z^l 为一个非空实数集合. 为方便起见, 假设对于 $\boldsymbol{x} \in X$, 模型 (8.9) 均有可行解. 引入连续变量 σ, 该模型分解为主问题

$$\begin{aligned} & z^{\mathrm{MP}} = \min \boldsymbol{c}^{\mathrm{T}}\boldsymbol{x} + \sigma \\ \text{s.t.} & \\ & \sum_{l=1}^{L} (\boldsymbol{\mu}^{lj})^{\mathrm{T}} (\boldsymbol{b}^l - \boldsymbol{G}^l \boldsymbol{x}) \leqslant \sigma, \quad \forall j = 1, \cdots, J, \\ & \boldsymbol{x} \in X, \end{aligned} \tag{8.10}$$

以及 L 个子问题, 其中第 $l(l = 1, \cdots, L)$ 个子问题为

$$\begin{aligned} & \mathrm{BRS}l(\boldsymbol{x}) : \min (\boldsymbol{h}^l)^{\mathrm{T}} \boldsymbol{y}^l \\ \text{s.t.} & \\ & \boldsymbol{G}^l \boldsymbol{x} + \boldsymbol{H}^l \boldsymbol{y}^l \geqslant \boldsymbol{b}^l, \\ & \boldsymbol{y}^l \in Z^l, \end{aligned} \tag{8.11}$$

且 $\boldsymbol{\mu}^{lj}$ 为子问题 $\mathrm{BRS}l(\boldsymbol{x})$ 对偶问题的最优解.

Benders
分解算法

8.1.2 Benders 分解算法

本节介绍如何运用 Benders 分解算法求解模型 (8.8), 模型 (8.10) 也可以采用类似方法求解. 模型 (8.8) 中的不等式 (即 Benders 切) 在初始时是未知的, 在算法迭代过程中, 它们会逐步被确定并不断添加到模型里.

下面着重介绍如何运用 Benders 分解算法求解模型 (8.8) 对应的线性松弛问题. 通过松弛变量 $\boldsymbol{x}$ 的整性要求, 得到模型 (8.8) 的线性松弛模型, 即 Benders 主问题, 记作 BMP. 由于难以得到模型 BMP 的全部 Benders 切, Benders 分解算法基于仅包含部分 Benders 切的 BMP(称为松弛 Benders 主问题, 记作 RBMP), 以不断动态添加 Benders 切的方式, 逐步逼近并最终得到 BMP 的最优解.

记 $(\tilde{\boldsymbol{x}}, \tilde{\sigma})$ 为当前 RBMP 的最优解, 求解 Benders 子问题 (记作 $\mathrm{BMPS}(\tilde{\boldsymbol{x}})$)

$$\begin{aligned} & \phi(\tilde{\boldsymbol{x}}) = \min \boldsymbol{h}^{\mathrm{T}} \boldsymbol{y} \\ \text{s.t.} & \\ & \boldsymbol{H}\boldsymbol{y} \geqslant \boldsymbol{b} - \boldsymbol{G}\tilde{\boldsymbol{x}}, \\ & \boldsymbol{y} \in \mathbb{R}_+^p \end{aligned} \tag{8.12}$$

的对偶问题 (记作 BMPDS($\tilde{\boldsymbol{x}}$))

$$
\begin{aligned}
&\phi(\tilde{\boldsymbol{x}}) = \max \boldsymbol{\mu}^{\mathrm{T}}(\boldsymbol{b} - \boldsymbol{G}\tilde{\boldsymbol{x}}) \\
\text{s.t.}\quad & \\
&\boldsymbol{\mu}^{\mathrm{T}}\boldsymbol{H} \leqslant \boldsymbol{h}, \\
&\boldsymbol{\mu} \in \mathbb{R}_{+}^{m}.
\end{aligned}
\tag{8.13}
$$

其结果有以下情形:

- Benders 子问题 BMPS($\tilde{\boldsymbol{x}}$) 不可行, 即对偶子问题 BMPDS($\tilde{\boldsymbol{x}}$) 无界. 在此情形下, 通过求解模型 (8.13), 可得到一个新的极方向 $\boldsymbol{v}^k$, 进而生成如下有效不等式:

$$
\left(\boldsymbol{v}^k\right)^{\mathrm{T}}(\boldsymbol{b} - \boldsymbol{G}\boldsymbol{x}) \leqslant 0, \tag{8.14}
$$

  称为一个 Benders 可行切, 并添加到当前 RBMP 中.
- Benders 子问题 BMPS($\tilde{\boldsymbol{x}}$) 可行, 即对偶问题 BMPDS($\tilde{\boldsymbol{x}}$) 有界. 在此情形下, 通过求解模型 (8.13), 可得到一个新的极点 $\boldsymbol{\mu}^j$, 进而又有以下两种情形:

  ➢ $\phi(\tilde{\boldsymbol{x}}) = \left(\boldsymbol{\mu}^j\right)^{\mathrm{T}}(\boldsymbol{b} - \boldsymbol{G}\tilde{\boldsymbol{x}}) > \tilde{\sigma}$. 此时, 以下不等式是有效的:

$$
\left(\boldsymbol{\mu}^j\right)^{\mathrm{T}}(\boldsymbol{b} - \boldsymbol{G}\boldsymbol{x}) \leqslant \sigma, \tag{8.15}
$$

  称为 Benders 最优切, 并添加到当前 RBMP 中.

  ➢ $\phi(\tilde{\boldsymbol{x}}) = \tilde{\sigma}$. 此时, $(\tilde{\boldsymbol{x}}, \tilde{\sigma})$ 是模型 BMP 的最优解, 终止迭代.

图 8.1 大致展示了 Benders 分解算法的过程. 在得到初始 RBMP 和对应子问题后, 该算法会在主问题与子问题之间不断进行迭代, 直至找到最优解. 设在第 k 次迭代中, 当前松弛 Benders 主问题 RBMP^k 的最优解为 $\left(\boldsymbol{x}^k, \sigma^k\right)$, 对偶子问题 BMPDS$^k(\boldsymbol{x}^k)$ 的最优解为 $\boldsymbol{\mu}^k$, 则下述最优性定理成立.

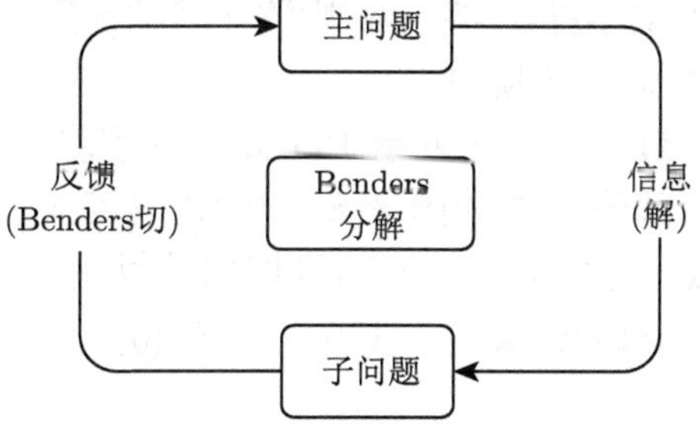

图 8.1 Benders 分解算法示意图

定理 8.1　设在 Benders 分解算法的迭代过程中, 对偶子问题 $\mathrm{BMPDS}^k(\boldsymbol{x}^k)$ 有界且最优解为 $\boldsymbol{\mu}^k$, 如果 $\left(\boldsymbol{\mu}^k\right)^{\mathrm{T}}(\boldsymbol{b}-\boldsymbol{G}\boldsymbol{x}^k)\leqslant\sigma^k$, 则 $\left(\boldsymbol{x}^k,\sigma^k\right)$ 是 BMP 的最优解.

证明　因为松弛 Benders 主问题是 Benders 主问题的松弛问题, $\boldsymbol{c}^{\mathrm{T}}\boldsymbol{x}^k+\sigma^k$ 是 BMP 最优值的一个下界. 而如果由解 $\boldsymbol{x}^k$ 生成的子问题可行, 则 $\boldsymbol{c}^{\mathrm{T}}\boldsymbol{x}^k$ 与子问题的最优值 $\left(\boldsymbol{\mu}^k\right)^{\mathrm{T}}(\boldsymbol{b}-\boldsymbol{G}\boldsymbol{x}^k)$ 之和, 构成 BMP 最优值的上界. 因此, $\boldsymbol{c}^{\mathrm{T}}\boldsymbol{x}^k+\sigma^k\leqslant\boldsymbol{c}^{\mathrm{T}}\boldsymbol{x}^k+\left(\boldsymbol{\mu}^k\right)^{\mathrm{T}}(\boldsymbol{b}-\boldsymbol{G}\boldsymbol{x}^k)$, 即 $\sigma^k\leqslant\left(\boldsymbol{\mu}^k\right)^{\mathrm{T}}(\boldsymbol{b}-\boldsymbol{G}\boldsymbol{x}^k)$.

如果上述定理的最优性条件成立, 则有 $\sigma^k\leqslant\left(\boldsymbol{\mu}^k\right)^{\mathrm{T}}(\boldsymbol{b}-\boldsymbol{G}\boldsymbol{x}^k)\leqslant\sigma^k$, 因此 $\boldsymbol{c}^{\mathrm{T}}\boldsymbol{x}^k+\sigma^k=\boldsymbol{c}^{\mathrm{T}}\boldsymbol{x}^k+\left(\boldsymbol{\mu}^k\right)^{\mathrm{T}}(\boldsymbol{b}-\boldsymbol{G}\boldsymbol{x}^k)$, 得证.

下面介绍 Benders 分解算法的具体流程.

算法 8.1 (Benders 分解算法)

步骤 0　**初始化**. 初始化极值点集合 $\Omega_p=\varnothing$, 极方向集合 $\Omega_r=\varnothing$, 迭代次数 $k=0$. 求解初始松弛 Benders 主问题 RBMP^k(不包含任何 Benders 切), 记最优解为 $\left(\boldsymbol{x}^k,\sigma^k\right)$.

步骤 1　**求解 Benders 对偶子问题**. 求解 Benders 对偶子问题 $\mathrm{BMPDS}^k(\boldsymbol{x}^k)$, 记最优解为 $\boldsymbol{\mu}^k$. 如果该问题的最优值有界, 则转到**步骤 2**; 否则, 转到**步骤 3**.

步骤 2　**判断算法终止条件**. 如果 $\left(\boldsymbol{\mu}^k\right)^{\mathrm{T}}(\boldsymbol{b}-\boldsymbol{G}\boldsymbol{x}^k)\leqslant\sigma^k$, 则终止算法; $\boldsymbol{x}^k$ 为 BMP 的最优解, 通过求解 Benders 子问题 $\mathrm{BMPS}^k(\boldsymbol{x}^k)$ 可得变量 $\boldsymbol{y}^k$ 的值. 如果 $\left(\boldsymbol{\mu}^k\right)^{\mathrm{T}}(\boldsymbol{b}-\boldsymbol{G}\boldsymbol{x}^k)>\sigma^k$, 则转到**步骤 3**.

步骤 3　**更新松弛 Benders 主问题**. 如果 Benders 对偶子问题 $\mathrm{BMPDS}^k(\boldsymbol{x}^k)$ 的最优解 $\boldsymbol{\mu}^k$ 是一个极值点, 将该极值点添加入极值点集合 $\Omega_p^k=\Omega_p^{k-1}\cup\{\boldsymbol{\mu}^k\}$, 并在松弛 Benders 主问题 RBMP^k 中添加 Benders 最优切 $\sigma^k\geqslant\left(\boldsymbol{\mu}^k\right)^{\mathrm{T}}(\boldsymbol{b}-\boldsymbol{G}\boldsymbol{x}^k)$, 同时保持 $\Omega_r^k=\Omega_r^{k-1}$. 相反, 如果 Benders 对偶子问题 $\mathrm{BMPDS}^k(\boldsymbol{x}^k)$ 的最优解 $\boldsymbol{\mu}^k$ 是一个极方向, 则将该极方向添加入极方向集合 $\Omega_r^k=\Omega_r^{k-1}\cup\{\boldsymbol{\mu}^k\}$, 并在松弛 Benders 主问题 RBMP^k 中添加可行切 $\left(\boldsymbol{\mu}^k\right)^{\mathrm{T}}(\boldsymbol{b}-\boldsymbol{G}\boldsymbol{x}^k)\leqslant 0$, 同时保持 $\Omega_p^k=\Omega_p^{k-1}$.

步骤 4　**求解松弛 Benders 主问题**. 求解松弛 Benders 主问题 RBMP^k, 如果不存在可行解, 则终止算法; 否则, 记最优解为 $\left(\boldsymbol{x}^k,\sigma^k\right)$, 令 $k=k+1$, 转到**步骤 1**.

利用Benders分解算法求解例8.1的算法代码

下面通过两个例子展示 Benders 分解算法的求解过程. 具体的算法代码可查阅附录 7 和附录 8, 详细代码可通过扫描二维码获取.

例 8.1　考虑如下二元随机规划模型:

$$z=\min 100x_1+150x_2+E_{\boldsymbol{\xi}}\left(q_1y_1+q_2y_2\right)$$

s.t.

$$x_1+x_2\leqslant 120,$$

$$6y_1 + 10y_2 \leqslant 60x_1,$$
$$8y_1 + 5y_2 \leqslant 80x_2,$$
$$y_1 \leqslant d_1, \quad y_2 \leqslant d_2,$$
$$x_1 \geqslant 40, \quad x_2 \geqslant 20,$$
$$y_1, y_2 \in \mathbb{R}_+,$$

其中, $\boldsymbol{\xi} = (d_1, d_2, q_1, q_2)^{\mathrm{T}}$ 以 0.4 的概率取值 $\boldsymbol{\xi}_1 = (500, 100, -24, -28)^{\mathrm{T}}$, 以 0.6 的概率取值 $\boldsymbol{\xi}_2 = (300, 300, -28, -32)^{\mathrm{T}}$.

上述模型可以等价地写成

$$z = \min 100x_1 + 150x_2 + 0.4*(-24y_{11} - 28y_{12}) + 0.6*(-28y_{21} - 32y_{22})$$

s.t.

$$x_1 + x_2 \leqslant 120,$$
$$6y_{11} + 10y_{12} \leqslant 60x_1,$$
$$8y_{11} + 5y_{12} \leqslant 80x_2,$$
$$6y_{21} + 10y_{22} \leqslant 60x_1,$$
$$8y_{21} + 5y_{22} \leqslant 80x_2,$$
$$y_{11} \leqslant 500, \quad y_{12} \leqslant 100,$$
$$y_{21} \leqslant 300, \quad y_{22} \leqslant 300,$$
$$x_1 \geqslant 40, \quad x_2 \geqslant 20,$$
$$y_{11}, y_{12}, y_{21}, y_{22} \in \mathbb{R}_+.$$

由于对任意可行的 $\boldsymbol{x} = (x_1, x_2)^{\mathrm{T}}$, 上述模型均有可行解. 引入连续变量 σ, 该模型分解为如下主问题:

$$z^{\mathrm{MP}} = \min 100x_1 + 150x_2 + \sigma$$

s.t.

$$x_1 + x_2 \leqslant 120,$$
$$x_1 \geqslant 40, \quad x_2 \geqslant 20,$$
$$0.4 \times \left(60\mu_1^j x_1 + 80\mu_2^j x_2 + 500\mu_3^j + 100\mu_4^j\right) + 0.6$$
$$\times \left(60\nu_1^j x_1 + 80\nu_2^j x_2 + 300\nu_3^j + 300\nu_4^j\right) \leqslant \sigma, \quad \forall j = 1, \cdots, J,$$

以及两个子问题:

$$\text{BMPS1}(\boldsymbol{x}): \min -24y_{11} - 28y_{12}$$

s.t.

$$6y_{11} + 10y_{12} \leqslant 60x_1,$$

$$8y_{11} + 5y_{12} \leqslant 80x_2,$$

$$y_{11} \leqslant 500, \quad y_{12} \leqslant 100,$$

$$y_{11}, y_{12} \in \mathbb{R}_+,$$

$$\text{BMPS2}(\boldsymbol{x}): \min -28y_{21} - 32y_{22}$$

s.t.

$$6y_{21} + 10y_{22} \leqslant 60x_1,$$

$$8y_{21} + 5y_{22} \leqslant 80x_2,$$

$$y_{21} \leqslant 300, \quad y_{22} \leqslant 300,$$

$$y_{21}, y_{22} \in \mathbb{R}_+,$$

其中, $\boldsymbol{\mu}^j = (\mu_1^j, \cdots, \mu_4^j)^{\mathrm{T}}$ 和 $\boldsymbol{\nu}^j = (\nu_1^j, \cdots, \nu_4^j)^{\mathrm{T}}$ 分别是子问题 BMPS1$(\boldsymbol{x})$ 和 BMPS2$(\boldsymbol{x})$ 的对偶问题的最优解.

下面给出算法的详细步骤.

第一次迭代

步骤 1 忽略 σ, 当前松弛 Benders 主问题为

$$z^{\text{MP}} = \min\left\{100x_1 + 150x_2 \,\middle|\, \begin{array}{c} x_1 + x_2 \leqslant 120, \\ x_1 \geqslant 40, \\ x_2 \geqslant 20 \end{array}\right\}$$

最优解为 $\boldsymbol{x}^1 = (40, 20)^{\mathrm{T}}$, $\sigma^1 = -\infty$.

步骤 2 当 $\boldsymbol{\xi} = \boldsymbol{\xi}_1$ 时, 求解子问题:

$$z_1 = \min\left\{-24y_{11} - 28y_{12} \,\middle|\, \begin{array}{c} 6y_{11} + 10y_{12} \leqslant 2400, \\ 8y_{11} + 5y_{12} \leqslant 1600, \\ 0 \leqslant y_{11} \leqslant 500, \\ 0 \leqslant y_{12} \leqslant 100 \end{array}\right\}$$

最优解为 $z_1 = -6100$, $\boldsymbol{y}_1 = (137.5, 100)^{\mathrm{T}}$, $\boldsymbol{\mu}^1 = (0, -3, 0, -13)^{\mathrm{T}}$.

当 $\boldsymbol{\xi}=\boldsymbol{\xi}_2$ 时, 求解子问题:

$$z_2=\min\left\{-28y_{21}-32y_{22}\ \middle|\ \begin{array}{c}6y_{21}+10y_{22}\leqslant 2400,\\ 8y_{21}+5y_{22}\leqslant 1600,\\ 0\leqslant y_{21}\leqslant 300,\\ 0\leqslant y_{22}\leqslant 300\end{array}\right\}$$

最优解为 $z_2=-8384$, $\boldsymbol{y}_2=(80,\ 192)^{\mathrm{T}}$, $\boldsymbol{\nu}^1=(-2.32,-1.76,\ 0,\ 0)^{\mathrm{T}}$.

因为 $0.4z_1+0.6z_2=-7470.4>\sigma^1=-\infty$, 添加切 $83.52x_1+180.48x_2+\sigma\geqslant -520$ 到当前松弛 Benders 主问题中.

第二次迭代

步骤 1 当前松弛 Benders 主问题为

$$z^{\mathrm{MP}}=\min\left\{100x_1+150x_2+\sigma\ \middle|\ \begin{array}{c}x_1+x_2\leqslant 120,\\ x_1\geqslant 40,\\ x_2\geqslant 20,\\ 83.52x_1+180.48x_2+\sigma\geqslant -520\end{array}\right\}$$

最优解为 $z^{\mathrm{MP}}=-2299.2$, $\boldsymbol{x}^2=(40,\ 80)^{\mathrm{T}}$, $\sigma^2=-18299.2$.

步骤 2 当 $\boldsymbol{\xi}=\boldsymbol{\xi}_1$ 时, 求解子问题:

$$z_1=\min\left\{-24y_{11}-28y_{12}\ \middle|\ \begin{array}{c}6y_{11}+10y_{12}\leqslant 2400,\\ 8y_{11}+5y_{12}\leqslant 6400,\\ 0\leqslant y_{11}\leqslant 500,\\ 0\leqslant y_{12}\leqslant 100\end{array}\right\}$$

最优解为 $z_1=-9600$, $\boldsymbol{y}_1=(400,\ 0)^{\mathrm{T}}$, $\boldsymbol{\mu}^2=(-4,\ 0,\ 0,\ 0)^{\mathrm{T}}$.

当 $\boldsymbol{\xi}=\boldsymbol{\xi}_2$ 时, 求解子问题:

$$z_2=\min\left\{-28y_{21}-32y_{22}\ \middle|\ \begin{array}{c}6y_{21}+10y_{22}\leqslant 2400,\\ 8y_{21}+5y_{22}\leqslant 6400,\\ 0\leqslant y_{21}\leqslant 300,\\ 0\leqslant y_{22}\leqslant 300\end{array}\right\}$$

最优解为 $z_2=-10320$, $\boldsymbol{y}_2=(300,\ 60)^{\mathrm{T}}$, $\boldsymbol{\nu}^2=(-3.2,\ 0,-8.8,\ 0)^{\mathrm{T}}$.

通过计算, $0.4z_1+0.6z_2=-10032>-18299.2$, 添加切 $211.2x_1+\sigma\geqslant -1584$ 到当前松弛 Benders 主问题中.

第三次迭代

步骤 1 当前松弛 Benders 主问题的最优解为 $z^{\mathrm{MP}} = -1039.375$, $\boldsymbol{x}^3 = (66.828, 53.172)^{\mathrm{T}}$, $\sigma^3 = -15697.994$.

步骤 2 添加切 $115.2x_1 + 96x_2 + \sigma \geqslant -2104$ 到当前松弛 Benders 主问题中.

第四次迭代

步骤 1 当前松弛 Benders 主问题的最优解为 $z^{\mathrm{MP}} = -889.5$, $\boldsymbol{x}^4 = (40, 33.75)^{\mathrm{T}}, \sigma^4 = -9952$.

步骤 2 对于 $\boldsymbol{\xi} = \boldsymbol{\xi_2}$, 第二阶段问题有多个解, 选择其中的一个, 添加切 $165.12x_1 + 46.08x_2 + \sigma \geqslant -1584$ 到当前松弛 Benders 主问题中.

第五次迭代

步骤 1 当前松弛 Benders 主问题为

$$z^{\mathrm{MP}} = \min\left\{100x_1 + 150x_2 + \sigma \;\middle|\; \begin{array}{c} x_1 + x_2 \leqslant 120, \\ x_1 \geqslant 55, \\ x_2 \geqslant 25, \\ 83.52x_1 + 180.48x_2 + \sigma \geqslant -520, \\ 211.2x_1 + \sigma \geqslant -1584, \\ 115.2x_1 + 96x_2 + \sigma \geqslant -2104, \\ 165.12x_1 + 46.08x_2 + \sigma \geqslant -1584 \end{array}\right\}$$

最优解为 $z^{\mathrm{MP}} = -855.833$, $\boldsymbol{x}^5 = (46.667, 36.25)^{\mathrm{T}}, \sigma^5 = -10960$.

步骤 2 当 $\boldsymbol{\xi} = \boldsymbol{\xi}_1$ 时, 求解子问题:

$$z_1 = \min\left\{-24y_{11} - 28y_{12} \;\middle|\; \begin{array}{c} 6y_{11} + 10y_{12} \leqslant 2800, \\ 8y_{11} + 5y_{12} \leqslant 2900, \\ 0 \leqslant y_{11} \leqslant 500, \\ 0 \leqslant y_{12} \leqslant 100 \end{array}\right\}$$

最优解为 $z_1 = -10000$, $\boldsymbol{y}_1 = (300, 100)^{\mathrm{T}}$, $\boldsymbol{\mu}^5 = (0, -3, 0, -13)^{\mathrm{T}}$.

当 $\boldsymbol{\xi} = \boldsymbol{\xi}_2$ 时, 求解子问题:

$$z_2 = \min\left\{-28y_{21} - 32y_{22} \;\middle|\; \begin{array}{c} 6y_{21} + 10y_{22} \leqslant 2800, \\ 8y_{21} + 5y_{22} \leqslant 2900, \\ 0 \leqslant y_{21} \leqslant 300, \\ 0 \leqslant y_{22} \leqslant 300 \end{array}\right\}$$

最优解为 $z_2 = -11600$, $\boldsymbol{y}_2 = (300, 100)^{\mathrm{T}}$, $\boldsymbol{\nu}^5 = (-3.2, -8.8, 0, 0)^{\mathrm{T}}$.

通过计算 $0.4z_1 + 0.6z_2 = -10960 = \sigma^5$, 停止迭代, $\boldsymbol{x}_5 = (46.667, 36.25)^{\mathrm{T}}$ 为最优解.

例 8.2 考虑例 2.14 的村庄供热问题:

利用Benders分解算法求解例8.2的算法代码

$$
\begin{aligned}
\min\ & 18y_{12} + 45y_{13} + 60y_{14} + 15y_{23} + 11y_{24} \\
\text{s.t.}\ & \\
& x_{12} + x_{13} + x_{14} = 2, \\
& x_{12} - x_{23} - x_{24} = 0, \\
& x_{13} + x_{23} = 1, \\
& x_{14} + x_{24} = 1, \\
& 0 \leqslant x_{12} \leqslant 2y_{12}, \\
& 0 \leqslant x_{13} \leqslant y_{13}, \\
& 0 \leqslant x_{14} \leqslant y_{14}, \\
& 0 \leqslant x_{23} \leqslant y_{23}, \\
& 0 \leqslant x_{24} \leqslant y_{24}, \\
& y_{12}, y_{13}, y_{14}, y_{23}, y_{24} \in \{0, 1\}.
\end{aligned}
$$

引入连续变量 σ, 原问题可以分解成如下的主问题:

$$
\begin{aligned}
\min\ & 18y_{12} + 45y_{13} + 60y_{14} + 15y_{23} + 11y_{24} \\
\text{s.t.}\ & \\
& \text{Benders 切}, \\
& y_{12}, y_{13}, y_{14}, y_{23}, y_{24} \in \{0, 1\},
\end{aligned}
$$

以及一个子问题

$$
\begin{aligned}
\min\ & 0x_{12} + 0x_{13} + 0x_{14} + 0x_{23} + 0x_{24} \\
\text{s.t.}\ & \\
& x_{12} \leqslant 2y_{12}, \\
& x_{13} \leqslant y_{13}, \\
& x_{14} \leqslant y_{14}, \\
& x_{23} \leqslant y_{23},
\end{aligned}
$$

$$
\begin{aligned}
& x_{24} \leqslant y_{24}, \\
& x_{12} + x_{13} + x_{14} = 2, \\
& x_{12} - x_{23} - x_{24} = 0, \\
& x_{13} + x_{23} = 1, \\
& x_{14} + x_{24} = 1, \\
& x_{12}, x_{13}, x_{14}, x_{23}, x_{24} \geqslant 0.
\end{aligned}
$$

令 $\boldsymbol{\alpha} = (\alpha_1, \alpha_2, \alpha_3, \alpha_4, \alpha_5, \alpha_6, \alpha_7, \alpha_8, \alpha_9)$ 为子问题约束条件对应的对偶变量, 则得到如下的对偶子问题:

$$
\begin{aligned}
\max \quad & -2y_{12}\alpha_1 - y_{13}\alpha_2 - y_{14}\alpha_3 - y_{23}\alpha_4 - y_{24}\alpha_5 + 2\alpha_6 + \alpha_8 + \alpha_9 \\
\text{s.t.} \quad & \\
& -\alpha_1 + \alpha_6 + \alpha_7 \leqslant 0, \\
& -\alpha_2 + \alpha_6 + \alpha_8 \leqslant 0, \\
& -\alpha_3 + \alpha_6 + \alpha_9 \leqslant 0, \\
& -\alpha_4 - \alpha_7 + \alpha_8 \leqslant 0, \\
& -\alpha_5 - \alpha_7 + \alpha_9 \leqslant 0, \\
& \alpha_1, \alpha_2, \alpha_3, \alpha_4, \alpha_5 \geqslant 0.
\end{aligned}
$$

下面给出算法的详细步骤.

第一次迭代

步骤 1　忽略 σ, 当前松弛主问题为

$$
z^{\mathrm{MP}} = \min\{18y_{12} + 45y_{13} + 60y_{14} + 15y_{23} + 11y_{24} | y_{12}, y_{13}, y_{14}, y_{23}, y_{24} \in \{0, 1\}\},
$$

最优解为 $\boldsymbol{y}^1 = (0,0,0,0,0)^{\mathrm{T}}$, $\sigma^1 = -\infty$.

步骤 2　求解对偶子问题:

$$
z = \max \left\{ 2\alpha_6 + \alpha_8 + \alpha_9 \;\middle|\; \begin{aligned} & -\alpha_1 + \alpha_6 + \alpha_7 \leqslant 0, \\ & -\alpha_2 + \alpha_6 + \alpha_8 \leqslant 0, \\ & -\alpha_3 + \alpha_6 + \alpha_9 \leqslant 0, \\ & -\alpha_4 - \alpha_7 + \alpha_8 \leqslant 0, \\ & -\alpha_5 - \alpha_7 + \alpha_9 \leqslant 0, \\ & \alpha_1, \alpha_2, \alpha_3, \alpha_4, \alpha_5 \geqslant 0 \end{aligned} \right\}.
$$

由于对偶子问题无界, 得到一个极方向 $(\alpha_1,\alpha_2,\alpha_3,\alpha_4,\alpha_5,\alpha_6,\alpha_7,\alpha_8,\alpha_9)=(1,1,1,0,0,1,0,0,0)$, 添加可行切 $2y_{12}+y_{13}+y_{14}\geqslant 2$ 至当前松弛主问题中.

第二次迭代

步骤 1 当前松弛主问题为

$$z^{\mathrm{MP}}=\min\left\{18y_{12}+45y_{13}+60y_{14}+15y_{23}+11y_{24}\right.$$
$$\left.+\sigma\;\middle|\;\begin{array}{c}2y_{12}+y_{13}+y_{14}\geqslant 2,\\ y_{12},y_{13},y_{14},y_{23},y_{24}\in\{0,1\}\end{array}\right\},$$

最优解为 $\boldsymbol{y}^2=(1,0,0,0,0)^{\mathrm{T}}$, $\sigma^2=0$.

步骤 2 求解对偶子问题:

$$z=\max\left\{-2\alpha_1+2\alpha_6+\alpha_8+\alpha_9\;\middle|\;\begin{array}{c}-\alpha_1+\alpha_6+\alpha_7\leqslant 0,\\ -\alpha_2+\alpha_6+\alpha_8\leqslant 0,\\ -\alpha_3+\alpha_6+\alpha_9\leqslant 0,\\ -\alpha_4-\alpha_7+\alpha_8\leqslant 0,\\ -\alpha_5-\alpha_7+\alpha_9\leqslant 0,\\ \alpha_1,\alpha_2,\alpha_3,\alpha_4,\alpha_5\geqslant 0\end{array}\right\}.$$

由于对偶子问题无界, 得到一个极方向 $(\alpha_1,\alpha_2,\alpha_3,\alpha_4,\alpha_5,\alpha_6,\alpha_7,\alpha_8,\alpha_9)=(0,0,1,0,1,0,0,0,1)$, 添加可行切 $y_{14}+y_{24}\geqslant 1$ 至当前松弛主问题中.

第三次迭代

步骤 1 当前松弛主问题为

$$z^{\mathrm{MP}}=\min\left\{18y_{12}+45y_{13}+60y_{14}+15y_{23}+11y_{24}\right.$$
$$\left.+\sigma\;\middle|\;\begin{array}{c}2y_{12}+y_{13}+y_{14}\geqslant 2,\\ y_{14}+y_{24}\geqslant 1,\\ y_{12},y_{13},y_{14},y_{23},y_{24}\in\{0,1\}\end{array}\right\},$$

最优解为 $\boldsymbol{y}^3=(1,0,0,0,1)^{\mathrm{T}}$, $\sigma^3=0$.

步骤 2 求解对偶子问题:

$$z=\max\left\{-2\alpha_1-\alpha_4+2\alpha_6+\alpha_8+\alpha_9\;\middle|\;\begin{array}{c}-\alpha_1+\alpha_6+\alpha_7\leqslant 0,\\ -\alpha_2+\alpha_6+\alpha_8\leqslant 0,\\ -\alpha_3+\alpha_6+\alpha_9\leqslant 0,\\ -\alpha_4-\alpha_7+\alpha_8\leqslant 0,\\ -\alpha_5-\alpha_7+\alpha_9\leqslant 0,\\ \alpha_1,\alpha_2,\alpha_3,\alpha_4,\alpha_5\geqslant 0\end{array}\right\}.$$

由于对偶子问题无界, 得到一个极方向 $(\alpha_1,\alpha_2,\alpha_3,\alpha_4,\alpha_5,\alpha_6,\alpha_7,\alpha_8,\alpha_9)=(0,1,0,1,0,0,0,1,0)$, 添加可行切 $y_{13}+y_{23}\geqslant 1$ 至当前松弛主问题中.

第四次迭代

步骤 1 当前松弛主问题为

$$z^{\mathrm{MP}}=\min\left\{18y_{12}+45y_{13}+60y_{14}+15y_{23}+11y_{24}\right.$$

$$\left.+\sigma\ \middle|\ \begin{array}{c}2y_{12}+y_{13}+y_{14}\geqslant 2,\\ y_{14}+y_{24}\geqslant 1,\\ y_{13}+y_{23}\geqslant 1,\\ y_{12},y_{13},y_{14},y_{23},y_{24}\in\{0,1\}\end{array}\right\},$$

最优解为 $\boldsymbol{y}^4=(1,0,0,1,1)^{\mathrm{T}}$, $\sigma^4=0$.

步骤 2 求解对偶子问题:

$$z=\max\left\{-2\alpha_1-\alpha_3-\alpha_4+2\alpha_6+\alpha_8+\alpha_9\ \middle|\ \begin{array}{c}-\alpha_1+\alpha_6+\alpha_7\leqslant 0,\\ -\alpha_2+\alpha_6+\alpha_8\leqslant 0,\\ -\alpha_3+\alpha_6+\alpha_9\leqslant 0,\\ -\alpha_4-\alpha_7+\alpha_8\leqslant 0,\\ -\alpha_5-\alpha_7+\alpha_9\leqslant 0,\\ \alpha_1,\alpha_2,\alpha_3,\alpha_4,\alpha_5\geqslant 0\end{array}\right\}.$$

由于对偶子问题有有界最优解且 $z=\sigma^4$, 停止迭代, $\boldsymbol{y}^4=(1,0,0,1,1)^{\mathrm{T}}$ 为最优解.

如果使用 Benders 分解算法求得 BMP 的最优解是一个分数解, 则为了得到整数最优解, 通常需要结合分支定界算法进行进一步求解. 在分支定界算法的框架下, 如果每个节点对应的线性松弛问题用 Benders 分解算法进行求解, 则称这种算法为 Benders-分支定切算法.

Benders-分支定切算法求解模型 (8.1) 的主要流程如下.

算法 8.2 (Benders-分支定切算法)

步骤 0 **初始化**. 创建根节点 0. 令 $j=k=1$, 初始化活跃节点集 $\varPsi=\{0\}$. 如果原问题存在已知可行解 $(\bar{\boldsymbol{x}},\bar{\boldsymbol{y}})$, 则选择该解作为当前最好可行解, 并记录其目标值 $\bar{z}$. 否则, 令 $\bar{z}=+\infty$.

步骤 1 **判断算法终止条件**. 如果存在活跃节点, 则选择一个节点 $P_k\in\varPsi$, 令 $\varPsi=\varPsi\setminus\{P_k\}$, 并转到**步骤 2**. 否则, 终止算法. 此时, 如果存在最好可行解 $(\bar{\boldsymbol{x}},\bar{\boldsymbol{y}})$, 则它是模型 (8.1) 的最优解; 否则, 模型 (8.1) 不可行.

步骤 2 Benders 分解算法求解线性松弛问题. 用 Benders 分解算法 8.1 求解节点 P_k 对应候选问题的线性松弛问题 LP_k, 记最优解为 $(\tilde{\boldsymbol{x}}^k,\tilde{\boldsymbol{y}}^k)$(如果存在), 最优值为 $\tilde{z}^k$.

步骤 3 节点终止条件 1. 如果线性松弛问题 LP_k 无解, 则终止对节点 P_k 的搜索, 令 $k=k+1$, 并转到**步骤 1**.

步骤 4 节点终止条件 2. 如果线性松弛问题 LP_k 的最优解不优于当前最好可行解 $(\bar{\boldsymbol{x}},\bar{\boldsymbol{y}})$(即 $\tilde{z}^k \geqslant \bar{z}$), 则终止对节点 P_k 的搜索, 令 $k=k+1$, 并转到**步骤 1**.

步骤 5 节点终止条件 3 和 4. 如果线性松弛问题 LP_k 的最优解 $\tilde{\boldsymbol{x}}^k$ 满足模型 (8.1) 的整数约束, 则终止对节点 P_k 的搜索. 如果解 $(\tilde{\boldsymbol{x}}^k,\tilde{\boldsymbol{y}}^k)$ 比当前最好可行解 $(\bar{\boldsymbol{x}},\bar{\boldsymbol{y}})$ 更优, 则更新当前最好可行解, 即令 $(\bar{\boldsymbol{x}},\bar{\boldsymbol{y}})=(\tilde{\boldsymbol{x}}^k,\tilde{\boldsymbol{y}}^k), \bar{z}=\tilde{z}^k$, 并从活跃节点集中删除那些母节点界不优于 $\bar{z}$ 的活跃节点. 令 $k=k+1$, 并转到**步骤 1**.

步骤 6 分支. 在解 $(\tilde{\boldsymbol{x}}^k,\tilde{\boldsymbol{y}}^k)$ 中选择一个取分数的整数变量作为分支变量, 创建两个新的活跃节点 P_{j+1} 和 P_{j+2}. 令 $\Psi=\Psi\cup\{P_{j+1},P_{j+2}\}, j=j+1, k=k+1$, 并转到**步骤 1**.

8.2 改进策略

本节介绍一些加快 Benders 分解算法收敛速度的改进策略, 主要包括 Benders 主问题加速策略、Benders 切的选择策略以及生成加强切的改进策略.

8.2.1 Benders 主问题加速策略

实验表明, Benders 分解算法的执行时间中, 大部分都消耗在求解 Benders 主问题上. 因此, 如何快速有效地求解主问题, 成为加速 Benders 分解算法的关键所在. 下面介绍几种用于加速主问题求解的策略.

8.2.1.1 主变量固定策略

减少 Benders 主问题的变量个数是提升 Benders 分解算法收敛速度的一种有效途径. 下面介绍一种利用 Benders 分解算法迭代过程的信息来固定 Benders 主问题变量的方法. 本小节中, 假设 $\boldsymbol{x}\in\mathbb{Z}_+^n$ 为 0-1 变量. 令 $\bar{z}$ 为模型 (8.1) 最优值的一个上界, $rc_i(i=1,\cdots,n)$ 为 Benders 主问题最优解中变量 x_i 的检验数. 下面的引理给出了固定变量 x_i 的充分条件.

引理 8.2 如果某个 $x_i(i=1,\cdots,n)$ 是 Benders 主问题最优解中的非基变量, 且 $rc_i+\phi(\tilde{\boldsymbol{x}})>\bar{z}$, 则在模型 (8.1) 的最优解中 $x_i=0$.

证明 根据性质 6.5, 当 $x_i=1$ 时, $rc_i+\phi(\tilde{\boldsymbol{x}})$ 是模型 (8.1) 最优值的一个下界. 因此, 当 $rc_i+\phi(\tilde{\boldsymbol{x}})>\bar{z}$ 时, 在模型 (8.1) 的最优解中 x_i 应该取 0.

应用引理 8.2, 当根据条件判定 $x_i = 0$ 时, 则可从当前节点对应的模型中删除变量 x_i.

8.2.1.2 增加有效不等式

当运用 Benders 分解算法求解当前节点对应的线性松弛问题并达到最优时, 即找不到违背的 Benders 切时, 相应松弛 Benders 主问题的可行域, 有可能只是模型 (8.1) 可行域的一个较弱近似. 这种情形下, 一种有效的加速途径是, 添加与问题结构性质有关的有效不等式, 以此强化对模型 (8.1) 可行域的近似.

此外, Benders 可行切无法改进下界, 因此应尽量避免生成该类切. 在实际执行中, 可以通过增加有效不等式的方式, 防止产生导致子问题不可行的 Benders 主问题解.

8.2.1.3 启发式算法

在松弛 Benders 主问题的迭代初期, 由于 Benders 切个数较少, 往往需要经过多次迭代后才能产生较好的下界. 启发式算法作为一种被广泛使用的热启动 (warm-start) 策略, 能够生成一些较紧的初始切, 从而有效收紧初始时较为松弛的可行域.

此外, 利用 Benders 分解算法迭代过程中生成的原问题可行解来更新上界, 通常效果较差, 尤其是在迭代初期. 而基于 Benders 分解算法迭代过程中生成的分数解, 利用邻域搜索相关的启发式方法生成原问题的可行解, 进而更新上界, 可以快速减少 Benders-分支定切算法的迭代次数. 此种策略的另外一个好处是可以添加多个额外的 Benders 切, 进而减少 Benders 分解算法的迭代次数, 快速提升下界. 事实上, 每个由启发式方法生成的原问题可行解都可能生成一个 Benders 切.

8.2.1.4 切管理策略

在 Benders 主问题的任何最优解中, 有效约束的数量始终不会超过决策变量的数量. 因此, 许多生成的 Benders 切并不能促进算法的收敛, 反而增加了计算负担. 因此, 可以通过删除或清理无效切来减少松弛 Benders 主问题中的约束数量.

每次求解松弛 Benders 主问题时, 可以确定之前生成的有效不等式中哪一个在当前最优分子解处取等式 (称该有效不等式是有效的). 如果某个有效不等式连续若干次都是无效的, 则将它从当前松弛 Benders 主问题中移除, 并添加到一个切管理器中. 同时, 当松弛 Benders 主问题的最优解为分数解时, 也可以从切管理器中鉴别出切除该分数解的有效不等式, 并加入当前松弛 Benders 主问题中.

8.2.2 Benders 切的选择策略

Benders 分解算法的迭代次数与切的质量 (强度) 密切相关. 在每次迭代中, 添加的切越强, Benders 分解算法所需的迭代次数就越少. 目前, 比较有效的切选择策略主要有两种: 生成加强切和对偶变量归一化.

8.2.2.1 生成加强切

当 Benders 子问题出现退化情况时, 其对偶问题会存在多个最优解, 每个解产生的 Benders 切都可用在 Benders 分解算法的迭代过程中, 但其强度可能会不同. 一种有效的方法是鉴别帕累托最优切. 给定 Benders 对偶问题 BMPDS($\tilde{\boldsymbol{x}}$) 的最优解 $\boldsymbol{\mu}$ 和 $\boldsymbol{\mu}'$, 如果

$$\boldsymbol{\mu}^{\mathrm{T}}(\boldsymbol{b}-\boldsymbol{G}\boldsymbol{x}) \geqslant (\boldsymbol{\mu}')^{\mathrm{T}}(\boldsymbol{b}-\boldsymbol{G}\boldsymbol{x}), \quad \forall \boldsymbol{x} \in \mathbb{Z}_{+}^{n}, \tag{8.16}$$

且至少存在一个 $\boldsymbol{x} \in \mathbb{Z}_{+}^{n}$ 使得上述不等式严格成立, 则称 $\boldsymbol{\mu}$ 生成的 Benders 切支配 $\boldsymbol{\mu}'$ 生成的 Benders 切, 或 $\boldsymbol{\mu}$ 生成的 Benders 切比 $\boldsymbol{\mu}'$ 生成的 Benders 切强. 如果某个 Benders 切不被其他 Benders 切支配, 则称这个 Benders 切为帕累托最优切.

令 ri(PR) 为 Benders 主问题可行域的内点集. 在 Benders 分解算法的某次迭代中, 设松弛 Benders 主问题的最优解为 $(\tilde{\boldsymbol{x}}, \tilde{\sigma})$. 为生成帕累托最优切, 需要求解如下帕累托最优子问题:

$$\begin{aligned} & \max \boldsymbol{\mu}^{\mathrm{T}}(\boldsymbol{b}-\boldsymbol{G}\hat{\boldsymbol{x}}) \\ \text{s.t.} \\ & \boldsymbol{\mu}^{\mathrm{T}}\boldsymbol{H} \leqslant \boldsymbol{h}, \\ & \boldsymbol{\mu}^{\mathrm{T}}(\boldsymbol{b}-\boldsymbol{G}\tilde{\boldsymbol{x}}) = \phi(\tilde{\boldsymbol{x}}), \\ & \boldsymbol{\mu} \in \mathbb{R}_{+}^{m}, \end{aligned} \tag{8.17}$$

其中 $\hat{\boldsymbol{x}} \in \mathrm{ri(PR)}$, $\phi(\tilde{\boldsymbol{x}})$ 表示在 $\tilde{\boldsymbol{x}}$ 下求得的 Benders 子问题的最优解.

帕累托最优子问题的约束条件表明, 求解得到的最优解是原始 Benders 对偶问题 BMPDS($\tilde{\boldsymbol{x}}$) 的最优解. 原则上任意的 $\hat{\boldsymbol{x}} \in \mathrm{ri}(\mathbb{R}_{+}^{p})$ 都可以用来生成帕累托最优切, 但找到一个 $\hat{\boldsymbol{x}} \in \mathrm{ri}(\mathbb{R}_{+}^{p})$ 可能比较困难. 在实际执行中, 通常采用近似的内点去生成相对较强的 Benders 切.

8.2.2.2 对偶变量归一化

最近的研究表明, 归一化在割平面算法中起着重要的作用. 作为割平面算法的一种, Benders 分解算法也不例外.

给定松弛 Benders 主问题的最优解 $(\boldsymbol{x}, \tilde{\sigma})$, Benders 最优切或可行切存在的充要条件为

$$\{\boldsymbol{y} \in \mathbb{R}_{+}^{p} : \boldsymbol{H}\boldsymbol{y} \geqslant \boldsymbol{b}-\boldsymbol{G}\tilde{\boldsymbol{x}}, \boldsymbol{h}^{\mathrm{T}}\boldsymbol{y} \leqslant \tilde{\sigma}\} = \varnothing. \tag{8.18}$$

上述条件意味着: 当前解 $\tilde{\boldsymbol{x}}$ 要么导致子问题不可行, 要么相应可行解 $(\tilde{\boldsymbol{x}}, \tilde{\boldsymbol{y}})$ 的最优值超过当前下界 $\boldsymbol{c}\tilde{\boldsymbol{x}}+\tilde{\sigma}$.

根据 Farkas 引理 8.1, 上述条件成立当且仅当

$$\{(\boldsymbol{\mu},\mu_0)\in\mathbb{R}_+^m\times\mathbb{R}_+^1:\boldsymbol{\mu}^{\mathrm{T}}(\boldsymbol{b}-\boldsymbol{G}\tilde{\boldsymbol{x}})-\mu_0\tilde{\sigma}>0,\boldsymbol{\mu}^{\mathrm{T}}\boldsymbol{H}-\mu_0\boldsymbol{h}\leqslant 0\}\neq\varnothing. \tag{8.19}$$

或者等价地, 下列线性规划模型无界:

$$\begin{aligned}&\max\boldsymbol{\mu}^{\mathrm{T}}(\boldsymbol{b}-\boldsymbol{G}\tilde{\boldsymbol{x}})-\mu_0\tilde{\sigma}\\ \text{s.t.}&\\ &\boldsymbol{\mu}^{\mathrm{T}}\boldsymbol{H}\leqslant\mu_0\boldsymbol{h},\\ &(\boldsymbol{\mu},\mu_0)\in\mathbb{R}_+^m\times\mathbb{R}_+.\end{aligned} \tag{8.20}$$

给定模型 (8.20) 的一个极方向 $(\bar{\boldsymbol{\mu}},\bar{\mu}_0)$, 则相应的切为 $\bar{\boldsymbol{\mu}}^{\mathrm{T}}(\boldsymbol{b}-\boldsymbol{G}\boldsymbol{x})-\bar{\mu}_0\sigma\leqslant 0$.

基于归一化思想, 令 $\sum_{i=1}^{m}w_i\mu_i+w_0\mu_0=1$, 其中 $w_i(i=0,1,\cdots,m)$ 为对偶变量 μ_i 对应的权重. Benders 对偶子问题 BMPDS $(\tilde{\boldsymbol{x}})$ 可以用下述线性规划模型代替:

$$\begin{aligned}&\varsigma=\max\boldsymbol{\mu}^{\mathrm{T}}(\boldsymbol{b}-\boldsymbol{G}\tilde{\boldsymbol{x}})-\mu_0\tilde{\sigma}\\ \text{s.t.}&\\ &\boldsymbol{\mu}^{\mathrm{T}}\boldsymbol{H}\leqslant\mu_0\boldsymbol{h},\\ &\sum_{i=1}^{m}w_i\mu_i+w_0\mu_0=1,\\ &(\boldsymbol{\mu},\mu_0)\in\mathbb{R}_+^m\times\mathbb{R}_+.\end{aligned} \tag{8.21}$$

如果 $\varsigma>0$, 则不等式 $\boldsymbol{\mu}^{\mathrm{T}}(\boldsymbol{b}-\boldsymbol{G}\boldsymbol{x})\leqslant\mu_0\sigma$ 是有效的. 其中, $\mu_0=0$ 对应着 Benders 可行切, $\mu_0>0$ 对应着 Benders 最优切. 在实际的执行过程中, 通常选择 $w_0=w_1=\cdots=w_m$.

8.2.3　基于 CPLEX 的 Benders-分支定切算法

在商业求解器 CPLEX 分支定切算法的执行中, 针对一个线性规划的最优解, CPLEX 可以生成多种通用切, 如 Gomory 切、混合整数舍入切、流覆盖切等. 基于这个功能, 在 CPLEX 中执行 Benders-分支定切算法, 能显著加快其收敛速度, 这一过程主要通过 CPLEX 里的 callback 函数得以实现. 图 8.2 展示了在 CPLEX 中执行 Benders-分支定切算法的流程, 其中阴影框表示由商业求解器 CPLEX 执行的步骤.

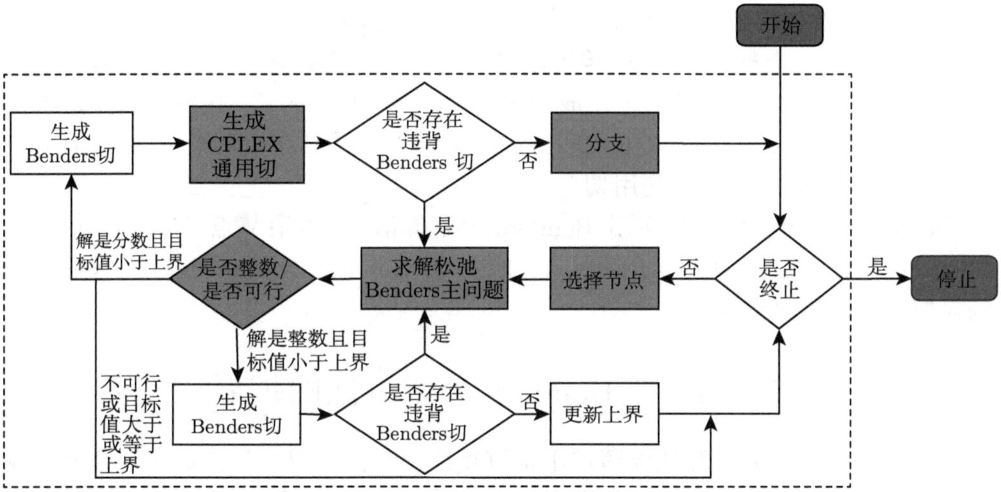

图 8.2　基于 CPLEX 的 Benders-分支定切算法流程图

分支定切过程主要针对模型 (8.8) 中的整数变量, 开展分支定界树搜索. 根节点从不包含任何 Benders 最优切和可行切的模型 (8.8) 开始, 并记当前最好可行解值为 $\bar{z}$. 当用 CPLEX 求解某个节点的松弛 Benders 主问题后, 其结果可能有如下情形.

- 该问题不可行. 终止该节点的计算, 选择搜索树中的下一个活跃节点进行分析.
- 该问题存在最优解 $\tilde{\boldsymbol{x}}$, 记最优值为 $\tilde{z}$. 若 $\tilde{z}\geqslant\bar{z}$, 终止该节点的计算, 选择搜索树中的下一个活跃节点进行分析. 否则, 考虑如下情形.
  - ➢ 该问题的解 $\tilde{\boldsymbol{x}}$ 是整数解. 通过求解 Benders 子问题 (8.12) 或相应对偶子问题 (8.13) 来生成 Benders 可行切 (8.14) 或最优切 (8.15). 如果发现切除该最优解的 Benders 可行切 (8.14), 则将它添加当前松弛 Benders 主问题中, 然后重新求解该主问题. 否则, 如果该整数解的目标值 $\tilde{z}<\bar{z}$, 则更新当前最好可行解和 $\bar{z}$. 此时, 判断算法终止条件是否满足, 即 $\bar{z}$ 与分支定界搜索树的全局下界之差是否相等或小于给定阈值. 如果满足该终止条件, 则终止算法. 否则, 如果发现能切除该最优解的 Benders 最优切 (8.15), 将它添加当前松弛 Benders 主问题中, 然后重新求解该主问题; 否则, 选择树中的下一个活跃节点进行分析. 该情形下生成的 Benders 切称为 Lazy 切, 其添加操作是通过 CPLEX 的 Lazy Constraint Callback 函数实现的.
  - ➢ 该问题的解 $\tilde{\boldsymbol{x}}$ 是分子解. 求解 Benders 子问题 (8.12) 或相应对偶子问题 (8.13), 如果找到任何能切除该最优解的 Benders 切, 则将它们添加到当前松弛 Benders 主问题中, 然后重新求解该主问题. 否则, 将执行分支, 选择分支变量, 创建两个子节点, 并选择树中的下一个活跃节点进行分析. 该情形下生成的 Benders 称为 user 切, 其添加操作是通过 CPLEX 的 User Cut Callback 实现的. 此外, 在该情形下, CPLEX 也可以添加自己的通用切.

在实际执行中, 可以先运用 Benders 分解算法, 求解根节点对应 Benders 问题的线性松弛问题. 然后, 运用基于 CPLEX 的 Benders-分支定切算法, 求解所得到模型对应的整数模型.

8.3　经典 Benders 分解算法的扩展

经典 Benders 分解算法仅适用于求解线性规划模型或一类特殊的混合整数线性规划模型 (其中 Benders 子问题仅包含连续变量). 针对此类问题, 可以利用标准对偶理论求解子问题并生成 Benders 切. 下面介绍用于求解子问题含有整数变量的整数线性规划模型的两类 Benders 分解算法.

8.3.1　整数 Benders 分解算法

考虑如下整数线性规划模型:

$$
\begin{aligned}
&z^{\mathrm{IP}} = \min \boldsymbol{c}^{\mathrm{T}}\boldsymbol{x} + \boldsymbol{h}^{\mathrm{T}}\boldsymbol{y} \\
\text{s.t.}\ & \\
&\boldsymbol{G}\boldsymbol{x} + \boldsymbol{H}\boldsymbol{y} \geqslant \boldsymbol{b}, \\
&\boldsymbol{x} \in \{0,1\}^n, \quad \boldsymbol{y} \in Y.
\end{aligned}
\tag{8.22}
$$

其中, Y 为混合整数集, $\boldsymbol{c} \in \mathbb{R}^n, \boldsymbol{h} \in \mathbb{R}^p, \boldsymbol{G} \in \mathbb{R}^{m\times n}, \boldsymbol{H} \in \mathbb{R}^{m\times p}, \boldsymbol{b} \in \mathbb{R}^m$.

这类整数线性规划模型的典型应用涵盖车辆路径问题、多机器调度问题等. 在这些应用中, 变量 $\boldsymbol{x}$ 可以表示乘客与车辆的指派关系, 或者工件与机器的指派关系; 变量 $\boldsymbol{y}$ 表示每个车辆的访问路线, 或者每台机器上工件的加工次序.

引入连续变量 σ, 模型 (8.22) 等价于如下模型:

$$
\begin{aligned}
&z^{\mathrm{IP}} = \min \boldsymbol{c}^{\mathrm{T}}\boldsymbol{x} + \sigma \\
\text{s.t.}\ & \\
&\sigma \geqslant \phi(\boldsymbol{x}), \\
&\boldsymbol{x} \in \{0,1\}^n, \quad \sigma \in \mathbb{R}.
\end{aligned}
\tag{8.23}
$$

其中,

$$
\phi(\boldsymbol{x}) = \min \boldsymbol{h}^{\mathrm{T}}\boldsymbol{y}
$$

$$\text{s.t.} \tag{8.24}$$
$$\boldsymbol{H}\boldsymbol{y} \geqslant \boldsymbol{b} - \boldsymbol{G}\boldsymbol{x},$$
$$\boldsymbol{y} \in Y.$$

且当仅当 $\boldsymbol{x} \notin \text{proj}_{\boldsymbol{x}}(Q)$ 时, $\phi(\boldsymbol{x}) = \infty$.

如 8.1 节所述, 可以设计 Benders-分支定切算法求解模型 (8.23). 但此时, 变量 $\boldsymbol{y}$ 是混合整数变量, 模型 (8.24) 是一个混合整数线性规划模型, 因此难以像 8.1 节的连续子问题那样轻易得到 $\text{proj}_{\boldsymbol{x}}(Q)$ 的多面体描述.

下面介绍用于求解模型 (8.23) 的整数 Benders 分解算法, 它是经典 Benders 分解算法的一种变形. 在求解 Benders 子问题之前, 先将当前松弛 Benders 主问题求到整数最优, 记最优解为 $(\tilde{\boldsymbol{x}}, \tilde{\sigma})$, 其中 $\tilde{\boldsymbol{x}} \in \{0,1\}^n$. 此时, 有如下可能情形:

- $\tilde{\boldsymbol{x}}$ 对应的模型 (8.24) 不可行. 此时, 添加 Benders 不可行切

$$\sum_{j:\tilde{x}_j=0} x_j + \sum_{j:\tilde{x}_j=1} (1 - x_j) \geqslant 1 \tag{8.25}$$

  切除不可行解 $\tilde{\boldsymbol{x}}$.
- $\tilde{\boldsymbol{x}}$ 对应的模型 (8.24) 可行, 且 $\phi(\tilde{\boldsymbol{x}}) > \sigma^*$. 此时, 添加 Benders 最优切

$$\sigma \geqslant \phi(\tilde{\boldsymbol{x}}) - (\phi(\tilde{\boldsymbol{x}}) - L)\left(\sum_{j:\tilde{x}_j=0} x_j + \sum_{j:\tilde{x}_j=1} (1 - x_j)\right) \tag{8.26}$$

  切除解 $(\tilde{\boldsymbol{x}}, \tilde{\sigma})$, 其中 L 是 $\phi(\boldsymbol{x})$ 在集合 $\text{proj}_{\boldsymbol{x}}(Q)$ 上的下界.
- $\tilde{\boldsymbol{x}}$ 对应的模型 (8.24) 可行, 且 $\phi(\tilde{\boldsymbol{x}}) = \tilde{\sigma}$. 此时, $(\tilde{\boldsymbol{x}}, \tilde{\sigma})$ 是模型 (8.23) 的最优解, 相应最优值为 $\boldsymbol{c}^{\mathrm{T}}\tilde{\boldsymbol{x}} + \phi(\tilde{\boldsymbol{x}})$.

下面通过一个例子介绍如何生成 Benders 最优切 (8.26).

例 8.3 考虑一个两阶段规划问题, 其中第二阶段问题如下, 请给出当 $\boldsymbol{x} = (0,1)^{\mathrm{T}}$ 时的 Benders 最优切.

$$Q(\boldsymbol{x}) = \min -2y_1 - 3y_2$$
$$\text{s.t.}$$
$$y_1 + 2y_2 \leqslant 4 - x_1,$$
$$y_1 \leqslant 3 - x_2,$$
$$y_1, y_2 \in \mathbb{Z}_+.$$

第一步 寻找下界 L. 因为 y_1 和 y_2 是非负整数, x_1 和 x_2 取值越大, 第二阶段问题的可行域越小, 目标值越大. 因此, 当 $\boldsymbol{x} = (0,0)^{\mathrm{T}}$ 时, 第二阶段问题的目标

值最小. 为了得到下界 L, 可以进一步松弛变量 $\boldsymbol{y}$ 的整数要求, 求解如下线性松弛问题.

$$
\begin{aligned}
&\min -2y_1 - 3y_2 \\
\text{s.t.} \\
&y_1 + 2y_2 \leqslant 4, \\
&y_1 \leqslant 3, \\
&y_1, y_2 \in \mathbb{R}_+.
\end{aligned}
$$

其最优解为 $\boldsymbol{y} = (3,\ 0.5)^{\mathrm{T}}$, 目标值为 -7.5. 因此, 可得下界 $L = -7.5$.

第二步 生成 Benders 最优切. 当 $\boldsymbol{x} = (0,\ 1)^{\mathrm{T}}$ 时, 第二阶段问题变为如下形式:

$$
\begin{aligned}
&\min -2y_1 - 3y_2 \\
\text{s.t.} \\
&y_1 + 2y_2 \leqslant 4, \\
&y_1 \leqslant 2, \\
&y_1, y_2 \in \mathbb{Z}_+.
\end{aligned}
$$

其最优解为 $\boldsymbol{y} = (2,\ 1)^{\mathrm{T}}$, 目标值为 -7. 根据 (8.26), 相应的 Benders 最优切为

$$
\sigma \geqslant 0.5\,(x_2 - x_1) - 7.5.
$$

下面介绍整数 Benders 分解算法的具体流程.

算法 8.3 (整数 Benders 分解算法)

步骤 0 初始化. 计算 $\phi\,(\boldsymbol{x})$ 在集合 $\mathrm{proj}_{\boldsymbol{x}}\,(Q)$ 上的下界 L, 初始化 $k = 0$. 求解初始松弛 Benders 主问题 RBMP^k(不包含任何切), 记最优解为 $\left(\boldsymbol{x}^k, \sigma^k\right)$.

步骤 1 求解 Benders 子问题. 求解 $\boldsymbol{x}^k$ 对应的子问题 (8.24), 记最优值为 $\phi\left(\boldsymbol{x}^k\right)$.

步骤 2 判断算法终止条件. 如果 $\phi\left(\boldsymbol{x}^k\right) = \sigma^k$, 则终止算法.

步骤 3 更新松弛 Benders 主问题. 如果 $\boldsymbol{x}^k$ 对应的子问题 (8.25) 无可行解, 则添加不可行切 (8.24) 到松弛 Benders 主问题 RBMP^k. 反之, 添加最优切 (8.26) 到松弛 Benders 主问题 RBMP^k.

步骤 4 求解松弛 Benders 主问题. 求解更新后的松弛 Benders 主问题 RBMP^k, 记最优解为 $\left(\boldsymbol{x}^k, \sigma^k\right)$, 令 $k = k + 1$, 转到**步骤 1**.

整数 Benders 分解算法需要多次求解 0-1 混合整数规划模型, 这使得计算非常耗时, 在实际执行中需要增加一些改进策略. 例如, 可以先验地在 Benders 主问题中添加关于变量 $\boldsymbol{x}$ 的有效不等式. 特别地, 如果能找到的有效不等式不仅能切除 $\tilde{\boldsymbol{x}}$, 还能切除更多比 $\tilde{\boldsymbol{x}}$ 差的解, 则可以加快算法的收敛速度. 考虑一种典型情况: 如果 $\tilde{\boldsymbol{x}} \in \{0, 1\}$ 不可行, 则当 $\boldsymbol{x} \geqslant \tilde{\boldsymbol{x}}$ 时, $\boldsymbol{x}$ 都不可行. 在这种情况下, 可以生成更强的有效不等式. 具体地, 如果能找到的最小不可行解 $\check{\boldsymbol{x}}$ 满足 $\check{\boldsymbol{x}} \leqslant \tilde{\boldsymbol{x}}$, 则不可行切 (8.25) 可以改写成如下形式:

$$\sum_{j:\check{x}_j=1} (1 - x_j) \geqslant 1. \tag{8.27}$$

不可行切 (8.27) 表明, 在任何一个可行解中, 至少存在一个满足 $\check{x}_j = 1$ 的变量 x_j 被设为 0.

此外, 还可以使用模型 (8.23) 的线性松弛问题来生成有效不等式. 因为对于松弛问题而言, 任何有效的可行切或最优切都对模型 (8.23) 同样有效. 基于此性质, 也可以设计整数 Benders-分支定切算法求解模型 (8.22). 该算法的基本思想如下.

首先, 利用 Benders 分解算法求解模型 (8.22) 的线性松弛问题, 记算法结束后形成的 Benders 主问题为 LRBMP(包含迭代中产生的 Benders 可行切和最优切).

然后, 利用分支定切算法求解 LRBMP 模型相应的整数模型 (限制变量 $\boldsymbol{x}$ 为 0-1 变量). 与经典的分支定切算法相比, 当算法迭代过程中生成一个整数解时, 需要鉴别是否存在 Benders 切 (8.25) 或 (8.26) 切除该解. 如果存在不可行切 (8.25) 切除该解, 则将该切添加到当前的松弛 Benders 主问题中. 如果存在最优切 (8.26) 切除该解, 则将该切添加到所有活跃节点对应的问题中.

8.3.2 逻辑 Benders 分解算法

逻辑 Benders 分解算法是经典 Benders 分解算法的一种推广, 可以用来求解一些包含逻辑关系或子问题包含整数变量和非线性函数的优化模型.

与 Benders 分解算法相似, 它将一个给定的问题分解为一个主问题以及一个或多个子问题, 并利用约束生成方法逐步缩减松弛主问题的解空间. 但是, 这里每个子问题都是一个 "推理" 型的对偶 (inference dual) 问题, 其目的是在主问题当前解所隐含的目标函数上找出最紧边界. 随后, 使用此边界生成切, 并将其传递回主问题. 如果主问题的解满足子问题所产生的所有边界条件, 则可以实现收敛; 否则, 该过程继续进行.

考虑如下形式的优化模型:

$$\min f(\boldsymbol{x}, \boldsymbol{y}) \tag{8.28}$$

$$\text{s.t.}$$
$$(\boldsymbol{x},\boldsymbol{y})\in S,$$
$$\boldsymbol{x}\in D_{\boldsymbol{x}},\quad \boldsymbol{y}\in D_{\boldsymbol{y}},$$

其中, $f(\boldsymbol{x},\boldsymbol{y})$ 是一个实值函数, S 为由一组包含变量 $\boldsymbol{x}$ 和 $\boldsymbol{y}$ 的约束条件确定的可行集, $D_{\boldsymbol{x}}$ 和 $D_{\boldsymbol{y}}$ 分别表示 $\boldsymbol{x}$ 和 $\boldsymbol{y}$ 的定义域.

固定 $\boldsymbol{x}$ 为给定值 $\tilde{\boldsymbol{x}}\in D_{\boldsymbol{x}}$ 时, 形成以下子问题:

$$\min f(\tilde{\boldsymbol{x}},\boldsymbol{y}) \tag{8.29}$$
$$\text{s.t.}$$
$$(\tilde{\boldsymbol{x}},\boldsymbol{y})\in S,$$
$$\boldsymbol{y}\in D_{\boldsymbol{y}}.$$

假设模型 (8.29) 有可行解. 模型 (8.29) 的推理对偶是从约束中推导出 $f(\tilde{\boldsymbol{x}},\boldsymbol{y})$ 最紧的可能下界, 相应模型可以表示为

$$\max \alpha$$
$$\text{s.t.} \tag{8.30}$$
$$(\tilde{\boldsymbol{x}},\boldsymbol{y})\in S \xrightarrow{\boldsymbol{y}\in D_{\boldsymbol{y}}} f(\tilde{\boldsymbol{x}},\boldsymbol{y})\geqslant \alpha.$$

当模型 (8.30) 为线性规划问题时, 该模型对应经典的线性规划对偶问题.

模型 (8.30) 的解可理解为: 当 $\boldsymbol{x}=\tilde{\boldsymbol{x}}$ 时, $f(\boldsymbol{x},\boldsymbol{y})$ 最紧的可能下界 $\hat{\alpha}$ 的证明. 逻辑 Benders 分解的基本思想是使用相同的模式来推导出 $\boldsymbol{x}$ 取其他值时的下界 $B_{\tilde{\boldsymbol{x}}}(\boldsymbol{x})$. 一般而言, 下界函数 $\alpha_{\tilde{\boldsymbol{x}}}(\boldsymbol{x})$ 具有以下两个性质.

性质 8.1　给定 $\boldsymbol{x}\in D_{\boldsymbol{x}}$, $B_{\tilde{\boldsymbol{x}}}(\boldsymbol{x})$ 提供 $f(\boldsymbol{x},\boldsymbol{y})$ 的有效下界. 即, 对模型 (8.28) 中的任意可行解 $(\boldsymbol{x},\boldsymbol{y})$, 有 $f(\boldsymbol{x},\boldsymbol{y})\geqslant B_{\tilde{\boldsymbol{x}}}(\boldsymbol{x})$.

性质 8.2　特别地, 有 $B_{\tilde{\boldsymbol{x}}}(\tilde{\boldsymbol{x}})=\hat{\alpha}$.

如果 z 是模型 (8.28) 的目标值, 则不等式 $z\geqslant B_{\tilde{\boldsymbol{x}}}(\boldsymbol{x})$ 是有效不等式, 称为逻辑 Benders 切.

在逻辑 Benders 分解算法的第 K 次迭代时, 记相应的松弛 Benders 主问题为

$$\min\ z \tag{8.31}$$
$$\text{s.t.}$$
$$z\geqslant B_{\boldsymbol{x}^k}(\boldsymbol{x}),\quad k=1,\cdots,K-1,$$
$$\boldsymbol{x}\in D_{\boldsymbol{x}},$$

其中, $\boldsymbol{x}^1, \cdots, \boldsymbol{x}^{K-1}$ 是前 $K-1$ 个松弛 Benders 主问题的最优解.

记 $(\tilde{\boldsymbol{x}}, \tilde{z})$ 为模型 (8.31) 的最优解. 求解模型 (8.30), 记最优值为 α^*. 如果 $\tilde{z}=\alpha^*$, 则 $\tilde{\boldsymbol{x}}$ 是模型 (8.28) 的最优解, $\tilde{z}$ 为最优值. 否则, 生成一个新的逻辑 Benders 切 $z \geqslant \alpha_{\tilde{\boldsymbol{x}}}(\boldsymbol{x})$, 并添加到模型 (8.31) 中.

下面介绍逻辑 Benders 分解算法的具体流程.

算法 8.4 (逻辑 Benders 分解算法)

步骤 0　初始化. 选择一个解 $\bar{\boldsymbol{x}} \in D_{\boldsymbol{x}}$, 初始化 $k=0$, $z=-\infty$. 求解初始松弛 Benders 主问题 (8.31)(不包含任何切), 记最优解为 $\boldsymbol{x}^k$, 最优值为 z^k.

步骤 1　判断算法终止条件. 求解 $\boldsymbol{x}^k$ 对应的模型 (8.30), 如果该模型无解, 则终止算法, 模型 (8.28) 无界; 如果该模型有解, 且最优值 $\alpha^k=z^k$, 则终止算法; 否则, 转到**步骤 2**.

步骤 2　更新松弛 Benders 主问题. 生成下界函数 $B_{\boldsymbol{x}^k}(\boldsymbol{x})$, 满足 $B_{\boldsymbol{x}^k}\left(\boldsymbol{x}^k\right)=\alpha^k$, 添加切 $z \geqslant B_{\boldsymbol{x}^k}(\boldsymbol{x})$ 到当前松弛 Benders 主问题.

步骤 3　求解松弛 Benders 主问题. 求解当前松弛 Benders 主问题, 记最优解为 $\boldsymbol{x}^k$, 最优值为 z^k, 令 $k=k+1$, 转到**步骤 1**.

8.4　Benders 分解算法的应用

自提出以来, Benders 分解算法便在众多领域得到了广泛应用, 成功求解了多种大规模混合整数规划问题. 本节重点介绍 Benders 分解算法在仓库选址、生产调度、旅行商问题中的应用案例.

8.4.1　无容量限制的多仓库选址分配问题

8.4.1.1　问题描述

设 V 是节点位置集, $N \subseteq V$ 是候选仓库集, $V \setminus N$ 是顾客位置集. 对于任意节点 $k \in N$, 设 a_k 为在该处建立仓库的固定成本. 对于任意一对节点 i 和 $j\,(i, j \in V)$, 设 w_{ij} 为需要从节点 i 运输到节点 j 的流量, 且该运输必须通过一个或两个已建立的仓库进行连接, 通常情况下, $w_{ij} \neq w_{ji}$. 对于任意的 $i, j \in V, k, m \in N$, 设 $c_{ijkm}=c_{ik}+\alpha c_{km}+c_{mj}$ 为从节点 i 经由仓库 k 和 m 到节点 j 的单位运输成本, 其中 c_{ik}, c_{km} 和 c_{mj} 分别为从节点 i 到仓库 k, 从仓库 k 到仓库 m, 以及从仓库 m 到节点 j 的单位运输成本, $\alpha(0 \leqslant \alpha \leqslant 1)$ 为仓库间单位运输成本的折扣系数. 如果 $k=m$, 则只使用一个仓库, 此时节点 i 和 j 只通过一个仓库进行连接.

请问应在哪些候选位置建立仓库以及如何进行配送, 使得总的固定成本和运输成本最小?

8.4.1.2 模型建立

对于 $k \in N$, 定义 0-1 决策变量 y_k:

$$y_k = \begin{cases} 1, & \text{如果在} k \in N \text{处建立仓库}, \\ 0, & \text{否则}. \end{cases}$$

对于 $i, j \in V$, $k, m \in N$, 定义连续变量 x_{ijkm} 为从起点 i 依次通过仓库 k 和 m 到目的地 j 的流量.

无容量限制的多仓库选址分配问题的整数线性规划模型可以表示如下:

$$\min \sum_{k\in N} a_k y_k + \sum_{i\in V}\sum_{j\in V}\sum_{k\in N}\sum_{m\in N} c_{ijkm}x_{ijkm} \tag{8.32}$$

s.t.

$$\sum_{m\in N, m\neq k} x_{ijkm} + \sum_{m\in N} x_{ijmk} \leqslant w_{ij}y_k, \quad \forall i,j\in V, k\in N, \tag{8.33}$$

$$\sum_{k\in N}\sum_{m\in N} x_{ijkm} = w_{ij}, \quad \forall i,j\in V, \tag{8.34}$$

$$\sum_{k\in N} y_k \geqslant 1, \tag{8.35}$$

$$x_{ijkm} \geqslant 0, \quad \forall i,j\in V,\ k,m\in N, \tag{8.36}$$

$$y_k \in \{0,1\}, \quad k\in N. \tag{8.37}$$

目标函数 (8.32) 为最小化总的固定成本和运输成本. 约束条件 (8.33) 保证只有在某候选位置建立仓库才能通过该位置进行流量传输. 约束条件 (8.34) 确保每对节点的需求流量得到满足. 约束条件 (8.35) 表示至少要建立一个仓库. 约束条件 (8.36) 和 (8.37) 定义了决策变量.

8.4.1.3 模型求解

下面介绍利用 Benders 分解方法求解该问题的主要环节.

假设在第 ℓ 次迭代中, 固定整数变量 $\boldsymbol{y} = \tilde{\boldsymbol{y}}^\ell$(相应松弛 Benders 主问题的最优解为 $\tilde{\boldsymbol{y}}^\ell$), 相应的 Benders 子问题为

$$\min \sum_{i\in V}\sum_{j\in V}\sum_{k\in N}\sum_{m\in N} c_{ijkm}x_{ijkm} \tag{8.38}$$

s.t.

$$\sum_{m\in N, m\neq k} x_{ijkm} + \sum_{m\in N} x_{ijmk} \leqslant w_{ij}\tilde{y}_k^\ell, \quad \forall i,j\in V, k\in N, \tag{8.39}$$

$$\sum_{k\in N}\sum_{m\in N} x_{ijkm} = w_{ij}, \quad \forall i,j\in V, \tag{8.40}$$

$$x_{ijkm} \geqslant 0, \quad \forall i,j\in V, k,m\in N. \tag{8.41}$$

分别令 u_{ijk} 和 α_{ij} 为约束条件 (8.39) 和 (8.40) 的对偶变量, 则上述模型的对偶问题可表示为

$$\max \sum_{i\in V}\sum_{j\in V} w_{ij}\left(\alpha_{ij} - \sum_{k\in N}\tilde{y}_k^\ell u_{ijk}\right) \tag{8.42}$$

s.t.

$$\alpha_{ij} - u_{ijk} - u_{ijm} \leqslant c_{ijkm}, \quad \forall i,j\in V,\ k,m\in N,\ k\neq m, \tag{8.43}$$

$$\alpha_{ij} - u_{ijk} \leqslant c_{ijkk}, \quad \forall i,j\in V, k\in N, \tag{8.44}$$

$$u_{ijk} \geqslant 0, \quad \forall i,j\in V,\ k\in N. \tag{8.45}$$

由于没有任何容量限制 (无论是在仓库还是在弧上), 对于给定的 $\tilde{\boldsymbol{y}}^\ell$, 模型 (8.38)~(8.41) 存在可行解, 即模型 (8.42)~(8.45) 有界. 因此, 该问题只存在 Benders 最优切, 其形式如下:

$$\eta \geqslant \sum_{i\in V}\sum_{j\in V} w_{ij}\left(\tilde{\alpha}_{ij}^\ell - \sum_{k\in N} y_k \tilde{u}_{ijk}^\ell\right),$$

其中 $\tilde{u}_{ijk}^\ell$ 和 $\tilde{\alpha}_{ij}^\ell$ 为模型 (8.42)~(8.45) 的最优解, 连续变量 η 是低估的运输成本. 因此, Benders 主问题可表示如下:

$$\min \sum_{k\in N} a_k y_k + \eta$$

s.t.

$$\eta \geqslant \sum_{i\in V}\sum_{j\in V} w_{ij}\left(\tilde{\alpha}_{ij}^\ell - \sum_{k\in N} y_k \tilde{u}_{ijk}^\ell\right), \quad \forall \ell = 1,\cdots,L,$$

$$\sum_{k\in N} y_k \geqslant 1,$$

$$\eta \geqslant 0,$$

$$y_k \in \{0,1\}, \quad \forall k\in N,$$

其中, L 是迭代的最大次数.

8.4.2 概率旅行商问题

8.4.2.1 问题描述

给定任意无向图 $G=(V,E)$, 其中 $V=\{1,\cdots,n\}$ 是顶点集, $E=\{(i,j): i,j\in V, i\neq j\}$ 是顶点间的边集. 对于任意一条边 $(i,j)\in E$, 设 c_{ij} 为其权重, 表示两点之间的旅行时间或距离成本. 假设权重 c_{ij} 满足三角形不等式: $c_{ik}+c_{kj}\geqslant c_{ij}$. 对于任意顶点 $i\in V$, 设 $p_i>0$ 为顶点 i 在图 G 中存在的概率, 其中 $p_1=1$. 称 $p_i=1$ 的顶点 i 为存在点 (必须要访问的顶点), 而 $0<p_i<1$ 的顶点 i 为缺失点 (即: 以 $1-p_i$ 的概率不需要访问该点). 假设图 G 中至少存在一个缺失点.

决策过程分为两个阶段: 第一阶段, 在获得概率信息之前, 先找出一个先验旅行路径使得 G 中每个点恰被访问一次; 第二阶段, 在获得概率信息后, 将缺失点从先验路径中移除, 从而得到实际的访问路径. 该问题的目标是找出一条先验路径, 使实际访问路径的期望长度最小.

8.4.2.2 模型建立

对于 $i,j\in V(i<j)$, 定义 0-1 变量 x_{ij}:

$$x_{ij}=\begin{cases}1, & \text{如果先验路径依次经过顶点}i\text{和}j,\\ 0, & \text{否则}.\end{cases}$$

给定先验路径 $\boldsymbol{x}=(x_{ij})_{i,j\in V,i<j}$, 设 $\boldsymbol{\xi}=(\xi_i)_{i\in V}$ 是服从伯努利分布的一个随机向量, 其中 $\xi_i=1$ 当且仅当顶点 v_i 以概率 p_i 在图 G 中存在, 定义 $T(\boldsymbol{x},\boldsymbol{\xi})$ 为在给定 $\boldsymbol{x}$ 和 $\boldsymbol{\xi}$ 下第二阶段实际访问路径的距离长度.

概率旅行商问题的数学模型可以表示如下:

$$\min_{\boldsymbol{x}} E_{\boldsymbol{\xi}}(T(\boldsymbol{x},\boldsymbol{\xi})) \tag{8.46}$$

s.t.

$$\sum_{j<i}x_{ji}+\sum_{j>i}x_{ij}=2,\quad \forall i\in I, \tag{8.47}$$

$$\sum_{i\in S}\sum_{j\notin S,j>i}x_{ij}+\sum_{i\notin S}\sum_{j\in S,j>i}x_{ij}\geqslant 2,\quad \forall S\subseteq I,|S|\geqslant 3, \tag{8.48}$$

$$x_{ij}\in\{0,1\},\quad \forall i,j\in I,j>i, \tag{8.49}$$

其中, 约束条件 (8.47)~(8.49) 为标准对称旅行商问题的约束.

8.4.2.3 模型求解

在第一阶段, 先验旅行路径的距离长度可以表示为 $\boldsymbol{c}^{\mathrm{T}}\boldsymbol{x}$. 在第二阶段, 对于给定的情景 $\boldsymbol{\xi}$, 由于部分顶点被移除, 会造成一定的距离损失, 这里用 $R(\boldsymbol{x},\boldsymbol{\xi})$ 表示相应损失. 令 $Q(\boldsymbol{x},\boldsymbol{\xi}) = -R(\boldsymbol{x},\boldsymbol{\xi})$, $Q(\boldsymbol{x}) = E_{\boldsymbol{\xi}}(Q(\boldsymbol{x},\boldsymbol{\xi}))$, 则目标函数 (8.46) 等价于

$$\min_{\boldsymbol{x}} \boldsymbol{c}^{\mathrm{T}}\boldsymbol{x} + Q(\boldsymbol{x}). \tag{8.50}$$

令 X 为约束条件 (8.47)~(8.49) 界定的可行域, 则模型 (8.46)~(8.49) 等价于

$$\min_{\boldsymbol{x}\in X} \boldsymbol{c}^{\mathrm{T}}\boldsymbol{x} + Q(\boldsymbol{x}). \tag{8.51}$$

模型 (8.51) 是一个随机整数线性规划模型, 可以用整数 Benders-分支定切算法求解. 其中, 初始松弛 Benders 主问题定义为

$$\min \sum_{i\in V}\sum_{j>i,j\in V} c_{ij}x_{ij} + \theta \tag{8.52}$$

$$\text{s.t.约束条件 (8.47)}$$

$$\theta \geqslant L, \tag{8.53}$$

$$0 \leqslant x_{ij} \leqslant 1, \quad \forall i,j \in I, j>i. \tag{8.54}$$

这里, L 为 $Q(\boldsymbol{x})$ 的一个下界.

与模型 (8.51) 相比, 上述模型进行了三种类型的松弛操作: ① 对变量 $\boldsymbol{x}$ 的整数限制进行松弛; ②去除子回路约束; ③ 将 $Q(\boldsymbol{x})$ 替换为近似值 θ. 这些操作可以通过分支定切算法来恢复完整性.

求解该问题的整数 Benders-分支定切算法的具体流程如下.

步骤 0　初始化. 创建根节点 0. 令 $j=k=1$, 初始化活跃节点集 $\Psi_{\bar{k}} = \{0\}$. 如果原问题存在已知可行解 $\bar{\boldsymbol{x}}$, 则选择该解作为当前最好可行解, 并记录其目标值 $\bar{z}$. 否则, 令 $\bar{z} = +\infty$.

步骤 1　判断算法终止条件. 如果存在活跃节点, 则选择一个节点 $P_k \subset \Psi$, 令 $\Psi = \Psi \setminus \{P_k\}$, 并转到**步骤 2**. 否则, 终止算法. 此时, 当前最好可行解 $\bar{\boldsymbol{x}}$ 是模型 (8.51) 的最优解.

步骤 2　求解当前松弛 Benders 主问题. 求解当前松弛 Benders 主问题, 记最优解为 $(\tilde{\boldsymbol{x}}^k, \tilde{\theta}^k)$(如果存在), 最优值为 $\tilde{z}^k$.

步骤 3　节点终止条件 1. 如果当前松弛 Benders 主问题无解, 则终止对节点 P_k 的搜索, 令 $k=k+1$, 并转到**步骤 1**.

步骤 4　节点终止条件 2. 如果当前松弛 Benders 主问题的最优解不比当前最好可行解更优 (即 $\tilde{z}^k \geqslant \bar{z}$), 则终止对节点 P_k 的搜索, 令 $k=k+1$, 并转到**步骤 1**.

步骤 5　鉴别子回路切. 如果当前解 $\tilde{\boldsymbol{x}}^{\bar{k}}$ 含子回路, 且存在有效不等式切除该解, 则将这些有效不等式添加到当前松弛 Benders 主问题, 并转到**步骤 2**.

步骤 6 鉴别 Benders 最优切. 如果当前松弛 Benders 主问题的最优解 $\tilde{\boldsymbol{x}}^k$ 满足模型的整数约束, 计算 $Q(\tilde{\boldsymbol{x}}^k)$ 和 $\hat{z}^k = \boldsymbol{c}^{\mathrm{T}}\tilde{\boldsymbol{x}}^k + Q(\tilde{\boldsymbol{x}}^k)$. 如果 $\hat{z}^k < \bar{z}$, 则更新当前最好可行解, 即令 $\bar{\boldsymbol{x}} = \tilde{\boldsymbol{x}}^k, \bar{z} = \hat{z}^k$, 并从活跃节点集中删除那些母节点界不优于 $\bar{z}$ 的活跃节点. 如果 $\tilde{\theta}^k \geqslant Q(\tilde{\boldsymbol{x}}^k)$, 则终止对节点 P_k 的搜索, 令 $k = k+1$, 并转到**步骤 1**. 否则, 添加 Benders 最优切到当前松弛 Benders 主问题, 并转到**步骤 2**.

步骤 7 分支. 在解 $\tilde{\boldsymbol{x}}^k$ 中选择一个取分数的整数变量作为分支变量, 创建两个新的活跃节点 P_{j+1} 和 P_{j+2}. 令 $\Psi = \Psi \cup \{P_{j+1}, P_{j+2}\}, j = j+1, k = k+1$, 并转到**步骤 1**.

该问题的 Benders 最优切定义如下.

命题 8.2 该问题的 Benders 最优切为

$$\theta \geqslant \frac{1}{2}\left(Q\left(\tilde{\boldsymbol{x}}^k\right) - L\right)\left(\sum_{(i,j)\in E^k} x_{ij} - n\right) + Q\left(\tilde{\boldsymbol{x}}^k\right), \tag{8.55}$$

其中, $E^k = \{(i,j) \in E : \tilde{x}_{ij}{}^k = 1\}$.

证明 当 $\boldsymbol{x} = \tilde{\boldsymbol{x}}^k$ 时, $\sum\limits_{(i,j)\in E^k} x_{ij} = n$. 否则, $\sum\limits_{(i,j)\in E^k} x_{ij} \leqslant n-2$. 在上述两种情况下, 不等式 (8.55) 分别简化为 $\theta \geqslant Q\left(\tilde{\boldsymbol{x}}^k\right)$ 和 $\theta \geqslant L$.

下面分别介绍如何计算 $Q\left(\tilde{\boldsymbol{x}}^k\right)$ 和 L.

首先介绍如何计算 $Q\left(\tilde{\boldsymbol{x}}^k\right)$. 由定义知, $Q(\tilde{\boldsymbol{x}}^k) = T(\tilde{\boldsymbol{x}}^k) - \boldsymbol{c}^{\mathrm{T}}\tilde{\boldsymbol{x}}^k$, 其中 $T(\tilde{\boldsymbol{x}}^k)$ 表示在路径变量 $\tilde{\boldsymbol{x}}^k$ 下经过顶点向量 $(i_1 = 1, \cdots, i_n)$ 时的期望路径长度. 下面介绍用以计算 $T(\tilde{\boldsymbol{x}}^k)$ 的动态规划算法. 令 $t(k)$ 表示从顶点 i_k 到 i_1 的期望路径长度. 初始化 $t(n+1) = 0$ 和 $t(n) = c_{i_n 1}$. 对任意的 $k = n-1, \cdots, 1$, $t(k)$ 可由如下递推关系式求得

$$t(k) = \sum_{r=0}^{n-k}\prod_{j=1}^{r}(1 - p_{i_{k+j}})p_{i_{k+r+1}}(c_{i_k i_{k+r+1}} + t(k+r+1)). \tag{8.56}$$

其中, $c_{i_k i_{n+1}} = c_{i_n 1}$, $p_{i_{n+1}} = p_1$. 通过计算 $\prod\limits_{j=1}^{r}(1 - p_{i_{k+j}})$, 每个 $t(k)$ 可在 $O(n)$ 时间内求得. 因此, $T(\tilde{\boldsymbol{x}}^k) = t(1)$ 可在 $O(n^2)$ 时间内得到.

接下来介绍如何计算下界 L. 如果序列 (i,k,j) 出现在一条先验路径中, 则称边 (i,j) 为顶点 k 的捷径. 通过求解一个整数线性规划模型, 可以得到 $R(\boldsymbol{x}) = E_\xi(R(\boldsymbol{x},\xi))$ 的上界 U, 然后令 L 的值等于 $-U$.

为此, 对于 $i,j \in V, i<j, k \in V, k \neq i,j$, 定义 0-1 变量 y_{ikj}:

$$y_{ikj} = \begin{cases} 1, & \text{如果边}(i,j)\text{为顶点}k\text{的捷径, 且}k\text{是一个缺失点,} \\ 0, & \text{否则.} \end{cases}$$

此外, 定义系数 $d_{ikj} = (1 - p_k)(c_{ik} + c_{kj} - c_{ij})$. 于是, 可以通过求解如下整数线性规划模型计算上界 U:

$$U = \max \sum_{i \in V} \sum_{j > i, j \in V} \sum_{k \neq i, j, k \in V} d_{ikj} y_{ikj} \tag{8.57}$$

s.t.

$$\sum_{i \in V} \sum_{j > i, j \in V} \sum_{k \neq i, j, k \in V} y_{ikj} = 1, \quad \forall k \in V, \tag{8.58}$$

$$\sum_{k \neq i, j, k \in V} y_{ikj} \leqslant 1, \quad \forall i, j \in V, i < j, \tag{8.59}$$

$$\sum_{i \neq k, i \in V} \sum_{j \neq k, i < j, j \in V} y_{ikj} + \sum_{i \neq k, i \in V} \sum_{j \neq k, j < i, j \in V} y_{ikj} \leqslant 2, \quad \forall k \in V, \tag{8.60}$$

$$y_{ikj} \in \{0, 1\}, \quad \forall i, j \in V, i < j, k \in V, k \neq i, j. \tag{8.61}$$

8.4.3 带有准备时间的不相关平行机调度问题

8.4.3.1 问题描述

某加工系统共有 m 台机器 $M = \{1, \cdots, m\}$ 和 n 个需要加工的工件 $N = \{1, \cdots, n\}$. 每个工件只需加工一道工序, 且可在任意一台机器上加工. 机器在加工过程不可中断, 一台机器在任意时刻只能加工一个工件. 每台机器的性能不相同且不会互相影响, 相同的工件在不同机器上的加工时间不同.

对于 $i \in M, j \in N$, 设 p_{ij} 为机器 i 加工工件 j 所需的时间. 每台机器在开始加工一个新工件之前需要一个准备时间 (如卸载上一个工件的产品、更换机器零件、装载加工下一个工件所需原料等), 其依赖于所在的机器以及前一个完成的工件和即将开始的新工件. 具体地, 对于 $i \in M, j, k \in N$, 设 s_{ijk} 为在机器 i 上工件 j 加工完成到工件 k 开始加工之间的准备时间. 如果工件 j 是机器 i 上加工的第一个工件, 则相应的准备时间记为 s_{i0j}. 此外, 假设准备时间满足三角不等式 $s_{ijk} \leqslant s_{ijl} + s_{ilk}$.

请问应如何确定工件到机器的分配方案以及相应工件在机器上的加工顺序, 从而使得所有工件的最大完工时间最小?

8.4.3.2 模型建立

对于 $i \in M, j \in N$, 定义 0-1 变量 x_{ij}:

$$x_{ij} = \begin{cases} 1, & \text{如果在机器}i\text{上加工工件}j, \\ 0, & \text{否则}. \end{cases}$$

对于 $i \in M, j, k \in N \cup 0$, 定义 0-1 变量 y_{ijk}:

$$y_{ijk} = \begin{cases} 1, & \text{如果在机器}i\text{上工件}j\text{在工件}k\text{之后加工}, \\ 0, & \text{否则}. \end{cases}$$

对于 $j \in N$, 定义连续变量 C_j 为工件 j 的完工时间, 并定义 $C_{\max}$ 为所有工件的最大完工时间.

该问题的整数线性规划模型可表示如下:

$$\min C_{\max} \tag{8.62}$$

s.t.

$$\sum_{i \in M} x_{ij} = 1, \quad \forall j \in N, \tag{8.63}$$

$$x_{ij} = \sum_{k \in N, k \neq j} y_{ijk} = \sum_{k \in N \cup \{0\}, k \neq j} y_{ikj}, \quad \forall i \in M, j \in N \cup \{0\}, \tag{8.64}$$

$$\xi_i = \sum_{j \in N \cup \{0\}} \sum_{k \in N, k \neq j} y_{ijk} s_{ijk}, \quad i \in M, \tag{8.65}$$

$$\sum_{j \in N} x_{ij} p_{ij} + \xi_i \leqslant C_{\max}, \quad \forall i \in M, \tag{8.66}$$

$$C_j + s_{ijk} + p_{ik} \leqslant C_k + U\left(1 - y_{ijk}\right), \quad \forall j \in N \cup \{0\}, k \in N, k \neq j, i \in M, \tag{8.67}$$

$$C_0 = 0, \tag{8.68}$$

$$x_{ij} \in \{0, 1\}, \quad C_j \geqslant 0, \quad \forall i \in M, j \in N, \tag{8.69}$$

$$y_{ijk} \in \{0, 1\}, \quad \forall i \in M, j, k \in N \cup \{0\}. \tag{8.70}$$

目标函数 (8.62) 为最小化所有工件的最大完工时间. 约束条件 (8.63) 确保每个工件要在一个机器上加工, 且只能在一台机器上加工. 约束条件 (8.64) 表明如果一个工件在某个机器上加工, 它只能有一个前继工件和一个后继工件. 约束条件 (8.65) 定义了在机器 i 上加工工件的准备时间总和. 约束条件 (8.66) 定义了所有工件的最大完工时间. 约束条件 (8.67) 定义了工件的完工时间. 约束条件 (8.68) 定义了虚拟工件 0 的完工时间为 0. 约束条件 (8.69) 和 (8.70) 定义了决策变量.

8.4.3.3 模型求解

下面介绍利用逻辑 Benders 分解方法求解该问题的主要环节.

1. Benders 主问题

$$
\begin{aligned}
&\min C_{\max} \\
\text{s.t.}\quad &\\
&\text{约束条件 (8.63)}\sim\text{(8.65)}, \\
&\text{Benders 切}, && (8.71)\\
&x_{ij} \in \{0,1\}, \quad \forall i \in M,\ j \in N, && (8.72)\\
&0 \leqslant y_{ijk} \leqslant 1, \quad \forall i \in M,\ j,k \in N \cup \{0\}. && (8.73)
\end{aligned}
$$

其中约束条件 (8.71) 为每次当 Benders 子问题得出的最大完工时间大于其主问题的解时, 添加到主问题中的 Benders 切. 在约束条件 (8.65) 中, ξ_i 不再是在机器 i 上加工工件的准备时间之和, 而是其一个下界.

与模型 (8.62)~(8.70) 相比, Benders 主问题松弛了约束条件 (8.67)~(8.68), 以及变量 y_{ijk} 的整性约束. 由于约束条件 (8.67)~(8.68) 被松弛, 某些工件可能被加工多次. 从旅行商问题的视角来看, Benders 主问题允许子回路, 其中每个工件都有一个前继和后继工件, 但可能会形成多个子循环. 例如, 给定工件 j_1, j_2, j_3, j_4 和 j_5, 主问题中允许序列 $[\text{start} - j_1 - j_2 - j_3 - \text{end}]$ 和 $[j_4 - j_5 - j_4 - j_5 - \cdots]$ 的存在.

2. Benders 子问题

由于机器互不相同互不影响, 当求解松弛 Benders 主问题之后, 需要进一步求解 m 个 Benders 子问题. 每个子问题对应一台机器, 其目标是确定安排到该台机器上工件的加工顺序以最小化这些工件的最大完工时间, 该问题可以转化为一个非对称的旅行商问题.

令 $\tilde{x}_{ij}^l$, $\tilde{y}_{ijk}^l$ 和 $\tilde{C}_{\max}^l$ 是在第 l 次迭代时松弛 Benders 主问题的最优解. 对于任意 $i \in M$, 定义一个完全有向图 $G_i^l = (N_i^l \cup \{0\}, A_i^l)$, 其中, $N_i^l = \{j : \tilde{x}_{ij}^l = 1\}$ 为在迭代 l 次时分配给机器 i 的工件集, $A_i^l = \{(j,k) : j,k \in N_i^l \cup \{0\}, j \neq k\}$. 给定弧 $(j,k) \in A_i^l$, 设 $c_{ijk}^l = p_{ij} + s_{ijk}$ 为该弧的距离. 因此, 第 i 个 Benders 子问题等价于在图 G_i^l 上寻找一条最短路径.

3. Benders 切

如果所有 Benders 子问题计算得出的工件最大完工时间都小于或等于当前松弛 Benders 主问题求得的工件最大完工时间, 则当前受限松弛 Benders 主问题的解即为原问题的最优解, 此时无需添加 Benders 切. 否则, 只要有一个 Benders 子问题计算出的工件最大完工时间, 大于当前松弛 Benders 主问题所求得的工件最大完工时间, 就必须将鉴别出的 Benders 切添加到当前松弛 Benders 主问题中.

为了鉴别 Benders 切, 定义 $\max \text{Pre}_{lj}$ 为在第 l 次迭代时, 将工件 j 安排在相应机器上其他工件之后 (基于松弛 Benders 主问题的解 $\tilde{x}_{ij}^l$) 加工时, 可能产生的

最大准备时间

$$\max \mathrm{Pre}_{lj} = \max_{k \in N_{i'}^l, k \neq j} \{s_{i'kj}\}$$

其中 ,i' 表示在第 l 次迭代时松弛 Benders 主问题中工件 j 被分配的机器. 定义 $\theta_{li'j}$ 为在机器 i' 上加工任务 j 的加工时间与 $\max \mathrm{Pre}_{lj}$ 之和

$$\theta_{li'j} = p_{i'j} + \max \mathrm{Pre}_{lj},$$

则相应的 Benders 切可表示为

$$C_{\max} \geqslant \tilde{C}_{\max}^{li'} - \sum_{j \in N_{i'}^l} \left(1 - x_{i'j}\right) \theta_{li'j}, \tag{8.74}$$

这里, $C_{\max}$ 是主问题中工件的最大完工时间变量, $\tilde{C}_{\max}^{li'}$ 是在第 l 次迭代时机器 i'(第 i' 个子问题) 上工件的最大完工时间.

当 $\tilde{C}_{\max}^{li'} > \tilde{C}_{\max}^{l}$, 需要将 Benders 切 (8.74) 添加到当前松弛 Benders 主问题中. 记第 l+1 次迭代时松弛 Benders 主问题的最优解为 $\tilde{x}_{ij}^{l+1}$, 定义 $N_i^{l+1} = \{j : \tilde{x}_{ij}^{l+1} = 1\}(i \in M)$, 则可能会出现如下情形:

- $N_{i'}^{l+1} = N_{i'}^l$. 此时, $\sum\limits_{j \in N_{i'}^l} \left(1 - \tilde{x}_{ij}^{l+1}\right) \theta_{li'j} = 0$. 因此, $\tilde{C}_{\max}^{li'}$ 成为 $C_{\max}$ 的一个新的下界.
- $N_{i'}^l \setminus N_{i'}^{l+1} \neq \varnothing$. 此时, 第 i' 个子问题中取值为 1 的 $x_{i'j}$ 变量中至少有一个在 $\tilde{x}_{ij}^{l+1}$ 中取 0. 因此, Benders 切 (8.74) 要求 $C_{\max} \geqslant \tilde{C}_{\max}^{li'} - \sum\limits_{j \in N_{i'}^l \setminus N_{i'}^{l+1}} \theta_{li'j}$.

下面证明 Benders 切 (8.74) 是一个有效不等式. 通常一个有效的 Benders 切需要遵循两个条件:

- 它必须从主问题中切除当前解;
- 它不能切除原问题的任何最优解.

第一个条件很容易证明. 根据上面的分析, 如果后续迭代将完全相同的一组工件分配给机器 i', 则主问题必然会使最大完工时间的值增大. 否则, 需要改变分配给机器 i' 的工件. 在这两种情况下, Benders 切 (8.74) 均将当前解从主问题可行域中移除.

下述命题验证了 Benders 切 (8.74) 也满足第二个条件.

命题 8.3 Benders 切 (8.74) 不会切除原问题的任何最优解.

证明 用反证法证明. 给定第 l 次迭代时分配给机器 i 的一组工件 N_i^l, 设 $C_{N_i^l}$ 为该工件集在机器 i 上的最大完工时间.

假设原问题存在一个最优解 S^*, 其违反了机器 i 在第 l 次迭代中生成的 Benders 切 (8.74). 设 N_i^* 为该最优解分配给机器 i 的工件集, $C_{N_i^*}$ 为该工件集在机器 i 上的最大完工时间.

由于最优解 S^* 并没有将工件 $\hat{N}_i = N_i^l \setminus N_i^*$ 分配给机器 i, 而且它违反了 Benders 切 (8.74), 因此有

$$C_{N_i^*} < C_{N_i^l} - \sum_{j\in\hat{N}_i} \theta_{lij}. \tag{8.75}$$

给定 $C_{N_i^*}$ 对应的工件调度, 可以通过删除 $N_i^l \setminus N_i^*$ 中的工件来构造一个使机器 i 上工件的最大完工时间更小的调度, 称此调度为缩减调度. 在构建缩减调度时, 可仅考虑集合 $\bar{N}_i = N_i^l \cap N_i^*$ 中的工件, 这些工件的加工顺序与其在最优解 S^* 中的顺序相同. 设 $C_{\bar{N}_i}$ 为该缩减调度对应的工件最大完工时间. 由于准备时间满足三角形不等式, $C_{\bar{N}_i}$ 小于等于 $C_{N_i^*}$. 因此, 缩减调度也违反了 Benders 切 (8.74):

$$C_{\bar{N}_i} < C_{N_i^l} - \sum_{j\in\hat{N}_i} \theta_{lij}. \tag{8.76}$$

为了证明矛盾, 只需要证明不等式 (8.76) 不成立, 因此由 $C_{\bar{N}_i} \leqslant C_{N_i^*}$, 可知不等式 (8.75) 也不成立.

为了证明不等式 (8.76) 不成立. 将 $N_i^l \setminus \bar{N}_i = \hat{N}_i$ 中的工件逐一放入缩减调度后, 形成一个包含 N_i^l 中所有工件的调度. 根据 maxPre_{lj} 的定义, 相应调度的最大完工时间 $C'_{N_i^l}$ 满足

$$C'_{N_i^l} \leqslant C_{\bar{N}_i} + \sum_{j\in\hat{N}_i} (p_{ij} + \mathrm{maxPre}_{lj}) = C_{\bar{N}_i} + \sum_{j\in\hat{N}_i} \theta_{lij}. \tag{8.77}$$

由于 $C_{N_i^l}$ 是 N_i^l 中工件在机器 i 的最优调度上对应的工件最大完工时间, $C_{N_i^l} \leqslant C'_{N_i^l}$. 因此, 由不等式 (8.77) 有

$$C_{\bar{N}_i} \geqslant C'_{N_i^l} - \sum_{j\in\hat{N}_i} \theta_{lij} \geqslant C_{N_i^l} - \sum_{j\in\hat{N}_i} \theta_{lij},$$

这与不等式 (8.76) 矛盾, 得证.

习 题 八

8-1. 试描述 Benders 分解的核心思想.

8-2. 分析 Dantzig-Wolfe 分解与 Benders 分解的相同点与不同点.

8-3. 某公司正计划建立物流网络用于在 5 个市场分销新的监控设备产品. 为了方便卡车运送监控设备, 该公司考虑在 3 个备选地址中建立配送中心. 表 8.1 给出了每个市场的需求 (单位: 千)、单位运输成本 (单位: 元) 和固定成本 (单位: 千元).

表 8.1 分销市场信息

HG 地址	需求 d_i	市场				
		$j=1$	$j=2$	$j=3$	$j=4$	$j=5$
		75	90	81	26	57
	固定成本 f_i	单位运输成本 c_{ij}				
地址 $i=1$	2400	24	42	18	72	90
地址 $i=2$	1500	78	66	102	54	114
地址 $i=3$	1800	48	72	60	42	30

(a) 根据相关参数, 写出该问题的数学规划模型.

(b) 将表格数据代入模型, 并利用 Benders 分解算法求解.

8-4. 用 Benders 分解算法求解如下混合整数线性规划模型, 并写出 Benders 主问题和 Benders 子问题.

$$\max 2x_1 + x_2 + 3x_3 + 7y_1 + 5y_2$$

s.t.

$$9x_1 + 4x_2 + 14x_3 + 35y_1 + 24y_2 \leqslant 80,$$

$$-x_1 - 2x_2 + 3x_3 - 2y_1 + 4y_2 \leqslant 10,$$

$$x_1, x_2, x_3 \in \mathbb{Z}_+,$$

$$y_1, y_2 \in \mathbb{R}_+.$$

8-5. 用 Benders 分解算法求解如下混合整数线性规划模型, 其中 $\boldsymbol{y}$ 是整数变量, 其初始值为 $\boldsymbol{y}^0 = (0,\ 0)^{\mathrm{T}}$.

$$\max 60x_1 + 50x_2 - 25y_1 - 100y_2$$

s.t.

$$20x_1 + 17x_2 - 60y_1 - 30y_2 \leqslant 10,$$

$$11x_1 + 13x_2 - 30y_1 - 60y_2 \leqslant 10,$$

$$x_1, x_2 \in \mathbb{R}_+,$$

$$y_1, y_2 \in [0, 10] \text{ 且为整数}.$$

(a) 写出 Benders 主问题和 Benders 对偶子问题.

(b) 用 Benders 分解算法求解本算例 (必要时可使用优化软件).

8-6. 用 Benders 分解算法求解如下最小成本设施选址问题, 图 8.3 中供给节点旁的数字代表固定成本和容量, 需求节点旁的数字代表需求, 弧上的数字代表单位运输成本.

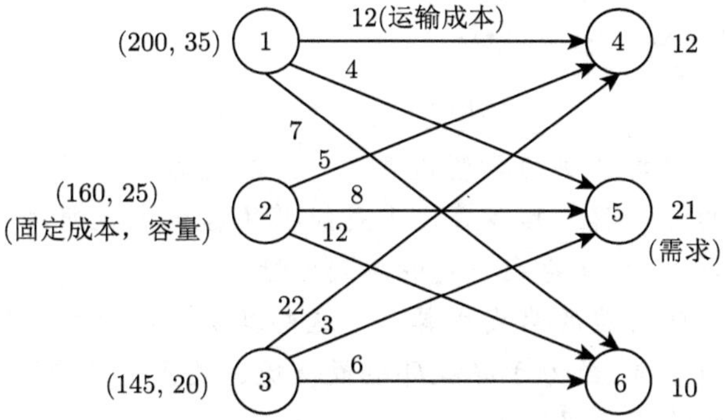

图 8.3 最小成本设施选址问题

(a) 设非负变量 x_{ij} 表示边 (i,j) 上的流量, 0-1 变量 y_i 表示是否在节点 i 处建站, 根据该图写出带容量约束设施选址问题对应的混合整数线性规划模型.

(b) 考虑 y_i 是更复杂的整数变量, 写出 Benders 主问题和 Benders 子问题.

(c) 初始化固定 $\boldsymbol{y}^0 = (1, 1, 1)^{\mathrm{T}}$, 用 Benders 分解算法求解本算例, 给出主问题和子问题求解时每一次迭代的结果 (必要时可使用优化软件).

第 9 章 启发式算法

启发式算法是搜索算法的典型代表之一. 在运算过程中, 它借助有用的经验法则来改进给定的可行解. 其显著优点是能够快速得出较好的可行解, 不过与最优解相比, 所得到解的质量存在一定的不确定性.

本章将介绍一些经典的启发式算法. 这些算法不再追求解的最优性, 而是着重研究问题的结构性质, 致力于寻找那些最便捷、最直观且接近最优解的方案, 进而获取一些高质量的可行解.

9.1 精确整数优化方法的局限性

在前述章节中, 用于求解整数规划模型的精确优化方法, 要确保得到最优解, 都会有一个前提, 即允许算法在足够长的时间内进行求解. 但在实际情况中, 算法的求解时间往往是有限的. 此时, 可以采用启发式或近似优化的方式去寻求大规模整数规划模型的解. 其所求得的解虽然不一定是最优的, 但仍然不失为质量不错的可行解. 此外, 虽然精确算法可以通过设置规定运行时间来强制终止搜索, 并从已知的可行解中选出最优的一个, 从而达到启发式算法的计算效果, 但随着问题复杂程度和规模呈指数级增长, 精确求解方法依然难以在合理的时间内求得令人满意的可行解.

传统整数优化方法通常规定目标函数和约束条件都具备连续可微的解析性质. 但在管理实践中, 遇到更多的是分段可微的情况. 因此, 传统整数优化方法对优化问题中目标函数和约束条件的假设在实际应用中有一定的局限性.

鉴于上述精确整数优化方法的缺陷, 一些学者开发出了全新的、严格意义上的启发式算法. 这些算法脱离了精确算法的思想, 深入挖掘有效的问题结构特征, 以寻找求得最满意解的最佳途径, 例如模拟退火算法、遗传算法、禁忌搜索算法等. 这些方法的基本思想来源于对一些自然规律的模拟, 具备了人工智能的特征, 因而也被称为智能算法.

9.2 局部搜索算法

局部搜索算法是用于解决优化问题的一种元启发式算法, 也是一些高级智能算法的思想基础. 它从一个初始解出发, 对该解的邻域进行搜索. 如果邻域中存在更优的解, 就转移到这个可行解上, 并继续开展搜索工作; 若不存在更优解, 则返回当前解.

定义 9.1 给定一个解 $\boldsymbol{x} \in \mathbb{R}^n$, $\boldsymbol{x}$ 的邻域指的是由 $\boldsymbol{x}$ 所有附近点组成的集合, 即所有与 $\boldsymbol{x}$ 有一段微小正向距离的点所构成的集合, 记作 $N(\boldsymbol{x})$.

例如点 "5" 的 "3" 邻域表示为 $N(5) = \{x : |x-5| < 3\} = (2, 8)$, 其中, 点 "5" 是该邻域的中心, "3" 是该邻域的半径.

局部搜索算法的优点是简单、灵活且容易实现, 缺点是容易陷入局部最优且最优解的质量与初始可行解、邻域的结构密不可分. 下面介绍局部搜索算法的具体流程.

算法 9.1 (局部搜索算法)

步骤 0 初始化. 设定一个初始可行解 $\boldsymbol{x}^0$, 记当前最好可行解 $\bar{\boldsymbol{x}} = \boldsymbol{x}^0$, 并且令邻域集 $P = N(\bar{\boldsymbol{x}})$.

步骤 1 判断算法终止条件. 当满足终止运算准则或邻域集为空时, 终止算法, 输出当前结果.

步骤 2 更新当前最好可行解. 从邻域集 $N(\bar{\boldsymbol{x}})$ 中选择一集合 S, 得到当前最好可行解 $\boldsymbol{x}^{\text{now}}$. 如果 $f(\boldsymbol{x}^{\text{now}}) < f(\bar{\boldsymbol{x}})$, 则令 $\bar{\boldsymbol{x}} = \boldsymbol{x}^{\text{now}}$, $P = N(\bar{\boldsymbol{x}})$. 否则, 令 $P = P \backslash S$. 转到**步骤 1**.

下面, 通过一个单变量整数优化问题来阐述局部搜索算法的主要思想.

考虑如下优化问题:

$$\min z = F(x) \tag{9.1}$$
$$\text{s.t.}$$
$$x \in X.$$

局部搜索的迭代过程从一个随机可行解开始, 随后尝试通过移动操作, 在该可行解的附近找出一个更好解. 具体地, 在第 k 次迭代时, 给定一个可行解 x_k, 启发式算法将对邻域 $N(x_k)$ 中的所有可行解进行检验, 以搜索到一个优于 x_k 的可行解. 当在邻域中无法找到优于 x_k 的可行解时, 即目标函数没有进一步提升的可能时, 搜索结束.

在启发式设计中, 邻域 $N(x_k)$ 的定义非常重要. 常见的邻域定义有两种: 一种是直接邻域, 例如, 对整数变量 x_k, 其直接邻域可以定义为 $N(x_k) = \{x_k - 1, x_k + 1\}$; 另外一种是扩展邻域, 它可以包括附近的多个附加可行解. 第一种定义 (直接邻域) 涉及的局部搜索计算较少, 但可能会影响最终解的质量. 第二种定义 (扩展邻域) 需要涉及更多的局部搜索计算, 但这有利于提高可行解的质量.

下面给出用局部搜索启发式算法来估计单个离散变量函数最优值的两个示

例, 其中, 第一个示例使用直接邻域, 第二个示例使用扩展邻域以包含更多的可行解.

例 9.1　考虑图 9.1 中所给出的函数 $F(x)$, 相应优化问题定义为

$$\min z = F(x)$$

$$\text{s.t.}$$

$$x \in X = \{1, \cdots, 8\}.$$

从图 9.1 中, 可以清楚地看出函数 $F(x)$ 有一个局部最小值 $x=3$ (点B) 和一个全局最小值 $x=7$ (点D).

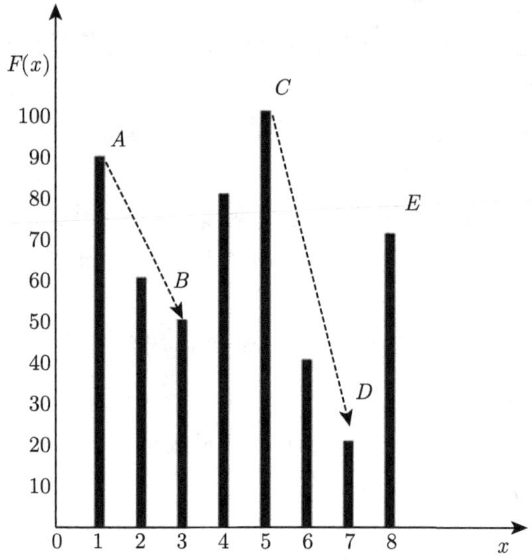

图 9.1

表 9.1 展示了基于直接邻域的启发式迭代过程, 其中 $N(x_k) = \{x_k - 1, x_k + 1\}$. 初始可行解设为 $x = 1$. 在第 1 次迭代中, $N(1) = \{2\}$, 因为 $x = 0$ 不可行. 在第 3 次迭代后, 搜索终止, 因为此时对于所有的 $x \in N(3)$, 均有 $F(x) > F(x^* = 3)$. 这意味着搜索在获得局部最小值 $F(x^*) = 50$ 后停止.

然而, 解 $x = 3$ 并不是全局最优解, 为获得全局最优解可以通过以下两种方式提高解的质量:

(1) 使用随机初始解重复执行启发式迭代.

(2) 扩大邻域的规模, 以便能够搜索出更好的可行解.

对于第一种方式而言, 如果存在随机初始解在 $x = 7$ 处附近取得, 例如 $x_0 = 6$ 或者 $x_0 = 8$, 则最终结果将会是全局最优. 对于第二种方式来说, 如果将邻域设置为 $N(x_k) = \{x_k - 3, x_k + 3\}$, 则最后的结果也会是全局最优解.

表 9.1 直接邻域启发式算法求解函数 $F(x)$ 最优值的迭代过程

迭代次数 k	x_k	$N(x_k)$	$F(x_k-1)$	$F(x_k+1)$	迭代过程
0	1				设置 $x^*=1, F(x^*)=90, x_{k+1}=1$
1	1	$\{-,2\}$	—	60	$F(x_k+1)<F(x^*)$: 设置 $x^*=2, F(x^*)=60, x_{k+1}=2$
2	2	$\{1,3\}$	90	50	$F(x_k+1)<F(x^*)$: 设置 $x^*=3, F(x^*)=50, x_{k+1}=3$
3	3	$\{2,4\}$	60	80	$F(x_k-1)$ 且 $F(x_k+1)>F(x^*)$: 达到局部最小值, 停止迭代
搜索到的最好可行解: $x^*=3, F(x^*)=50, k=2$					

下面介绍基于扩展邻域的局部搜索, 扩展邻域的搜索是基于对所有邻域中可行解的评估展开的, 但是这种策略极大增加了计算负担. 一种有效策略是从邻域中随机选择下一个搜索方向. 具体来说, 在第 k 次迭代时, 将从邻域 $N(x_k)$ 中以 $\dfrac{1}{m}$ 的概率选择下一个候选解 x_{k+1}, 其中 m 是 $N(x_k)$ 中元素的个数. 在搜索过程中, 对来自相同邻域的解进行重复抽样, 直至找到一个改进的可行解, 即更优的可行解, 或者直到达到指定的迭代次数为止. 这种随机选择规则所描述的内容就是著名的随机游走启发式算法. 下面的示例将具体介绍该算法的计算过程.

例 9.2 本示例继续沿用例 9.1 中的函数 $F(x)$. 给定当前解 x_k, 定义扩展邻域集 $N(x_k)=\{1,2,\cdots,x_k-1,x_k+1,\cdots,8\}$. 搜索将从 $x_0=1$ 开始, 并且可以进行任意次数的迭代 (迭代越长, 越可能找到更优的解). 在本例中, 搜索限制为 5 次迭代以节省计算空间, 定义 $x_k^{'}\in N(x_k)$ 为下一个可能的解. 如果解 $x_k^{'}$ 优于解 x_k, 则令它为新的候选解. 否则, 尝试从 $N(x_k)$ 中重新进行随机选择.

表 9.2 展示了用随机游走启发式算法求解函数 $F(x)$ 最优值的迭代过程. 与例 9.1 中直接邻域启发式算法不同的是, 随机游走启发式算法在第 4 次迭代时, 即 $x=6, F(x)=40$, 获得最好可行解, 该解比例 9.1 中得到的解更优.

表 9.2 随机游走启发式算法求解函数 $F(x)$ 最优值的迭代过程

迭代次数 k	x_k	$F(x_k)$	$N(x_k)$	R_k	x_k'	$F(x_k')$	迭代过程
0	1	90					$x^*=1, F(x^*)=90$
1	1	90	{2,3,4,5,6,7,8}	0.4128	4	80	$F(x_k')<F(x^*)$: 令 $x^*=4, F(x^*)=80, x_{k+1}=4$
2	4	80	{1,2,3,5,6,7,8}	0.2039	2	60	$F(x_k')<F(x^*)$: 令 $x^*=2, F(x^*)=60, x_{k+1}=2$
3	2	60	{1,3,4,5,6,7,8}	0.0861	1	100	$F(x_k')>F(x^*)$: 从 $N(x_k)$ 中重新选择新随机解
4	2	60	{1,3,4,5,6,7,8}	0.5839	6	40	$F(x_k')<F(x^*)$: 令 $x^*=6, F(x^*)=40, x_{k+1}=6$
5	6	40	{1,2,3,4,5,7,8}	0.5712	4	80	$F(x_k')>F(x^*)$: 从 $N(x_k)$ 中重新选择新随机解
搜索到的最好可行解: $x^*=6,\ F(x^*)=40, k=4$							

值得注意的是, 在第 3 次迭代时, 可行解 $x_k'=1$ 并未改进当前解. 因此, 在第 4 次迭代中, 从同一邻域尝试另一个随机初始解. 这一次操作最后产生了最好可行解 $x^*=6$.

对于基于扩展的局部搜索多变量问题, 给定决策变量 $\boldsymbol{x}=(x_1,x_2,\cdots,x_n)^{\mathrm{T}}$ 和一个解空间 X, 相应最小化问题可以定义为

$$\begin{aligned} &\min z = F(\boldsymbol{x}) \\ &\text{s.t.} \\ &\boldsymbol{x} \in X. \end{aligned} \tag{9.2}$$

局部搜索算法扩展到多变量问题时, 需要在每次迭代时设置当前解 $\boldsymbol{x}=(x_1, x_2,\cdots,x_n)^{\mathrm{T}}$ 的邻域, 下一个候选解将从该邻域中随机选出, 上述两种算法对多变量问题同样适用.

9.3 元启发式方法

在 9.2 节提出的局部搜索启发式算法中, 只有新的解 $x_k' \in N(x_k)$ 优于当前解 x_k 时, 搜索才会转移到点 x_k', 因此得到的解有可能为局部最优解. 元启发式算法则能够有效克服这种缺陷, 允许搜索向差的方向移动, 这样增加的搜索灵活性能够有效避免算法陷入局部最优, 进而找到更好的可行解. 元启发式搜索的终止可以基于以下准则之一:

- 搜索迭代次数达到了预先指定的次数;
- 自得到上次最好可行解以来的迭代次数达到了指定的次数;
- 与直接搜索点相关联的邻域是空的, 或不能带来新的可行搜索方向;
- 当前最好可行解的质量是可以接受的.

本节介绍三种主要的元启发式搜索算法: 禁忌搜索算法、模拟退火算法和遗传算法. 这些算法的不同之处主要在于搜索中避免陷入局部最优的方式不同.

9.3.1 禁忌搜索算法

9.3.1.1 禁忌搜索算法的思想

禁忌搜索算法最早由 F. Glover 于 1986 年提出, 是一种模拟人的思维模式和过程的智能搜索算法. 其核心思想是, 对已经完成搜索的区域不再立即进行搜索, 而是对其他区域进行搜索, 如果未能找到最优解, 则再搜索已经搜索过的区域.

禁忌搜索算法从一个已知的初始可行解开始, 选择一系列的特定搜索方向作为改进方向进行尝试, 并从中选取使目标值改进最大的方向. 为了避免陷入局部最优, 禁忌搜索采取了一种灵巧的“记忆”方法, 即对已经完成的优化过程进行记录, 以此建立禁忌表. 禁忌表中保存了最近若干次迭代过程中已经搜索过的方向, 但凡处于禁忌表中的搜索方向, 在当前迭代过程中, 任何处于禁忌表中的搜索方

向都将被禁止使用. 这样做可以防止算法重复搜索最近若干次迭代中已经访问过的解, 防止解的循环访问, 从而助益算法摆脱局部最优的困境.

具体地, 禁忌搜索算法从一个选定的初始解开始, 在该初始解的某一邻域范围内进行一系列搜索, 进而获得若干候选解. 从候选解中选择最优的候选解, 并将该最优候选解所对应的目标值与 "当前最好目标值" 进行对比. 如果该目标值优于 "当前最好目标值", 则将该候选解解禁并更新当前最好可行解和 "当前最好目标值", 然后再将其添加至禁忌表中, 并修改禁忌表中相应对象的禁忌长度. 反之, 如果所有候选解所对应的目标值都劣于 "当前最好目标值", 则选择其中不属于禁忌表的候选解作为新的当前解, 然后将其添加至禁忌表中, 并修改禁忌表中相应对象的禁忌长度.

9.3.1.2 禁忌搜索算法

禁忌搜索算法主要涉及以下定义和参数.

1. 初始解

禁忌搜索算法的初始解可以随机生成, 也可以是其他启发式算法得到的解. 由于禁忌搜索算法主要基于邻域搜索, 初始解的质量对算法性能影响显著. 特别是具有大规模复杂约束条件的优化问题, 如果随机给出的初始解比较差, 有可能通过多次搜索仍无法找到一个可行解. 在此情况下, 应该针对特定的复杂约束条件, 利用启发式算法或其他方法计算出一个较好的可行解作为初始解, 再用禁忌搜索算法求解, 以提升算法搜索的质量和效率.

2. 适配值函数

适配值函数主要用于对搜索得到的解进行评价, 通常会结合禁忌准则和藐视准则来辅助选取新的候选解. 目标值及其任何变形的形式都可以作为适配值函数. 如果目标的计算较为复杂, 可以选取能反映问题特征的某种值作为适配值. 具体选取何种特征值需要根据具体问题来确定, 但必须要保证特征值的最优性和目标函数的最优性一致.

3. 邻域结构

邻域结构指的是按照搜索方向从一个解产生另一个解的途径, 它是保证能搜索到高质量可行解和影响算法搜索效率的重要要素之一. 邻域结构的构建通常与具体问题相关, 常用的构建方法包括互换、插值、逆序等. 不同的搜索方向会使邻域解的数量和变化情况有所不同, 对搜索最优解的质量和计算效率也会产生一定影响.

沿着搜索方向进行移动时, 目标值会发生变化, 搜索改进前后目标值的差值称为移动值. 如果移动值为非负值, 则称该移动为改进移动. 否则, 称该移动为非改进移动. 值得注意的是, 最优的移动并不一定为改进的移动, 也有可能是非改进的移动, 这样就能够保证在搜索陷入局部最优时, 算法可自动跳出局部最优.

4. 候选解选择

候选解通常在当前解的邻域中择优选取. 如果选取的候选解数量过多, 会导致计算量大幅增加; 而选取数量过少, 又可能使算法过早收敛. 然而, 要在整个邻域中实现择优往往需要进行大量计算. 因此, 通常可以采用确定性或随机性的方式在部分邻域中选择候选解, 具体的选择数量可根据问题特征和算法要求来确定.

5. 禁忌表

被禁止的移动称作禁忌. 禁忌表的主要作用是防止搜索过程出现循环, 避免算法陷入局部最优. 它一般记录若干次移动, 并禁止这些移动在近期内重复使用. 在迭代一定次数过后, 禁忌表会释放这些移动, 它们将重新参与运算. 因此, 禁忌表其实是一个循环表, 每迭代一次就将最近的一次移动放入禁忌表的末端, 同时将最早记录的移动从禁忌表中移除. 从结构上看, 禁忌表是一个具有一定长度、遵循先进先出原则的队列.

6. 禁忌对象

禁忌对象是被放入禁忌列表中的那些变化元素. 禁忌的目的是为了尽可能避免循环搜索, 从而让算法能够搜索更多不同的区域. 通常, 禁忌对象可以选择状态本身或状态分量等.

7. 禁忌长度

禁忌长度是指禁忌对象在不考虑特赦准则的情况下, 禁忌对象不允许被选取的最大次数. 一般来说, 可以将禁忌长度视为禁忌对象在禁忌列表中的 "任期", 只有当禁忌对象的 "任期" 为 0 时, 它才能被解除禁忌. 在算法设计过程中, 通常希望计算量和存储量尽可能小, 即要求禁忌长度尽可能短, 但禁忌长度过短又会导致循环搜索的问题. 因此, 禁忌长度的选择与问题特征和算法要求密切相关, 它在很大程度上决定了算法的复杂程度.

8. 藐视准则

藐视准则也称为特赦准则. 在禁忌搜索算法中, 有可能会出现候选解全部被禁忌, 或存在一个优于当前最好可行解的禁忌候选解. 此时, 藐视准则会将某些状态解禁, 以实现更高效的优化过程. 藐视准则的常用方式有:

- 基于适配的准则: 某个禁忌候选解的适配值优于当前最好可行解, 则将此候选解解除禁忌, 使其成为当前解, 同时该候选解也成为新的当前最好可行解.
- 基于搜索方向的准则: 如果禁忌对象上次被禁忌时使得适配值有所改善, 而且目前该禁忌对象对应候选解的适配值优于当前可行解, 则将该紧急对象解禁.

9. 搜索策略

搜索策略可分为集中性搜索策略和多样性搜索策略. 其中, 集中性搜索策略用于对较好解邻域的进一步强化搜索, 例如可以在一定迭代次数后基于当前最好可行解重新进行初始化, 并对其邻域进行再次搜索.

多样性搜索策略则用于拓宽搜索区域, 尤其是未知区域. 例如, 可以对算法重新随机初始化, 或者依据频率信息对一些已知对象进行惩罚.

10. 终止准则

禁忌搜索算法需要一个终止准则来结束搜索, 而严格意义下的收敛是不可能实现的, 即实现遍历所有状态空间是不可能的. 因此, 在实际中通常采用近似的收敛准则. 常用的方法有:

- 给定最大的迭代步数: 在禁忌搜索算法运行到指定的迭代步数后, 终止搜索.
- 设定某个对象的最大禁忌频率: 如果某个状态、适配值或对象的禁忌频率大于给定阈值, 或最优适配值连续若干次迭代保持不变, 则终止算法.
- 适配值的偏离阈值: 估算问题的下界, 只要算法中最优适配值和下界的偏离值小于给定阈值, 就终止搜索.

下面介绍禁忌搜索算法的具体流程.

算法 9.2 (**禁忌搜索算法**)

步骤 0　初始化. 选择一个初始解 $\boldsymbol{x}^0 \in X$, 将其指定为当前解 $\boldsymbol{x}_{cur}$, 同时把它作为当前已知的最好可行解 $\boldsymbol{x}_{best}$. 初始化禁忌列表 $L_0 = \varnothing$, 并选择一个用于指定禁忌列表大小的时间长度. 初始化迭代计数变量 $k = 0$.

步骤 1　生成候选解. 对候选解集合 CX 中的每个候选解 $\boldsymbol{x}$, 计算其适配值 $f(\boldsymbol{x})$. 适配值函数可以根据问题的目标函数及其变形来定义.

步骤 2　应用禁忌准则和藐视准则. 检查候选解集合 CX 中的解是否在禁忌表 L 中. 如果某个候选解在禁忌表中, 但满足藐视准则 (如基于适配的准则: 该候选解的适配值优于当前最好可行解 $\boldsymbol{x}_{best}$ 的适配值), 则将其解禁; 否则, 将其视为禁忌解, 不考虑作为下一个当前解.

步骤 3　选择下一个当前解. 从不在禁忌表中 (或满足藐视准则被解禁) 的候选解中, 选择适配值最优的解 $\boldsymbol{x}_{next}$ 作为下一个当前解, 即 $\boldsymbol{x}_{cur} = \boldsymbol{x}_{next}$. 如果 $\boldsymbol{x}_{next}$ 的适配值优于当前最好可行解 $\boldsymbol{x}_{best}$ 的适配值, 则更新当前最好可行解 $\boldsymbol{x}_{best} = \boldsymbol{x}_{next}$.

步骤 4　更新禁忌表. 将导致从当前解 $\boldsymbol{x}_{cur}$ 转移到下一个当前解 $\boldsymbol{x}_{next}$ 的移动 (或相关的禁忌对象) 添加到禁忌表 L 的末尾. 如果禁忌表的长度超过了设定的禁忌长度, 则移除禁忌表中最早添加的解, 以保证禁忌表的长度不变.

步骤 5　判断终止条件. 判断算法终止准则是否满足. 如果满足, 则终止算法. 否则, 转到**步骤 1**.

下面通过一个生产调度案例展示禁忌搜索算法的求解过程.

例 9.3 考虑在一台机器上对 n 个工件进行加工的情形. 设工件 J_j 的加工时间为 p_j, 工期为 d_j(从时刻 0 开始计算). 如果工件 J_j 在工期 d_j 之前完工, 则完工的工件会产生存储成本 h_j(元/天). 否则, 则会产生拖期惩罚成本 P_j(元/天). 表 9.3 提供了包含 4 个工件问题的相关数据. 请确定工件的一个最优调度 (排序) 以最小化总成本.

表 9.3 工件调度问题的相关数据

工件 J_j	加工时间 p_j/天	到期日 d_j	存储成本 h_j/(元/天)	惩罚成本 P_j/(元/天)
1	10	15	3	10
2	8	20	2	22
3	6	10	5	10
4	7	30	4	8

定义以下参数

L_k: 第 k 次迭代中的禁忌列表;

τ: 禁忌的长度;

z_k: 调度 S_k 的总成本 (存储成本 + 惩罚成本);

$\bar{S}$: 搜索过程中的最优调度, 即当前最好可行解;

$\bar{z}$: 当前最优调度 $\bar{S}$ 的相应总成本.

给定当前解 S_k, 邻域 $N(S_k)$ 的可能定义包括:

- 交换一对连续加工工件的加工位置.
- 交换任意一对工件的加工位置.
- 交换任意两对工件的加工位置.

本例中使用第一种定义方式. 为说明其使用方法, 假设当前解 $S_0 =$ (1-2-3-4), 其邻域集合 $N(S_0)$ 为 {(**2**-**1**-3-4)、(1-**3**-**2**-4)、(1-2-**4**-**3**)}, 这些邻域分别对应于在 S_0 中交换工件 1 和 2、工件 2 和 3、工件 3 和 4 的加工位置. 从 $N(S_0)$ 中选择候选解 S_1 时, 既可以采用随机选择的方式, 也可以基于某种最小代价准则. 本例中使用随机选择的方法.

表 9.4 总结了在禁忌长度 $\tau = 2$ 时, 进行 5 次迭代的具体数据.

在表 9.4 中, $2-3 \in L_0$ 表示在后续连续 2 次迭代中不能使用交换工件 2 和 3 这一操作, 这也是 $N(S_1)$ 中的调度 (1-**2**-**3**-4) 被排除的原因. 同样的推理也适用于后续迭代中的交叉序列.

表 9.4 表明, 在 5 次迭代中, 迭代 2 得出了最好调度 (3-1-2-4), 其对应总成本 $\bar{z} = 126$. 表 9.5 给出了如何计算调度 $S_2 =$ (3-1-2-4) 的总成本.

因此, 总成本 $z =$ 存储成本 + 惩罚成本 $= 20 + (10 + 88 + 8) = 126$.

值得注意的是, 禁忌搜索通常不允许当前解沿着禁忌列表中禁忌对象对应的方向移动, 但如果该方向对应的禁忌对象能够改进当前解, 则可作为例外情况. 例如, 在表 9.4 中, 需要检查迭代 1、2、3 和 4 中被标记为禁忌的调度, 看其是否有可能产生更优的搜索方向. 如果产生了更好解, 则这些禁忌对象仍可被视为可行的搜索方向.

表 9.4　$\tau = 2$ 时的禁忌搜索算法求解生产调度问题的迭代过程

迭代次数 k	调度 S_k	总成本	$\bar{z}$	禁忌表	邻域 $N(S_k)$*
0	(1-2-3-4)	167	167	{3-2}	(**2-1**-4-3) (1-**3-2**-4)√ (1-2-**4-3**)
1	(1-**3-2**-4)	171		{3-2, 3-1}	(**3-1**-2-4)√ ~~(1-**2-3**-4)~~ (1-3-**4-2**)
2	(**3-1**-2-4)	126	126	{3-1, 2-1}	~~(**1-3**-2-4)~~ (3-**2-1**-4)√ (3-1-**4-2**)
3	(3-**2-1**-4)	130		{2-1, 2-3}	(**2-3**-1-4)√ ~~(3-**1-2**-4)~~ (3-2-**4-1**)
4	(**2-3**-1-4)	162		{2-3, 4-1}	~~(**3-2**-1-4)~~ (2-**1-3**-4) (2-3-**4-1**)√
5	(2-3-**4-1**)	260			(**3-2**-4-1)√ (2-**4-3**-2) ~~(2-3-**1-4**)~~

* 标记 √ 表示从 $N(S_k)$ 中随机选取的非禁忌元素.

表 9.5

工件	3	1	2	4
加工时间	6	10	8	7
到期日	10	15	20	30
完成天数	6	16	24	31
占用时间	4	0	0	0
延迟时间	0	1	4	1
存储成本	20	0	0	0
延迟惩罚成本	0	10	88	8

9.3.1.3　禁忌搜索算法的特点和改进方向

1. 禁忌搜索的特点

禁忌搜索算法是在邻域搜索的基础上, 通过禁忌某些已经进行的搜索以避免循环搜索, 并运用藐视准则来奖励某些优良的禁忌方向, 其中邻域结构、适配值函数、候选解、禁忌长度、禁忌对象、藐视准则、终止搜索准则等都是影响该算法性能的关键因素. 邻域的设置沿用了局部邻域搜索的思路, 用于邻域的搜索; 禁忌表和禁忌对象的设置, 展现了该算法避免重复或循环搜索的特征; 藐视准则的设置, 则希望对一些表现优良的解进行奖励, 在一定程度上稍微摆脱禁忌策略以达到更好的求解效果.

相较于传统的优化算法, 禁忌搜索算法的主要特点为:

- 禁忌搜索算法的新解并非随机地从当前解的邻域中选取, 新解要么优于当前最好可行解, 要么是非禁忌的最好可行解. 因此, 选择到较好解的概率远大于选择到其他劣质解的概率.
- 因为禁忌搜索算法具备灵活的记忆性和藐视准则, 且在搜索过程中能够接受劣质解, 从而该算法具有较强的 "爬山" 能力. 在搜索过程中, 它能跳出局部最优, 将搜索范围转向解空间的其他区域, 从而提高获得全局最优解的可能性. 因此, 禁忌搜索算法是一种局部搜索能力很强的全局迭代优化算法.

2. 禁忌搜索算法值得改进的方向

禁忌搜索算法是备受关注的元启发式搜索算法之一, 但它也存在一些明显的不足之处, 在以下几个方面还需改进:

- 对初始解的依赖性较强. 质量好的初始解有助于禁忌搜索算法在解空间中找到更优解, 而质量较差的初始解则会降低禁忌搜索的收敛速度. 因此, 可以结合其他启发式方法, 先得出一个质量较好的初始解, 再运用禁忌搜索算法进行迭代计算.
- 迭代计算进程是串行的, 仅进行单一状态的迭代变换, 而非并行搜索. 为进一步改善禁忌搜索算法的计算效率, 一方面可以对禁忌搜索算法本身的操作流程和参数进行改进, 在算法初始化、参数设置等环节实施并行策略, 构建多种不同类型的并行禁忌搜索算法.
- 在集中性和多样性并重时, 多样性有所欠缺. 集中性搜索策略是用于加强对当前搜索到的优良解的邻域做进一步更精细化的搜索, 以增加获得全局最优解的机会; 多样性搜索策略则用于拓展搜索区域, 尤其是尚未探索的区域. 当搜索陷入局部最优时, 多样性搜索策略能够改变搜索的方向, 跳出局部最优, 进而实现全局最优. 实现这些策略的一种方法是控制禁忌列表的大小. 短的禁忌列表会使可行邻域变得更大, 从而加强对接近最优解的点的搜索; 而较长的禁忌列表则相反, 它允许通过探索 "偏远区域" 来摆脱当前最优解的局限, 避免陷入局部最优.

9.3.2 模拟退火算法

9.3.2.1 模拟退火算法的思想

模拟退火算法最早由 N. Metropolis 等于 1953 年提出, 而后由 S. Kirkpatrick 等于 1983 年将其应用于组合优化问题, 使其受到广泛关注. 模拟退火算法也是一种全局最优搜索算法, 是局部搜索算法的扩展形式. 它和局部搜索算法最大的区别在于, 模拟退火算法不要求每次生成的新解的目标值都优于当前解. 该算法是基于物理中固体物质的退火过程与一般组合优化问题之间的相似性而提出的, 模拟了金属材料在高温退火后液体结晶的过程.

在求解组合优化问题时, 使用局部搜索算法从一个初始解出发, 随机生成新的解. 如果该解的目标值优于当前解的目标值, 则用它替代当前解; 否则舍去该解. 不断随机生成新解并重复上述步骤, 直至得到最优解. 组合优化问题与金属退火过程相似之处如表 9.6 所示.

表 9.6 组合优化问题与金属退火过程相似之处

金属退火过程	组合优化问题
热退火过程数学模型	组合优化中局部搜索推广
熔解过程	设定初温
等温过程	Metropolis 抽样过程
冷却过程	控制参数下降
温度	控制参数
物理系统中的一个状态	最优化问题的一个解
能量	目标函数
状态的能量	解的代价
粒子的迁移率	解的接受率
能量最低状态	最优解

模拟退火算法的大致主要思想是: 在搜索区域内随机游走 (即随机选择点), 再利用 Metropolis 抽样准则, 使随机游走过程逐步收敛至全局最优解. 而温度是 Metropolis 抽样算法中的一个重要控制参数, 它的大小决定了随机游走过程向全局最优解移动的快慢.

其中, Metropolis 抽样算法为: 当系统从一个能量状态转变为另一个能量状态时, 在温度 T 下, 相应的能量从 E_1 变到 E_2 的概率为

$$p = \exp\left(-\frac{E_2 - E_1}{T}\right). \tag{9.3}$$

如果 $E_2 < E_1$, 则系统接受此状态. 否则, 以一个随机的概率来决定接受或舍弃该状态. 其中 E_2 被接受的概率为

$$p(1 \to 2) = \begin{cases} 1, & E_2 < E_1, \\ \exp\left(-\dfrac{E_2 - E_1}{T}\right), & E_2 \geqslant E_1. \end{cases} \tag{9.4}$$

因此, 经过一定次数的迭代, 系统会逐渐变成一个稳定的分布状态.

9.3.2.2　模拟退火算法

模拟退火算法应用广泛且易于实现. 然而, 为了求得最优解, 该算法通常需要较高的初始温度以及足够多次的抽样, 因此算法的计算时间较长. 从算法结构来看, 新的状态产生函数、初始温度、退温函数、马尔可夫链长度和算法终止准则等都是直接影响算法性能和质量的主要环节和要素.

1. 状态产生函数

设置状态产生函数时, 应尽可能地保证候选解能够覆盖整个解空间. 一般而言, 状态产生函数由两部分组成, 即候选解的生成方式以及候选解生成的概率分布. 候选解的生成方式取决于问题的特征, 通常是在当前状态的邻域内按照一定概率生成.

2. 初始温度

温度 T 在模拟退火算法中起着决定性作用, 它直接决定着退火的方向. 由随机游走的接受准则可知: 初始温度越高, 获得高质量解的概率越高, Metropolis 的接受率越接近 1. 但是, 太高的初始温度会延长算法的搜索时间. 因此, 通常可以通过均匀抽样得到一组状态, 用各个状态目标值的方差作为初始温度.

3. 退温函数

退温函数即温度的更新函数, 它用在外循环中来修改温度值. 应用最为广泛的退温函数是指数退温函数, 即 $T(k+1) = \kappa \times T(k)$, 其中 $\kappa \in (0, 1)$ 且非常接近于 1.

4. 马尔可夫链长度 L 的确定

马尔可夫链长度是指在等温情况下进行迭代的次数, 选择长度 L 的原则是: 在温度 T 的衰减函数已经确定的情况下, 使系统在控制参数的每一个取值上都能恢复准平衡. 通常在 $[100, 1000]$ 范围内选取 L.

5. 算法终止准则

模拟退火算法的终止准则决定了算法何时结束. 可以简单地设置温度终值 T_f, 当 $T = T_f$ 时算法终止. 然而, 模拟退火算法的收敛性理论要求 T_f 趋近于 0, 这在实际应用中是不可行的. 因此, 通常的终止准则有:

- 设置终止温度的阈值.
- 设置迭代次数阈值.
- 当最优值经过连续地搜索保持不变时终止搜索.

模拟退火算法新解的生成和接受大致可分为如下 3 个步骤.

- 利用一个生成函数从当前解 $\boldsymbol{x}_{cur}$ 生成一个新解 $\boldsymbol{x}_{next}$. 为便于后续的计算和接受操作, 通常选择简单的策略来生成新解. 值得注意的是, 生成新解的变换方法决定着当前新解的邻域结构, 因此会在一定程度上影响冷却进度表的选取.
- 检查新解 $\boldsymbol{x}_{next}$ 是否被接受, 判断依据为是否满足接受准则. 最常用的接受准则是 Metropolis 准则, 即如果能量增量 $\Delta E = E(\boldsymbol{x}_{next}) - E(\boldsymbol{x}_{cur}) < 0$, 则接受 $\boldsymbol{x}_{next}$ 作为新的当前解 $\boldsymbol{x}_{cur}$. 否则, 以概率 $\exp\left(\dfrac{-\Delta E}{T}\right)$ 接受 $\boldsymbol{x}_{next}$ 作为新的当前解 $\boldsymbol{x}_{cur}$.
- 当新解 $\boldsymbol{x}_{next}$ 被接受时, 用新解替代当前解, 并且只需对当前解中与新解变换部分相对应的内容进行修改, 同时对对应的目标值也做相应修改. 至此, 当前解完成一次迭代, 可在此基础上进行循环迭代, 直至满足终止准则.

下面介绍模拟退火算法的具体流程.

算法 9.3 (**模拟退火算法**)

步骤 0　初始化. 选择一个初始解 $\boldsymbol{x}^0 \in X$, 将其指定为当前解 $\boldsymbol{x}_{cur}$, 同时把它作为当前已知的最好可行解 $\boldsymbol{x}_{best}$. 确定初始温度 T_0、温度终值 T_f、温度衰减系数 $\kappa \in (0,1)$、马尔可夫链迭代次数 L 等参数. 将当前温度 T 设为初始温度 T_0, 并初始化迭代计数变量 $k = 0$.

步骤 1　新解生成与评估. 使用预先定义的状态产生函数, 基于当前解 $\boldsymbol{x}_{cur}$ 生成一个新的候选解 $\boldsymbol{x}_{next}$. 计算能量增量 $\Delta E = E(\boldsymbol{x}_{next}) - E(\boldsymbol{x}_{cur})$, 其中 $E(\boldsymbol{x})$ 是一个评价函数.

步骤 2　解的接受判断. 如果 $\Delta E < 0$, 则接受 $\boldsymbol{x}_{next}$ 作为新的当前解, 即 $\boldsymbol{x}_{cur} = \boldsymbol{x}_{next}$. 否则, 以概率 $\exp\left(\dfrac{-\Delta E}{T}\right)$ 接受 $\boldsymbol{x}_{next}$ 作为新的当前解. 检查当前解 $\boldsymbol{x}_{cur}$ 的评价值 $E(\boldsymbol{x}_{cur})$ 是否小于当前最好可行解 $\boldsymbol{x}_{best}$ 的评价值 $E(\boldsymbol{x}_{best})$, 若是, 则更新最好可行解 $\boldsymbol{x}_{best} = \boldsymbol{x}_{cur}$ 以及评价值 $E(\boldsymbol{x}_{best}) = E(\boldsymbol{x}_{cur})$.

步骤 3　迭代计数与温度更新. 检查 k 是否达到马尔可夫链迭代次数 L. 如果 $k < L$, 则令 $k = k + 1$, 转到**步骤 1**. 如果 $k = L$, 则令 $T = \kappa T$, $k = 0$.

步骤 4　判断终止条件. 如果 $T \leqslant T_f$, 则终止算法. 否则, 令 $k = k + 1$, 转到**步骤** 1.

下面继续借助例 9.3 中的案例, 说明模拟退火算法在实际中的应用.

例 9.4　设 $t = 3, \kappa = 0.5, T_0 = \kappa z_0$, S_k 表示第 k 次迭代时的当前最优调度, T_k 表示第 k 次迭代时的温度, z_k 表示调度 S_k 的总成本, γ_k 表示第 k 次迭代相较于上一次迭代的成本增量与 T_k 的比值. 表 9.7 展示了模拟退火算法进行 5 次迭代的过程.

表 9.7　模拟退火求解生产调度问题的迭代过程

迭代次数 k	调度 S_k	总成本 z_k	T_k	$\gamma_k = \frac{\lvert 成本增量 \rvert}{T_k}$	e^{-z}	R_{1k}	决策	R_{2k}	邻域 $N(s_k)^*$
0	(1-2-3-4)	167	83.5					0.5462	(2-**1**-3-4) (1-**3-2**-4) √
1	(1-**3-2**-4)	171	83.5	0.0479	0.9532	0.5683	接受: $R_{11} < e^{-z}$	0.7431	(1-2-**4-3**) (**3-1**-2-4) (1-**2-3**-4) (1-3-**4-2**) √
2	(1-3-**4-2**)	345	83.5	2.083	0.1244	0.3459	拒绝: $R_{12} < e^{-z}$	0.1932	(**3-1**-2-4) √
3	(**3-1**-2-4)	126	83.5				接受: $c_3 < c_1$	0.6125	(1-**2-3**-4) (1-3-**4-2**) (**1-3**-2-4) (3-**2-1**-4) √
4	(3-**2-1**-4)	130	83.5	0.0479	0.9532	0.6412	接受: $R_{14} < e^{-z}$	0.2234	(3-1-**4-2**) (**2-3**-1-4) √
5	(**2-3**-1-4)	162	41.75	0.766	0.4647	0.5347	拒绝: $R_{15} > e^{-z}$	0.8127	(3-**1-2**-4) (3-2-**4-1**) (**2-3**-1-4) (3-**1-2**-4) (3-2-**4-1**) √
搜索到的最好可行解: (3-1-2-4)，总成本为 126									
√ 表示使用随机数 R_{2k} 选择的顺序									

表 9.7 显示, 在第 3 次迭代时得到了最好调度. 值得注意的是, 当某个调度在第 k 次迭代中被拒绝时, 模拟退火算法将重新从上一次迭代的邻域中随机选择一个解, 以此产生第 $k+1$ 次迭代的调度. 这种情况在第 2 次迭代中出现了, 此时的邻域与第 1 次迭代的邻域相同. 同时需要注意的是, 在第 4 次迭代时, $p = t = 3$, 这使得第 4 次迭代需要返回步骤 1, 从而导致第 5 次迭代时的温度从 83.5 降至 41.75.

9.3.2.3　模拟退火算法的特点和改进方法

1. 模拟退火算法的特点

模拟退火算法简洁、便于实现、适用范围广, 且获取到的全局最优解的可靠性较高. 该算法的搜索策略有益于跳出局部最优, 进而增强获得全局最优解的可能性. 此外, 模拟退火算法的结果也具有较强的鲁棒性, 这是因为相较于普通的搜索算法, 它融合吸收了许多独特的技术与方法. 主要包括以下几个方面.

- 以一定的概率接受劣质解. 模拟退火算法在搜索策略中不仅引入了适当的随机因素, 还借鉴了物理退火过程的自然机制. 这种自然机制的引入, 使得该算法在迭代过程中不仅能够接受使目标值变优的解, 还能以一定概率接受使目标值变劣的解. 算法在迭代中的状态是随机生成的, 后续状态不要求一定优于前面的状态, 其接受概率随温度下降而逐渐减小. 传统的优化搜索算法通常是确定性的, 即从一个解到另一个解的移动有确定的方法和关系, 这种确定性可能导致所获得的解远非最优, 从而大大限制了算法的应用. 相反, 模拟退火算法以概率的方式进行搜索, 大大加强了搜索的灵活性.
- 引进算法控制参数. 引入类似于退火温度的控制参数, 可将优化过程划分为若干阶段. 引入的控制参数可以确定各个阶段下随机状态的取舍标准, 接受函数由 Metropolis 算法确定为一个简单的数学表达式. 该算法有两个重要步骤: ① 在每个控制参数下, 从前一个迭代点出发, 生成邻近的随机状态, 由控制参数确定的接受准则决定这个新随机状态的取舍, 并由此得到一定长度的随机马尔可夫链; ②缓慢降低控制参数, 提高接受准则, 直至控制参数趋于 0, 状态链稳定于优化问题的最优状态, 从而提高模拟退火算法获得全局最优解的可靠性.
- 对目标函数要求少. 传统优化搜索算法不仅要利用目标值, 而且通常需要目标函数的导数值等一些辅助信息才能确定搜索方向. 当这些信息难以获取时, 算法就无法正常运行. 而模拟退火算法不依赖于这些辅助信息, 只需要定义邻域结构, 在邻域结构内选取相邻解, 再用目标值进行评估.

2. 模拟退火算法的改进方向

提升模拟退火算法的搜索效率是其改进的主要方向. 可行的方式有: 选取恰当的初始状态、设定合适的状态生成函数、设计高效率的退火机制、改进温控方法、采取并行搜索、设置高质量的终止准则等. 另外, 也可通过增加某些环节来实现改进, 主要的方式有:

- 增加记忆功能. 为避免搜索过程中因执行概率接受环节而丢失当前最优解, 可以增加存储环节, 将当前最好状态存储下来.
- 增加升温或重升温过程. 在算法进行过程中的适当时候, 将温度适度提高, 从而激活各状态的接受概率, 调整搜索的当前状态, 避免算法陷入局部最优.
- 采用多次搜索策略. 针对每个当前状态, 使用多次搜索策略, 以一定概率接受区域内的最优状态, 而不是标准模拟退火算法的单次比较方式.

- 与其他搜索机制的算法相结合. 与其他搜索机制的算法相结合, 可以综合其他搜索算法的优点, 提高运行效率和解的质量.

9.3.3 遗传算法

9.3.3.1 遗传算法的思想

遗传算法最早由 J. Holland 于 1975 年提出, 它是模仿达尔文的遗传选择和自然淘汰的生物进化过程的计算模型, 旨在提取和解释自然系统的自我适应过程, 并设计具有自然系统机制的人工系统. 遗传算法的基本思想是借鉴生物进化规律, 通过 "繁殖—竞争—再繁殖—再竞争" 过程, 从而实现优胜劣汰, 使得优化问题逐步得到最优解.

在进一步解释遗传算法之前, 先介绍一些基本概念.

- **染色体** 遗传物质的主要载体, 是多个遗传因子的集合.
- **基因** 遗传操作的最小单元, 基因以一定的排列组合方式形成了染色体.
- **个体** 携带染色体特征的一个实体.
- **种群 (群体)** 多个个体组合而成的群体, 进化初始阶段的原始群体被称作初始种群.
- **适应度** 种群个体 "适应环境的能力", 一般将目标值定义为适应度值.
- **编码** 将问题解空间映射到编码空间 (即搜索空间) 的过程.
- **解码** 将编码空间映射到问题解空间的过程.
- **选择** 以某种概率从种群中选取一定数量个体的操作.
- **交叉** 把两个染色体组交换的操作.
- **变异** 通过改变染色体中的一部分元素来生成新染色体的过程.

由于遗传算法模拟了生物进化过程中的 "适者生存" 原则, 问题的每一个可行解可以看作是一组基因编码的染色体. 最常见的基因编码有二进制编码 (0, 1) 和数字编码 $(0,1,2,\cdots)$ 等. 例如, 一个可行解取值为 $0,1,2,3,\cdots$ 的单变量染色体对应的二进制编码为 $0000,0001,0010,0011,\cdots$. 对于一个双变量问题 (x_1,x_2) 的染色体, 其中 $x_1\in\{0,1\}$, $x_2\in\{0,1,2,3\}$, 可以采用的数字编码为 (0, 0), (0, 1), (0, 2), (0, 3), (1, 0), (1, 1), (1, 2), (1, 3). 当然多变量的数字编码同样也可以用二进制进行表示. 例如, $(x_1, x_2)=(0,3)$ 的二进制编码为 $(0000, 0011)$.

一组可行解构成了由 N 条染色体组成的种群. 染色体的适应度可根据合适的目标函数来衡量, 适应度值越高的染色体通常意味着能得到更优的目标值.

对于一般的遗传算法, 在计算开始时, 根据设计的编码规则随机初始化多个个体从而形成一个或多个种群. 接着, 评估种群中每个个体的适应度, 并依据适应度情况, 挑选部分个体进入交配池. 之后, 对交配池中的个体按照一定概率进行交叉和变异操作, 以此产生育种后代. 此时, 环境中同时存在父代和育种种群, 因此需要从中选择出一些个体产生新一代种群. 其中, 选择、交叉和变异是遗传算法的经典遗传操作算子, 遗传算法借助这些算子产生新一代种群, 实现种群的进化. 因此, 算子的设计是遗传策略的核心组成部分, 后续将对其更多细节展开讨论.

9.3.3.2 遗传算法

接下来将介绍遗传算法的主要参数, 它们在计算过程中起着至关重要的作用.

1. 种群规模 N

种群规模大小是影响遗传算法最终结果和计算效率的关键参数. 若种群规模过小, 算法性能通常较差. 采用较大的种群规模虽能尽可能避免算法陷入局部最优, 但会增加计算负担.

2. 交叉概率 P_c

交叉概率 P_c 控制着交叉操作使用的频率. 较大的交叉概率能增强算法开拓新搜索区域的能力, 而较小的交叉概率, 可能会导致算法搜索陷入计算缓慢的状态.

3. 变异概率 P_m

变异在算法中属于辅助搜索操作, 其主要作用是保证种群的多样性. 通常, 较低的变异概率可防止种群中重要基因丢失, 较高的变异概率则会使算法演变为纯粹的随机搜索.

4. 终止进化代数 G

终止进化代数是遗传算法结束的一个条件参数, 即算法运行到指定的进化代数后终止运行, 并把当前种群中最优个体作为最优解输出.

下面介绍遗传算法的具体流程.

算法 9.4 (遗传算法)

步骤 0　初始化. 确定种群规模 N、交叉概率 P_c、变异概率 P_m、终止进化代数 G 等参数. 随机生成 N 个个体组成初始种群 X, 每个个体对应一个染色体.

步骤 1　适应度评估. 对种群中 X 的每个个体, 将其染色体解码后代入适应度函数, 计算出相应的适应度值.

步骤 2　选择操作. 根据个体的适应度值, 采用一定的选择策略从当前种群中选择部分个体进入交配池, 作为父代参与后续的交叉和变异操作.

步骤 3　交叉操作. 对于交配池中的每一对个体, 根据交叉概率 P_c 判断是否进行交叉操作. 若随机生成的概率值小于 P_c, 则选择合适的交叉方式对选中的个体进行交叉操作, 生成新的个体; 否则, 这对个体直接进入下一代.

步骤 4　变异操作. 对于交叉操作后生成的每个新个体, 根据变异概率 P_m 判断是否进行变异操作. 若随机生成的概率值小于 P_m, 则对选中的个体进行变异操作, 改变其染色体上的某些基因值, 生成新的个体; 否则, 个体保持不变.

步骤 5 生成新一代种群. 将经过选择、交叉和变异操作后得到的新个体组合成新一代种群 N 按公式输入, 替换掉上一代种群.

步骤 6 判断终止条件. 判断算法终止准则是否满足, 常见的终止条件有达到预设的终止进化代数、适应度值达到某个阈值、连续多代适应度值无明显变化等. 如果满足, 则终止算法. 否则, 转到**步骤 1**.

下面使用例 9.1 展示遗传算法的具体计算过程.

例 9.5 (一个单变量函数的最小化问题) 本例用遗传算法求解例 9.1 中的单变量离散问题. 令种群规模 $N = 4$, 假设父代染色体从种群中随机抽样进行确定. 表 9.8 给出了可行解的均匀随机抽样, 表 9.9 展示了遗传算法求解该问题的过程.

表 9.8 可行解的均匀随机抽样

x	1	2	3	4	5	6	7	8
累计概率 $P(x)$	0.125	0.250	0.375	0.500	0.625	0.750	0.875	1.0

对于表 9.8 中的均匀分布, 这里利用随机数 R 定位在哪个概率区间来生成初始种群中的 4 个个体 $(N = 4)$ 及其适应度值, 具体如表 9.9 所示. 由于 $i = 4$ 时的可行解与 $i = 3$ 的相同 $(x_3 = x_4)$, 因此, $i = 4$ 的可行解将被丢弃. 初始种群 $X_0 = \{8, 3, 5, 1\}$, 其中最好可行解为 $\bar{x} = 3$, 相应目标值为 $F(\bar{x}) = 50$.

表 9.9 遗传算法求解该问题的过程

i	R_i	x_i	二进制编码 x_i	$F(x_i)$
1	0.3025	3	0011	50
2	0.9842	8	1000	70
3	0.5839	5	0101	100
4	0.5712	5	丢弃	
5	0.0926	1	0001	90

当初始种群 X_0 确定后, 从中选择两个父代个体的方法有很多:

- 选择两个表现最优的个体.
- 选择一个表现最优的个体, 然后从其余个体中随机选择一个个体.
- 从初始种群中随机选择两个个体.

本例子使用第 3 种方法确定两个父代个体. 具体来说, 两个随机数以及所对应的 x 的取值和适应度值分别是: $R_6 = 0.2869, x = 3, F(3) = 50; R_7 = 0.281, x = 8, F(8) = 70$.

从两个所选择的父代个体进行基因交叉操作, 将会生成两个子代个体. 常见的交叉方法包括单点交叉、两点交叉和均匀交叉, 具体来说:

- **单点交叉** 两个父代个体的染色体 P1 和 P2 在随机选定的位置点处进行分割, 并交换右侧部分. 即, 如果 P1 = (P11, **P12**), P2 = (P21, **P22**), 则所生成子代个体的染色体为 C1 = (P11, **P22**), C2 = (P21, **P12**).
- **两点交叉** 在两个父代个体的染色体 P1 和 P2 中随机设定两个交叉点, 再交换所设定的两个交叉点之间的部分染色体. 即, 如果 P1 = (P11, **P12**, P13, **P14**), P2 = (P21, **P22**, P23, **P24**), 则所生成子代个体的染色体为 C1 =(P11, **P22**, P23, **P24**), C2 = (P21, **P12**, P13, **P14**).
- **均匀交叉** 两个父代个体的共同基因继承给两个子代个体, 除了这些被继承的基因, 其中子代个体 1 的剩余基因随机确定, 子代个体 2 的剩余基因是子代个体 1 的剩余基因的互补基因.

该例子使用均匀交叉方法, 表 9.9 展示了所生成的两个父代个体 ($x_1 = 3, x_2 = 8$), 其染色体分别为:

$$\text{P1} = (0\,\mathbf{0}\,1\,1), \quad \text{P2} = (1\,\mathbf{0}\,0\,0).$$

在均匀交叉过程中, 使用 P1 和 P2 中第 3 个 (本节基因序数皆从右至左算起) 加粗字体的基因进行交叉, 并生成子代个体. 其余 3 个位置的基因将按照以下规则随机确定.

对于子代个体 1, 如果随机数 $R \in [0, 0.5]$, 则该位置基因为 1. 否则, 基因为 0. 子代个体 2 对应位置的基因是子代个体 1 对应位置基因的互补基因. 例如, 给定 3 个随机数 0.2307, 0.7346 和 0.6220, 它们分别对应子代个体 1 的第 1 个、第 2 个和第 4 个基因. 根据上述原则, 则子代个体 1 在这 3 个基因位置上的取值分别是 1, 0, 0, 子代个体 2 在对应位置的基因则自动取为子代个体 1 的互补基因. 因此

$$\text{C1} = (0\,\mathbf{0}\,0\,1) \quad (\text{或 } x = 1),$$

$$\text{C2} = (1\,\mathbf{0}\,1\,0) \quad (\text{或 } x = 10).$$

子代个体 2 所对应的解是一个不可行解 ($x = 10$), 应舍弃. 然而, 在舍弃该子代个体 (即不可行解) 之前, 需先采用随机变异方法 (用另一个基因替代某个基因) 进行变异操作, 并检查变异后子代的可行性. 如果变异后仍然不可行, 则必须从相同的父代个体重新生成新的子代个体. 这个过程可以不断重复, 直至得到可行解为止.

变异的概率通常设置为 0.1, 这意味着如果 $0 \leqslant R \leqslant 0.1$, 一个基因将发生变异. 例如, 对于子代个体 1, 给定随机数字序列 0.6901, 0.7698, 0.0871 和 0.9534, 由于第 3 个随机数 0.0871 在 0 到 0.1 之间, 所以第 3 个基因将从 0 变为 1, 进而生成新的染色体 C1 = ($0\,\mathbf{1}\,0\,1$), 对应的 $x = 5$, 目标函数值 $F(5) = 100$. 对于

子代个体 2, 给定随机数字序列 0.5954, 0.2632, 0.6731 和 0.0983, 因为第 4 个随机数 0.0983 在 0 到 0.1 之间, 所以第 4 个基因将从 1 变为 0, 生成新的染色体 C2 = (0 **0** 1 0), 对应的 $x = 2$, 目标函数值 $F(2) = 60$. 目前这两个子代个体都是可行的, 但都不能产生更好的解. 因此, 可行解 $x^* = 3$ 仍然是目前初始种群中表现最好的解.

在种群 X_0 中, 表现最差的父代个体 ($x = 5$ 和 $x = 1$) 将被表现优于它的两个子代个体 ($x = 5$和$x = 2$) 所取代. 因此, 下一代种群是 $X_1 = \{8, 3, 5, 2\}$, 后续将使用 X_1 进行新一轮的迭代.

9.3.3.3 遗传算法的特点和改进方法

1. 遗传算法的特点

遗传算法是模拟生物在自然环境中的遗传和进化过程而形成的一种并行、高效的全局搜索方法, 其主要特点为:

- 遗传算法运用简单的编码技术和繁殖机制来表征复杂的现象. 这种对解进行编码的处理方式, 能让迭代优化过程借助遗传学中染色体和基因的概念, 模拟自然界中生物的遗传和进化机制. 特别是对于只有算法而无明确模型的优化问题, 该编码处理方式优势更为显著.
- 遗传算法直接以目标值为搜索信息. 它只需目标值对应的适应度函数值, 就能确定后续的搜索方向和范围, 无需目标函数的导数值等其他辅助信息, 从而避开了函数求导的难题.
- 遗传算法同时利用了多个搜索点的信息. 遗传算法对最优解的搜索过程并非从单一的个体开始, 而是始于一个由众多个体组成的初始种群. 对该种群进行的选择、交叉、变异等操作会产生新一代群体, 其中包含大量种群信息. 这些信息可避免搜索不必要的点, 从而间接地提高计算效率.
- 遗传算法属于一类基于概率的搜索方法, 其选择、交叉、变异等操作均以概率的方式进行, 增强了搜索过程的灵活性.
- 遗传算法具有自组织、自适应和自学习等特性. 同时, 它还具备可扩展性, 易于与其他算法结合, 形成兼具双方优势的混合算法.

2. 遗传算法的改进方向

标准遗传算法的本质特点在于种群搜索策略和遗传算子的便捷性, 这使得该算法具备强大的全局最优解搜索能力、对问题域的独立性、信息处理的并行性、应用的鲁棒性以及操作的简明性, 进而成为一种具有良好适应性且可规模化的搜索方法. 然而, 大量实验和研究显示, 标准遗传算法存在局部搜索能力较弱的缺点, 较难确保算法的收敛性. 为克服上述缺陷, 可行的改进方式如下:

- 从对遗传算法性能有重大影响的六个方面进行改进, 即编码机制、选择策略、交叉算子、变异算子、特殊算子以及参数设计.

- 与其他优化算法相结合, 吸收其他方法的优点, 提升计算效率和求解质量.

习 题 九

9-1. 试阐述精确整数规划方法与启发式方法的区别及其各自的优点与缺点.

9-2. 使用模拟退火算法再次计算例 9.1 中 $F(x)$ 的最大值, 其中 $x=7$ 为初始解.

9-3. 使用禁忌搜索算法再次计算例 9.1 中 $F(x)$ 的最大值.

9-4. 税率可以作为抑制香烟需求的一种手段. 假设对于税率 t, 每位吸烟者的平均每日消费量遵循线性函数 $53-100\left(\dfrac{t}{100}\right), 10\leqslant t\leqslant 60$. 若税率很高, 需求就会下降, 税收就会随之减少, 收入也就会下降. 就税收而言, 每支香烟的底价是 15 美分. 请问应如何确定税率才能最大化税收? 构建该问题的数学模型, 并用启发式方法求解最优税率.

9-5. 考虑如下背包问题:

$$\max\ 30x_1+20x_2+20x_3$$

$$\text{s.t.}$$

$$21x_1+20x_2+20x_3\leqslant 40,$$

$$x_j\in\{0,1\}, \forall j=1,\ 2,\ 3.$$

(a) 利用枚举法找出全局最优解;

(b) 利用贪婪算法求解该问题;

(c) 利用禁忌搜索算法求解该问题;

(d) 对比 (b) 和 (c) 的结果, 给出你的分析.

9-6. 设某配送中心和 20 个客户分布在一个边长为 20km 的正方形地域内, 每个客户的货物需求量都在 2t 及其以下, 配送中心有 5 台配送车辆, 车辆的最大载重量均为 8t, 车辆每次配送的最大行驶距离为 50km. 现利用计算机随机产生了配送中心和 20 个客户的位置坐标以及客户的货物需求量, 其中配送中心的坐标为 (14.5km, 13.0km), 20 个客户的坐标及其货物需求量见表 9.10. 请问应如何合理安排配送车辆的行车路线才能使配送总里程最短?

表 9.10 客户信息

客户编号	1	2	3	4	5	6	7	8	9	10
横坐标 x/km	12.8	18.4	15.4	18.9	15.5	3.9	10.6	8.6	12.5	13.8
纵坐标 y/km	8.5	3.4	16.6	15.2	11.6	10.6	7.6	8.4	2.1	5.2
货物需求量 q/t	0.1	0.4	1.2	1.5	0.8	1.3	1.7	0.6	1.2	0.4
客户编号	11	12	13	14	15	16	17	18	19	20
横坐标 x/km	6.7	14.8	1.8	17.1	7.4	0.2	11.9	13.2	6.4	9.6
纵坐标 y/km	16.7	2.6	8.7	11.0	1.0	2.8	19.8	15.1	5.6	14.8
货物需求量 q/t	0.9	1.3	1.3	1.9	1.7	1.1	1.5	1.6	1.7	1.5

9-7. 考虑最小化成本函数 $f(x,y,z)=(x-y)z$ 问题, 其中 $5\leqslant x\leqslant 10$, $3\leqslant y\leqslant 6$, $-2\leqslant z\leqslant 1$. 尝试采用二进制形式的遗传算法求解该问题, 其中染色体在编码之前以 $[x,\ y,\ z]$ 形式存在, 并且每个变量值由五位二进制数表示.

(a) 考虑染色体 1"110000101010110" 和 2"001101110110011", 试确定两条染色体 x, y, z 的值及其对应的成本.

(b) 对 (a) 中染色体进行单点交叉, 当交叉点介于第 7 和 8 位时, 试确定子代的染色体以及对应成本.

(c) 给定行列索引 (从 1 开始), 行 =[1　1　2　2], 列 =[6　3　7　12](行中数字代表染色体 1 和染色体 2, 列中数字代表染色体中基因序数), 按照行列索引对 (b) 中子代的染色体进行变异, 试确定变异之后的子代的染色体及其对应成本.

9-8. 分别利用模拟退火算法、遗传算法和禁忌算法估计下列二元函数的最小解

$$f(x)=3x^2+2y^2-4xy-2x-3y,\quad 0\leqslant x\leqslant 5,\quad 0\leqslant y\leqslant 5.$$

参考文献

安德森. 2012. 数据、模型与决策: 管理科学篇. 13 版. 侯文华, 等译. 北京: 机械工业出版社.

陈仕军, 许继影, 周伟刚, 等. 2017. 基于逐次确定换班机会集的乘务调度列生成方法. 计算机集成制造系统, 23(1): 93-103.

胡运权. 2019. 运筹学习题集. 北京: 清华大学出版社.

拉丁. 2018. 运筹学. 2 版. 肖勇波, 梁湧, 译. 北京: 机械工业出版社.

史峰, 王辉, 郁磊, 等. 2019. MATLAB 智能算法 30 个案例分析. 北京: 北京航空航天大学出版社.

孙小玲, 李端. 2010. 整数规划. 北京: 科学出版社.

唐焕文, 秦学志. 2004. 实用最优化方法. 3 版. 大连: 大连理工大学出版社.

陶继平, 徐文艳, 王豪. 2007. 逐步次梯度法在基于 LR 的调度算法中的应用. 控制工程, 14(5): 566-568.

王春华, 陈海杰. 2010. 运筹学. 北京: 中国铁道出版社.

王天坤. 2014. 平行机调度问题的列生成方法研究. 装备制造技术, (5): 102-103.

西蒙. 2018. 进化优化算法: 基于仿生和种群的计算机智能方法. 陈曦, 译. 北京: 清华大学出版社.

叶向. 2013. 实用运筹学: 运用 Excel 2010 建模和求解. 2 版. 北京: 中国人民大学出版社.

Amor H B, Desrosiers J, Frangioni A. 2009. On the choice of explicit stabilizing terms in column generation. Discrete Applied Mathematics, 157(6): 1167-1184.

Angulo G, Ahmed S, Dey S S. 2016. Improving the integer L-shaped method. Informs Journal on Computing, 28(3): 483-499.

Balas E. 1977. Some valid inequalities for the set partitioning problem. Annals of Discrete Mathematics, Elsevier, 1: 13-47.

Baldacci R, Christofides N, Mingozzi A. 2008. An exact algorithm for the vehicle routing problem based on the set partitioning formulation with additional cuts. Mathematical Programming, 115(2): 351-385

Bertsimas D, Pachamanova D, Sim M. 2004. Robust linear optimization under general norms. Operations Research Letters, 32(6): 510-516.

Conforti M, Cornuéjols G, Zambelli G. 2014a. Integer Programming Models. Integer Programming. Cham: Springer, 45-84.

Conforti M, Cornuéjols G, Zambelli G. 2014b. Integer Programming. New York: Springer.

Contardo C, Martinelli R. 2014. A new exact algorithm for the multi-depot vehicle routing problem under capacity and route length constraints. Discrete Optimization, 12: 129-146.

Costa L, Contardo C, Desaulniers G. 2019. Exact branch-price-and-cut algorithms for vehicle routing. Transportation Science, 53(4): 946-985.

Desaulniers G, Desrosiers J, Solomon M M, et al. 1998. A unified framework for deterministic time constrained vehicle routing and crew scheduling problems//Crainic T G, et al., ed. Fleet Management and Logistics. Boston, MA: Springer: 57-93.

Desaulniers G, Desrosiers J, Solomon M M. 2005. Column Generation. New York: Springer.

De Camargo R S, Miranda J G, Luna H P. 2008. Benders decomposition for the uncapacitated multiple allocation hub location problem. Computers & Operations Research, 35(4): 1047-1064.

Fisher M L. 1981. The Lagrangian relaxation method for solving integer programming problems. Management Science, 27(1): 1-18.

Gendreau M, Laporte G, Seguin R. 1996. A tabu search heuristic for the vehicle routing problem with stochastic demands and customers. Operations Research, 44(3): 469-477.

Geoffrion A M. 2010. Lagrangian relaxation for integer programming//50 Years of Integer Programming 1958-2008. Berlin, Heidelberg: Springer: 243-281.

Gomes F R A, Mateus G R. 2017. Improved combinatorial Benders decomposition for a scheduling problem with unrelated parallel machines. Journal of Applied Mathematics, 2017: 1-2.

Guéret C, Prins C, Sevaux M. 2002. Applications of Optimization with Xpress-MP. Paris: Dash Optimization Ltd..

Hadjar A, Marcotte O, Soumis F. 2006. A branch-and-cut algorithm for the multiple depot vehicle scheduling problem. Operations Research, 54(1): 130-149.

Hillier F S, Lieberman G J. 2015. Introduction to Operations Research. 10th ed. New York: McGraw-Hill Education.

Hooker J N. 2012. Integrated Methods for Optimization. New York: Springer.

Hooker J N, Ottosson G. 2003. Logic-based Benders decomposition. Mathematical Programming, 96(1): 33-60.

Hu T C, Kahng A B. 2016. Linear and Integer Programming Made Easy. New York: Springer International Publishing.

Irnich S. 2010. A new branch-and-price algorithm for the traveling tournament problem. European Journal of Operational Research, 204(2): 218-228.

Jepsen M, Petersen B, Spoorendonk S, et al. 2008. Subset-row inequalities applied to the vehicle-routing problem with time windows. Operations Research, 56(2): 497-511.

Jörnsten K, Näsberg M. 1986. A new Lagrangian relaxation approach to the generalized assignment problem. European Journal of Operational Research, 27(3): 313-323.

Kohl N, Desrosiers J, Madsen O B G, et al. 1999. 2-path cuts for the vehicle routing problem with time windows. Transportation Science, 33(1): 101-116.

Kolesar, P J. 1967. A branch and bound algorithm for the knapsack problem. Management Science, 13(9): 723-735.

Kolman B, Beck R E. 1995. Elementary Linear Programming with Applications. London: Academic Press.

Laporte G, Louveaux F V, Mercure H. 1994. A priori optimization of the probabilistic traveling salesman problem. Operations Research, 42(3): 543-549.

Laporte G, Louveaux F V. 1993. The integer L-shaped method for stochastic integer programs with complete recourse. Operations Research Letters, 13(3): 133-142.

Lemaréchal C. 2001. Lagrangian relaxation. Computational Combinatorial Optimization. New York: Springer, 112-156.

Li D, Sun X. 2006. Nonlinear Integer Programming. New York: Springer Science & Business Media.

Lübbecke M E, Desrosiers J. 2005. Selected topics in column generation. Operations Research, 53(6): 1007-1023.

Mäkelä M M, Karmitsa N, Bagirov A. 2013. Subgradient and bundle methods for nonsmooth optimization. Numerical Methods for Differential Equations, Optimization, and Technological Problems. Dordrecht: Springer, 275-304.

Milano M. 2003. Constraint and Integer Programming: Toward a Unified Methodology. Dordrecht: Kluwer Academic Publishers.

Pecin D, Contardo C, Desaulniers G, et al. 2017. New enhancements for the exact solution of the vehicle routing problem with time windows. Informs Journal on Computing, 29(3): 489-502.

Pecin D, Pessoa A, Poggi M, et al. 2017. Improved branch-cut-and-price for capacitated vehicle routing. Mathematical Programming Computation, 9(1): 61-100.

Pessoa A, De Aragao M P, Uchoa E. 2008. Robust branch-cut-and-price algorithms for vehicle routing problems. The vehicle routing problem: Latest advances and new challenges. Boston, MA: Springer, 297-325.

Pessoa A, Sadykov R, Uchoa E, et al. 2018. Automation and combination of linear-programming based stabilization techniques in column generation. Informs Journal on Computing, 30(2): 339-360.

Poggi De Aragão M, Uchoa E. 2003. Integer program reformulation for robust branch-and-cut-and-price algorithms. Mathematical Program in Rio: a conference in Honour of Nelson Maculan, 56-61.

Pulleyblank W R. 1997. Theory of Linear and Integer Programming. 2nd ed. New York: Springer.

Rahmaniani R, Crainic T G, Gendreau M, et al. 2017. The Benders decomposition algorithm: a literature review. European Journal of Operational Research, 259(3): 801-817.

Ronald L R. 1998. Optimization in Operations Research. 2nd ed. Hoboken: Pearson Higher Education.

Rousseau L M, Gendreau M, Feillet D. 2007. Interior point stabilization for column generation. Operations Research Letters, 35(5): 660-668.

Singh K N, Van Oudheusden D L. 1997. A branch and bound algorithm for the traveling purchaser problem. European Journal of Operational Research, 97(3): 571-579.

Taha H A. 2017. Operations Research: An Introduction. 10th ed. Hoboken: Pearson Education.

Tran T T, Araujo A, Beck J C. 2016. Decomposition methods for the parallel machine scheduling problem with setups. Informs Journal on Computing, 28(1): 83-95.

Vanderbeck F, Wolsey L A. 2010. Reformulation and decomposition of integer programs. 50 Years of Integer Programming 1958-2008. Berlin, Heidelberg: Springer: 431-502.

Vanlaarhoven P J M, Aarts E H L, Lenstra J K. 1992. Job shop scheduling by simulated annealing. Operations Research, 40(1): 113-125.

Vidal T, Crainic T G, Gendreau M, et al. 2012. A hybrid genetic algorithm for multidepot and periodic vehicle routing problems. Operations Research, 60(3): 611-624.

Winston W L. 2004. Operations Research: Applications and Algorithms. 5th ed. Boston: Duxbury Press.

Wolsey L A, Nemhauser G L. 1999. Integer and Combinatorial Optimization. New York: John Wiley & Sons.

Wolsey L A. 1998. Integer Programming. New York: Wiley-Interscience Publication.

附　　录

本部分展示了利用所介绍算法求解具体问题的代码实现，旨在为读者提供深入理解算法原理及其实际应用的实践示例.

具体而言，附录 1~4 聚焦于背包问题的求解. 附录 1 利用分支定界算法 1 求解例 4.7 的背包问题，详细展示了从数据读取、节点构建、线性松弛问题求解，到分支变量选择、最优解记录的完整流程; 附录 2 利用分支定界算法 2 求解例 4.7 的背包问题，其不同之处在于：分支定界算法 2 借助贪婪算法寻找节点对应候选问题的松弛解和可行解，并采用最好可行解更新策略和节点支配规则提升算法迭代速度; 附录 3 则基于分支定界算法 1，运用分支定切算法求解例 5.13 的背包问题; 附录 4 利用列生成算法求解例 6.3 的背包问题，这一过程涉及模型构建、初始解生成、主问题与定价子问题的迭代求解等. 附录 5 和附录 6 分别使用次梯度算法和外逼近算法求解例 7.1 和例 7.2 的整数规划模型，其中涵盖拉格朗日松弛问题的求解、次梯度的计算以及上下界的确定等内容; 附录 7 和附录 8 分别利用 Benders 分解算法求解例 8.1 和例 8.2，详细展示了松弛 Benders 主问题与子问题的构建与求解、Benders 切的生成和添加等步骤.

在实现这些算法代码时，选用 IntelliJ IDEA 作为开发编译器，采用 IBM ILOG CPLEX 12.8 求解数学规划模型，并使用 Java 20 版本进行代码编写.

附录 1　利用分支定界算法 1 求解例 4.7 背包问题的算法代码

```
/**
*类：
*Data：数据类，记录问题相关参数
*Input：输入类，读取问题相关参数
*Item：物品类，用于表示背包问题中的每个物品
*Node：分支树节点类，用于表示分支定界算法中的每个节点
*LP：节点线性松弛模型类，主要包括模型构建及求解相关函数
*BranchAndBoundKnapsack_Cplex：分支定界算法1核心函数类，包含节点构建、整数解判
    断、分支变量选择、最优解记录函数
*main_Cplex：分支定界算法1主逻辑类
```

```
*Result: 输出类, 输出结果
*/
public class main_Cplex {
  public static void main(String[] args) throws IOException, IloException {
    //读取数据
    String data_path = "data/1.txt";
    Input input = new Input();
    Data data = input.readData(data_path);
    //算法求解
    //步骤0: 初始化 创建根节点
    BranchAndBoundKnapsack_Cplex bb = new BranchAndBoundKnapsack_Cplex(data);
double UB = Double.MAX_VALUE;
    double LB =0
    Node root = bb.createRootNode();
    //使用优先队列存储活跃节点, 按照母节点界递减顺序储存活跃节点, 母节点界相同时优先搜索包含项包含更少物品的节点
    PriorityQueue<Node> liveNodes = new PriorityQueue<>(Comparator.comparingDouble((Node node) -> -node.Pbound).thenComparingInt(node -> node.includedItems.size()));
    liveNodes.add(root);//将根节点加入活跃节点列表
ArrayList<Node> treeSet = new ArrayList<>();
    treeSet.add(root);
//步骤1: 判断算法终止条件 如果存在活跃节点, 则利用最优界优先搜索, 选择母节点界最大的节点
    while (!liveNodes.isEmpty()) {
      Node node = liveNodes.poll();
      if(node.Pbound > LB) {
        //步骤2: 求解节点对应候选问题的线性松弛问题
        LP lp = new LP(data, node);
        lp.createModel();
        if(lp.solve()){
          //步骤4: 节点终止条件2 如果线性松弛问题的最优解不比当前最好可行解更优, 则终止对该节点的分析
if(lp.obj <=LB) {
            treeSet.add(node);
            continue;
}
          node.bound = lp.obj;
node.solutionValues = lp.x_value;
//步骤5: 节点终止条件3和4 如果线性松弛问题的最优解满足原问题的整数约束, 则终止对
```

```
该节点的分析；进一步地，如果该解比当前最好可行解更优，则更新当前最好可行解，
并删除活跃节点列表中母节点界小于或等于更新后下界的活跃节点
        if(bb.isIntegerSolution(node.solutionValues)){
          if(node.bound > LB) {
            LB = node.bound;
            bb.recordBestSolution(node);
            liveNodes.removeIf(ln -> ln.Pbound < =LB);
          }
          if(liveNodes.size() != 0)//更新上界
            UB = liveNodes.peek().Pbound;
          if(UB == LB) //上界等于下界，算法终止
            return;
        } else {
          //步骤6：分支 选择最优值最接近0.5的整数变量作为分支变量
          Item branchItem = bb.selectBranchVariable(node);
          //处理左子节点（排除分支变量）
          Node leftChild = node.createLeftNode(node,branchItem);
          //处理右子节点（包含分支变量）
          Node rightChild = node.createRightNode(node,branchItem);
          leftChild.ID = treeSet.size();
          rightChild.ID = treeSet.size() + 1;
          node.SID[0] = leftChild.ID;
          node.SID[1] = rightChild.ID;
          treeSet.add(leftChild);
          treeSet.add(rightChild);
          liveNodes.add(leftChild);
          liveNodes.add(rightChild) ;
        }
      }else {
          //步骤3：节点终止条件1 如果线性松弛问题不可行，则终止对该节点的分析
treeSet.add(node);
if(liveNodes.size() != 0)
UB = liveNodes.peek().Pbound;
if(UB == LB)
      return;
        }
      }
    }
    //输出结果
    Result result = new Result(bb.Best_value,bb.Bestsolution);
```

```
    result.Result();
  }
}
```

附录 2　利用分支定界算法 2 求解例 4.7 背包问题的算法代码

```
/**
*类:
* Data: 数据类，记录问题相关参数
* Input: 输入类，读取问题相关参数
* Item: 物品类，用于表示背包问题中的每个物品
* Node: 分支树节点类，用于表示分支定界算法中的每个节点
* ImprovedBranchAndBoundKnapsack: 分支定界算法2核心函数类，包含节点构建、节点上界计算、整数解判断、最好可行解更新策略、支配规则、最优解记录函数
* main_Greedy: 分支定界算法2主逻辑类
* Result: 输出类，输出结果
//说明: 分支定界算法2与分支定界算法1的代码框架一致. 下面主要介绍如何利用贪婪算法求解节点对应候选问题的松弛解和可行解，以及节点支配规则
public class main_Improve_Greedy {
  public static void main(String[] args) throws IOException, IloException {
    //读取数据

    //算法求解
    //按照价值重量比递减顺序对所有物品进行排序
Collections.sort(data.items, Comparator.comparingDouble(item -> -item.ratio));
    //步骤0: 初始化 创建根节点
    ImprovedBranchAndBoundKnapsack ibb = new ImprovedBranchAndBoundKnapsack(data);
    double LB =0
    Node root = ibb.createRootNode();
    //使用优先队列存储活跃节点，按照母节点界递减顺序储存活跃节点，母节点界相同时优先搜索包含项包含更少物品的节点

    //步骤1: 判断算法终止条件 如果存在活跃节点，则选择母节点界最大的节点
    while (!liveNodes.isEmpty()) {
      Node node = liveNodes.poll();
      if(node.Pbound > LB) {
```

```
//步骤2: 利用贪婪算法求解节点对应候选问题的上界
node.bound = ibb.calculateBound(node);
       if(node.bound > 0){
//步骤4: 节点终止条件2 如果节点对应候选问题的上界不比当前最好可行解值更优, 则终止
    对该节点的分析
if(node.bound < LB) {
     treeSet.add(node);
     continue;
        }
        //利用贪婪算法寻找节点对应候选问题的可行解
        int newProfit = ibb.updateBestFeasibleSolution(node);
        if (newProfit > LB) {
          LB = newProfit;
       liveNodes.removeIf(ln -> ln.bound < LB);
//记录当前最好可行解
          ibb.recordBestSolution(node);
        }
//步骤5: 节点终止条件3和4 如果贪婪算法求得的解为整数解, 则终止对该节点的分析; 进
    一步地, 如果该解比当前最好可行解更优, 则更新当前最好可行解, 并删除活跃节点列
    表中母节点界小于更新后下界的活跃节点

        } else {
           //步骤6: 分支 选择价值重量比最大的物品进行分支
//处理左子节点(不包含当前物品)
   Node leftChild = node.createLeftNode_Greedy(node);
leftChild.ID = treeSet.size();
node.SID[0] = leftChild.ID;
treeSet.add(leftChild);
//节点支配规则
           boolean leftIsDominated = false;//默认新生成的节点不被支配
   //遍历当前活跃节点列表, 判断左子节点是否被其中任何一个活跃节点支配
   for (Node activeNode : liveNodes) {
if (ibb.isDominated(activeNode, leftChild)) {
leftIsDominated = true;
break;
}
}
if (!leftIsDominated) {
liveNodes.add(leftChild);//将左子节点加入活跃节点队列
} else {
```

```
System.out.println("左子节点被支配，不加入到活跃节点");
}
            //处理右子节点（包含当前物品）
            Node rightChild = node.createRightNode_Greedy(node);
            rightChild.ID = treeSet.size();
            node.SID[1] = rightChild.ID;
treeSet.add(rightChild);
        boolean rightIsDominated = false;
            //遍历当前活跃节点列表，判断右子节点是否被其中任何一个活跃节点支配
            for (Node activeNode : liveNodes) {
              if (ibb.isDominated(activeNode, rightChild)) {
          rightIsDominated = true;
                break;
              }
            }
if (!rightIsDominated) {
liveNodes.add(rightChild);//将右子节点加入活跃节点队列
} else {
System.out.println("右子节点被支配，不加入到活跃节点");
}
}
         }else {
            //步骤3：节点终止条件1 如果节点对应候选问题的松弛问题不可行，则终止对该节点的分析
treeSet.add(node);
continue;
}
}
}
     //输出结果
     Result result = new Result(bb.Best_value,bb.Bestsolution);
     result.Result();
  }
}
```

附录 3　利用分支定切算法求解例 5.13 背包问题的算法代码

```
/**
*类：
```

```
*Data: 数据类，记录问题相关参数
*Input: 输入类，读取问题相关参数
*Item: 物品类，用于表示背包问题中的每个物品
*Node: 分支树节点类，用于表示分支定界算法中的每个节点
*BranchAndCutKnapsack: 分支定界算法核心函数类，包含节点构建、最优界计算、整数解
    判断、分支变量选择、最优解记录等函数
*LP: 节点线性松弛模型类，构建与问题相关的线性规划模型
*CutG: 节点求解类，用于求解每个分支定界中的节点
*main: 分支定切算法主逻辑类
* Result: 输出类，输出结果
//说明：分支定切算法以分支定界算法 1 的求解框架为基础，二者仅在求解节点环节存在差
    别.具体来说，就是将分支定界算法 1 中第 36 行的lp.solve替换为cg.solve. 下面，
    将重点介绍cg.solve函数
public boolean solve() throws IloException {
    LP lp = new LP(data, node);//构建线性规划求解类
    lp.createModel();//创建节点对应的线性规划模型
    if(!lp.solve())//如果线性规划模型不可解，则返回false
      return false;
    if(lp.obj > Global_LB) {//如果线性松弛问题的最优值不优于全局下界，则判断是否
        可以产生覆盖不等式
ArrayList<Item> NozSet = findNozSet(lp.x_value, data);//构建当前分数解中非零变
    量对应的物品集合
      Collections.sort(NozSet, Comparator.comparingInt(item -> - item.weight))
        ;//将集合中物品按照重量递减的顺序进行重新排序
ArrayList<Integer> CovSet = findMinCovSet(lp.x_value,NozSet);//寻找覆盖不等式
      if(CovSet != null) {
        lp.addCut(CovSet);//添加覆盖不等式
node.cut_Nodeset.add(CovSet);//记录覆盖不等式信息
        lp.solve();//重新对模型进行求解
}
    }
    obj = lp.obj;//记录目标值
    x_value = lp.x_value;//记录解
    return true;
}
```

附录 4　利用列生成算法求解例 6.3 的算法代码

```
/**
* 类:
* DataKnapSack: 数据类，记录问题相关参数
* Input: 输入类，读取问题相关参数
* Item: 物品类，用于表示背包问题中的每个物品
* CG_Knapsack: 构造列生成问题模型类，主要包括模型构建及初始解生成函数
* Main: 列生成算法主逻辑类
* Result: 输出类，打印列生成算法迭代结果
*/
public class main {
    public static void main(String[] args) throws IloException, IOException {
        //步骤0: 初始化
Input input = new Input();
        DataKnapSack data = input.readData("src/columnGen//data/CG_Knapsack_
            data.txt"); //读取数据
        CG_Knapsack CG = new CG_Knapsack(data); //创建CG_Knapsack类，构建列生成
            算法模型
        CG.getInitPlans(); //获取初始解
        CG.buildMasterModel(); //构建主问题模型
        CG.buildSubModel(); //构建定价子问题模型
        int[] newPlan = new int[CG.variableNum]; //切割方案
        int iterCount = 0; //迭代计数
        Result result = new Result(); //创建输出
        System.out.println("k\t\tz\t\t\t\t主问题的解\t\t\t\t\t\t\t\t对偶解\t\t\
            t\t\t\t\t检验数\t\t子问题的解\t\t\t\t\t\tlb\tub\t");
        for (;;) { //循环添加可行列
            //步骤2: 判断算法终止条件
            if (CG.lb == CG.ub) break; //上界=下界
            //步骤1: 求解当前RMP
            CG.masterPro.setOut(null);
            CG.masterPro.solve();
            CG.ub = CG.masterPro.getObjValue(); //更新上界
            //获取原始解
            double[] sol = new double[CG.lambda_g.getSize()];
            for (int i = 0; i < CG.lambda_g.getSize(); i++) {
                sol[i] = CG.masterPro.getValue(CG.lambda_g.getElement(i));
            }
            //获取对偶解
```

```
            CG.lb = 0;
            double[] price = CG.masterPro.getDuals(CG.cons);
            //步骤3：求解定价子问题
            CG.reduceCost.setExpr(CG.subPro.diff(1, CG.subPro.scalProd(price, CG.subVar))); //根据对偶变量的值计算定价子问题的目标函数（检验数）
            CG.subPro.setOut(null);
            CG.subPro.solve();
            //步骤4：更新对偶解
            CG.lb += CG.subPro.getObjValue() * CG.variableNum;
            if (CG.subPro.getObjValue() >= 0) { //若检验数大于0，终止迭代
                result.Result(sol, iterCount, CG.lb, CG.ub, price, CG.subVar, CG.subPro);
                break;
            }
            for (int i = 0; i < newPlan.length; i++) { //根据定价子问题的解确定新切割方案
                newPlan[i] = (int) CG.subPro.getValue(CG.subVar[i]);
            }
            CG.plan.add(newPlan);
            IloColumn newCol = CG.masterPro.column(CG.cost, 1); //主问题添加新列
            for (int i = 0; i < newPlan.length; i++) {
                newCol = newCol.and(CG.masterPro.column(CG.cons[i], CG.plan.get(CG.plan.size() - 1)[i]));
            }
            CG.lambda_g.add(CG.masterPro.numVar(newCol, 0, Double.MAX_VALUE, IloNumVarType.Float, "x_" + (iterCount + CG.variableNum)));
            //步骤5：记录迭代次数
            result.Result(sol, iterCount, CG.lb, CG.ub, price, CG.subVar, CG.subPro); //输出结果
            iterCount++;
        }
    }
}
```

附录 5　利用次梯度算法求解例 7.1 的算法代码

```
/**
*类:
*Data: 数据类，记录问题相关参数
*Main: 次梯度算法主逻辑类，包含拉格朗日松弛模型初始化、松弛模型目标函数设置等函数
*Result: 输出类，打印次梯度算法迭代过程
*/
public class Main {
public static void main(String[] args) throws IloException {
    // 初始化：读取数据、输出类实例化
Data data = new Data();
    Result result = new Result();
    // 步骤0：初始化乘子，全局上界，全局下界
    lambda = new double[]{2, 1};
    bestLB = -Double.MAX_VALUE;
    bestUB = Double.MAX_VALUE;
    // 初始化拉格朗日松弛问题模型
    initRelaxModel(data);
    // 开始迭代
    for (epoch = 0; epoch < epochs; epoch++) {
// 步骤1：求解拉格朗日松弛问题
      // 根据lambda，设置拉格朗日松弛模型目标函数
      setRelaxModelObjectiveBuLambda(data, lambda);
      if (relaxProblemModel.solve()) {
        // 获得当前下界(加上建模时未考虑的常数 3 * lambda[0] + 3 * lambda[1])
        curLB = relaxProblemModel.getObjValue() + 3 * lambda[0] + 3 * lambda
            [1];
        // 获取变量值
        double value1 = relaxProblemModel.getValue(x1);
        double value2 = relaxProblemModel.getValue(x2);
        // 计算次梯度
        subGradient1 = data.consParameter[0][0] + data.consParameter[0][1] *
            value1 + data.consParameter[0][2] * value2 - data.consParameter
            [0][3]; // 15-6x1-2x2-12
        subGradient2 = data.consParameter[1][0] + data.consParameter[1][1] *
            value1 +data.consParameter[1][2] * value2 - data.consParameter
            [1][3]; // 18-3x1-2x2-15
        //步骤2：更新上下界
        // 更新下界
```

```
        if (curLB > bestLB) {
          bestLB = curLB;
        }
        // 更新上界: 2 * x1^2 + x2^2
        double obj = data.objectiveParameter[0] * value1 * value1 + data.objectiveParameter[1] * value2 * value2;
        if (subGradient1 <= 0 & subGradient2 <= 0 & obj < bestUB) {
          bestUB = obj;
          bestX[0] = Math.round(value1);
          bestX[1] = Math.round(value2);
        }
        result.printEchoResult(); // 打印此次迭代结果
        // 步骤3: 终止条件判断
        // 迭代停止条件1
        if (subGradient1 <= 0 & subGradient2 <= 0) {
          if (lambda[0] * subGradient1 + lambda[1] * subGradient2 == 0){
            result.printSolu(); // 打印最终结果
            break;
          }
}
        // 迭代停止条件2
        if (bestUB - bestLB <= 1e-3) {
          result.printSolu(); // 打印最终结果
          break;
        }
        // 步骤4: 更新拉格朗日乘子
        double dist = Math.abs(subGradient1) + Math.abs(subGradient2); // 梯度正则化
lambda[0] = Math.max(0, lambda[0] + (step * subGradient1 / dist));
        lambda[1] = Math.max(0, lambda[1] + (step * subGradient2 / dist));
      } else {
          System.err.println("Lagrange relaxation problem has no solution!");
      }
    }
  }
}
```

附录 6　利用外逼近算法求解例 7.2 的算法代码

```
/**
*类:
*Data: 数据类，记录问题相关参数
*Main: 外逼近算法主逻辑类，包含LR模型初始化、LR目标函数设置、LD模型初始化、LD模型加切等函数
*Result: 输出类，打印外逼近算法迭代过程
*/
public class Main{
  public static void main(String[] args) throws IloException {
    // 初始化: 读取数据、输出类实例化、LR模型初始化
    Data data = new Data();
    initRelaxModel(data);
    Result result = new Result();
    // 步骤0: 初始化x值并初始化LD模型
    x_values = new double[]{1, 1};
    initLDModel(data, x_values);
    // 开始迭代
    for (epoch = 0; epoch < epochs; epoch++) {
      // 步骤1: 求解线性规划模型
      if (LDModel.solve()){
        // 提取LD模型变量值
        mu_value = LDModel.getValue(mu);
        lambda_value[0] = LDModel.getValue(lambda1);
        lambda_value[1] = LDModel.getValue(lambda2);
        // 步骤2: 求解拉格朗日松弛问题
        setRelaxModelObjectiveBuMu(data, lambda_value); //设置拉格朗日松弛问题目标函数
        if (relaxProblemModel.solve()){
          x_values[0] = Math.round(relaxProblemModel.getValue(x1));
          x_values[1] = Math.round(relaxProblemModel.getValue(x2));
          obj_LR = relaxProblemModel.getObjValue() + 3 * lambda_value[0] + 3 * lambda_value[1]; // 加上建模时没考虑的常数
          result.printEchoResult(); // 打印此次迭代结果
          // 步骤3: 判断算法终止条件
          // 终止条件1
          subGradient1 = data.consParameter[0][0] + data.consParameter[0][1] * x_values[0] + data.consParameter[0][2] * x_values[1] - data.consParameter[0][3]; // 15-6x1-2x2-12
```

```
          subGradient2 = data.consParameter[1][0] + data.consParameter[1][1] *
               x_values[0] + data.consParameter[1][2] * x_values[1] - data.
               consParameter[1][3]; // 18-3x1-2x2-15
          if (subGradient1 <= 0 & subGradient2 <= 0) {
            if (lambda_value[0] * subGradient1 + lambda_value[1] * subGradient2
                  == 0){
              result.printSolu(); // 打印最终结果
              break;
            }
          }
// 终止条件2
          if (mu_value <= obj_LR){
            result.printSolu(); // 打印最终结果
            break;
          }
          // 步骤4: 更新迭代参数，根据当前LR模型求解的x值向LD模型中添加cut
          setLDModelConBuX(data, x_values);
        }else {
            System.err.println("Lagrange relaxation problem has no solution!");
        }
      }else{
          System.err.println("LD problem has no solution!");
      }
    }
  }
}
```

附录 7　利用 Benders 分解算法求解例 8.1 的算法代码

```
/**
*类:
*Data: 数据类，记录问题相关参数
*Input: 输入类，读取问题相关参数
*BendersMasterProblem: Benders分解算法松弛主问题类，包含松弛主问题的构建、求解和
    加切
*BendersSubProblem: Benders分解算法子问题类，包含子问题的构建和求解
*Result: 输出类，打印Benders分解算法迭代过程
*/
public class Main {
```

```
  public static void main(String[] args) throws IloException {
    //读取数据
    Data data = new Data();
    //算法求解
    //步骤0: 初始化上下界, 构建松弛主问题并求解
    int k = 0; //记录迭代次数
    double sol_y = Double.MAX_VALUE; //记录子问题的目标值
    Result result = new Result(data);
    BendersMasterProblem MP = new BendersMasterProblem(data);
    MP.creat_Model(); //构建松弛主问题
    MP.solve_Model(); //求解松弛主问题
    BendersSubProblem SP1 = new BendersSubProblem(data);
    BendersSubProblem SP2 = new BendersSubProblem(data);
    //创建循环
    while (MP.sol_sigma != sol_y) {
      //步骤1: 求解对偶子问题
      SP1.solve_Model1(MP.sol_x);
      SP2.solve_Model2(MP.sol_x);
      sol_y = data.p[0] * SP1.sol_obj1 + data.p[1] * SP2.sol_obj2;
      //步骤2: 判断算法终止条件
      if (sol_y == MP.sol_sigma) {
        //输出结果
        result.print(k,MP,sol_y);
        break;
      } else {
        //步骤3:更新松弛主问题, 添加生成的切至松弛主问题中
        MP.add_Cut(SP1, SP2);
        //步骤4:求解松弛主问题
        MP.solve_Model();
        k++; //增加迭代次数
        //输出结果
        result.print(k,MP,sol_y);
      }
    }
  }
}
```

附录 8　利用 Benders 分解算法求解例 8.2 的算法代码

```
/**
*类:
*Data: 数据类，记录问题相关参数
*Input: 输入类，读取问题相关参数
*BendersMasterProblem: Benders分解算法松弛主问题类，包含松弛主问题的构建、求解和加切
*BendersSubProblem: Benders分解算法子问题类，包含子问题的构建和求解
*Result: 输出类，打印Benders分解算法迭代过程
*/
public class Main {
  public static void main(String[] args) throws IloException {
    //读取数据
    Data data = new Data();
    //算法求解
    //步骤0: 初始化上下界，构建松弛主问题并求解
    int k = 0; //记录迭代次数
    Result result = new Result(data);
    BendersMasterProblem MP = new BendersMasterProblem(data);
    MP.creat_Model(); //构建松弛主问题
    MP.solve_Model(); //求解松弛主问题
    BendersSubProblem SP = new BendersSubProblem(data);
    //创建循环
    while (true) {
      //步骤1: 求解对偶子问题
      SP.solve_Model(MP.sol_x);
      //步骤2: 判断算法终止条件
      if (SP.isFeasible) {
        //输出结果
        result.print(k,MP,SP);
        break;
      } else {
        //步骤3:更新松弛主问题，添加生成的切至松弛主问题中
        MP.add_Cut(SP);
        //步骤4:求解松弛主问题
        MP.solve_Model();
        k++; //增加迭代次数
        //输出结果
        result.print(k,MP,SP);
```

```
        }
      }
    }
}
```